机器学习原理、算法与应用

张 晓 张小芳 李 宁 程文迪 编 著

电子工业出版社
Publishing House of Electronics Industry
北京·BEIJING

内 容 简 介

本书将帮助读者理解机器学习的基本原理、核心算法及实际应用。全书共 12 章，内容涵盖基础理论、算法、模型评估、编程实践等多个方面，大体上可以分为以下 3 个部分。第 1 部分（包括第 1、2 章）：介绍了机器学习的背景与基础知识；第 2 部分（包括第 3～8 章）：详细讨论了几种常用的传统机器学习算法，包括回归算法、决策树算法、支持向量机算法、贝叶斯算法、集成学习算法、聚类算法，还介绍了这些算法的应用；第 3 部分（包括第 9～12 章）：深入探讨了神经网络与强化学习的相关概念及应用，包含神经网络、深度学习、卷积神经网络、循环神经网络与强化学习。

本书适合作为计算机、统计学等相关专业具有一定理论基础的本科生教材，也可供相关技术人员及从业者参考。

未经许可，不得以任何方式复制或抄袭本书之部分或全部内容。
版权所有，侵权必究。

图书在版编目（CIP）数据

机器学习原理、算法与应用 / 张晓等编著. -- 北京：电子工业出版社, 2025. 7. -- ISBN 978-7-121-50383-2

Ⅰ. TP181

中国国家版本馆 CIP 数据核字第 2025N8A010 号

责任编辑：孟　宇
印　　刷：大厂回族自治县聚鑫印刷有限责任公司
装　　订：大厂回族自治县聚鑫印刷有限责任公司
出版发行：电子工业出版社
　　　　　北京市海淀区万寿路 173 信箱　　邮编：100036
开　　本：787×1092　1/16　印张：21　　字数：551 千字
版　　次：2025 年 7 月第 1 版
印　　次：2025 年 7 月第 1 次印刷
定　　价：69.80 元

凡所购买电子工业出版社图书有缺损问题，请向购买书店调换。若书店售缺，请与本社发行部联系，联系及邮购电话：(010) 88254888，88258888。
质量投诉请发邮件至 zlts@phei.com.cn，盗版侵权举报请发邮件至 dbqq@phei.com.cn。
本书咨询联系方式：mengyu@phei.com.cn。

前　　言

机器学习作为人工智能的核心技术之一，正在逐步渗透到人们的生活中。从智能家居到自动驾驶，从个性化推荐到疾病诊断，机器学习的应用层出不穷，为人们带来了前所未有的便利，让世界变得更加智能和高效。机器学习通过自动化处理大量数据和复杂任务，可以显著提高生产力和效率、提高决策正确性、创造新的商业模式和市场机会。学习和掌握机器学习技术，可以理解新应用的底层技术和实现原理，也可以开发新的应用。

对于许多人来说，机器学习仍然是一个复杂且神秘的领域。本书的目的是帮助读者理解机器学习的基本原理、核心算法及实际应用，使其能够更好地驾驭这一前沿技术。本书讲述了传统机器学习算法和基于神经网络的机器学习算法。

在第 1 部分（包括第 1、2 章），将详细介绍机器学习的基础概念和理论框架。读者将了解什么是机器学习、它与传统编程的区别，以及它是如何从数据中学习和预测的。本书还将探讨监督学习、无监督学习和强化学习等不同的学习范式，并介绍机器学习中的关键评估指标和性能衡量方法。

在第 2 部分（包括第 3~8 章），系统地讲解了几种重要的机器学习算法，包括回归算法、决策树算法、支持向量机算法、贝叶斯算法、集成学习算法和聚类算法等。每种算法的讲解都包括其基础理论、实现方法和适用场景。同时，本书还将通过代码示例帮助读者更好地理解这些算法的实际操作方法。

在第 3 部分（包括第 9~12 章），首先介绍了神经网络和深度学习的基本概念、模型结构和参数计算方法；随后介绍了几种典型的神经网络，包括卷积神经网络、循环神经网络和强化学习等。每章都包括了基础理论、实现方法、适用场景和示例代码等。

本书提供配套资源，包括习题集、部分习题答案，请有需要的读者登录华信教育资源网（www.hxedu.com.cn）免费下载。

最后，感谢编辑的辛苦校对，感谢电子工业出版社，感谢为本书提供素材的杜科星、张雨辰、谢惠如、潘兆辉、金雨展、师雨露等同学。

目 录

第 1 章 机器学习概论 ... 1
1.1 什么是机器学习 ... 1
1.2 机器学习的发展历史 ... 3
1.2.1 人工智能及其三大流派 ... 3
1.2.2 机器学习发展史及重要事件 ... 4
1.3 机器学习的研究与应用 ... 7
1.4 机器学习的分类 ... 9
1.4.1 基于学习方式分类 ... 9
1.4.2 基于问题分类 ... 13
1.4.3 机器学习的模型及算法 ... 16
1.5 常见的机器学习算法 ... 18
1.5.1 线性回归 ... 18
1.5.2 决策树 ... 19
1.5.3 人工神经网络 ... 19
1.5.4 深度学习 ... 20
1.6 习题 ... 21

第 2 章 机器学习基础 ... 22
2.1 机器学习中的基本概念 ... 22
2.1.1 数据集 ... 22
2.1.2 过拟合与欠拟合 ... 23
2.1.3 交叉验证方法 ... 25
2.2 回归问题 ... 27
2.2.1 机器学习中的回归方法 ... 27
2.2.2 回归模型的性能评估 ... 28
2.3 分类问题 ... 29
2.3.1 机器学习中的分类方法 ... 29
2.3.2 分类模型的性能评估 ... 30
2.4 梯度下降法与最小二乘法 ... 37
2.4.1 梯度下降法及其应用 ... 37

2.4.2　最小二乘法及其应用 ……………………………………………… 39
　　2.4.3　实例分析 …………………………………………………………… 41
2.5　正则化 …………………………………………………………………………… 44
　　2.5.1　线性回归 …………………………………………………………… 45
　　2.5.2　支持向量机 ………………………………………………………… 46
　　2.5.3　逻辑回归 …………………………………………………………… 47
　　2.5.4　决策树 ……………………………………………………………… 47
　　2.5.5　实例分析 …………………………………………………………… 48
2.6　sklearn 中常用的数据集 ……………………………………………………… 51
　　2.6.1　toy datasets ………………………………………………………… 51
　　2.6.2　generated datasets ………………………………………………… 53
　　2.6.3　real world datasets ………………………………………………… 54
2.7　习题 ……………………………………………………………………………… 55

第 3 章　回归算法
3.1　回归算法概述 …………………………………………………………………… 56
3.2　线性回归模型 …………………………………………………………………… 58
　　3.2.1　简单线性回归模型 ………………………………………………… 59
　　3.2.2　多元线性回归模型 ………………………………………………… 60
　　3.2.3　正则化线性模型 …………………………………………………… 61
　　3.2.4　ElasticNet 回归模型 ……………………………………………… 64
　　3.2.5　逐步回归模型 ……………………………………………………… 64
3.3　可线性化的非线性回归模型 …………………………………………………… 66
　　3.3.1　倒数回归模型 ……………………………………………………… 66
　　3.3.2　半对数回归模型 …………………………………………………… 67
　　3.3.3　指数函数回归模型 ………………………………………………… 67
　　3.3.4　幂函数回归模型 …………………………………………………… 67
　　3.3.5　多项式回归模型 …………………………………………………… 67
　　3.3.6　广义线性回归模型 ………………………………………………… 68
　　3.3.7　逻辑回归模型 ……………………………………………………… 70
3.4　非线性回归模型 ………………………………………………………………… 71
　　3.4.1　支持向量回归模型 ………………………………………………… 72
　　3.4.2　保序回归模型 ……………………………………………………… 74
　　3.4.3　决策树回归模型 …………………………………………………… 74
　　3.4.4　随机森林回归模型 ………………………………………………… 75
　　3.4.5　K 最近邻回归模型 ………………………………………………… 76

目　录

- 3.5　多输出回归模型 ··77
- 3.6　回归算法框架 ··78
  - 3.6.1　线性回归模型 ···78
  - 3.6.2　正则化的线性模型 ···79
  - 3.6.3　多项式回归模型 ··81
  - 3.6.4　逻辑回归模型 ···81
  - 3.6.5　多输出回归模型 ··83
- 3.7　选择回归模型 ··83
- 3.8　实例分析 ···84
- 3.9　习题 ··88

第 4 章　决策树算法 ···89
- 4.1　决策树算法概述 ···89
- 4.2　决策树生成 ··91
- 4.3　信息熵、条件熵和互信息 ···93
  - 4.3.1　信息增益和信息增益比 ···97
  - 4.3.2　基尼系数 ···97
  - 4.3.3　决策树生成 ···98
- 4.4　决策树剪枝 ··99
  - 4.4.1　预剪枝过程 ···100
  - 4.4.2　后剪枝过程 ···102
- 4.5　决策树框架 ··102
- 4.6　决策树应用 ··104
- 4.7　习题 ··106

第 5 章　支持向量机算法 ··108
- 5.1　支持向量机概述 ···108
- 5.2　支持向量机解决分类问题 ···110
  - 5.2.1　线性支持向量机的原理 ···110
  - 5.2.2　非线性支持向量机的原理 ···113
  - 5.2.3　多分类问题 ···114
- 5.3　支持向量机解决回归问题 ···116
- 5.4　支持向量机编程框架 ··118
  - 5.4.1　支持向量机分类器 ···119
  - 5.4.2　支持向量机回归器 ···122
- 5.5　支持向量机应用 ···123
- 5.6　习题 ··124

第 6 章 贝叶斯算法 ... 126
6.1 贝叶斯算法概述 ... 126
6.2 朴素贝叶斯算法 ... 127
6.2.1 朴素贝叶斯算法概述 ... 127
6.2.2 多项式朴素贝叶斯算法 ... 129
6.2.3 伯努利朴素贝叶斯算法 ... 130
6.2.4 高斯朴素贝叶斯算法 ... 131
6.2.5 朴素贝叶斯算法实例 ... 132
6.3 贝叶斯算法编程框架 ... 134
6.3.1 高斯朴素贝叶斯算法编程框架 ... 135
6.3.2 多项式朴素贝叶斯算法编程框架 ... 135
6.3.3 伯努利朴素贝叶斯算法编程框架 ... 136
6.4 贝叶斯算法的应用 ... 137
6.5 习题 ... 138

第 7 章 集成学习算法 ... 140
7.1 集成学习概述 ... 140
7.1.1 基分类器集成 ... 140
7.1.2 集成方法 ... 142
7.2 Bagging 算法 ... 143
7.3 Boosting 算法 ... 145
7.3.1 AdaBoost 算法 ... 146
7.3.2 GBDT 算法 ... 149
7.3.3 XGBoost 算法 ... 151
7.4 Stacking 算法 ... 152
7.5 集成学习的编程实践 ... 153
7.5.1 Bagging ... 153
7.5.2 随机森林 ... 154
7.5.3 AdaBoost ... 155
7.5.4 GBDT ... 156
7.5.5 XGBoost ... 157
7.5.6 Stacking ... 158
7.6 集成学习实例 ... 158
7.6.1 特征选择 ... 158
7.6.2 数据分类 ... 159
7.7 习题 ... 162

第8章 聚类算法 164

8.1 聚类算法概述 164
8.1.1 聚类算法分类 165
8.1.2 聚类的性能评价 165

8.2 基于划分的聚类算法 168
8.2.1 K-Means 算法 168
8.2.2 MiniBatchKMeans 算法 171
8.2.3 K-Means++算法 172

8.3 基于模型的聚类算法 173
8.4 基于密度的聚类算法 175
8.5 基于层次的聚类算法 179
8.6 基于图的聚类算法 184
8.7 编程框架 187
8.7.1 KMeans 类 187
8.7.2 高斯混合聚类 189
8.7.3 DBSCAN 类 190
8.7.4 Birch 类 192
8.7.5 AP 类 193
8.7.6 sklearn 中的函数 195
8.7.7 性能评价指标 195

8.8 实例分析 195
8.9 习题 197

第9章 神经网络和深度学习 199

9.1 神经网络概述 199
9.1.1 神经元模型 200
9.1.2 神经网络结构 201
9.1.3 激活函数 204
9.1.4 损失函数 207

9.2 神经网络训练 209
9.2.1 反向传播算法 209
9.2.2 随机梯度下降算法 211

9.3 深度学习 213
9.3.1 深度学习概述 213
9.3.2 常见的深度学习模型 213
9.3.3 深度学习环境准备 214

9.4 实例分析 215
9.5 习题 216

第10章 卷积神经网络 217
10.1 卷积神经网络概述 217
10.2 卷积神经网络的基础知识 218
    10.2.1 卷积核 218
    10.2.2 卷积运算 219
    10.2.3 步幅和填充 220
    10.2.4 特征图 221
10.3 卷积神经网络结构 221
    10.3.1 卷积层 222
    10.3.2 激活层 223
    10.3.3 池化层 223
    10.3.4 全连接层 225
    10.3.5 输出层 226
10.4 典型的卷积神经网络结构 227
    10.4.1 LeNet 227
    10.4.2 AlexNet 227
    10.4.3 VGGNet 228
    10.4.4 ResNet 228
10.5 实例分析 229
10.6 习题 231

第11章 循环神经网络 232
11.1 循环神经网络概述 232
11.2 传统循环神经网络 235
11.3 双向循环神经网络 236
11.4 长短期记忆网络 238
11.5 门控循环单元 240
11.6 Keras 实现 RNN 243
    11.6.1 SimpleRNN 层 243
    11.6.2 LSTM 层 246
    11.6.3 GRU 层 247
11.7 循环神经网络训练 248
    11.7.1 BPTT 算法 249
    11.7.2 初始化方法 250

　　　　11.7.3　训练技巧……251
　11.8　循环神经网络应用……252
　　　　11.8.1　股票预测实战……253
　　　　11.8.2　情感分析实战……261
　11.9　习题……272

第12章　强化学习……273
　12.1　强化学习概述……273
　　　　12.1.1　定义与特点……274
　　　　12.1.2　主要组成元素……275
　12.2　马尔可夫决策过程……278
　　　　12.2.1　贝尔曼方程……278
　　　　12.2.2　策略迭代……280
　　　　12.2.3　价值迭代……282
　12.3　蒙特卡洛方法……284
　12.4　时序差分方法……286
　　　　12.4.1　SARSA 算法……287
　　　　12.4.2　Q-Learning 算法……289
　12.5　深度 Q 网络……291
　　　　12.5.1　目标网络……291
　　　　12.5.2　经验回放……292
　12.6　强化学习应用……294
　　　　12.6.1　Gym 介绍……295
　　　　12.6.2　悬崖寻路实战……298
　　　　12.6.3　蛇棋实战……303
　12.7　习题……312

附录 A　编程环境说明……313

参考文献……323

第 1 章

机器学习概论

人类一直以来都在不断发明和使用工具来提高生产力。自计算机发明以来，人类社会的发展突飞猛进。随着物联网、云计算和大数据等技术的发展，人们提出了一系列新概念，如数字地球和智慧城市，同时也希望机器能够替代人类完成一些更具挑战性的任务，如自然语言理解、图像识别和自动驾驶等。这类问题的共同特点是无法通过完全列举的方式来处理，而需要机器通过训练来获取相关知识并进行应用。在图像识别、游戏博弈等应用领域，机器学习已经达到甚至超过了人类的水平。本章将介绍机器学习的基本概念、发展历史、分类，并列举了几种常见的机器学习算法。

本章的重点、难点和需要掌握的内容如下。
- 了解机器学习的概念和特征。
- 了解机器学习的发展历史。
- 了解几种常见的机器学习算法。

1.1 什么是机器学习

机器学习是一种能够让计算机从数据中学习经验并完善自身的技术。机器学习研究的是计算机如何模拟人类的学习行为，以获取新的知识或技能，并重新组织已有的知识结构使其不断改善自身。目前主流的应用和算法是让计算机从数据中学习出规律和模式，以应用在新数据上进行预测任务。

以垃圾邮件识别为例，如果使用传统方法编写垃圾邮件过滤器，其示意图如图 1-1 所示，那么通常采用以下方法。

（1）查看垃圾邮件的特征，比如一些高频词，如发票、信用卡、市场营销、社保等，以及一些发件人为空或来自境外不知名邮件服务器的邮件。

（2）基于每个特征编写规则来检测和判断，如果有多个特征吻合，则标记为垃圾邮件。

（3）对过滤程序进行测试，当新的邮件分类准确率达到一定标准后，将其部署在实际的邮件系统中。

传统方法简单有效，也易于理解。然而，发垃圾邮件者和群发广告者能够通过简单的方式绕过这些规则，例如，将邮件主题中的"发票"改写为"發票"或"发*票"。为了应对这些新的变化，程序员需要增加更多的规则，这最终会导致系统难以维护且效率低下。

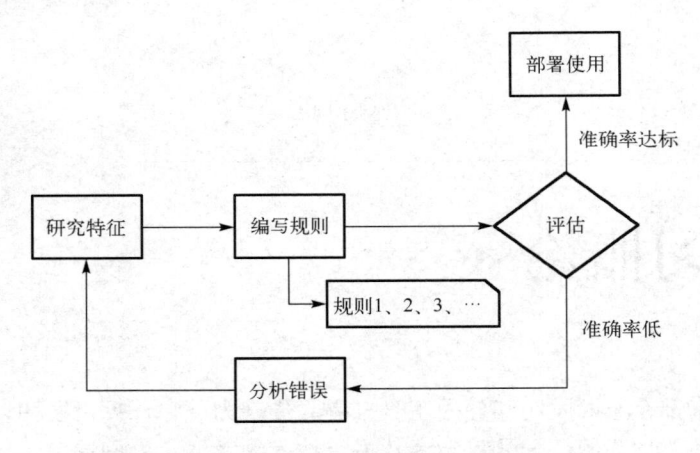

图 1-1　传统方法编写垃圾邮件过滤器的示意图

利用机器学习算法对垃圾邮件进行分类示意图如图 1-2 所示，机器学习方法通过统计被标注为垃圾邮件的邮件具有的特征，如频繁出现的单词、邮件地址和发送对象等，来建立模型。对于新的邮件，机器学习模型会分析该邮件是否符合这些特征，并进行分类，判断其更像是垃圾邮件还是正常邮件。这样的程序易于维护，并且随着数据集的增加，模型会自动识别新的特征，从而提高分类效果。

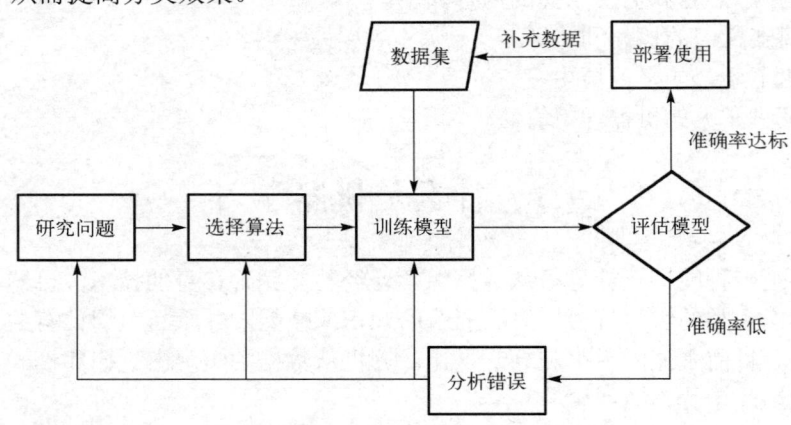

图 1-2　利用机器学习算法对垃圾邮件进行分类示意图

数据（Data）、学习算法（Learning Algorithm）、模型（Model）是机器学习的三要素，机器学习的输入是数据，学到的结果叫模型。从数据中学得模型的这个过程通过执行某个学习算法来完成。

与传统方法相比，机器学习具有以下优点。
- 自动化。机器学习模型可以自动地从数据中学习，并根据学习到的知识进行预测和分类。相比传统方法需要手动编写规则和规则集，机器学习可以更高效地处理大量数据，减少人工干预。
- 适应性。机器学习模型可以通过学习数据中的模式和特征来适应新的情况和变化。当面对新的数据或者新的特征时，机器学习模型可以自动进行调整和更新，以提高准确性和性能。

- 可处理复杂问题。机器学习可以处理大量的数据和复杂的问题。它可以发现数据中的非线性关系和隐藏的模式，从而提供更准确的预测和分类结果。
- 可扩展性。机器学习模型可以通过增加更多的训练数据来提高性能，而不需要手动编写更多的规则。这使得机器学习在处理大规模数据和应对不断增长的需求方面具有很高的可扩展性。

然而，机器学习并非万能的解决方案。机器学习的效果与数据集的数量和质量、算法的参数密切相关。对于某些问题，如果数据集缺乏代表性或者存在噪声，机器学习模型可能无法准确地学习到正确的模式。此外，选择合适的算法和调整算法参数也需要一定的经验和领域知识，这可能是一项挑战。很多机器学习算法的可解释性较低，即难以理解和解释模型内部的决策过程。这对于某些应用领域而言可能是一个问题，特别是在需要对模型做出解释或者验证其可靠性的情况下。此外，有时很难从理论上证明机器学习算法的通用性，这使得人们很难确定在不同问题领域中哪种算法是最优的。

1.2 机器学习的发展历史

1.2.1 人工智能及其三大流派

1956 年，McCarthy、Minsky 和 Shannon 等计算机科学家相聚在达特茅斯会议，提出了人工智能的概念，希望用当时刚刚出现的计算机来构造复杂的、拥有与人类智慧同样本质特性的机器。会议提出了构建智能机器的目标和愿景，希望通过计算机科学的进展，实现拥有类似人类智慧的机器，使机器具备使用自然语言、使用抽象概念、自我学习和自我改进的能力，从而解决类似人类所能解决的问题。

从理论基础划分，人工智能可分为以下三大流派。

符号主义，又称为逻辑主义、心理学派或计算机学派，其原理主要基于物理符号系统（符号操作系统）假设和有限合理性原理。这一理论流派的代表包括决策树算法和基于逻辑的学习算法。符号主义认为，人工智能源于数学逻辑，人的认知基础是符号，认知过程即符号操作过程，通过分析人类认知系统所具备的功能，可以使用计算机来模拟这些功能，从而实现人工智能。符号主义的发展经历了几个阶段：推理期（20 世纪 50 年代至 20 世纪 70 年代），在这个阶段，人们基于符号表示，通过演绎推理技术取得了重要的成果；知识期（20 世纪 70 年代至今），在这个阶段，人们开始基于符号表示，通过获取和利用领域知识来构建专家系统，并取得了大量的成果。

连接主义，又称为仿生学派或生理学派，其主要原理基于神经网络和神经网络之间的连接机制及学习算法。支持向量机（Support Vector Machine，SVM）和神经网络是该学派的代表性技术。连接主义认为，人工智能源于仿生学，特别是对人脑模型的研究。它认为人的思维基本单元是神经元，而不是符号处理过程。在 20 世纪 60 年代至 20 世纪 70 年代，连接主义，特别是以感知机（Perceptron）为代表的脑模型的研究曾经出现过热潮。然而，由于受到当时的理论模型、生物原型和技术条件的限制，脑模型研究在 20 世纪 70 年代后期至 20 世纪 80 年代初期进入了低潮。直到 1982 年和 1984 年，Hopfield 教授发表了两篇重要论文，提出了用硬件模拟神经网络的概念，连接主义才重新受到重视。在 1986 年，Rumelhart 等人提出了多层网络中的反向传播算法（BP 算法）。进入 21 世纪后，连接主义再次兴起，其间人们提出了深度学习的概念。

行为主义，又称为进化主义或控制论学派，其原理基于控制论和感知-动作型控制系统。行为主义是美国现代心理学的主流学派，人们认为行为是智能体对环境变化做出的各种反应的组合，代表人物包括伊万·巴甫洛夫和约翰·华生。1961 年，明斯基提出了强化学习的概念。1989 年，Watkins 提出了 Q-Learning 方法，将动态规划、时序差分和蒙特卡洛模拟结合在一起。

可以看出，符号主义研究抽象思维，注重数学可解释性；连接主义研究形象思维，偏向于仿人脑模型；而行为主义研究感知思维，偏向于应用和身体模拟。人工智能领域的派系之争由来已久，三个流派都提出了自己的观点，它们的发展趋势也反映了时代发展的特点。图 1-3 简要列举了机器学习发展过程中三个流派的重要事件。

1.2.2　机器学习发展史及重要事件

人工智能的发展经历了三次重要的热潮。

第一次热潮发生在 20 世纪 50 年代到 20 世纪 70 年代，这一时期的研究重点是基于逻辑推理的专家系统。早期的机器学习主要集中在以符号逻辑为基础的推理理论和应用上，而专家系统则是符号主义在人工智能领域的主要成就之一。

1956 年的达特茅斯会议被认为是人工智能领域的里程碑，会议聚集了一些人工智能早期的研究者和学者，讨论了人工智能的基本概念、方法和挑战。在达特茅斯会议上，符号主义成为人工智能的主流方法，并且在接下来的几十年中占据着主导地位。这段时间被称为符号主义时代，在这个时期，人工智能研究主要集中在逻辑推理、专家系统和知识表示等方面。

1968 年，费根鲍姆等人在总结通用问题求解系统的成功与失败经验的基础上，结合化学领域的专门知识，研发成功了世界上第一个专家系统 DENDRAL。DENDRAL 专家系统专注于分析化学物质的质谱数据，通过应用化学家的专业知识和推理规则，能够自动地推断出化合物的结构。

然而，尽管专家系统在理论上取得了一定的成功，但在实际应用中，研究者发现人工智能的难度远超过了最初的预期。20 世纪 60 年代，人工智能热潮逐渐退去，进入了长达 10 年的低潮期，这一时期被称为人工智能冬天。

第二次热潮发生在 20 世纪 80 年代到 20 世纪 90 年代，这一时期的研究重点是基于统计学习和机器学习的算法。

在这个时期，专家系统得到了广泛的研究和应用，经历了一个被称为黄金期的阶段，被认为是人工智能领域的重要突破。专家系统在各个领域展示了巨大的潜力，包括医学诊断、工业控制、金融分析等。

DEC 公司的专家配置系统 XCON 是专家系统最成功的案例之一。XCON 系统在 1980 年投入使用，并持续到 1986 年，其间处理了八万个订单。XCON 系统的主要功能是为客户定制 DEC 公司的 VAX 系列计算机，根据客户的需求自动配置零部件。

1982 年日本启动了五代机计划，计划在 10 年内建立可高效运行 Prolog 的智能计算系统。在同一时期，也有一些面向领域的专家系统投入使用。反向传播学习算法、隐马尔可夫模型、贝叶斯网络等理论用于了非确定的推理和专家系统。研究者发现符号主义方法的表达能力不足，并且求解时间复杂度高，神经网络等方法也没有找到重量级应用。

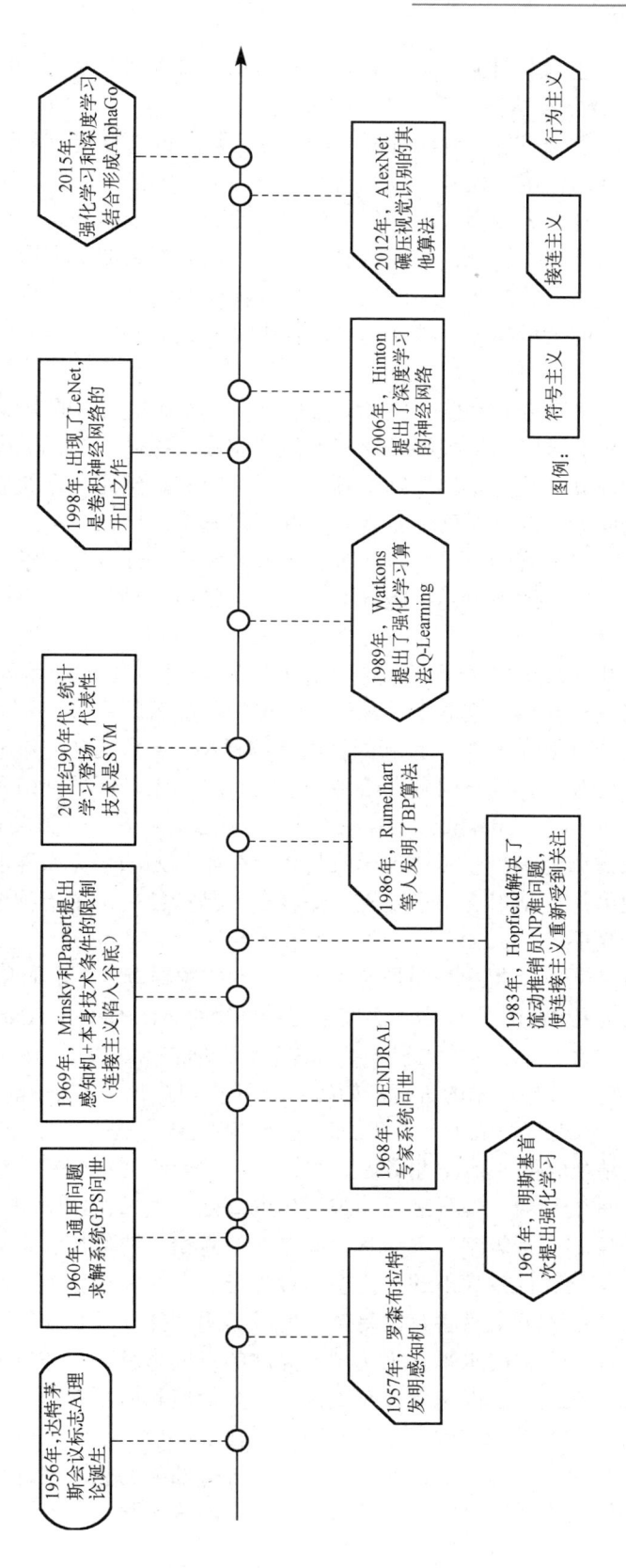

图 1-3　机器学习发展过程中三个流派的重要事件

1991年，日本的五代机计划失败，这也标志着第二次人工智能热潮的衰退。在此之后的近20年里，人工智能的研究进入了一个相对低谷的时期。

第三次热潮发生在20世纪90年代并持续至今，算力的不断提高对人工智能技术的发展起到了至关重要的推动作用。随着计算机硬件的进步和技术的创新，人工智能算法和模型的训练时间大大缩短，处理大规模数据和复杂任务的能力也大幅提升。这一时期的研究重点是神经网络、深度学习及强化学习，人工智能由此进入新的繁荣期。

麦卡洛克和皮茨在1943年发表的论文被称为神经网络的开山之作，他们提出了一种受到生物神经系统启发的数学模型，被认为是现代神经网络的基础。他们的工作奠定了神经网络的基础。

1957年，康奈尔大学的实验心理学家罗森布拉特在康奈尔大学的IBM-704计算机上实现了一种被称为感知机的神经网络模型，该模型能够完成一些简单的视觉处理任务。这个成果在当时引起了轰动，并被认为是神经网络领域的重大突破。然而，在随后的发展中，符号主义流派的代表人物明斯基对神经网络持有一定的质疑态度。他认为神经网络无法解决人工智能问题，并与麻省理工学院的派珀特合作撰写了《感知机：计算几何学》一书，指出了感知机模型的局限性和缺陷。这本书的出版标志着神经网络研究进入了一个低谷期，这个低谷期长达20年。

随着技术的进步和理论的发展，神经网络研究在20世纪80年代和90年代重新兴起。特别是在深度学习和大数据的推动下，神经网络取得了显著的进展。

1982年，霍普菲尔德提出了一种新的神经网络模型，被称为霍普菲尔德网络，该模型可以解决一类模式识别和组合优化问题，给神经网络领域带来了新的突破和激励。

在2006年，Hinton和Salakhutdinov在*Science*杂志上发表了一篇文章，指出多隐藏层的神经网络可以刻画数据的本质，并通过无监督逐层初始化方法来克服深度神经网络训练困难的问题，这个发现为深度学习奠定了基础。深度学习是指使用由多层神经元组成的神经网络来实现机器学习的功能。

2024年诺贝尔物理学奖得主辛顿是连接主义运动的领导者之一，他和他的团队在2012年的图像识别国际大赛ILSVRC中提出了深度学习神经网络AlexNet。AlexNet以超过第二名10%的惊人优势夺冠，得到了广泛的关注和认可。这个事件标志着深度学习的崛起，并推动了神经网络领域的发展。随着硬件技术的进步，如谷歌公司推出了TPU（Tensor Processing Unit，张量处理单元）芯片，深度学习成为人工智能时代的主流方法之一。它在计算机视觉、自然语言处理、语音识别等领域取得了显著的成果，并在许多实际应用中取得了突破性的进展。

强化学习是一种受行为心理学启发而被提出的算法，侧重在线学习，通过感知系统的反馈调整智能体与环境的交互策略。强化学习问题在信息论、博弈论、自动控制等领域都有应用。它被用于解释有限理性条件下的平衡态，设计推荐系统和机器人交互系统等。一些复杂的强化学习算法在一定程度上具备解决复杂问题的通用智能，并且在围棋和电子游戏等领域中已经达到甚至超过了人类的水平。强化学习算法的发展为解决现实世界中的复杂问题提供了新的思路和方法，在人工智能领域具有重要的研究价值和应用潜力。

强化学习在机器学习领域的起步相对较晚。早在20世纪80年代，时序差分算法就出现了，但由于无法列举所有状态和动作的表格形式，这些抽象的算法在许多实际问题中无法被大规模应用。直到深度神经网络与强化学习的结合，即深度强化学习，才为强化学习带来了真正的机会。深度强化学习算法使用深度神经网络拟合动作价值函数（Q 函数）或直接拟合策略函数，从而能够处理各种复杂的状态和环境，这使得深度强化学习在围棋、游戏、机器人控制等问题中真正得到了应用。

神经网络可以直接根据游戏画面、自动驾驶汽车的摄像头图像或当前的围棋棋局等输入，预测需要执行的动作。深度 Q 网络（Deep Q-Network，DQN）是深度强化学习中的一种典型算法，它使用深度神经网络来拟合动作价值函数。还有一些直接优化策略函数的算法，如策略梯度（Policy Gradient）算法和 Actor-Critic 算法等，也被广泛应用于深度强化学习领域。

深度强化学习的发展为解决复杂问题提供了新的工具和方法，使得强化学习能够在更广泛的领域中发挥作用，并取得了令人瞩目的成果。

AlphaGo 是由 DeepMind 公司开发的一个强化学习系统，它在 2016 年与围棋世界冠军李世石进行了围棋人机大战并获胜，之后又在 2017 年与世界围棋冠军柯洁对战并再次获胜。这些胜利使得 AlphaGo 被围棋界公认为超越了人类职业围棋顶尖水平。随后，DeepMind 公司推出了更强大的版本 AlphaGo Zero，它从空白状态学习，通过自我对弈不断提升自身水平，最终超过了 AlphaGo。这些成就标志着强化学习和深度学习在复杂的策略类游戏中取得了巨大突破。

自动驾驶汽车是利用人工智能、视觉计算、雷达、监控装置和全球定位系统等技术，实现汽车在没有人类主动操作的情况下自动驾驶的一种技术。谷歌公司在 2010 年宣布开发自动驾驶汽车，并在 2015 年开始在加州进行测试。这些汽车通过大量的测试和实践积累了丰富的经验，相当于人类驾驶员多年的驾驶经验。此外，国内的一些公司也在积极开发自动驾驶技术和平台，并在一些特定地区进行试点应用。

2022 年 11 月 30 日，OpenAI 公司发布了一款聊天机器人程序，即 ChatGPT（Chat Generative Pre-trained Transformer），使用了 Transformer 神经网络架构。ChatGPT 已经成为一次科技革命，标志着 AI 时代的来临，其爆红标志着数据和算法驱动的智能传播正式确立主流地位，也意味着人类信息传播的又一次范式转变，并将引发社会各层面、各领域的基础性变革。

1.3 机器学习的研究与应用

机器学习的最终目标是让机器有感知与分析、理解与思考、决策与交互的能力。围绕这个目标，可将机器学习研究和应用框架自底向上划分为 5 层，如图 1-4 所示。

第 1 层是基础设施，包括硬件/计算能力和大数据两部分。在机器学习中，数据的规模和质量对于算法的效果和性能至关重要。大规模的高质量数据可以为模型提供更多的信息和变化模式，有助于提高模型的准确性和泛化能力。因此，收集、整理和预处理数据是机器学习中的关键步骤之一。此外，计算能力也是机器学习发展的关键驱动因素。随着图形处理单元（Graphics Processing Unit，GPU）和张量处理单元等专用硬件的出现和广泛应用，深度学习的训练速度大幅提高。这些硬件加速器可以并行处理大量计算任务，加快了神经网络的训练和推断过程。随着硬件的持续优化，研究人员得以构建规模更大、能力更强的神经网络模型。例如 GPT-4（Generative Pre-trained Transformer 4）和 DeepSeek-V3，这些模型的参数规模达到了数百亿至千亿级别。

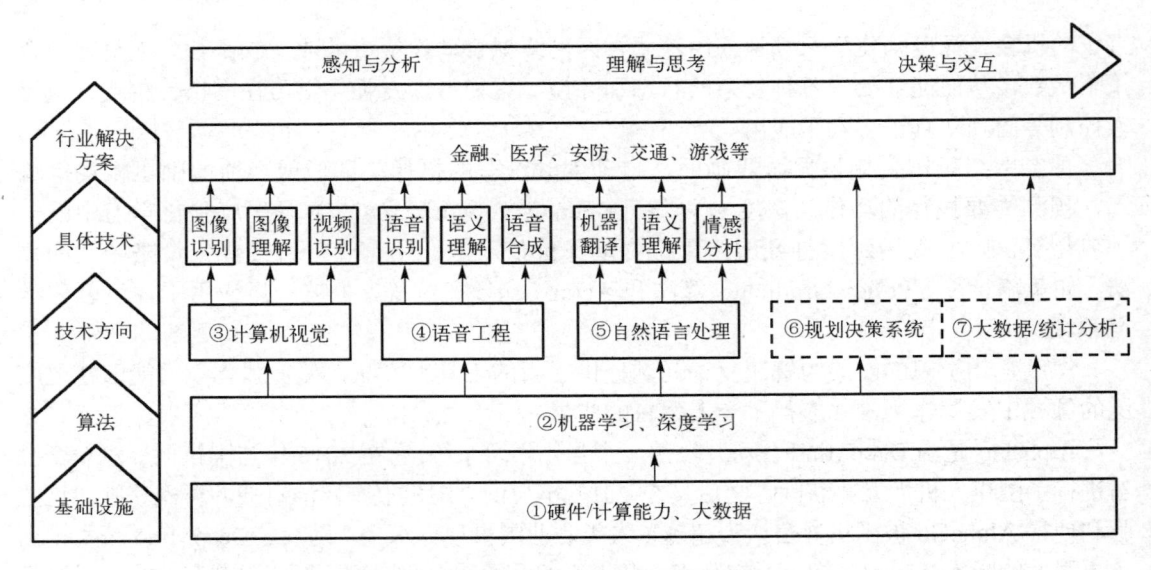

图 1-4 机器学习研究和应用框架

第 2 层是算法。研究内容包括传统的机器学习算法和近期发展迅速的深度学习算法。传统的机器学习算法包括决策树、逻辑回归、支持向量机（SVM）等。这些算法在一些问题领域中表现出色，并且有一定的解释性。它们通常使用手动设计的特征，并通过训练算法来学习模型参数，以实现分类、回归等任务。而深度学习算法则是近年来在机器学习领域取得重大突破的算法。深度学习算法的核心是神经网络，其中最著名的就是卷积神经网络（Convolutional Neural Network，CNN）和循环神经网络（Recurrent Neural Network，RNN）。以卷积神经网络为例，通过调整网络结构和参数，不同的卷积神经网络在图像识别任务上表现出不同的性能。一些重要的卷积神经网络的发展里程碑包括 1998 年的 LeNet、2012 年的 AlexNet、2014 年的 VGG-Net 和 GoogleNet、2015 年的 ResNet、2016 年的 GoogleNet 的新版本 Inception-v4、2019 年的 EfficientNet 等。这些模型的不断改进和演进提高了图像识别的准确性和效率。

第 3 层是技术方向，包括计算机视觉、语音工程、自然语言处理、规划决策系统、大数据/统计分析等。

计算机视觉致力于使计算机能够理解、识别图像和视频数据，实现图像分类、目标检测、人脸识别等任务。

语音工程涉及机器对语音信号的理解和处理，包括语音识别、语义理解、语音合成等。语义理解将自然语言转化为机器可理解的形式，实现文本分类、情感分析、机器翻译等任务。这些技术推动了机器学习在计算机视觉、语音处理和自然语言理解方面的发展。在 2010 年后，深度学习的广泛应用显著提升了语音识别的准确率。代表产品如 Siri、小爱同学和小艺等智能助手，能够理解用户的语音指令并进行交互。

另外，自然语言处理系统也得到了快速发展，包括机器翻译、语义理解和情感分析等。这些系统利用深度学习和自然语言处理技术，能够处理文本数据，实现自动回答问题、翻译文本和进行对话等任务。目前，语音工程在安静环境下已经达到了与人类相似的水平；然而，其在噪声环境下仍然存在挑战，如原场识别（识别随机环境中的语音）、口语和方言等场景识别。这些环境下的语音识别依然面临困难，需要进一步的研究和技术改进来提高准确性和鲁棒性。

而规划决策系统的发展是随着棋类问题的解决而不断提升的,从 20 世纪 80 年代的西洋跳棋开始,到 90 年代的国际象棋对弈,再到 AlphaGo 和 AlphaGo Zero,机器的胜利都标志了机器学习算法的进步。规划决策系统可以在自动化、量化投资等系统上广泛应用。目前存在的问题主要包括学习知识的不可迁移性,如象棋的算法和技术不能直接迁移至围棋。

大数据/统计分析技术可以分析客户的喜好从而进行个性推荐,精准营销;还可以分析各个股票的行情,进行量化交易。

第 4 层是具体技术。在计算机视觉领域,技术包括图像识别、图像理解和视频识别等。图像识别旨在识别图像中的物体,可以是数字、动物等实体。而图像理解则更进一步,旨在理解图像中的物体,甚至整个场景。视频识别通过对视频内容的分析和理解,实现对一段视频中的物体、动作、场景等元素的检测、识别和分类。在语音工程领域,技术包括语音识别、语义理解和语音合成等。语音识别致力于将语音信号转化为文本形式,使机器能够理解和处理语音输入。语义理解则是让机器能够理解语句的真实含义。而语音合成则生成自然流畅的语音输出。自然语言处理领域的研究方向包括机器翻译、语义理解和情感分析等。机器翻译旨在将一种语言翻译成另一种语言,已经应用于翻译、同声传译等场合。语义理解使机器能够理解语句的真实含义。而情感分析则可用于对新闻、商品评论等文本进行情感分析和评价。

第 5 层是行业解决方案。以计算机视觉为例,相关技术已广泛应用在停车场出入口的车牌识别、小区门禁系统的人脸识别、无人驾驶系统的行人和车辆检测等场合中。在金融领域,决策树、知识图谱等技术也被大量应用在信用风险、信用卡盗刷场景识别中。

1.4 机器学习的分类

1.4.1 基于学习方式分类

按机器学习的学习方式分类,机器学习可以分为监督学习(Supervised Learning)、无监督学习(Unsupervised Learning)、半监督学习(Semi-supervised Learning)、强化学习(Reinforcement Learning,RL)4 种类型。

机器学习通用流程图如图 1-5 所示,机器学习的通用流程是通过数据集训练模型,并用模型分析预测新的数据。三种不同的机器学习方式如图 1-6 所示,监督学习、无监督学习、半监督学习的主要区别在于训练集中标注数据的数量和利用方式。

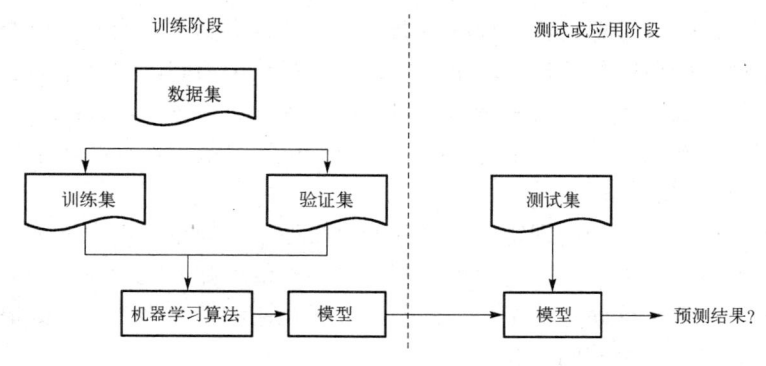

图 1-5 机器学习通用流程图

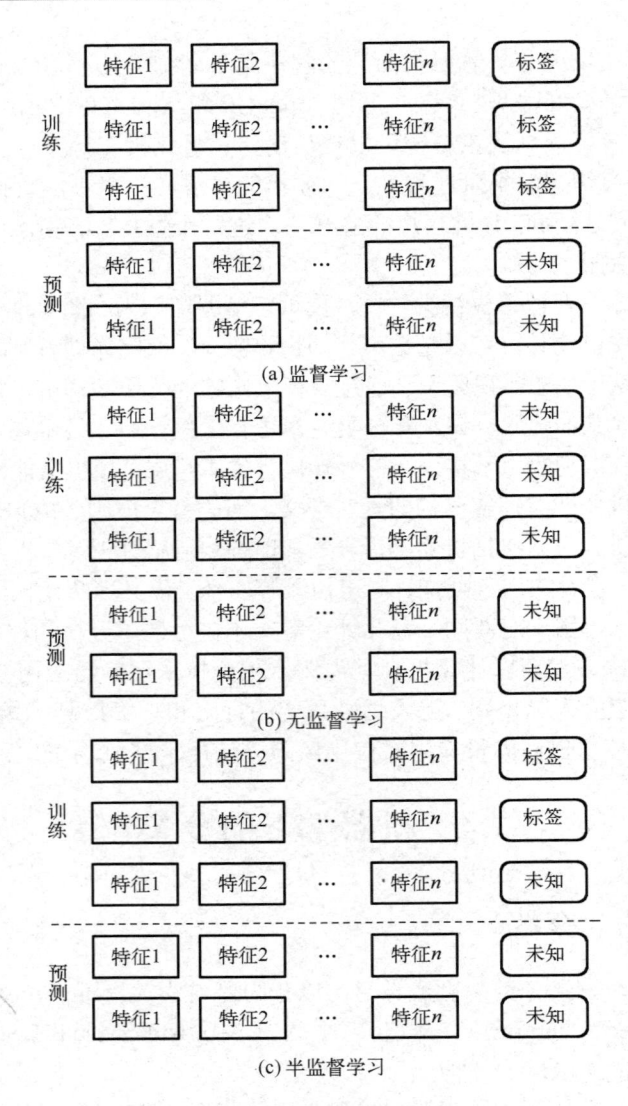

图 1-6　三种不同的机器学习方式

1. 监督学习

在监督学习中，输入数据被称为训练数据，每个训练数据都有明确的分类或数值标签。这些标签提供了训练模型所需的目标输出。以识别手写数字为例，训练集会包含手写数字图像及其对应的标签，标示该图像所表示的数字。在图像分类系统中，训练集中的图像会被标注为不同的类别，如猫、狗、公交车等。在垃圾邮件过滤系统中，训练集中的样本邮件会被标注为垃圾邮件或非垃圾邮件。

监督学习的目标是通过分析训练集，建立一个模型，该模型可以根据输入特征来预测未标注样本的分类或数值。如果预测的输出为离散的类别值，如分类图像中的对象或区分垃圾邮件与非垃圾邮件，那么这就是一个分类问题。如果预测的输出为连续的数值，如预测房价或销售量，那么这就是一个回归问题。

在监督学习过程中，将输入、输出看作定义在输入（特征）空间与输出空间上的随机变量的取值。通常，人们使用大写字母 X 和 Y 来表示输入和输出的随机变量，表示它们是随机的。而具体的示例或实例使用小写字母来表示，表示它们是具体的值。监督学习的目标是通过训练集中的示例对来学习 X 和 Y 之间的条件概率分布或决策函数，以便在给定新的输入 X 的情况下，能够预测对应的输出 Y。而输入、输出变量所取的值用 x 和 y 表示。变量可以是标量，也可以是向量。

输入特征向量 x 是描述示例的特征的值，通常由一个实例表示，x 的特征向量表示为

$$x = (x^{(1)}, x^{(2)}, \cdots, x^{(i)}, \cdots, x^{(n)})^{\mathrm{T}}$$

式中，$x^{(i)}$ 表示 x 的第 i 个特征。

而用于学习的训练集通常表示为

$$T = \{(x_1, y_1), (x_2, y_2), \cdots, (x_N, y_N)\}$$

测试集通常也遵循与训练集相同的格式，即由输入特征向量和对应的输出标签组成示例对。这些示例对也被称为样本或样本点。在监督学习中，通常假设训练集和测试集是从相同的联合分布 $P(X, Y)$ 中独立同分布地产生的。这意味着训练集和测试集中的样本是从相同的数据生成过程中获得的，并且在统计上是相互独立的。这个假设的目的是确保训练数据和测试数据具有相似的数据分布，使得可以通过在训练数据上学习到的模型在测试数据上获得良好的性能。

以下是一些常用的监督学习算法。
- 线性回归（Linear Regression，LR）
- 决策树（Decision Tree，DT）
- 随机森林（Random Forest，RF）
- 支持向量机（Support Vector Machine，SVM）
- 朴素贝叶斯（Naive Bayes，NB）
- K 最近邻（K-Nearest Neighbors，K-NN）
- 支持向量回归（Support Vector Regression，SVR）

2．无监督学习

无监督学习与监督学习不同，它没有标注的输出变量（没有标签 Y）。在无监督学习中，从未标注的数据集中学习数据的内在统计规律或结构，而不是通过示例对来进行学习。无监督学习的目标是通过学习数据中的模式、类别、转换或概率分布等内在结构，来揭示数据的隐藏信息。常见的无监督学习任务包括聚类、降维、可视化、概率估计和关联规则学习等。

以下是一些常用的无监督学习算法。

1）聚类算法
- K-均值（K-means）
- 分层聚类（Hierarchical Clustering）
- 最大期望（Expectation Maximization，EM）

2）降维算法
- 主成分分析（Principal Component Analysis，PCA）
- 核主成分分析（Kernel Principal Component Analysis，Kernel PCA）
- 局部线性嵌入（Local Linear Embedding，LLE）
- t-分布随机近临嵌入（t-distributed Stochastic Neighbor Embedding，t-SNE）

3）关联规则学习算法
- Apriori。
- Eclat。
- FP-Growth。

3. 半监督学习

半监督学习是一种介于无监督学习和监督学习之间的学习方式，它利用大量未标注的数据和少量标注的数据来进行模型训练和预测。在半监督学习中，未标注数据提供了额外的信息，可以帮助模型更好地理解数据的内在结构。通过无监督学习算法，如聚类、降维或生成模型，可以对未标注数据进行建模，从而获得数据的潜在分布或特征表示。这些学习到的表示可以与标注数据一起用于监督学习任务，如分类或回归。

半监督学习算法可以是无监督学习算法和监督学习算法的结合，或者是对监督学习算法的扩展。例如，图推理算法利用图结构来表示未标注数据和标注数据之间的关系，并通过传播标签信息来进行预测。拉普拉斯支持向量机则利用拉普拉斯正则化来平滑未标注数据的预测结果。

深度信念网络（Deep Belief Network，DBN）是一种常见的半监督学习算法，它由多个受限玻尔兹曼机（Restricted Boltzmann Machine，RBM）组成。通过无监督的预训练，DBN可以学习到数据的潜在表示，然后通过有监督的微调来进行分类任务。

半监督学习在许多应用领域都具有重要意义，如图像分类、文本分析、异常检测等，特别是在数据标注成本高昂或标注数据不充足的情况下。通过充分利用未标注数据，半监督学习可以提供更好的模型性能和更广泛的应用场景。

以下是一些常用的半监督学习算法。
- 自训练
- 协同训练
- 标签传播
- 半监督支持向量机
- 生成对抗网络
- 无监督预训练和有监督微调

4. 强化学习

强化学习是一种机器学习算法，通过与环境的交互学习最优的行为策略，其目标是通过最大化长期累积奖励来选择最优的策略。强化学习示意图如图1-7所示，狗作为智能体在房间这个环境中，通过摇尾巴、趴下动作，逐渐学习到如何通过表达快乐来获得奖励（骨头）。

强化学习通常应用于需要进行系统控制的领域，如机器人控制、游戏决策、自动驾驶等。在这些领域中，智能系统需要通过与环境的交互来学习最佳的决策策略。例如，机器人学习行走时，它需要通过试错和反馈来调整步态和姿势，以最大限度地保持平衡和前进。AlphaGo 在学习下棋时，通过与自己和其他对手的对弈来改进策略，以达到击败对手的目的。

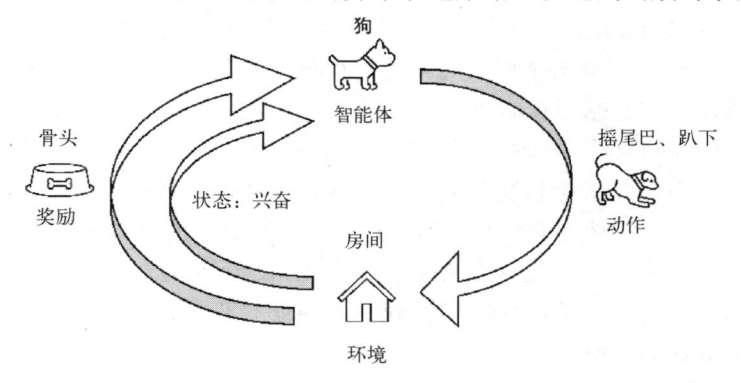

图 1-7　强化学习示意图

强化学习的核心是价值函数和策略。价值函数用于评估在给定状态下采取某个动作的价值；而策略则是在给定状态下选择动作的方法。强化学习的目标是通过优化策略来选择价值函数最大的策略，从而实现最优决策。在实际应用中，强化学习往往从一个具体的策略出发，并通过不断与环境交互来优化现有策略。

以下是一些常用的强化学习算法。
- Q-Learning
- Deep Q-Network（Deep Q-Learning Network）

1.4.2　基于问题分类

按机器学习要解决的问题分类，机器学习可分为回归（Regression）算法、分类（Classification）算法、聚类（Clustering）算法和强化学习 4 类。

1. 回归算法

回归算法是一种统计学和机器学习中常用的算法，用于通过已知数据来预测或估计一个或多个连续数值型的目标变量。其目的是建立一个数学模型，以便根据自变量的值来预测因变量的值。回归算法的核心思想是，基于数据的统计规律，通过拟合数据点之间的关系，来推断出未知数据点的数值。它可以用于描述和预测各种现象，如身高、体重、智商、财富等。回归算法假设这些现象具有某种平均趋势或规律，并通过拟合数据点来估计这种趋势或规律。回归分析的目标是找到一个最佳拟合的函数或模型，使得预测结果与真实值之间的误差最小。

从数学的角度来看，假设回归模型为 $y = a + bx + \varepsilon$，其中预测偏差 ε 是随机的，服从均值为 0 的正态分布（高斯分布），也就是预测偏差是可控的，总的均值为 0。基于这个假设，在统计学中才会有对回归模型的检验，包括估计系数的 t 检验、显著性的 F 检验及区间预测等，这些都是建立在预测偏差服从正态分布的基础上的。在机器学习中，由于回归分析更多的是用于预测，侧重预测的效果，可能对预测偏差的分布假设没有那么高要求。但是，作为来自统计学的回归算法，无法摆脱其本质含义。在机器学习中，回归算法的本质是向平均回归的预测理念，包括在机器学习中会用到最小二乘法求解参数。

常见的回归算法包括线性回归、多项式回归、逻辑回归、岭回归、支持向量回归等。下面介绍两种回归算法。
- 单变量线性回归算法：只包含一个自变量和一个因变量，基于两个变量建立线性回归方程，去拟合与预测两个变量关系的一种算法。单变量线性回归算法的常规求解是最小二乘法，它是基于真实值与预测值之间偏差的平方和最小来拟合曲线的。
- 多变量线性回归算法：一种复杂的线性回归模型，包含多个自变量和一个因变量。该模型假设因变量与多个自变量之间存在线性关系，并通过拟合一个超平面来描述二者之间的关系。需要注意的是，多变量线性回归算法的常规解法对变量有特定要求，但在实际应用中并不满足这个要求并存在过拟合等问题，所以多变量线性回归算法在基础求解之上引入了正则化、岭回归与 Lasso 回归等方法进一步优化与扩展多变量线性回归算法的求解。

回归算法在许多不同的领域中有广泛的应用，包括机场客流量分布预测、音乐流行趋势预测、需求预测与仓储规划方案、某微博互动量预测、货币基金资金流入/流出预测、电影票房预测等。

2. 分类算法

分类算法可以根据给定样本的特征，预测其所属的类别。分类是一种监督学习的过程，其中目标数据库中的类别信息是已知的，分类算法的任务是将每个样本归类到相应的类别中。分类算法需要事先知道各个类别的信息，并假设待分类的数据条目都具有对应的类别。

分类的目的是确定一个数据点所属的类别，具体的类别在分类过程中是已知的；而聚类的目的是将一组数据点划分成若干个类别，聚类算法在开始时不需要预先定义类别。然而，分类算法和聚类算法也存在一些相似之处，都使用了最近邻（Nearest Neighbor）算法来找到与目标点最近的数据点进行分析。

在机器学习中，构造分类模型可以使用许多方法，单一的分类算法主要包括决策树（Decision Tree）、贝叶斯分类算法（Bayesian classifier）、人工神经网络（Artificial Neural Network，ANN）分类算法、K 最近邻（K-Nearest Neighbor，KNN）、支持向量机（SVM）、基于关联规则的分类算法等。另外，还有用于组合单一分类算法的集成学习（Ensemble Learning），如 Bagging 和 Boosting 等。此外，可以将逻辑回归（Logistic Regression）看作一种特殊的分类分析，逻辑回归将数据集划分成了正向类和负向类。同时，从对分类算法的比较研究中可以发现，贝叶斯算法的表现突出，可以与决策树算法及神经网络算法媲美。

分类算法可以帮助解决分类、预测和识别等问题，其应用场景涵盖了许多领域，如电子商务中的商品推荐、自然语言处理中的文本分类、垃圾信息过滤中的垃圾短信过滤、图像处理中的图像识别、智能交通中的交通事故预测等。

3. 聚类算法

聚类算法是一种典型的无监督学习算法，可以建立在无类别标记的数据上。聚类算法的目标是在没有预先定义类别标签的情况下，将数据点按照它们的相似性划分到不同的簇中。聚类算法将数据集通过特定方法划分成多个组或簇，使得组或簇内的对象具有很高的相似性，但不同组或簇之间的对象相似性很差，所以聚类算法可以保证同一个类的样本相似，不同类的样本之间尽量不同。聚类模型可以建立在无类别标记的数据上，是较典型的无监督学习算法。

聚类算法包含以下几个基本要素。

数据之间的相似度：其衡量指标包括欧氏距离、曼哈顿距离、明氏距离、切比雪夫距离及夹角余弦相似性的度量等。

聚类有效性函数：是对样本类别判定的停止条件。一方面，可以用于判断在算法不同阶段产生的多个划分结果中最有效的方法；另一方面，可以作为算法停止的判别条件，当类别划分结果达到聚类有效性函数的条件时，算法运行即可停止。

类别划分策略：基于数据之间的相似性，决定适当的类别划分方式，从而确保类别划分结果的有效性。按照类别划分方式的不同可以将聚类算法分为划分式聚类算法、层次聚类算法、基于密度的聚类算法、基于网格的聚类算法及基于模型的聚类算法等。

聚类算法具有广泛的应用。从算法的角度来看，聚类算法可以作为一种数据预处理过程，在应用其他算法之前使用。它可以通过聚类的方式对数据进行特征抽取或分类，以降低算法训练的成本并提高效率。此外，聚类算法还可以使数据更加紧凑，去除干扰信息，从而提高训练的精度。

首先，作为其他算法的预处理步骤，利用聚类算法进行数据预处理，可以获得数据的基本概况，在此基础上进行特征抽取或分类可以提高精确度和训练效率。其次，聚类算法也可以作为一个独立的工具来获得数据的分布状况，它是获得数据分布情况的有效方法，通过观察聚类得到的每个簇的特点，可以对某些特定的簇集中做进一步分析。最后，聚类算法也可以完成对孤立点的挖掘，传统的机器学习算法更多的是使孤立点影响最小化，或者排除孤立点。然而孤立点本身可能是非常有用的，比如在欺诈探测中，孤立点可能预示着欺诈行为存在。

聚类算法在市场细分和目标顾客定位、网络营销和内容运营等领域中有着广泛的应用。聚类算法可以根据顾客的基本数据和市场数据对顾客进行分群，将具有相似消费行为和偏好的顾客归类到同一簇中。通过分析不同类型顾客的消费行为模式，企业可以更好地理解不同群体的需求和行为特点，从而进行市场群体或区域的划分，并将营销策略和资源集中在具有消费潜力的目标顾客上。聚类算法还可以对性质或特性类似的网页予以分类，增加网页搜索的速度，同时可以根据客户浏览行为以及相关信息，将客户聚类以便于对商品或网页内容进行推荐与营销。

4．强化学习

强化学习是机器学习的一个重要领域，它关注如何基于环境进行决策，以达到最大化的预期回报。强化学习的特点是在与环境的交互中学习，并通过试错来改进决策策略。强化学习与传统的监督学习和无监督学习不同，它不依赖于带标签的输入输出对，也不需要对非最优解进行精确的纠正。相反，强化学习通过在环境中进行试验和观察，学习如何在给定的状态下选择最优的动作。它注重探索和利用的平衡，既要尝试新的未知领域，也要充分利用已有的知识和经验。在强化学习中，"探索-利用"是一个核心概念，它涉及在决策过程中尝试新动作以获取更多信息和利用已知动作以获得更高回报之间的权衡。

强化学习的灵感来源于心理学中的行为主义理论，特别是关于奖励与惩罚对习得行为的影响的研究。行为主义理论认为，有机体通过在环境中接受奖励或惩罚的刺激来逐渐形成对刺激的预期，并形成能够获得最大利益的习惯性行为。强化学习的方法具有普适性，因此在许多其他领域也得到了广泛研究和应用。例如，在博弈论中，强化学习被用来解释在有限理性条件下如何形成平衡策略。在控制论和运筹学研究中，强化学习被称为近似动态规划（Approximate Dynamic Programming，ADP），用于解决复杂的决策问题。在信息论、仿真优化、多智能体系统、群体智能、统计学和遗传算法等领域，也有相关的强化学习研究。

马尔可夫决策过程（Markov Decision Process，MDP）是在强化学习中经常被用来描述和建模环境的一种数学框架。MDP假设环境满足马尔可夫性质，即当前状态的未来发展只依赖于当前状态和当前采取的动作，而与过去的状态和动作无关。这种假设使得强化学习算法能够使用动态规划等方法进行求解。

传统的动态规划方法和强化学习算法之间的主要区别在于，传统的动态规划方法通常需要完整的MDP知识，即状态转移概率和奖励函数的具体数值。而强化学习算法可以通过与环境的交互来进行学习，不需要事先了解完整的MDP知识。

在强化学习中，常用的算法包括蒙特卡洛学习（Monte-Carlo Learning）、时序差分学习（Temporal-Difference Learning）、SARSA（State-Action-Reward-State-Action）和Q-Learning等。蒙特卡洛学习使用具有随机性的采样来估计状态值或动作值的期望回报。时序差分学习通过估计当前状态和下一个状态之间的差异来更新值函数。SARSA和Q-Learning是基于值函数的算法，用于学习最优动作值函数，其中SARSA基于状态-动作-奖励-下一个状态-下一个动作的序列进行更新，而Q-Learning通过选择最大价值的动作来更新值函数。

强化学习广泛应用于无人驾驶、工业自动化和金融贸易等领域。在无人驾驶领域，强化学习用于轨迹优化、运动规划和动态路径。工业自动化领域中的强化学习机器人可以执行各种任务，例如，DeepMind公司将强化学习用于冷却数据中心，以节省能源。在金融贸易领域，强化学习可用于制定交易策略，提高收益。

1.4.3 机器学习的模型及算法

1. 概率模型和非概率模型

根据模型的训练和表示形式，机器学习模型可以分为概率模型和非概率模型。概率模型基于概率理论，使用贝叶斯定理和隐马尔可夫模型等方法对事件的概率进行建模和推断。

以判断西瓜的好坏为例，假设西瓜的特征包括质量、体积和颜色，并且将好瓜、中瓜和差瓜作为分类标签。概率模型可以计算给定特征条件下，西瓜属于每个类别的概率。具体地，可以计算$P(好瓜|X)$、$P(中瓜|X)$和$P(差瓜|X)$，其中X代表观测到的西瓜特征。对于非概率模型，可以找到一个将所有特征作为参数的函数$Y=f(x)$。Y位于不同区间时分别代表瓜的种类。例如，$Y \geq 0.8$的是好瓜，$0.6 \leq Y \leq 0.8$的是中瓜，$Y \leq 0.6$的是差瓜。

概率模型包括决策树模型、朴素贝叶斯模型、隐马尔可夫模型、条件随机场模型、高斯混合模型等。这些模型可以用于建模和推断概率分布，从而进行概率推理和预测。而非概率模型包括感知机模型、支持向量机（SVM）模型、K最近邻（KNN）模型、AdaBoost模型、K-means模型、神经网络模型等。这些模型通常通过优化目标函数来进行训练和预测，而不直接建模和推断概率分布。

条件概率函数和决策函数之间确实存在互相转化的关系。在概率模型中，可以通过贝叶斯决策理论将条件概率函数转化为决策函数，从而进行预测和决策。而在非概率模型中，可以通过设定阈值或权重来将决策函数转化为概率预测，但这种转化是近似的，不具备概率的严格定义。

概率模型的代表是概率图模型，它使用无向图或有向图来表示联合概率分布。概率图模型包括贝叶斯网络模型、马尔可夫随机场模型和条件随机场模型等。这些模型利用图结构将联合概率分布分解为多个因子的乘积形式，从而简化概率推理的计算。

无论模型的复杂性如何，概率模型都可以使用基本的加法规则和乘法规则进行概率推理。这些规则允许对已知信息进行合并和推断，从而得到新的概率分布或预测结果。

加法规则：$P(x) = \sum_y P(x, y)$。

乘法规则：$P(x, y) = P(x)P(y|x)$。

2．线性模型与非线性模型

在机器学习中，模型可以分为线性模型和非线性模型，这取决于模型对输入特征和输出之间关系的建模方式。线性与非线性是数学中与函数相关的概念。线性是指两个变量之间成正比，在平面直角坐标系中表现出来就是一条直线；而非线性指的是两个变量之间不成正比，在平面直角坐标系中表现出来是曲线而非直线，如一元二次方程的抛物线、对数函数等。一切不是一次函数的关系，都是非线性的。

在非概率函数 $y=f(x)$ 中，如果函数 $f(x)$ 是线性的，则称为线性模型。线性模型假设输入特征与输出之间存在线性关系。这意味着模型的预测结果是输入特征的线性组合。线性模型的特点是，输出变量与输入变量之间存在线性关系。常见的线性模型包括逻辑回归模型、感知机模型、线性支持向量机模型、K 最近邻模型和 K 均值聚类模型。这些模型在使用线性函数进行建模和预测时具有一定的局限性，但在某些情况下仍然可以提供有效的结果。

与线性模型相对的是非线性模型。非线性模型允许输入特征与输出之间存在非线性关系。这意味着模型的预测结果不仅是输入特征的线性组合，还可能包括特征之间的交互作用、高次项或其他非线性变换。非线性模型可以更灵活地适应复杂的数据模式和关系。非线性模型的函数 $f(x)$ 不是线性的，可以更灵活地建模非线性关系。常见的非线性模型包括核函数支持向量机模型、AdaBoost 模型和神经网络模型。这些模型通过引入非线性变换或使用非线性决策函数，能够更好地拟合复杂的数据模式和关系。

如果样本是线性可分的，直接使用线性模型就可以解决分类问题。例如，二维空间中的非线性数据集，将特征映射至高维空间后可能是线性可分的，这可用线性模型来解决。这类先将数据映射至高维空间的方法也被称为基于核的算法。在这些高维空间中，有些分类或者回归问题能够更容易地得到解决。常见的基于核的算法包括支持向量机、径向基函数（Radial Basis Function，RBF）及线性判别分析（Linear Discriminant Analysis，LDA）等。

3．参数化模型和非参数化模型

在机器学习中，模型可以被分为参数化模型和非参数化模型，这两种模型在对数据建模的方式和模型结构上有所不同。

参数化模型假设模型的参数维度是固定的，可以用有限维的参数完全刻画。这意味着模型的复杂度是通过参数的数量来控制的。参数化模型通常具有较强的假设性，对数据的分布和关系有一定的先验假设。常见的参数化模型包括感知机模型、朴素贝叶斯模型、逻辑回归模型、K均值聚类模型、高斯混合模型和神经网络模型等。这些模型在训练过程中，通过调整有限个参数的值来拟合数据的分布和关系。

相反，非参数化模型假设参数维度不固定，甚至可以无限增加。这意味着模型的复杂度可以随着训练数据量的增加而增加，更适应复杂的数据分布和关系。非参数化模型通常对数据的分布和关系没有强烈的先验假设，更加灵活。常见的非参数化模型包括决策树模型、支持向量机模型、AdaBoost模型和K最近邻模型等。这些模型在训练过程中，不需要固定的参数维度，而是根据数据的复杂性和数量来动态调整模型的复杂度。

4. 基于实例的算法与基于模型的算法

在机器学习中，可以将算法分为基于实例的算法和基于模型的算法，这两种算法在学习和预测的方式上有所不同。

基于实例的算法通常通过将样本数据与新数据进行比较，选择与新数据最相似的样本数据来进行预测或分类。基于实例的算法也被称为记忆方法（Memory-based Method）或懒惰学习（Lazy Learning）。这种算法的核心思想是通过存储和利用训练集中的实例来进行学习和预测。基于实例的算法不显式地构建一个模型，而是根据训练样本的相似性来进行预测。常见的基于实例的算法包括K最近邻和决策树。对于决策树来说，根据不同的样本数据，可以生成不同层数和判断条件的决策树，以适应不同的数据分布和特征。

而基于模型的算法则先假设某种模型可以解决分类或回归问题，然后根据样本数据选择最优的模型参数。这种算法假设数据的关系可以通过一个特定的模型来建模和预测。这种算法的核心思想是先从训练数据中学习模型的参数或结构，然后使用该模型对新的输入进行预测。常见的基于模型的算法包括线性回归、神经网络等。以线性回归为例，它假设特征和预测值之间的关系是线性的，并通过找到使误差最小的参数来进行训练。类似地，卷积神经网络中的AlexNet等模型在训练之前已经设计好了网络结构和层次，并通过优化参数来找到最优的模型。

1.5　常见的机器学习算法

1.5.1　线性回归

线性回归模型是一种基本的有监督学习模型，用于建立输入变量和目标变量之间的线性关系。它假设目标变量可以通过一组线性函数关系来预测。在线性回归中，给定一组输入样本和每个样本对应的目标值，模型的目标是找到最优的参数，以最小化预测值与目标值之间的损失函数。一旦模型训练完成，就可以使用它来预测新样本的目标值。

给定数据集 $D = \{(\boldsymbol{x}_1, \boldsymbol{y}_1), (\boldsymbol{x}_2, \boldsymbol{y}_2), \cdots, (\boldsymbol{x}_n, \boldsymbol{y}_n)\}$，其中 $\boldsymbol{x}$ 是 d 维数据集，$\boldsymbol{X}_i = (\boldsymbol{x}_i^{(1)}, \boldsymbol{x}_i^{(2)}, \cdots, \boldsymbol{x}_i^{(d)})$，$\boldsymbol{y} \in \boldsymbol{R}$。线性回归的目标是通过学习一个线性模型来尽可能准确地预测目标值。

线性回归模型示意图如图1-8所示，若 $\boldsymbol{x}$ 是一维数据，则可以通过一条直线来拟合数据，当有新的输入 $\boldsymbol{x}$ 值时，可以使用学习到的参数预测对应的目标变量 $\boldsymbol{y}$ 值。当输入数据 $\boldsymbol{x}$ 是二维数据时，可以通过一个平面来拟合数据。同理，线性回归模型也可扩展至更高维。

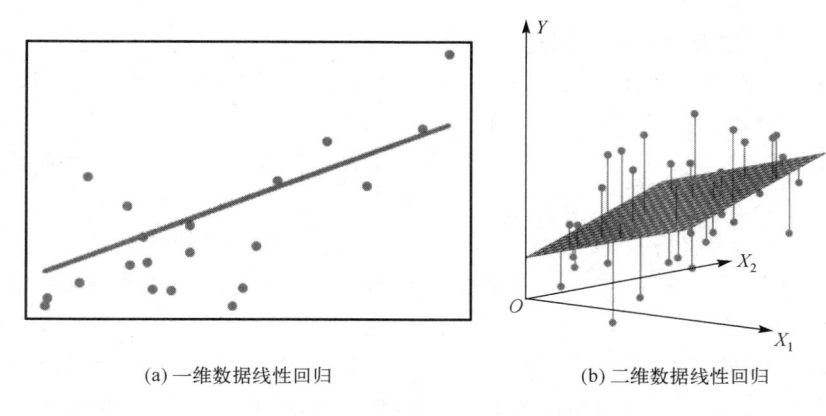

(a) 一维数据线性回归　　　　　　　　(b) 二维数据线性回归

图 1-8　线性回归模型示意图

1.5.2　决策树

决策树算法是一种基于树状结构的机器学习算法,用于构建决策模型。它根据数据的特征进行划分,通过一系列的决策节点和叶节点来表示决策规则。决策树是一个类似于流程图的树结构:其中每个中间节点表示在一个特征上的测试,每个分支代表一个特征输出,而每个树叶节点代表类或类分布,树的最顶层是根节点。决策树模型可以根据最终预测的目标变量的类型,分为分类树和回归树。

分类树用于处理目标变量是离散值的情况。在分类树中,每个节点都代表一个特征,并根据该特征将数据集划分为不同的子集。通过递归地对子集进行划分,最终形成一个树状结构,其中叶节点表示不同的分类标签。当有新的样本到达时,通过遍历决策树,根据样本的特征从根节点到达相应的叶节点,从而进行分类预测。

回归树用于处理目标变量是连续值的情况。在回归树中,每个节点仍然代表一个特征,但是根据该特征将数据集划分为不同的子集时,这些子集的目标变量是连续的。通过递归地对子集进行划分,最终形成一个树状结构,其中叶节点表示对目标变量的回归预测。当有新的样本到达时,通过遍历决策树,根据样本的特征从根节点到达相应的叶节点,从而进行连续值的回归预测。

构造最优决策树的过程包括对训练数据具有最大分类能力的特征进行树的叶节点分类,以及选择该特征最合适的分裂点进行分裂。

决策树可以轻松地处理特征的交互关系,并且是非参数化的,所以不必担心离群值或者数据是否线性可分。决策树生成的模型具有很好的可解释性。然而,决策树也有一些缺点:首先,决策树不支持在线学习,所以在新样本到来时,必须重建决策树;其次,决策树容易过拟合训练数据,但随机森林和提升树等集成方法可以克服这一缺点。

常见的决策树算法包括分类及回归树(Classification And Regression Tree,CART)、ID3(Iterative Dichotomiser 3)、C4.5、CHAID(Chi-squared Automatic Interaction Detection)、Decision Stump、随机森林(Random Forest)。

1.5.3　人工神经网络

人工神经网络(ANN)是一种基于模拟生物神经网络的信息处理系统,它通过模拟神经元之间的连接和信息传递来实现数据处理和模式识别。人工神经网络算法是一类模式匹配算法，具有处理数值数据的计算能力，同时也具有类似于知识处理的思维、学习和记忆能力。

人工神经网络基于生物学产生，并采用了很复杂的并行计算分析技术，其最大的特点是能够拟合极其复杂的非线性函数。从这个角度讲，人工神经网络开创了一种新的机器学习算法，那就是基于仿生学技术去学习现实世界的非生物问题，从而实现对问题的拟合与预测。

人工神经网络通过将许多单一的神经元连接在一起实现了网络结构，对于复杂的人工神经网络，一个神经元的输出可能是另一个神经元的输入。同时，一个信息的输入并不对应于一个神经元，可能是多个神经元，这样多种信息交叉在一起，经过处理输出结果，形成了层次结构。

典型人工神经网络构造图如图 1-9 所示，最左边的一层被称为输入层（Input Layer），最右边的一层被称为输出层（Output Layer），中间的层被称为隐藏层（Hidden Layer）。隐藏层可以有一个或多个节点，节点之间相互连接形成网络结构。输入层的节点接收输入数据，每个节点对应输入数据的一个特征。输出层的节点生成网络的输出结果，每个节点对应一个预测的类别或一个连续的数值。隐藏层的主要作用是帮助神经网络学习数据之间的复杂关系。隐藏层的节点值通常无法在训练样本集的过程中直接被观测到，它们是由神经网络在正向传播过程中计算得出的。

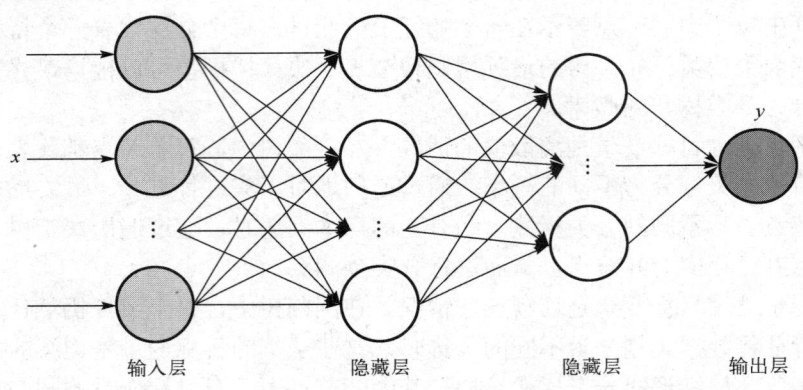

图 1-9 典型人工神经网络构造图

人工神经网络是机器学习中一个庞大的分支，涵盖了许多不同的算法和模型。其中，深度学习算法是人工神经网络算法中的一个重要成员，它通过构建深层次的神经网络结构来进行学习和模式识别，本书将在第 9 章进行详细介绍。

1.5.4　深度学习

深度学习算法是一种基于神经网络的机器学习算法，它通过构建深层次的神经网络结构来进行学习和模式识别。深度学习通过引入更多的隐藏层来增加网络的深度，从而能够学习到更复杂和抽象的特征表示。这使得深度学习在处理大规模、复杂数据集上具有很强的表达能力和泛化能力。

在神经网络中，通常较深的网络结构会引入更多的参数，这可能导致训练时间长和过拟合的问题。然而，深度学习通过一些关键的技术及其改进来解决这些问题。其中一项重要的技术是反向传播算法的改进，它允许有效地在深层网络中更新权重和进行梯度计算。此外，GPU 并行计算能力的提升和海量训练数据的支持也为深度学习的训练提供了更强的计算能力和数据基础。

深度学习的发展受到了广泛关注和应用,尤其是在图像和语音识别、自然语言处理、推荐系统等领域取得了重大突破。各大科技公司和研究机构都在积极投入对深度学习的研究和应用,推动了深度学习技术的进一步发展。

图 1-10 所示为深度学习过程示例。深度学习采用逐层初始化来克服深度网络下的神经网络算法的缺陷。区别于传统神经网络对于网络参数随机设定初始值的方法,深度学习加入了逐层初始化的过程,它先用无监督学习(不依赖于输出目标变量)方法分层训练,将上一层输出作为下一层输入,从而得到各层参数的初始值,使得网络的初始状态更接近最优值,提高后续学习的性能。深度学习突出特征学习的重要性,使得算法本身更具有鲁棒性,在解决传统神经网络算法局限性的同时,又充分利用大数据来学习特征,基于自身学习能力能更深入地划分数据的丰富内在信息。

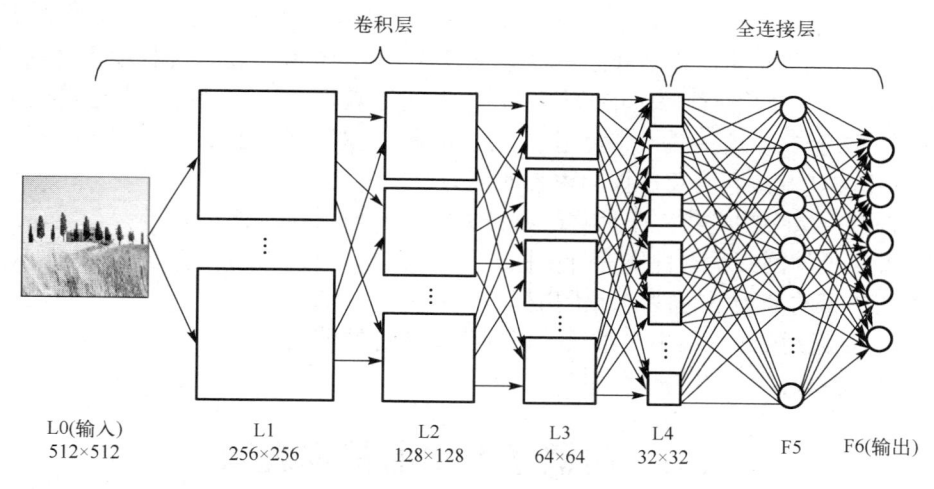

图 1-10 深度学习过程示例

深度学习算法在处理大数据集中存在少量未标注数据的情况下,通常采用半监督学习的方法。常见的深度学习算法包括受限玻尔兹曼机(RBM)、深度信念网络(DBN)、卷积神经网络(CNN)、堆栈式自动编码器(Stacked Autocoder)。卷积神经网络的局部感受野、权值共享和降采样等特性使得它能够有效提取图像特征,并在大规模图像分类和目标检测等任务中取得优秀的性能,因此在图像识别、人工智能、自动驾驶等很多领域中得到了广泛应用。

1.6 习　　题

1. 什么是机器学习?它有哪些特点?
2. 机器学习主要有哪些流派?它们分别有什么贡献?
3. 是什么原因促进了人工神经网络向深度学习的发展?
4. 机器学习算法主要有哪几种分类方式?请介绍其中一种分类方式中包含的常用算法。
5. 简要说明机器学习的基本过程。

第 2 章

机器学习基础

深入理解机器学习的本质和原理，需要掌握一些数学知识与基本概念。机器学习是一门基于数据和统计学原理的学科，它致力于研究如何构建和训练模型，使其能够从数据中学习，并进行预测和决策。本章首先介绍了一些机器学习中的基本概念，以及监督学习中常见的回归和分类两类问题。接着，详细介绍了机器学习中常用的优化算法，如梯度下降法与最小二乘法。此外，还介绍了一种用于解决过拟合问题的正则化方法。最后，本章提供了 sklearn 中一些常用的数据集，这些数据集可用于实践和测试机器学习算法。

本章的重点、难点和需要掌握的内容如下。
- 掌握数据集中训练集、验证集、测试集的概念和划分方法。
- 掌握常见的回归学习性能评价指标。
- 掌握常见的分类学习性能评价指标。
- 掌握梯度下降法、最小二乘法、正则化方法等的使用。
- 了解 sklearn 中常用的数据集。

2.1 机器学习中的基本概念

2.1.1 数据集

在机器学习中，数据集是指一组用于训练、测试和评估机器学习模型的数据样本的集合。数据集通常由输入特征（也称为自变量）和对应的目标变量（也称为因变量或标签）组成。机器学习的过程，就是根据已有的数据集建立一个模型，然后对未标注数据进行分类或预测。在模型训练和使用的过程中，都需要对模型进行评估，以选出最优的模型和参数。机器学习的目的并非对有限训练集进行正确预测，而是对未曾在训练集合中出现的样本进行正确预测。在使用模型对未标注数据进行分类或预测前，通常使用交叉验证（Cross-Validation，CV）的方法验证模型的准确性。

交叉验证可用于防止模型过于复杂而引起过拟合。这是一种统计学上将数据样本切割成较小子集进行验证的实用方法。可以先在一个子集上做分析，而其他子集则用来做后续对此分析的确认及验证。一开始的子集被称为训练集（Training Set），而其他子集则被称为验证集（Validation Set），一般与测试集（Test Set）区分开。模型对训练集数据的误差称为经验误差，对测试集数据的误差称为泛化误差。模型对训练集以外样本的预测能力称为模型的泛化能力，追求这种泛化能力是机器学习的目标。在机器学习中，数据集可以分为以下几类。

训练集：用于模型拟合的数据样本。

验证集：独立于训练集的样本，用于评估训练所得模型的能力。在模型迭代训练中，也可以用以验证模型的泛化能力（准确性、召回率），并在迭代过程中调整模型的超参数。

测试集：评估最终模型的泛化能力，但不能作为调参、选择特征等算法相关的选择依据。

增强集：通过对训练集中的数据进行一些变换或扩充来增加数据样本的数量和多样性。增强集包括旋转、平移、缩放、翻转等操作，可以提高模型的泛化能力和鲁棒性。

交叉验证集：一种通过将训练集划分为多个子集来进行模型评估的数据集。每个子集都会轮流作为验证集，而剩余的子集用于训练模型。通过多次交叉验证，可以更准确地评估模型的性能。

如果把机器学习模型比作学生，则训练集可以看作有答案的练习册，学生可以通过刷题学习知识；验证集是只有老师有答案的作业，通过学生做作业的情况可以对比不同学生掌握知识的程度，多次练习查漏补缺；测试集相当于考试，一锤定音，考查学生的最终学习效果。

2.1.2 过拟合与欠拟合

过拟合（Overfitting）和欠拟合（Underfitting）是机器学习中常见的两个问题，它们描述了模型在训练和预测过程中的性能表现，图2-1展示了欠拟合与过拟合的区别。

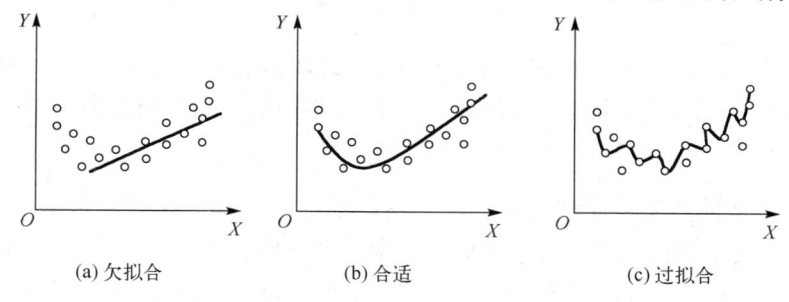

(a) 欠拟合　　(b) 合适　　(c) 过拟合

图2-1　欠拟合与过拟合

1. 过拟合

过拟合指的是模型在训练集上表现出很好的性能，但在未见过的新数据集上预测能力较差。过拟合通常发生在模型过于复杂或训练数据太少的情况下。当模型过度拟合训练数据时，它可能会过度记住训练集中的噪声和细节，而无法泛化到新数据集上。过拟合的特征包括训练集上的低误差和测试集上的高误差，模型的决策边界过于复杂或不合理。

下面是过拟合出现的一些可能的原因。

（1）建模样本选取有误，如样本数量太少、选择方法错误、样本标签错误等，导致选取的样本数据不足以代表预定的分类规则。

（2）样本噪声干扰过大，使得机器将部分噪声认为是特征从而扰乱了预设的分类规则。

（3）假设的模型无法合理存在，或者说是假设成立的条件实际并不成立。

（4）参数太多，模型复杂度过高。

（5）对于决策树模型，如果对于其生长没有合理的限制，其自由生长有可能使节点只包含单纯的事件（Event）数据或非事件（No Event）数据，使其虽然可以完美匹配（拟合）训练数据集，但是无法适应其他数据集。

（6）对于神经网络模型：①对于样本数据，可能分类决策面不唯一，随着学习的进行，BP算法使权值收敛过于复杂的决策面；②权值学习迭代次数足够多，拟合了训练数据中的噪声和训练样例中没有代表性的特征。

对应的一些常见的解决方案如下。

（1）增加训练数据：增加更多的训练样本，帮助模型更好地学习数据的分布和模式，从而减少过拟合的风险。

（2）减少模型复杂度：简化模型结构，减少模型的参数数量或降低模型的复杂性，帮助避免过拟合。例如，在神经网络中减少隐藏层的数量或神经元的数量。

（3）正则化（Regularization）：在损失函数中引入额外的惩罚项，限制模型参数的大小，可以减少过拟合的风险。常见的正则化方法包括L_1正则化和L_2正则化。

（4）特征选择和降维：选择最相关的特征或使用降维技术（如主成分分析）可以减少模型输入的维度，从而降低模型复杂度和过拟合的风险。

（5）早停（Early Stopping）：在训练过程中监控模型在验证集上的性能，当性能开始下降时停止训练，以避免过度拟合训练数据。

（6）数据清洗和预处理：对训练数据进行清洗，去除异常值、噪声和不一致性，可以提高模型的训练和泛化能力。

（7）集成学习：通过结合多个不同的模型，如随机森林或梯度提升树，可以减少过拟合的风险。集成学习通过对多个模型的预测进行平均或投票，来提高模型的泛化能力。

2. 欠拟合

欠拟合指的是模型无法在训练集上得到很好的性能，也无法在新数据上进行准确的预测。欠拟合通常发生在模型过于简单或训练数据不足的情况下。当模型过于简单时，它可能无法捕捉到训练数据中的复杂关系和模式。欠拟合的特征包括训练集和测试集上的高误差，模型的决策边界过于简单或无法适应数据的变化。

下面是欠拟合出现的一些可能的原因。

（1）模型复杂度过低：当模型的复杂度过低时，它可能无法拟合数据中的复杂模式和关系。例如，线性模型无法拟合非线性关系。

（2）特征不足或选择不当：如果特征的数量不足或选择不当，那么模型可能无法捕捉到数据中的重要特征和关系。

（3）数据标签错误或缺失：如果训练数据的标签错误或缺失，模型可能无法准确学习数据的真实模式。

对应的一些常见的解决方案如下。

（1）增加模型复杂度：增加模型的复杂度，例如增加更多的特征或增加模型的层数、节点数等，可以帮助模型更好地拟合数据中的复杂关系和模式。

（2）特征工程：选择更多的特征或进行特征组合、交互等操作，可以提供更多的信息给模型，帮助其更好地拟合数据。

（3）数据增强：对训练数据进行扩增，如旋转、平移、缩放、翻转等，可以增加数据的多样性，帮助模型更好地学习数据的模式。

（4）减少正则化：如果模型使用了正则化技术（如 L_1 正则化或 L_2 正则化），可以尝试减少正则化的程度或去除正则化，以增加模型的灵活性。

（5）改进训练算法：尝试使用更复杂的优化算法，调整学习率、批量大小等超参数，来改善模型的训练过程。

（6）收集更多数据：如果可能，那么收集更多的训练数据可以提供更多的信息给模型，帮助其更好地拟合数据。

（7）使用集成学习：通过集成多个模型，如随机森林或梯度提升树，可以提高模型的泛化能力，从而减少欠拟合的风险。

2.1.3 交叉验证方法

交叉验证（CV）是一种常用的评估和选择机器学习模型性能的方法。它通过将训练数据划分为多个子集，轮流将其中一个子集作为验证集，而其余子集作为训练集，来进行模型评估。交叉验证的目的是用验证集测试所训练模型的能力，避免过拟合和欠拟合。在交叉验证中，有三种主要的方法：留出法（Hold-Out Method）、K 折交叉验证（K-fold Cross Validation，K-CV）法和留一交叉验证（Leave-One-Out Cross Validation，LOO-CV）法。三种交叉验证方法的核心在于如何划分训练集和验证集。sklearn.model_selection 提供了三种交叉验证方法的划分方法，本节的例子可参考代码 Validation.ipynb。

1. 留出法

留出法将数据集拆分成两部分：一部分作为训练集，另一部分作为测试集。模型在测试集上表现出的结果，就是整个样本的准确率。但由于测试集不参与训练，所以会损失一定的样本信息，在样本数量少时，会影响模型的准确性，故该方法适用于大样本。为减少随机划分样本带来的影响，可以重复划分训练集和测试集，用多次得到的结果取平均作为最后的结果。

sklearn 中提供了留出法的实现，使用 train_test_split() 划分数据集（参考代码 Validation.ipynb）。

```
import numpy as np
from sklearn.model_selection import train_test_split
#创建一个数据集 X 和相应的标签 y，X 中样本数目为 100
X, y = np.arange(200).reshape((100, 2)), range(100)
#用 train_test_split 函数划分出训练集和测试集，测试集占比 0.33
X_train, X_test, y_train, y_test = train_test_split( X, y, test_size=0.33, random_state=42)
#X_train,X_test,y_train,y_test 分别是训练集，测试集，训练集标签，测试集标签
```

train_test_split() 的常见用法如下。

```
X_train,X_test,y_train,y_test=sklearn.model_selection.train_test_split(train_data,train_target,test_size=0.4, random_state=0,stratify=y_train)
```

参数说明如下。

train_data：所要划分的样本特征集。

train_target：所要划分的样本结果。

test_size：样本占比，如果是整数的话就是样本的数量。

random_state：随机数的种子。随机数种子其实就是该组随机数的编号，在需要重复试验时，保证得到一组一样的随机数。比如，每次都填 1，其他参数一样的情况下得到的随机数组是一样的；但填 0 或不填，每次都会不一样。

stratify 是为了保持 split 前类的分布。比如，有 100 个数据，80 个属于 A 类，20 个属于 B 类。如果 train_test_split(... test_size=0.25, stratify = y_all)，那么 split 之后的数据如下。

Training：75 个数据，其中 60 个属于 A 类，15 个属于 B 类。

Testing：25 个数据，其中 20 个属于 A 类，5 个属于 B 类。

用了 stratify 参数，training 集和 testing 集的类的比例是 A∶B= 4∶1，等同于 split 前的比例（80∶20）。通常在这种类分布不平衡的情况下会用到 stratify。

stratify=X，就是按照 X 中的比例分配。

stratify=y，就是按照 y 中的比例分配。

2．K 折交叉验证法

K 折交叉验证法解决了留出法中会损失样本信息的问题。它先将数据集划分为 K 个大小相同的互斥子集，然后，每次用其中的 $K-1$ 个子集作为训练集，剩余的 1 个子集作为测试集，这样就可以获得 K 组训练集/测试集，从而进行 K 次训练和测试，最终返回这 K 组测试的平均值。K 的取值原则上大于或等于 2，一般从 3 开始取值，图 2-2 所示为 3 折交叉验证法的示意图。

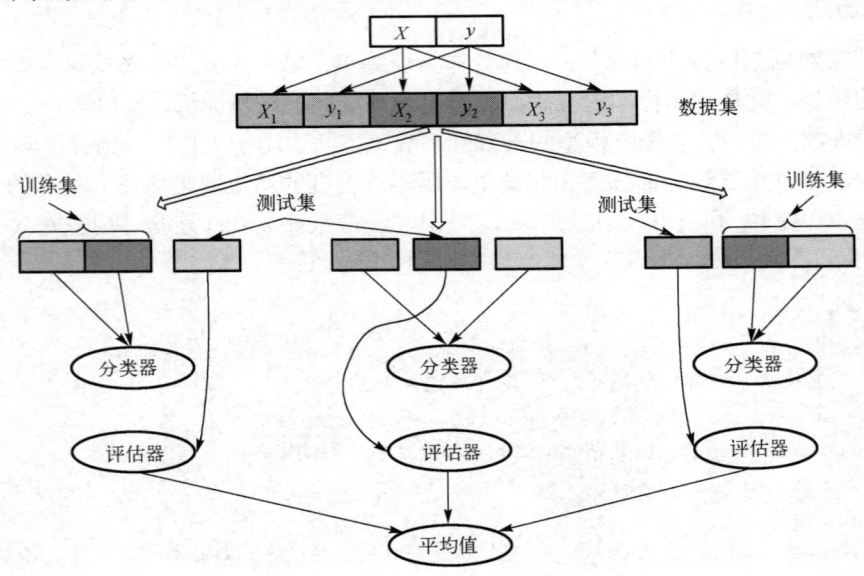

图 2-2 3 折交叉验证法的示意图

sklearn 中提供了 KFold()来实现 K 折交叉验证法（参考代码 Validation.ipynb）。

```
from numpy import array
from sklearn.model_selection import KFold
data = array([1, 2, 3, 4, 5, 6])
kfold = KFold(n_splits=3, shuffle = True, random_state= 1)
```

```
for train, test in kfold.split(data):
    print('train: %s, test: %s' % (data[train], data[test]))
#结果为将数据集拆分为 3 个大小相等的子集
#train: [1 4 5 6], test: [2 3]
#train: [2 3 4 6], test: [1 5]
#train: [1 2 3 5], test: [4 6]
```

其中，n-splits 表示将数据分成若干份，也就是 K 值，shuffle 指是否对数据洗牌，random_state 为随机种子。如果数据集的数据排列是有序的，那么 shuffle 可以打乱数据的顺序，达到更好的训练效果。

3. 留一交叉验证法

留一交叉验证法的主要思想是每次留下一条数据作为测试集，其余的都是训练集。如果这个样本有 m 条数据，那么把样本分成 m 份，每次都取 $m-1$ 个样本作为训练集，余下的那 1 个为测试集。留一交叉验证法共进行 m 次训练和测试。留一交叉验证法的优点显而易见，其数据损失只有 1 个样本，并且不会受到样本随机划分的影响。但是，其计算复杂度过高，空间存储占用过大，适用于数据量较少的样本。

sklearn 中提供了 LeaveOneOut() 来实现留一交叉验证法（参考代码 Validation.ipynb）。

```
from sklearn.model_selection import LeaveOneOut
data = array([1, 2, 3, 4])
loo = LeaveOneOut()
for train, test in loo.split(data):
print('train: %s, test: %s' % (data[train], data[test]))
#结果对有 n 个元素的集合给出 n 个划分，测试集只有 1 个元素，训练集有 n-1 个元素
#train: [2 3 4], test: [1]
#train: [1 3 4], test: [2]
#train: [1 2 4], test: [3]
#train: [1 2 3], test: [4]
```

2.2 回归问题

2.2.1 机器学习中的回归方法

回归是一种机器学习方法，用于预测连续值的输出。回归的目标是通过已标注的数据集来学习一个函数，该函数将输入特征值 X_i 映射到对应的连续值输出 y。

在回归问题中，有一个包含特征值 X_i 和对应输出值 y 的训练集。通过对这个数据集进行学习，可以得到一个回归模型或函数，表示为 $y = f(X_i)$。该函数可以根据给定的输入特征值 X_i 预测相应的输出值 y'。回归算法可以建立两个或多个变量之间的关系模型，通过对数据进行拟合，预测一个或多个连续变量的值。通过回归可以找到一条最佳拟合曲线（直线、二次曲线等），使得该曲线在训练数据上的误差最小化。

回归模型可以采用不同的算法和技术来构建，如线性回归、多项式回归、支持向量回归、决策树回归等。这些算法通过拟合训练集中的特征值和输出值之间的关系，来构建一个函数模

型。回归模型的选择和训练通常涉及特征选择、模型参数的估计和模型评估等步骤。一旦训练完成，该模型就可以用于对新的未标注数据进行预测，从而得到连续值的输出。

2.2.2 回归模型的性能评估

在回归学习中，为了了解模型对连续输出的预测能力，评估模型的性能是很重要的。以下是一些常用的回归模型性能评估指标。

1. MAE

MAE 全称为 Mean Absolute Error（平均绝对误差），即 L_1 损失函数，其计算公式如下：

$$\text{MAE} = \frac{1}{n}\sum_{i=1}^{n}\left|y^i - h^i\right|$$

式中，n 为样本总数；y^i 为样本真实值；h^i 为通过模型预测出的值。

2. MSE

MSE 全称为 Mean Square Error（均方误差），即 L_2 损失函数，其计算公式如下：

$$\text{MSE} = \frac{1}{n}\sum_{i=1}^{n}(y^i - h^i)^2$$

将 MSE 开平方即可得到 RMSE（均方根误差）。

3. R^2

R^2 是由两部分决定的，其计算公式为

$$R^2 = 1 - \frac{\sum_{i=1}^{n}(y^i - h^i)^2}{\sum_{i=1}^{n}(y^i - \overline{y})^2}$$

对于等号右边的第二部分，分子代表预测值与真实值的差异，而分母代表真实值与平均值的差异。

以上三种性能评估指标可在 sklearn 中通过以下方式引入（参考代码 Regression_evaluate.ipynb）。

```
from sklearn.metrics import mean_absolute_error,mean_squared_error,r2_score

y_true=[1,3,5,7]
y_pred=[2,4,5,8]

print(mean_absolute_error(y_true,y_pred))  #输出为 0.75
print(mean_squared_error(y_true,y_pred))   #输出为 0.75
print(r2_score(y_true,y_pred))             #输出为 0.85
```

sklearn.metrics 提供了一些函数，用来计算真实值与预测值之间的预测误差。以_score 结尾的函数，返回一个最大值，越大越好。以_error 结尾的函数，返回一个最小值，越小越好。

2.3 分类问题

2.3.1 机器学习中的分类方法

分类方法是监督学习中的一种重要方法，它的任务是通过学习样本的特征来预测样本的类别。在分类问题中，使用已标注集来学习数据的模式和规律，以便将未标注的数据分为不同的类别。这通常涉及选择合适的特征表示、训练分类模型，使用算法来进行预测和分类。二分类问题是最常见的分类问题形式，但也可以扩展到多分类和多标签分类问题。分类问题在现实生活中广泛应用，如手写数字识别、医学诊断、垃圾邮件过滤、图像分类、自然语言处理等。通过解决这些分类问题，可以实现自动化的分类和判定，从而提高效率和准确性。

关于分类算法的选择，可以从训练集的大小、特征的维数、特征之间是否独立，以及系统在性能、内存占用等方面的需求综合考虑。如果训练的数据集较少，那么可以选择朴素贝叶斯和 K 最近邻算法，但要注意后者 K 的取值，防止过拟合。如果假设的前者的相互独立性成立（事实上往往很难成立），则朴素贝叶斯比较适用。如果希望将来能在训练集中加入更多的数据并很快地融入模型，那么就应该使用逻辑回归。决策树算法易解释，也很容易处理相关的特征，并且是无参数的，所以不用担心异常点或数据是否线性分离的情况，但是，当加入新的数据时，决策树算法必须重新建树，也可能出现过拟合的情况。支持向量机（SVM）提供了多种核函数，如线性核函数、多项式核函数、高斯核函数等，这使得选择合适的核函数变得困难。不同的核函数适用于不同类型的数据和问题。表 2-1 给出了一些主流分类算法的优缺点。

表 2-1 主流分类算法的优缺点

算法	优点	缺点
朴素贝叶斯	（1）简单高效，所需估计的参数少，对于缺失数据不敏感 （2）适用于小样本数据集 （3）对于高维特征空间有效	（1）需要假设特征之间相互独立，这往往并不成立 （2）需要知道先验概率 （3）分类决策存在错误率 （4）无法处理连续特征
决策树	（1）可解释性强 （2）可处理非线性问题 （3）数据预处理要求低 （4）算法的构建和预测速度较快 （5）处理大规模数据集时具有较高的效率	（1）容易产生过拟合 （2）容易产生局部最优解 （3）对输入数据的细微变化敏感 （4）不支持在线学习
支持向量机	（1）可以解决小样本下的机器学习问题 （2）泛化能力强 （3）可以解决高维、非线性问题，超高维文本分类仍受欢迎	（1）对缺失数据敏感 （2）内存消耗大，难以解释 （3）参数调节困难

续表

算法	优点	缺点
K最近邻	（1）简单易实现 （2）可用于非线性分类 （3）训练时间复杂度为$O(n)$ （4）适用于多类别问题	（1）计算复杂度较高 （2）对于不平衡数据集敏感 （3）需要大量的内存 （4）对数据特征缩放敏感
逻辑回归	（1）简单高效 （2）易于理解，可以直接看到各个特征的权重 （3）适用于线性可分或近似线性可分的问题	（1）处理非线性问题时表现较差 （2）对特征工程要求较高 （3）容易受到异常值的影响

2.3.2 分类模型的性能评估

评估分类模型的性能非常重要，因为它能帮助人们了解模型的表现如何，以及模型在实际应用中的可能表现。使用不同的评估指标，可以从不同的角度理解模型的性能。分类模型评估的常用指标包括混淆矩阵、ROC 曲线和 AUC 三种。本节的代码请参考 classification_evaluate.ipynb。

1. 混淆矩阵

混淆矩阵是评估分类模型性能的一种基本工具，它提供了分类器在测试集上分类正确和错误的个数，并将这些结果呈现在一个表格中。

表 2-2 所示的多分类的混淆矩阵示例展示了分类器的效果。以第 1 行为例，健康的被测者共有 50 名，分类器正确识别了 40 名，5 名被错误识别为患有良性肿瘤，5 名被错误识别为患有恶性肿瘤。第 1 列表示分类器共识别了 45 名健康的被测者，其中 40 名被识别正确，4 名患有良性肿瘤和 1 名患有恶性肿瘤的被测者被误判为健康。

表 2-2 多分类的混淆矩阵示例

真实值	预测值		
	类1：健康	类2：良性肿瘤	类3：恶性肿瘤
类1:健康（50）	40	5	5
类2:良性肿瘤（30）	4	24	2
类3:恶性肿瘤（20）	1	4	15

sklearn.metrics 中的 confusion_matrix 函数可以输出混淆矩阵（参考代码 classification_evaluate.ipynb）。

```
from sklearn.metrics import confusion_matrix
y_true = [2, 0, 2, 2, 0, 1]
y_pred = [0, 0, 2, 2, 0, 2]
confusion_matrix(y_true, y_pred)
#例子中共0,1,2三类，输出的混淆矩阵与多分类的混淆矩阵对应
#array([[2, 0, 0],
#       [0, 0, 1],
#       [1, 0, 2]])
```

对于二分类问题，混淆矩阵可简化为 2×2 的矩阵。根据样本中数据的真实值与预测值之间的组合可以分为四种情况：真正例（True Positive，TP）、假正例（False Positive，FP）、真负例（True Negative，TN）、假负例（False Negative，FN）。在 TP、FP、TN、FN 四个缩写中，第一个字母表示样本的预测类别与真实类别是否一致，第二个字母表示样本被预测的类别。二分类的混淆矩阵如表 2-3 所示。

表 2-3　二分类的混淆矩阵

真实值	预测值	
	正例	负例
正例	真正例（TP）	假负例（FN）
负例	假正例（FP）	真负例（TN）

理想的分类器可以将所有的数据划分到正确的类别，即将所有的正例预测为正例，将所有的负例预测为负例。对应到混淆矩阵中，表现为 TP 与 TN 的数量大，而 FP 与 FN 的数量小。

混淆矩阵中统计的是个数，数据量大或者类别多时很难通过个数判断不同模型的性能。因此在混淆矩阵的基础上增加了四个指标，分别是准确率（Accuracy）、精确率（Precision）、灵敏度（Sensitivity）和特异度（Specificity）。精确率也被称为查准率，灵敏度也被称为查全率或召回率（Recall）。四种指标的计算方法如表 2-4 所示。

表 2-4　四种指标的计算方法

指标	公式	意义
准确率	$accuracy = \dfrac{TP + TN}{TP + TN + FP + FN}$	分类模型中所有预测正确的结果占总预测值的比例
精确率/查准率	$precision = \dfrac{TP}{TP + FP}$	在预测为正例的所有结果中，预测正确的比例
灵敏度/查全率/召回率	$sensitivity = Recall = \dfrac{TP}{TP + FN}$	在真实值是正例的所有结果中，预测正确的比例
特异度	$specificity = \dfrac{TN}{TN + FP}$	在真实值是负例的所有结果中，预测正确的比例

从精确率和灵敏度的计算公式可以看出，由于混淆矩阵四种情况的样本数量之和等于样本总数量，所以当 FP 较大时，FN 相应较小，反之亦然，即精确率与灵敏度不可兼得，二者有一定的矛盾性，当要求精确率高时，要抛弃灵敏度也高的想法。为了综合考虑精确率和灵敏度，可以使用 F1 分数（F1 Score），它是精确率和灵敏度的调和平均数。F1 分数的计算公式为

$$f1 = \frac{1}{2} \times \frac{1}{\dfrac{1}{P} + \dfrac{1}{R}} = \frac{2PR}{P + R}$$

在一些应用中，对精确率和灵敏度的要求不同。在音乐推荐系统中，用户更多地关注自

己喜欢的音乐类型，因此精确率更重要。而在检测癌症的应用中，把有癌症的病人误判为健康，比将健康的人误判为有癌症更危险，因此灵敏度更重要。应用对精确率和灵敏度的重视程度不同，因此也可以使用 F1 度量的一般形式 F_β 度量。其中，$\beta > 0$，度量了 P、R 的相对重要性。$\beta = 1$ 时，退化为 F1 度量；$\beta > 1$ 时，灵敏度更重要；$\beta < 1$ 时，精确率更重要。

$$\frac{1}{F_\beta} = \frac{1}{1+\beta^2} \times \left(\frac{1}{P} + \frac{\beta}{R}\right)$$

$$F_\beta = \frac{(1+\beta^2)PR}{\beta^2 P + R}$$

根据给出的公式，可以根据混淆矩阵计算各个指标。sklearn.metrics 也提供了 accuracy_score()、precision_score()、recall_score()、f1_score()方法分别计算准确率、精确率、召回率（灵敏度）和 F1 分数。

```
from sklearn.metrics import confusion_matrix
from sklearn.metrics import accuracy_score,precision_score,recall_score,f1_score

y_true =[0,1,0,0,1,1,0,1]
y_pred =[0,0,1,0,1,0,0,1]
print(confusion_matrix(y_true,y_pred,labels=[1,0]))  #1 为正例，0 为负例

print("accuracy:\t",accuracy_score(y_true, y_pred))
print("precision:\t",precision_score(y_true, y_pred))
print("recall:\t\t",recall_score(y_true, y_pred))
print("f1_score:\t",f1_score(y_true,y_pred))
#结果为
#[[2 2]
# [1 3]]
#accuracy:    0.625
#precision:    0.666666666667
#recall:        0.5
#f1_score:  0.571428571429
```

在多分类问题中，混淆矩阵中的假负例和假正例不是单独的值。因此，精确率、召回率和 F1 分数的计算方法有多种，这些函数通过 average 参数指定计算的方式，它的默认值是 binary，即二分类。在多分类问题中，混淆矩阵中的假负例和假正例不再是单独的值，而是针对每个类别的。多分类的例子代码请参考本节中的示例代码。

average：字符串，可选值为[None, 'binary'（默认）, 'micro', 'macro', 'samples', 'weighted']，多类或者多标签目标需要这个参数。如果为 None，则将会返回每个类别的分数；否则，它决定了数据的平均值类型。

'micro'：通过计算总的真正例、假负例和假正例来计算全局指标。

'macro'：为每个标签计算指标，找到它们未加权的均值，它不考虑标签数量不平衡的情况。

'weighted'：为每个标签计算指标，并通过各类占比找到它们的加权均值（每个标签的正例

数)。它解决了'macro'的标签不平衡问题,还可以产生不在精确率和召回率之间的 F1 分数。

sklearn.metrics 中的 classification_report 也可以输出分类模型的精确率、召回率和 F1 分数。

```
from sklearn.metrics import classification_report
y_true = [0, 0, 0, 1, 1, 1, 2, 2, 2, 2]
y_pred = [0, 0, 2, 0, 2, 2, 1, 1, 2, 1]
print(classification_report(y_true,y_pred))
```

分类结果如表 2-5 所示。

表 2-5 分类结果

分类标签名称	precision	recall	F1-score	support
0	0.67	0.67	0.67	3
1	0.00	0.00	0.00	3
2	0.25	0.25	0.25	4
accuracy				10
macro avg	0.31	0.31	0.31	10
weighted avg	0.30	0.30	0.30	10

主要参数如下。

y_true:1 维数组,目标值。

y_pred:1 维数组,分类器返回的预测值。

labels:array,shape = [n_labels],报表中包含的标签索引的可选列表。

target_names:字符串列表,与标签匹配的可选显示名称(相同顺序)。

sample_weight:类似于 shape = [n_samples]的数组,可选项,样本权重。

digits:int,输出浮点值的位数。

在表 2-5 中,左边的一列为分类标签名称:0、1、2 表示类别的索引,代表模型预测的 3 个不同类别;accuracy 表示准确率;macro avg 表示宏平均;weight avg 表示加权平均。右边 support 列为每个标签的出现次数。precision、recall、F1-score 三列分别为各个类别的精确率、召回率及 F1 分数。

2. ROC 曲线与 AUC

ROC(Receiver Operating Characteristic)曲线是一种用于评估二分类器性能的工具,它以分类器的真正例率(True Positive Rate,TPR,也称为召回率或灵敏度)为纵轴,以假正例率(False Positive Rate,FPR)为横轴进行作图。TPR 表示的是分类器正确预测为正例的样本数量与实际正例样本数量的比例,可以理解为分类器对正例的识别能力。FPR 表示的是分类器错误预测为正例的样本数量与实际负例样本数量的比例,可以理解为分类器将负例错误分类为正例的能力。ROC 曲线展示了在不同的分类阈值下,分类器在 TPR 和 FPR 之间的权衡关系。曲线的起点是(0,0),表示分类器将所有样本都预测为负例;终点是(1,1),表示分类器将所有样本都预测为正例。曲线越靠近左上角,表示分类器在同时提高 TPR 和降低 FPR 方面表现越好。

$$FPR = \frac{FP}{TN + FP}$$

$$TPR = \frac{TP}{TP + FN}$$

要绘制 ROC 曲线，需要一系列 FPR 和 TPR 的值，而不仅仅是单个分类结果。为了得到多个 FPR 和 TPR 的值，通常需要利用分类器的概率输出，即表示分类器认为某个样本具有多大的概率属于正样本（或负样本），来动态调整一个样本是否属于正、负样本。通过这些概率值，人们可以使用不同的阈值来动态地调整分类器的决策边界，从而计算出多个 FPR 和 TPR 的值。通常，可以从分类器的概率输出中选择一个合适的阈值来平衡精确率和召回率，或者选取多个阈值来观察分类器在不同决策边界下的性能。

除了绘制 ROC 曲线，人们还可以根据 ROC 曲线下的面积来进行分类器性能的评估，该面积被称为 AUC（Area Under Curve）。AUC 的取值范围为 0~1，AUC 越大，表示分类器性能越好。当 AUC 等于 0.5 时，表示分类器的性能与随机猜测没有区别。

一般认为，ROC 曲线越平滑，模型过拟合的可能性越低。在进行分类器之间的性能比较时，如果一个 ROC 曲线被另一个完全包裹，则认为被包裹的模型效果较差，如图 2-3（a）所示，模型 A 的曲线包裹模型 B 的曲线，模型 B 的曲线包裹模型 C 的曲线，则模型 A 优于模型 B，模型 B 优于模型 C。如果两条 ROC 曲线有交叉，则不能确定分类器孰优孰劣，对于图 2-3（b）所示的两个模型，则无法直观地比较哪个更优，这时可以通过 AUC 的值来判断，AUC 的值越大，分类器性能越优。

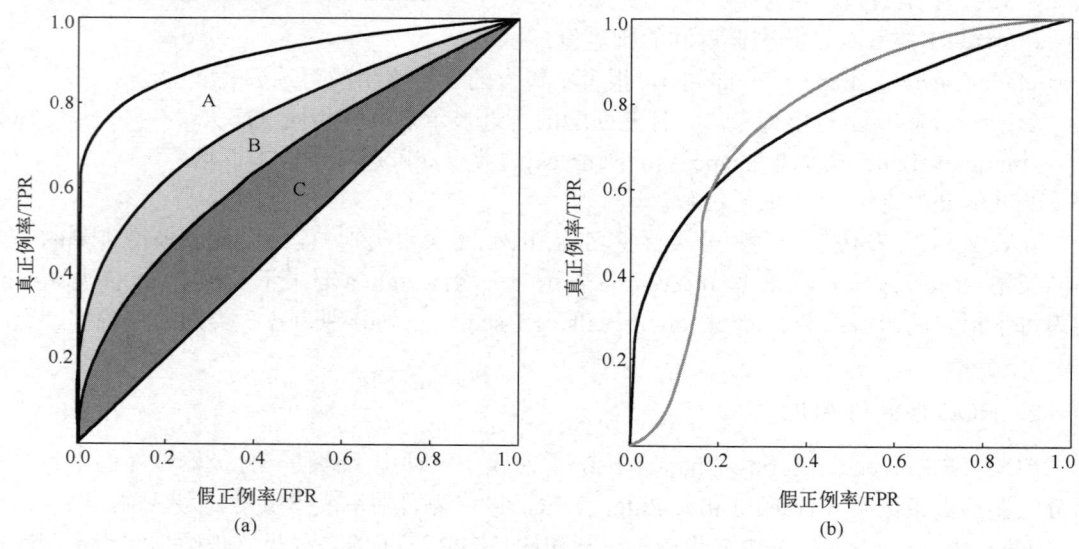

图 2-3 利用 ROC 曲线和 AUC 判断模型优劣

ROC 曲线有一个很好的特性：当测试集中正、负样本的分布变换时，ROC 曲线能够保持不变。在实际的数据集中经常会出现样本类不平衡，即正、负样本比例差距较大的情况，则测试数据中的正、负样本也可能随着时间变化。

sklearn.metrics 中的 roc_curve 和 auc 分别提供了计算 ROC 和 AUC 的功能。

3. 多分类问题的性能评估

以三分类模型为例。首先生成一组数据：

```
import numpy as np
y_true = np.array([-1]*30 + [0]*240 + [1]*30)
y_pred = np.array([-1]*10 + [0]*10 + [1]*10 +
                  [-1]*40 + [0]*160 + [1]*40 +
                  [-1]*5 + [0]*5 + [1]*20)
```

数据分为-1、0、1 三类，在真实数据 y_true 中，一共有 30 个-1、240 个 0、30 个 1。生成真实数据 y_true 和预测数据 y_pred 的混淆矩阵：

```
>>> confusion_matrix(y_true, y_pred)
array([[ 10,  10,  10],
       [ 40, 160,  40],
       [  5,   5,  20]], dtype=int64)
```

由混淆矩阵可以计算出真正例数 TP、假正例数 FP 和假负例数 FN，计算结果如表 2-6 所示。

表 2-6 计算结果

数据类别	TP	FN	FP
-1	10	20	45
0	160	80	15
1	20	10	50

这里以计算 precision_score 的方式为例，accuracy_score、recall_score、f1_score 等评价指标均可以此类推。使用 sklearn 计算 precision_score 函数，代码如下。

```
sklearn.metrics.precision_score(y_true, y_pred, labels=None, pos_label=1,
average='binary',sample_weight=None)
```

其中，average 参数定义了该指标的计算方法，二分类时，average 参数默认是 binary；多分类时，可选参数有 micro、macro 和 weighted 等。sample_weight 参数表示每个样本的权重，可用于处理数据不平衡的情况。下面详细介绍这几个参数的用法。

1）micro

使用 micro 参数计算评估指标时，先将所有类别的预测结果汇总起来，然后计算整体的指标。具体步骤如下。

（1）对于每个类别，计算真正例数 TP、假正例数 FP 和假负例数 FN 的总和。

（2）使用上述计算的总和，计算整体的精确率、召回率和 F1 分数。

使用 micro 参数就是将所有的类放在一起计算，具体到精确率 precision，就是先把所有类的 TP 加和，再除以所有类的 TP 和 FP 的加和。因此，micro 参数下的 precision 和 recall 都等于 accuracy。

$$\text{precision} = \frac{TP_{-1} + TP_0 + TP_1}{(TP_{-1} + FP_{-1}) + (TP_0 + FP_0) + (TP_1 + FP_1)}$$

$$= \frac{10 + 160 + 20}{(10 + 45) + (160 + 15) + (20 + 50)} \approx 0.6333$$

使用 sklearn 计算的结果与上述结果相同。

```
>>> from sklearn.metrics import precision_score
>>> precision_score(y_true, y_pred, average="micro")
0.6333333333333333
```

2）macro

使用 macro 参数计算评估指标时，对每个类别分别计算指标，并对这些指标进行简单平均。具体步骤如下。

（1）对于每个类别，计算精确率、召回率和 F1 分数。

（2）对所有类别的指标进行简单平均，得到最终的 macro 参数。

使用 macro 参数关注每个类别的个体表现，并给予各个类别同等的重要性，无论类别的样本数量如何。这对于样本数量不平衡或关注少数类别的问题很有用，因为它避免了某些类别对整体指标产生过大的影响。

$$\text{precision} = \left(\frac{TP_{-1}}{TP_{-1} + FP_{-1}} + \frac{TP_0}{TP_0 + FP_0} + \frac{TP_1}{TP_1 + FP_1} \right) \times \frac{1}{3}$$

$$= \left(\frac{10}{10+45} + \frac{160}{160+15} + \frac{20}{20+50} \right) \times \frac{1}{3} \approx 0.4606$$

使用 sklearn 进行验证，如下所示。

```
>>> precision_score(y_true, y_pred, average="macro")
0.46060606060606063
```

3）weighted

与使用 micro 参数和 macro 参数相比，使用 weighted 参数考虑了类别样本数量的差异，并给予不同的类别权重。使用 weighted 参数对使用 macro 参数进行了改良，不再取算术平均、乘以固定 weight（即上述的 1/3），而是乘以该类在总样本数中的占比。

计算每个类的占比，代码如下。

```
>>> w_neg1, w_0, w_pos1 = np.bincount(y_true+1) / len(y_true)
>>> print(w_neg1, w_0, w_pos1)
0.1 0.8 0.1
```

weighted 参数下的 precision 计算公式如下：

$$\text{precision} = \frac{TP_{-1}}{TP_{-1} + FP_{-1}} \times w_{-1} + \frac{TP_0}{TP_0 + FP_0} \times w_0 + \frac{TP_1}{TP_1 + FP_1} \times w_1$$

$$= \frac{10}{10+45} \times 0.1 + \frac{160}{160+15} \times 0.8 + \frac{20}{20+50} \times 0.1 \approx 0.7782$$

使用 sklearn 进行验证，如下所示。

```
>>> precision_score(y_true, y_pred, average="weighted")
0.7781818181818182
```

4）sample_weight

当处理机器学习问题时，可以使用样本权重（Sample Weight）来指定每个样本的重要性或贡献度。当样本不均衡时，比如上述样本，0 占 80%，1 和-1 各占 10%，每个类数量差距很大，可以选择加入 sample_weight 来对样本进行调整。首先使用 sklearn.utils 中的 compute_sample_weight 函数计算 sample_weight：

```
sw = compute_sample_weight(class_weight='balanced',y=y_true)
```

sw 与 y_true 的 shape 相同，每一个数代表该样本所在的 sample_weight。其具体计算方法为 $\dfrac{总样本数}{类数 \times 每个类的个数}$，如值为-1 的样本，它的 sample_weight 为 $\dfrac{30}{3 \times 30}$。

使用 sample_weight 计算混淆矩阵如下：

```
>>> cm =confusion_matrix(y_true, y_pred, sample_weight=sw)
>>> cm
array([[33.33333333, 33.33333333, 33.33333333],
       [16.66666667, 66.66666667, 16.66666667],
       [16.66666667, 16.66666667, 66.66666667]])
```

计算结果如表 2-7 所示，由该混淆矩阵可得 TP、FN、FP。

表 2-7　计算结果

样本	TP	FN	FP
-1	33.33	66.67	33.33
0	66.67	33.33	50
1	66.67	33.33	50

三种 precision 的计算方法与前面所述的相同，在使用 sklearn 时，将 sw 作为函数的 sample_weight 参数输入即可，此处不再赘述。

2.4　梯度下降法与最小二乘法

2.4.1　梯度下降法及其应用

梯度下降（Gradient Descent）法是一种用于优化目标函数的迭代优化算法。它常用于机器学习中的参数学习，通过最小化（或最大化）目标函数来调整模型的参数。梯度下降法可用于线性回归、逻辑回归、神经网络等各种机器学习算法中。

梯度下降法的基本思想是根据目标函数的梯度方向（导数）更新参数，使得目标函数值逐步减小。算法的过程如下。

（1）初始化参数：选择初始参数值。

（2）计算梯度：计算目标函数对于当前参数值的梯度。梯度是目标函数在每个参数维度上的偏导数。

（3）参数更新：根据梯度的方向和学习率（步长），更新参数值。学习率决定了每次迭代更新的幅度。

（4）重复迭代：重复执行步骤（2）和步骤（3），直到满足停止条件（如达到最大迭代次数或梯度接近于零）。

梯度下降法有如下两种常见的变体。

批量梯度下降（Batch Gradient Descent，BGD）：在每次迭代中，使用整个训练集计算梯度并更新参数。批量梯度下降对于小数据集有效，但对于大规模数据集可能会导致计算开销过大。

随机梯度下降（Stochastic Gradient Descent，SGD）：在每次迭代中，随机选择一个样本计算梯度并更新参数。随机梯度下降的计算开销较小，并且在大规模数据集上更为高效，但由于其随机性，收敛过程可能较不稳定。

损失函数（Loss Function）或代价函数（Cost Function）是将随机事件或其有关随机变量的取值映射为非负实数以表示该随机事件的风险或损失的函数。在机器学习中，人们通常使用梯度下降法来最小化损失函数。损失函数是衡量模型预测输出与真实标签之间差异的函数。

在应用中，损失函数通常作为学习准则与优化问题相联系，即通过最小化损失函数求解和评估模型。例如，在统计学和机器学习中，损失函数被用于模型的参数估计（Parameter Estimation），在宏观经济学中被用于风险管理（Risk Management）和决策，在控制理论中被用于最优控制理论（Optimal Control Theory）。

回归问题所对应的损失函数为 L_1 损失函数和 L_2 损失函数，二者度量了模型预测值与真实值之间的差异：

$$L_1 loss: L(y,\hat{y}) = \omega(\theta)|\hat{y} - y|$$

$$L_2 loss: L(y,\hat{y}) = \omega(\theta)(\hat{y} - y)^2$$

式中，$\omega(\theta)$ 为真实值的权重；y 为真实值；$\hat{y}$ 为模型的输出。L_1 损失函数计算平均绝对误差（MAE），L_2 损失函数计算均方误差（MSE）。

各类回归模型，如线性回归模型、广义线性模型（Generalized Linear Model，GLM）和人工神经网络（ANN）模型通过最小化 L_2 损失或 L_1 损失对其参数进行估计。L_2 损失和 L_1 损失的不同在于，L_2 损失通过平方计算放大了预测值和真实值的距离，因此对偏离真实值的输出给予很大的惩罚。此外，L_2 损失是平滑函数，在求解其优化问题时有利于误差梯度的计算；L_1 损失对预测值和真实值之差取绝对值，对偏离真实值的输出不敏感，因此在观测中存在异常值时有利于保持模型稳定。

分类问题所对应的损失函数为 0-1 损失函数，其是分类准确度的度量，对分类正确的预测值取 0，反之取 1：

$$L(\hat{y},y) = \begin{cases} 0, & \hat{y} = y \\ 1, & \hat{y} \neq y \end{cases}$$

常见的损失函数如下。

均方误差：用于回归问题，计算预测值与真实值之间的平方差的均值。

交叉熵损失（Cross-Entropy Loss）：用于分类问题，衡量预测概率分布与真实标签之间的差异。

对数损失（Logarithm Loss）：用于二分类问题，衡量预测概率分布与真实标签之间差异的对数。

Hinge 损失：用于支持向量机中的二分类问题。

2.4.2 最小二乘法及其应用

在机器学习中，线性回归是一种用于建模和预测连续数值输出的监督学习算法。其目标是通过拟合一个线性模型来最小化预测值与真实值之间的差异。最小二乘法是线性回归的一种求解方法，它的目标是找到一组模型参数，使得预测值与真实值的残差平方和最小化。具体来说，最小二乘法通过求解一个优化问题，最小化真实值与模型预测值之间的平方差。这可以通过求解一个闭合解的解析表达式来实现，也可以通过迭代优化算法（如梯度下降法）来近似求解。

最小二乘法的核心包括"最小"和"二乘"。其中，二乘指的就是以平方的方式来衡量预测值与真实值之间的差异，也就是误差平方。最小是指预测模型中各参数要使得预测值与真实值之间的误差平方和最小。

最小二乘法的定义可以分为广义和狭义两类。广义的最小二乘法泛指所有使用均方误差和方法衡量差异程度，进而求最优值的方法。这一类方法并不关注如何求最优解，只要使用了均方误差和作为目标函数，就可称之为最小二乘法。从这种角度来说，最小二乘法是一种优化思想，而梯度下降法只是最小二乘法的一个分支，是它的一种具体实现。

狭义的最小二乘法不但使用均方误差和作为目标函数，而且在求最优解时使用的是对应推导出的矩阵运算解法。下面以一元线性模型为例来说明狭义的最小二乘法的求解过程。

假设有一组数据 $X = \{(x_1, y_1), \cdots, (x_m, y_m)\}$，希望求出对应的一元线性模型来拟合这一组数据：

$$y = \beta_0 + \beta_1 x$$

拟合需要一个判断拟合程度高低的标准，在最小二乘法中，可以将误差平方和作为损失函数（目标函数）。损失函数用于衡量模型预测值与真实值之间的差异，可以通过最小化损失函数来找到最佳的参数估计。

$$J(\beta) = \sum_{i=1}^{m}(y_i - \beta_1 x_i - \beta_0)^2$$

有了目标函数，下面需要求出 β_0 和 β_1 使得 $J(\beta)$ 最小，即求 $J(\beta)$ 的极小值。分别对 β_0 和 β_1 求偏导：

$$\frac{\partial J(\beta)}{\partial \beta_1} = \sum_{i=1}^{m} 2(y_i - \beta_1 x_i - \beta_0)(-x_i) = 2\sum_{i=1}^{m}(\beta_1 x_i^2 + \beta_0 x_i - x_i y_i)$$

$$\frac{\partial J(\beta)}{\partial \beta_0} = \sum_{i=1}^{m} 2(y_i - \beta_1 x_i - \beta_0)(-1) = 2\sum_{i=1}^{m}(\beta_1 x_i + \beta_0 - y_i)$$

$$= 2\left(m\beta_1 \frac{\sum_{1}^{m} x_i}{m} + m\beta_0 - m\frac{\sum_{1}^{m} y_i}{m}\right)$$

因为 $\bar{x} = \dfrac{\sum_{1}^{m} x_i}{m}$，$\bar{y} = \dfrac{\sum_{1}^{m} y_i}{m}$，所以，对 β_0 的偏导可以转化为

$$\frac{\partial J(\beta)}{\partial \beta_0} = 2(m\beta_1 \bar{x} + m\beta_0 - m\bar{y})$$

已知当目标函数取得极值时，偏导一定是等于 0 的，所以，令 $\dfrac{\partial J(\beta)}{\partial \beta_0}$ 等于 0，于是有

$$2(m\beta_1 \bar{x} + m\beta_0 - m\bar{y}) = 0$$
$$\beta_0 = \bar{y} - \beta_1 \bar{x}$$

接着，处理对 β_1 的偏导，令 $\dfrac{\partial J(\beta)}{\partial \beta_1} = 0$，并将 $\beta_0 = \bar{y} - \beta_1 \bar{x}$ 代入得

$$2\sum_{i=0}^{m}[\beta_1 x_i^2 - (\bar{y} - \beta_1 \bar{x})x_i - x_i y_i] = 0$$

在这一等式中，只有 β_1 是未知数，所以可以通过简单移项进行求解，最终可得

$$\beta_1 = \frac{\sum_{i=1}^{m}(x_i - \bar{x})(y_i - \bar{y})}{\sum_{i=1}^{m}(x_i - \bar{x})^2}$$

将 β_1 代入 $\beta_0 = \bar{y} - \beta_1 \bar{x}$，即可求得 β_0。这样，β_0 和 β_1 就都求出来了。

下面尝试求解更一般化的多元线性情况。此时需要使用矩阵运算来求解，先用矩阵表示：

$$\boldsymbol{X\beta} = \boldsymbol{y}$$

$$\boldsymbol{X\beta} = \begin{bmatrix} 1 & x_{12} & \cdots & x_{1m} \\ 1 & x_{22} & \cdots & x_{2m} \\ \vdots & \vdots & & \vdots \\ 1 & x_{n2} & \cdots & x_{nm} \end{bmatrix},\ \boldsymbol{\beta} = \begin{bmatrix} \beta_0 \\ \beta_1 \\ \vdots \\ \beta_m \end{bmatrix},\ \boldsymbol{y} = \begin{bmatrix} y_0 \\ y_1 \\ \vdots \\ y_n \end{bmatrix}$$

目标函数：

$$J(\boldsymbol{\beta}) = \sum_{i=1}^{m}\left| y_i - \sum_{j=1}^{n} x_{ij}\beta_j \right|^2 \equiv \|\boldsymbol{y} - \boldsymbol{X\beta}^{\mathrm{T}}\|^2$$

要求最佳拟合模型，也就是令上面的目标函数最小，即等于 0：

$$y - X\beta^{\mathrm{T}} = 0$$

移项得

$$y = X\beta^{\mathrm{T}}$$

$$(X^{\mathrm{T}}X)^{-1}X^{\mathrm{T}}y = (X^{\mathrm{T}}X)^{-1}X^{\mathrm{T}}X\beta^{\mathrm{T}}$$

最终得到解

$$\beta^{\mathrm{T}} = (X^{\mathrm{T}}X)^{-1}X^{\mathrm{T}}y$$

可以看出，对于一般的最小二乘法多元求解，使用矩阵运算即可，不需要进行迭代。通过上面的推导可知，最小二乘法可以通过矩阵运算求解，这种方法虽然十分方便快捷，但并不是万能的，因为矩阵运算求解的条件是矩阵 X 可逆，但在很多非线性模型中，矩阵 X 未必可逆。这时可以通过梯度下降法求最优解。最小二乘法与梯度下降法的对比如表 2-8 所示。

表 2-8　最小二乘法与梯度下降法的对比

最小二乘法	梯度下降法
不需要设置学习率	需要设置学习率
一次运算得出最优解	需要多次迭代求出最优解
矩阵求逆的复杂度是 $O(n^3)$，所以数据维度越大，效率越低，甚至不可接受	维度较大时也适用
只适用于线性模型	适用性高，各种模型都可以使用

最小二乘法是机器学习中常用的优化算法，解释性强且求解方便、快捷，但对噪声数据过于敏感，且只适用于线性模型，对于非线性模型，可结合梯度下降法等。

2.4.3　实例分析

下面以下山问题为示例进行分析：假设某人在一座山上，要做的是以最快的速度赶往最低的山谷，但是不知道附近的地形，不知道路线，更不知道海拔最低的山谷在哪里。要做到尽快，行走方案只能是走一步算一步，即每走一步时都选择下降最多的那个方向走，换句话说就是，往最陡的方向走。当走到一个位置，无论下一步往哪里走，海拔都不会降低时，此时就认为自己已经到达了最低的山谷。

梯度下降法与下山问题的求解思路是一样的。假设存在函数 $f(x)$，如图 2-4 所示，初始点的值是初始值，希望找到函数 $f(x)$ 的最小值点。

在下山问题中，人可以通过视觉或者其他外部感官上的触觉来感知东南西北不同方向的坡度，然后选择最陡的方向。而在函数的最小值问题中，可以通过导数来寻找函数值下降最快的方向。导数的定义如下：

$$f'(x) = \lim_{\Delta x \to 0} \frac{\Delta y}{\Delta x} = \lim_{\Delta x \to 0} \frac{f(x_0 + \Delta x) - f(x_0)}{\Delta x}$$

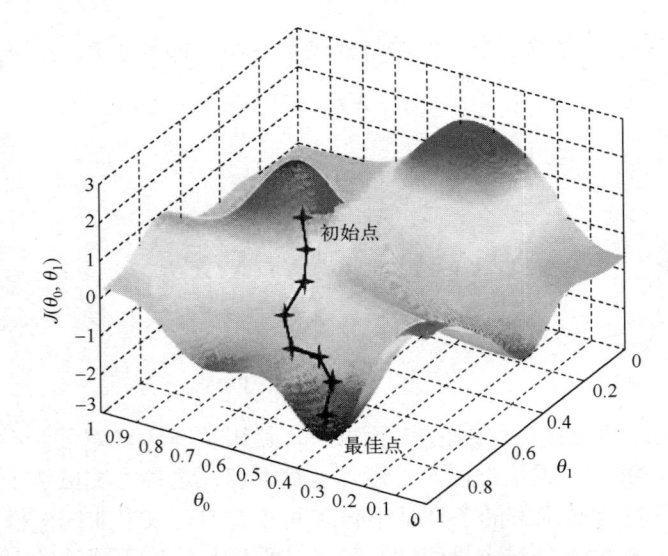

图 2-4 下山问题示例（扫码见彩图）

函数 $f(x)$ 在 $x=x_0$ 处的导数表示在这一点上的切线斜率，换句话说，函数 $f(x)$ 在 x_0 处的导数代表着 $f(x)$ 在 $x=x_0$ 附近的变化率，即导数可以衡量 x 取值在 x_0 附近时，$f(x)$ 随 x 变化的快慢。$|f'(x)|$ 越大，$f(x)$ 随 x 变化得越快，函数在图像上表现得越陡峭。

导数解决了一元函数中函数值随自变量变化快慢的问题，但对于多元函数，求其下降最快的方向需要用到偏导数：

$$\frac{\partial}{\partial x_i} f(x_0, x_1, \cdots, x_n) = \lim_{\Delta x \to 0} \frac{\Delta y}{\Delta x} = \lim_{\Delta x \to 0} \frac{f(x_0, x_1, \cdots, x_i + \Delta x, \cdots, x_n) - f(x_0, x_1, \cdots, x_i, \cdots, x_n)}{\Delta x}$$

偏导数与导数本质上是一致的，但偏导数可以衡量除 x 以外其他自变量保持不变时，函数值随 x_i 所在维度变化的快慢。分别对不同维度求偏导，即可知函数 $f(x_0, x_1, \cdots, x_n)$ 在不同维度（方向）变化的快慢，从而综合各个方向，获取一个最佳的方向收敛（下山）。

现在回归到梯度的问题：函数在某一点的梯度是一个向量，它的方向与取得最大方向导数的方向一致，而它的模为方向导数的最大值。以一元线性回归为例，假设模型为

$$y = f(x) = \theta_0 + \theta_1 x$$

式中，θ_0 和 θ_1 皆为未知，是需要去拟合的参数。在初步确定了 θ_0 和 θ_1 的值后，需要定义一个损失函数对参数 θ_0 和 θ_1 的拟合程度进行衡量，一般用预测值与真实值之间的误差平方和来作为损失函数：

$$J(\theta_0, \theta_1) = \frac{1}{2m} \sum_{i=1}^{m} (\theta_0 + \theta_1 x_i - y_i)^2$$

注意，在这个损失函数中，x_i 和 y_i 都是已知的值，θ_0 和 θ_1 才是变量。另外，上面的函数表达式多了一个 1/2，这个 1/2 对损失函数 $J(\theta_0, \theta_1)$ 在何处取得最小值并无影响，只是为了后续求导方便而添加的。梯度下降的目标就是求出 θ_0 和 θ_1 的具体值使 $J(\theta_0, \theta_1)$ 最小。由于

$J(\theta_0,\theta_1)$ 中有两个未知参数,所以需要使用偏导数。

分别对 θ_0、θ_1 求偏导,可得

$$\frac{\partial J(\theta_0,\theta_1)}{\partial \theta_0} = 2\frac{1}{2m}\sum_{i=1}^{m}(\theta_0+\theta_1 x_i - y_i) = \frac{1}{m}\sum_{i=1}^{m}[f(x_i)-y_i]$$

$$\frac{\partial J(\theta_0,\theta_1)}{\partial \theta_1} = 2\frac{1}{2m}\sum_{i=1}^{m}[x_i(\theta_0+\theta_1 x_i - y_i)] = \frac{1}{m}\sum_{i=1}^{m}\{x_i[f(x_i)-y_i]\}$$

继续扩展到 n 个参数的情况,此时的函数表达式为

$$f(x_0,x_1,\cdots,x_n) = \theta_0 + \theta_1 x_1 + \theta_2 x_2 + \cdots + \theta_n x_n$$

损失函数为

$$J(x_0,x_1,\cdots,x_n) = \frac{1}{2m}\sum_{i=1}^{m}[f(x_i)-y_i]^2 = \frac{1}{2m}\sum_{i=1}^{m}(\theta_0+\theta_1 x_1 + \theta_2 x_2 + \cdots + \theta_n x_n - y_i)^2$$

求偏导:

$$\frac{\partial J(\theta_0,\theta_1,\cdots,\theta_n)}{\partial \theta_k} = \frac{\partial}{\partial \theta_k}\frac{1}{2m}\sum_{i=1}^{m}(\theta_0+\theta_1 x_1 + \theta_2 x_2 + \cdots + \theta_n x_n - y_i)^2$$

$$= \frac{1}{2m}\sum_{i=1}^{m}2(\theta_0+\theta_1 x_1 + \theta_2 x_2 + \cdots + \theta_n x_n - y_i) \cdot \frac{\partial}{\partial \theta_k}2(\theta_0+\theta_1 x_1 + \theta_2 x_2 + \cdots + \theta_n x_n - y_i)$$

在 $\theta_0+\theta_1 x_1 + \theta_2 x_2 + \cdots + \theta_n x_n - y_i$ 中,只有 $\theta_k x_k$ 这一项是未知参数,所以对 $\theta_0+\theta_1 x_1 + \theta_2 x_2 + \cdots + \theta_n x_n - y_i$ 求偏导时,只会留下 θ_k,所以上式可以化简为

$$\frac{\partial J(\theta_0,\theta_1,\theta_2,\cdots,\theta_n)}{\partial \theta_k} = \frac{1}{2m}\sum_{i=1}^{m}2(\theta_0+\theta_1 x_1 + \theta_2 x_2 + \cdots + \theta_n x_n - y_i)\theta_k$$

$$= \frac{1}{m}\sum_{i=1}^{m}[f(x_i)-y_i]\theta_k$$

此为更一般化的求偏导公式。

通过求偏导,可以获得在不同位置下的梯度,进一步可以进行梯度的更新。还是先以一元线性回归为例,假设本次参数初始取值为 θ_0、θ_1,下一次参数取值为 θ_0' 和 θ_1':

$$\theta_0' = \theta_0 - \beta\frac{\partial J(\theta_0,\theta_1)}{\partial \theta_0} = \theta_0 - \frac{\beta}{m}\sum_{i=1}^{m}[f(x_i)-y_i]$$

$$\theta_1' = \theta_1 - \beta\frac{\partial J(\theta_0,\theta_1)}{\partial \theta_1} = \theta_1 - \frac{\beta}{m}\sum_{i=1}^{m}\{x_i[f(x_i)-y_i]\}$$

通过上面的两个公式不断迭代更新参数 θ_0、θ_1,直到梯度不再下降,即偏导数为 0。代入前面提到的下山问题,就是每走一步都计算最陡的方向,然后朝这个方向迈一步,接着又计算哪个方向最陡,继续朝那个方向迈步……直到走到一个地方无论朝哪个方向走,海拔都

不会降低，那么就认为到了最低的山谷。

在梯度下降法中，β 被称为学习率，用于控制下降的速度。用下山问题来解释，偏导数可以告诉此人哪个方向最陡，而且偏导数的大小就意味着朝这个方向迈一步可以走多远，如果此人觉得这一步的距离过小，就可以让 β 大于 1，那么他一步可以走得更远；如果此人觉得下山步子太大危险，就可以让 β 处于 0 和 1 之间，这样一步迈出的距离就会小一些。

β 的值并非越大越好，太大很可能错过山谷。若正常一步是走 1m 而令一步走 1km，则可能直接从这座山跨到另一座山，越过了山谷。β 的值也并非越小越好，太小下山速度过慢。如果令一步只走 1mm，那么几十年也可能无法下山。另外，如果陷入半山腰处的某个小坑洼，由于步子太小，那么无论朝哪个方向迈步都是上坡，此人就会误以为到了山谷。在函数优化问题上，这就是陷入了局部最优。所以，β 的大小还要视情况而定。

更一般地，将上述梯度更新公式应用到更多维的情况，与一元线性回归原理相同，但其计算量更大，因为每一维度都要先求偏导，然后通过下面的公式更新参数：

$$\theta'_k = \theta_k - \beta \frac{\partial J(\theta_0, \theta_1)}{\partial \theta_k} = \theta_k - \frac{\beta}{m}\sum_{i=1}^{m}\{x_k[f(x_i) - y_i]\}$$

2.5 正 则 化

正则化是一种用于降低机器学习模型过拟合风险的技术。正则化通过在模型的损失函数中引入额外的惩罚项来实现。以下是两种常见的正则化方法。

L_1 正则化（L_1 Regularization）：也被称为 Lasso 正则化，它通过在损失函数中添加权重向量的 L_1 范数（绝对值之和）来惩罚模型的复杂度。L_1 正则化有助于产生稀疏解，即将某些特征的权重推至零，从而实现特征选择和模型简化。

L_2 正则化（L_2 Regularization）：也被称为岭回归（Ridge Regression），它通过在损失函数中添加权重向量的 L_2 范数（平方和）来惩罚模型的复杂度。L_2 正则化有助于降低权重向量中的大值，使得各个特征对模型的影响更加均衡，以防过度依赖少数特征。L_1 正则化与 L_2 正则化有一些区别，如下所述。

- 形式上，L_1 正则化使用模型参数的绝对值之和，而 L_2 正则化使用模型参数的平方和。
- L_1 正则化倾向于产生稀疏解，即将某些模型参数置为零，从而实现特征选择。而 L_2 正则化不会强制将参数置为零，倾向于使参数都很小，但非零。
- 在特征选择方面，L_1 正则化更适合具有大量特征但只有少数特征对目标变量有显著影响的情况。而 L_2 正则化更适合特征之间相关性较高的情况，可以平衡相关特征的影响。
- L_1 正则化在生成稀疏模型时，计算较复杂；而 L_2 正则化的计算较简单，一般更容易优化。

在机器学习中，正则化是一种常用的技术，用于控制模型的复杂度，并防止发生过拟合。正则化通过添加一个正则化项到模型的损失函数中，惩罚复杂模型或大的参数值，从而使模型更加简单，具有更强的泛化能力。正则化在机器学习中有广泛的应用，特别是在线性回归、支持向量机、逻辑回归和决策树等算法中。通过引入正则化，可以避免模型过拟合训练数据，提高模型的泛化能力，从而在未见过的数据上表现更好。下面介绍正则化技术在几种不同算法中的应用。

2.5.1 线性回归

在线性回归中，正则化可以用来控制模型的复杂度并防止过拟合。常见的正则化方法包括 L_1 正则化和 L_2 正则化（岭回归）。通过引入正则化项到线性回归的损失函数中，可以使模型的参数保持较小的值，从而控制模型的复杂度。在广义线性回归模型中，需要预测的目标值 y 是输入变量 x 的线性组合。其数学概念可表示为：如果 y' 是预测值，那么有

$$y'(\boldsymbol{w}, \boldsymbol{x}) = w_0 + w_1 x_1 + w_2 x_2 + \cdots + w_n x_n$$

在整个模块中，定义向量 $\boldsymbol{w} = (w_1, w_2, \cdots, w_n)$ 作为 coef_，定义 w_0 作为 intercept_。线性回归模型包括普通最小二乘法（Linear Regression）、岭回归（Ridge 和 RidgeCV）和 Lasso 方法（Lasso）。

普通最小二乘法 LinearRegression 拟合一个带有系数 $\boldsymbol{w} = (w_1, w_2, \cdots, w_n)$ 的线性模型，使得数据集真实数据和预测数据（预测值）之间的残差平方和最小。当使用训练集 $\{(x_1, y_1), (x_2, y_2), \cdots, (x_n, y_n)\}$ 进行模型训练时，用最小二乘法预测损失 $L(\boldsymbol{w}, w_0)$，则线性回归器的优化目标如下：

$$\mathop{\mathrm{argmin}}_{\boldsymbol{w}, w_0} L(\boldsymbol{w}, w_0) = \mathop{\mathrm{argmin}}_{\boldsymbol{w}, w_0} \sum_{i=1}^{n} [\boldsymbol{y}'(\boldsymbol{w}, w_0, \boldsymbol{x}) - y_i]^2$$

同样地，为了学习到最优的模型参数，即系数 $\boldsymbol{w}$ 和截距 w_0，仍然可以使用随机梯度下降法。

Linear Regression 调用 fit 方法来拟合数组 $\boldsymbol{X}$、$\boldsymbol{y}$，并且将线性模型的系数 $\boldsymbol{w}$ 存储在其成员变量 coef_ 中（参考代码 linear_regression_coef_.ipynb）。

```
from sklearn import linear_model
X=[[0, 0], [1, 1], [2, 2]]
y=[0.5, 1.3, 2.4]
reg = linear_model.LinearRegression()

model= reg.fit(X,y)

print(model.coef_, model.intercept_)        #结果为[ 0.475  0.475] 0.45
print(model.predict([[1,3]]))               #结果为[ 2.35]
```

模型的 coef_ 和 intercept_ 表示 $y = 0.475 X_1 + 0.475 X_2 + 0.45$。可以通过 metrics 里面的函数计算出 MSE、R^2 等指标。

普通最小二乘法是最基础的线性模型。当各项是相关的，且设计矩阵 $\boldsymbol{X}$ 的各列近似线性相关时，设计矩阵会趋向于奇异矩阵，这种特性导致最小二乘估计对于随机误差非常敏感，可能产生很大的方差。例如，在没有实验设计的情况下收集到的数据，可能会出现多重共线性（Multicollinearity）的情况。

岭回归 Ridge 对系数的大小施加惩罚来解决普通最小二乘法中多重共线性的问题。岭回

归优化的目标是带惩罚项的残差平方和最小。

$$\min_{\boldsymbol{\omega}} \|X\boldsymbol{\omega} - y\|_2^2 + \alpha \|\boldsymbol{\omega}\|_2^2$$

式中，$\alpha \geq 0$ 是控制系数收缩量的复杂性参数，α 的值越大，收缩量越大，模型对共线性的鲁棒性也更强。与其他线性模型一样，Ridge 用 fit 方法完成拟合，并将模型系数 $\boldsymbol{\omega}$ 存储在其成员变量 coef_ 中（参考代码 linear_regression_coef_.ipynb）。

```
from sklearn import linear_model
reg = linear_model.Ridge (alpha = .5)
reg.fit ([[0, 0], [0, 0], [1, 1]], [0, 1, 1])

print(reg.coef_,reg.intercept_) [0.18181818 0.18181818] 0.5454545454545454
```

另一种岭回归模型是 RidgeCV，它通过内置的关于 alpha 参数的交叉验证来实现岭回归。该对象默认使用广义交叉验证（Generalized Cross-Validation，GCV），这是一种有效的留一交叉验证法（LOO-CV）。当指定 cv 特征时，将使用 GridSearchCV 交叉验证。例如，cv=10 将触发 10 折的交叉验证。Ridge 会固定一个 α 的值，求出最佳 $\boldsymbol{\omega}$，而 RidgeCV 使用多个（一组）α 的值，分别得出每个 α 对应的最佳 $\boldsymbol{\omega}$，然后通过交叉验证得到最佳的 α 和 $\boldsymbol{\omega}$。

Lasso 是拟合稀疏系数的线性模型。当它被使用在具有较少参数值的情况下时，可以有效地减少给定解决方案所依赖变量的数量。Lasso 及其变体是压缩感知领域的基础。在一定条件下，它可以恢复一组非零权重的精确集。

在数学公式表达上，它由一个带有 L_1 先验正则项的线性模型组成。其最小化的目标函数是

$$\min_{\boldsymbol{\omega}} \frac{1}{2n_{\text{samples}}} \|X\boldsymbol{\omega} - y\|_2^2 + \alpha \|\boldsymbol{\omega}\|_1$$

lasso estimate 解决了加惩罚项 $\alpha \|\boldsymbol{\omega}\|_1$ 的最小二乘法的最小化问题，其中，α 是一个常数，$\|\boldsymbol{\omega}\|_1$ 是参数向量的 $L_{1-\text{norm}}$ 范数。

2.5.2 支持向量机

支持向量机是一种用于分类和回归的强大算法。在支持向量机中，正则化可以通过引入 L_1 正则化项或 L_2 正则化项来控制模型的复杂度。正则化有助于在支持向量机中找到一个平衡点，以使模型在训练数据上有良好的性能，并具有较强的泛化能力。在分类学习中已经介绍过支持向量机分类模型，本节介绍的支持向量回归模型同样是从数据集中选取最有效的支持向量，但并非对数据分类，而是预测出连续的数值类型。

支持向量分类方法同时可用于解决回归问题，与分类方法训练模型的方式一样，通过调用 fit 方法训练模型，输入的参数向量为 X、y。在分类方法中，y 是整数型，在回归方法中，y 是浮点数型。

支持向量回归有三种不同的实现形式：SVR、NuSVR 和 LinearSVR。在只考虑线性核的情况下，LinearSVR 的实现比 SVR 快（参考代码 SVM_SVR.ipynb）。

```
from sklearn import svm
X = [[0, 0], [2, 2]]
y = [0.5, 2.5]
clf = svm.SVR ()
clf.fit(X, y)
print(clf.predict([[1, 1]]))          #输出结果为array([ 1.5])
```

支持向量分类方法生成的模型只依赖于训练集的子集，因为边缘之外的训练点对构建模型的代价函数没有影响。类似地，支持向量回归生成的模型也只依赖于训练集的子集，因为构建模型的代价函数忽略了任何接近于模型预测的训练数据。和分类方法类似，支持向量的信息可以通过成员变量 support_vectors_、support_ 和 n_support 获得。

2.5.3 逻辑回归

逻辑回归是一种用于二分类或多分类的常用算法。正则化在逻辑回归中的应用与线性回归类似，可以通过 L_1 正则化项或 L_2 正则化项来控制模型的复杂度并防止过拟合。正则化可以帮助逻辑回归模型更好地拟合训练数据，并在未见过的数据上有更好的表现。在逻辑回归中，人们通过拟合一个逻辑函数（如 sigmoid 函数）来预测二分类问题的概率。通常使用最大似然估计来拟合模型参数，但在面对高维数据或数据集中存在冗余特征时，逻辑回归容易过拟合。这时，正则化可以帮助改善模型的泛化能力。

正则化在逻辑回归中的常见形式有 L_1 正则化和 L_2 正则化。它们通过在损失函数中引入正则化项来控制模型的复杂度。L_1 正则化通过添加模型参数的绝对值之和乘以一个正则化系数来惩罚模型的复杂度，它倾向于使一些模型参数变为零，从而实现特征选择和稀疏性。L_2 正则化通过添加模型参数的平方和乘以一个正则化系数来惩罚模型的复杂度，它倾向于使所有模型参数都趋向于较小的值，但不会强制它们变为零。

正则化项在损失函数中的添加可以通过调节正则化系数来控制正则化的强度。较大的正则化系数会对模型参数施加更强的惩罚，从而限制模型的复杂度。选择合适的正则化系数是逻辑回归中一个重要的调参问题。网格搜索、调整系数范围、正则化路径、验证曲线和基于信息准则的方法都是常见的策略和技巧，用于帮助选择合适的正则化系数。

2.5.4 决策树

决策树也可称为回归树，它每个叶节点上的数值不再是离散型，而是连续型。使用 DecisionTreeRegressor 类可以解决回归问题。

决策树的正则化主要通过以下两种方式进行，这些正则化技术可以控制决策树的复杂度，防止过拟合，并提高模型的泛化能力。

1. 剪枝

决策树剪枝（Pruning）是一种减小树的复杂度的技术，以防止过拟合。剪枝分为预剪枝（Pre-pruning）和后剪枝（Post-pruning）两种形式。

预剪枝：在构建决策树时，在对每个叶节点进行划分前，通过定义一个停止条件来决定是否继续划分。常见的停止条件包括限制树的最大深度、限制叶节点的最小样本数、限制信息增益或基尼系数的阈值等。预剪枝可以有效地减小树的大小和复杂度，从而防止过拟合。

后剪枝：首先构建完整的决策树，然后从底部开始，逐步剪掉一些子树来减小树的复杂度。剪枝的判断标准可以使用验证集上的性能，通过比较剪枝前后的模型性能来决定是否进行剪枝。后剪枝可以更加灵活地调整树的复杂度，提高模型的泛化能力。

2. 最大深度和最小样本数限制

在构建决策树时，可以通过设置最大深度或最小样本数的限制来控制树的复杂度。最大深度限制决策树的层数，防止树过深、过拟合；而最小样本数限制叶节点上的最小样本数量，避免生成过于细分的叶节点。

在训练模型时，拟合方法将数组 X 和数组 y 作为参数。此后模型可预测浮点数型的 y 值（参考代码 DecisionTreeRegressor.ipynb）。

```
from sklearn import tree

X = [[0, 0], [2, 2]]
y = [0.5, 2.5]
clf = tree.DecisionTreeRegressor()
clf = clf.fit(X, y) #训练模型
clf.predict([[1, 1]]) #使用模型预测，得到结果为array([ 0.5])
```

2.5.5 实例分析

下面使用不同的回归模型对美国波士顿房价进行预测，该数据集是马萨诸塞州波士顿郊区的房屋信息数据，于 1978 年开始统计，共 506 个样本，涵盖了波士顿郊区房屋 14 种特征的信息。本节的完整代码请参考 boston_regression.ipynb。

1. 导入数据

从 sklearn.datasets 包中导入数据集。

```
#导入数据
from sklearn.datasets import load_boston
import pandas as pd

boston = load_boston()
features = boston.data
target = boston.target
df_boston = pd.DataFrame(features)
df_boston.columns = boston.feature_names
df_boston["MEDV"] = target
df_boston.head()
```

特征说明如下。

CRIM：每个城镇的人均犯罪率。

ZN：超过 25000 平方英尺[①]用地划为居住用地的百分比。

INDUS：非零售商用地百分比。

[①] 1 英尺= 0.3048m。

CHAS：是否靠近查尔斯河。
NOX：氮氧化物浓度。
RM：住宅平均房间数。
AGE：1940 年前建成自用单位比例。
DIS：到 5 个波士顿就业服务中心的加权距离。
RAD：无障碍径向高速公路指数。
TAX：每万元物业税率。
PTRATIO：小学师生比例。
B：黑色人种比例指数。
LSTAT：下层经济阶层比例。
MEDV：业主自住房屋中值。
关于该数据集的更多信息可以使用下面的代码进行查看。

```
print(boston.DESCR) #查看数据集的描述信息
```

2. 建立回归模型

将初始数据标准化：

```
#数据标准化
from sklearn.preprocessing import StandardScaler
# import numpy as np
ss_x = StandardScaler()
ss_y = StandardScaler()
s_features=ss_x.fit_transform(features)
s_target=ss_y.fit_transform(target.reshape(-1, 1))
```

把数据集按照 7∶3 分为训练集和测试集：

```
#分离数据集
from sklearn.model_selection import train_test_split
features=df_boston[df_boston.loc[:,df_boston.columns!='MEDV'].columns]
target = df_boston['MEDV']
x_train, x_test, y_train, y_test = train_test_split(s_features, s_target, test_size=0.3, random_state=0)
```

进行训练并预测：

```
from sklearn.linear_model import LinearRegression
from sklearn.svm import SVR
from sklearn.tree import DecisionTreeRegressor
from sklearn.neighbors import KNeighborsRegressor
from sklearn.metrics import mean_absolute_error,mean_squared_error,r2_score
```

线性回归：

```
lr_model = LinearRegression()
lr_model.fit(x_train, y_train)
```

```
    lr_y_pred = lr_model.predict(x_test)
    lr_MSE = mean_squared_error(ss_y.inverse_transform(y_test), ss_y.inverse
_transform(lr_y_pred))
    lr_MAE = mean_absolute_error(ss_y.inverse_transform(y_test), ss_y.inverse_
transform(lr_y_pred))
    lr_R2 = r2_score(y_test, lr_y_pred)
```

支持向量机（linear）：

```
    #使用线性核函数的SVR进行训练，并进行预测
    l_svr = SVR(kernel='linear')
    l_svr.fit(x_train, y_train)
    l_svr_y_pred = l_svr.predict(x_test)
    svr_linear_MSE = mean_squared_error(ss_y.inverse_transform(y_test),ss_y.
inverse_transform(l_svr_y_pred))
    svr_linear_MAE = mean_absolute_error(ss_y.inverse_transform(y_test),ss_y.
inverse_transform(l_svr_y_pred))
    svr_linear_R2 = r2_score(y_test,l_svr_y_pred)
```

支持向量机（rbf）：

```
    #使用径向基核函数的SVR进行训练，并进行预测
    r_svr = SVR(kernel='rbf')
    r_svr.fit(x_train, y_train)
    r_svr_y_pred = r_svr.predict(x_test)
    svr_rbf_MSE = mean_squared_error(ss_y.inverse_transform(y_test), ss_y.
inverse_transform(r_svr_y_pred))
    svr_rbf_MAE = mean_absolute_error(ss_y.inverse_transform(y_test), ss_y.
inverse_transform(r_svr_y_pred))
    svr_rbf_R2 = r2_score(y_test,r_svr_y_pred)
```

支持向量机（poly）：

```
    #使用多项式核函数的SVR进行训练，并进行预测
    p_svr = SVR(kernel='poly')
    p_svr.fit(x_train, y_train)
    p_svr_y_pred = p_svr.predict(x_test)
    svr_poly_MSE = mean_squared_error(ss_y.inverse_transform(y_test),ss_y.
inverse_transform(p_svr_y_pred))
    svr_poly_MAE = mean_absolute_error(ss_y.inverse_transform(y_test),ss_y.
inverse_transform(p_svr_y_pred))
    svr_poly_R2 = r2_score(y_test,p_svr_y_pred)
```

决策树回归：

```
    dtr = DecisionTreeRegressor()
    dtr.fit(x_train, y_train)
    dtr_y_pred = dtr.predict(x_test)
```

```
    dtr_MSE = mean_squared_error(ss_y.inverse_transform(y_test), ss_y.inverse
_transform(dtr_y_pred))
    dtr_MAE = mean_absolute_error(ss_y.inverse_transform(y_test), ss_y.inverse
_transform(dtr_y_pred))
    dtr_R2 = r2_score(y_test,dtr_y_pred)
```

K 最近邻回归：

```
knr = KNeighborsRegressor()
knr.fit(x_train, y_train)
knr_y_pred = knr.predict(x_test)

knr_MSE = mean_squared_error(ss_y.inverse_transform(y_test), ss_y. inverse_
transform(knr_y_pred))
knr_MAE = mean_absolute_error(ss_y.inverse_transform(y_test), ss_y. inverse_
transform(knr_y_pred))
knr_R2 = r2_score(y_test,knr_y_pred)
```

表 2-9 所示为不同回归模型的性能指标对比。

表 2-9　不同回归模型的性能指标对比

模型	MAE	MSE	R^2
SVR（rbf）	2.698141	20.969827	0.748157
SVR（poly）	3.071375	22.881751	0.725195
DecisionTreeRegressor	3.144079	3.144079	0.677281
KNeighborsRegressor	3.268289	27.807292	0.666041
SVR（linear）	3.541104	31.515546	0.621505
LinearRegression	3.609904	27.195966	0.673383

2.6　sklearn 中常用的数据集

sklearn 中的数据集库提供了很多不同的数据集，主要包含以下几大类。
- toy datasets：内置的小型标准数据集，一般是 load_xx()形式。
- generated datasets：随机生成的数据集，一般是 make_xx()形式。
- real world datasets：真实世界中的数据集，从网站下载较大的数据集，一般是 fetch_xx()形式。

2.6.1　toy datasets

sklearn 小型标准数据集如表 2-10 所示，sklearn 自带了一些小型标准数据集，不需要从外部网站下载任何文件，用 datasets.load_xx()加载，这些数据集的数据规模往往太小，无法代表真实世界的机器学习任务。

表 2-10　sklearn 小型标准数据集

数据集	函数	记录数	特征数	问题类型	分类数
波士顿房价	load_boston()	506	13	回归	—
鸢尾花	load_iris()	150	4	分类	3
糖尿病	load_diabetes()	442	10	回归	—
手写数字	load_digits()	1797	64	分类	10
红酒	load_wine()	178	13	分类	3
威斯康星州乳腺肿瘤	load_breast_cancer()	569	30	分类	2

1. 波士顿房价

这个数据集统计了波士顿 506 处房屋的 14 种不同特征（包含每个城镇的人均犯罪率、氮氧化物浓度、住宅平均房间数、到 5 个波士顿就业服务中心的加权距离及业主自住房屋中值等）及房屋的价格，适用于回归任务（代码参考 datasets.ipynb，其他数据集代码也在该文件中）。

```
from sklearn import datasets             # 导入库
boston = datasets.load_boston()          # 导入波士顿房价数据集
print(boston.keys())                     # 查看键（特征）  ['data','target','feature_names','DESCR', 'filename']
print(boston.data.shape,boston.target.shape)   # 查看数据的形状 (506, 13) (506,)
print(boston.feature_names)              # 查看有哪些特征，这里共 14 种
print(boston.DESCR)                      # 描述这个数据集的信息
print(boston.filename)                   # 文件路径
boston.data[0]                           # 显示第一条数据
```

2. 鸢尾花

这个数据集包含了 150 个鸢尾花样本，对应 3 种鸢尾花，各 50 个样本，以及它们各自对应的 4 种关于花外形的数据（花瓣和花萼的宽度、长度），适用于分类任务。

3. 糖尿病

这个数据集主要包括 442 个实例，每个实例有 10 个特征值，分别是 Age（年龄）、性别（Sex）、Body Mass Index（体质指数）、Average Blood Pressure（平均血压）、S1~S6 一年后疾病级数指标，target 为一年后患疾病的定量指标，适用于回归任务。

4. 手写数字

这个数据集共有 1797 个样本，每个样本有 64 个元素，对应一个 8×8 像素点组成的矩阵，每一个值是其灰度值，target 值是 0~9，适用于分类任务。另一个著名的手写数字数据集是 MNIST，像素是 28×28。下面的代码可以显示图片。

```
import matplotlib.pyplot as plt
plt.imshow(digits.images[0])
```

5. 红酒

这个数据集共 178 个样本，代表了红酒的三个档次（分别有 59、71、48 个样本），以及与之对应的 13 维的特征数据，适用于分类任务。

6. 威斯康星州乳腺肿瘤

这个数据集包含了威斯康星州记录的 569 个病人的乳腺肿瘤恶性/良性（1/0）类别型数据，以及与之对应的 30 个维度的生理指标数据，适用于二分类问题。

2.6.2 generated datasets

数据集生成函数如表 2-11 所示，generated datasets 中共提供了 20 个数据集生成函数，可用于生成不同分布的数据集，用于测试分类和回归程序。生成数据集可以根据特定的规则或分布生成合成数据，用于模拟不同的场景和问题。

表 2-11 数据集生成函数

生成函数	数据集类型	问题类别
make_blobs()	生成指定分类数的数据块	分类
make_circles()	生成两个环状数据集	分类
make_moons()	生成两个月牙状数据集	分类
make_classification()	生成 n 分类问题用数据集	分类
make_regression()	生成回归问题用数据集	回归

以 make_blobs() 为例，该生成函数生成指定分类数的数据块，数据集适用于分类任务。

```
data, label = make_blobs(n_features = 2, n_samples = 100, centers = 3, random_state)
              = 3, cluster_std = [0.8, 2, 5]
```

n_features 表示每一个样本有多少特征值；n_samples 表示样本的个数；centers 是聚类中心点的个数，可以理解为 label 的种类数；random_state 是随机种子，可以固定生成的数据；cluster_std 设置每个类别的方差。

```
from sklearn import datasets
#生成 300 个数据点，每个数据点有 2 个特征，共分为 4 类
x, y = datasets.make_blobs(n_samples=300, n_features=2, centers=4,cluster_std=1)
import matplotlib.pyplot as plt
#如图 2-5 所示，使用散点图将数据可视化，二维平面的 x、y 分别为两个特征，用颜色区分不同类别
plt.scatter(x[:,0],x[:,1],c=y)
```

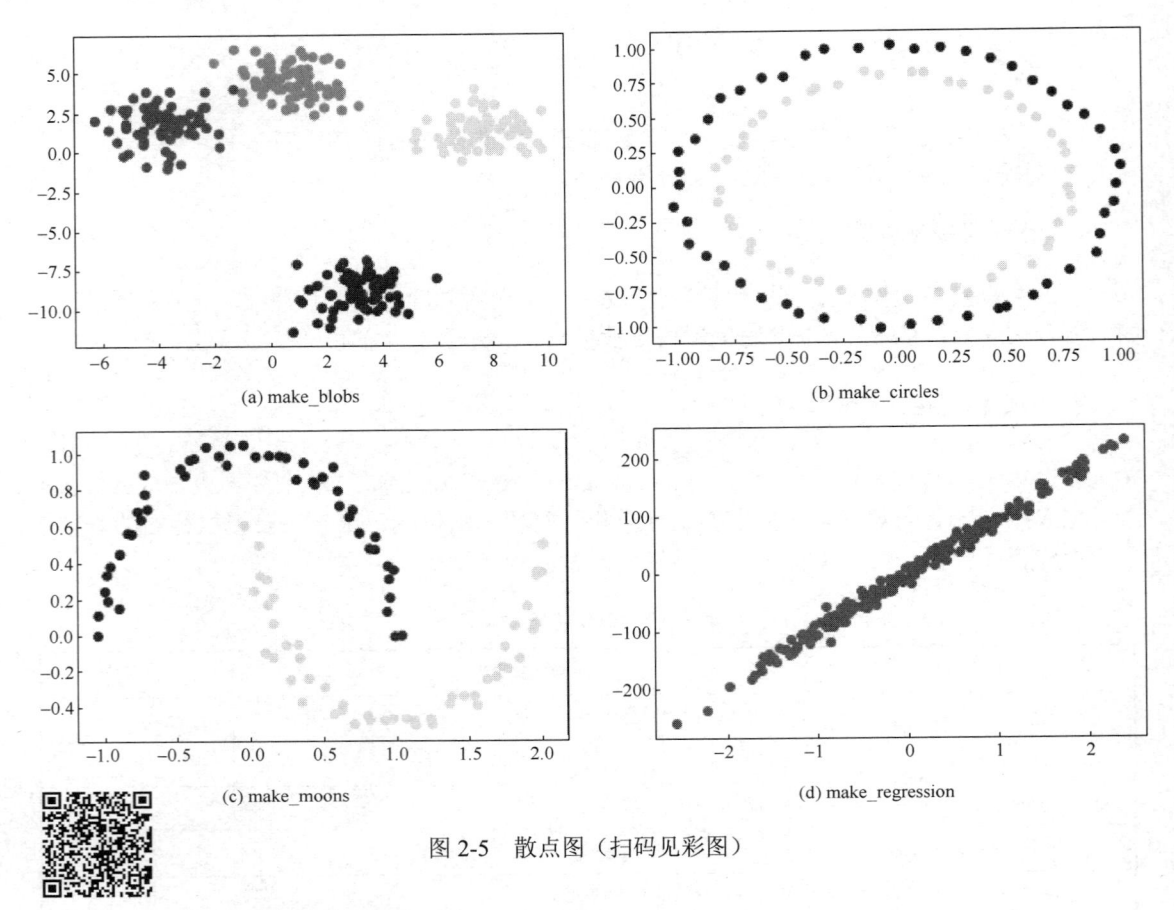

(a) make_blobs

(b) make_circles

(c) make_moons

(d) make_regression

图 2-5　散点图（扫码见彩图）

2.6.3　real world datasets

sklearn 提供了 10 个加载较大真实世界中的数据集的方法，并在必要时可以在线下载这些数据集，用 datasets.fetch_xx()加载。这些数据集一般较大，下载时间长，最好下载后存在本地以备后用。

- fetch_20newsgroups()：用于文本分类、文本挖掘和信息检索研究的国际标准数据集之一。该数据集收集了大约 20000 的新闻组文档，均匀分为 20 个不同主题的新闻组集合。
- fetch_20newsgroups_vectorized()：前面所述文本数据向量化后的数据集，返回一个已提取特征的文本序列，即不需要使用特征提取器。
- fetch_california_housing()：加利福尼亚的房价数据集，总计 20640 个样本，每个样本由 8 个特征表示，房价作为 target，所有特征值均为 number。
- fetch_covtype()：森林植被类型数据集，总计 581012 个样本，每个样本由 54 个维度表示（12 个特征，其中 2 个分别是 onehot4 维和 onehot40 维），target 表示植被类型，取值为 1~7，所有特征值均为 number。
- fetch_kddcup99()：KDD 竞赛在 1999 年举行时采用的数据集，KDD99 数据集仍然是网络入侵检测领域的事实基准，为基于计算智能的网络入侵检测研究奠定基础，包含 41 项特征。
- fetch_lfw_pairs()：人脸验证数据集，给定两张图片，二分类器必须预测这两张图片是否来自同一个人。
- fetch_lfw_people()：打好标签的人脸数据集。
- fetch_species_distributions()：物种分布数据集。
- fetch_olivetti_faces()：Olivetti 脸部图片数据集。

2.7 习　　题

1．讨论过拟合和欠拟合对模型性能的影响，并至少提供两种方法来检测过拟合。
2．回归问题和分类问题的主要区别是什么？
3．简述梯度下降法的基本原理。
4．L_1 正则化和 L_2 正则化的区别是什么？
5．交叉验证的目的是什么？请描述 K 折交叉验证的过程。
6．描述留一交叉验证与 K 折交叉验证的优缺点。
7．在 sklearn 中，如何使用不同的评估指标（如准确率、精确率、召回率）来评估分类模型的性能？请给出具体示例。

第 3 章

回归算法

回归是机器学习中的一种常见任务,通过回归可以建立输入特征和连续输出目标之间的关系模型,回归的目标是根据输入特征预测出一个或多个连续值的输出。回归分析是建模和分析数据的重要方法。本章介绍常见的回归算法及其相互关系,主要包括回归模型及选择回归模型的方法。

本章的重点、难点和需要掌握的内容如下。

> 了解回归算法的特点。
> 掌握简单线性回归模型、多元线性回归模型、逐步回归模型。
> 了解岭回归、Lasso 回归、ElasticNet 回归等非线性回归算法。
> 了解倒数回归模型、半对数回归模型、指数函数回归模型、幂函数回归模型、多项式回归模型、广义线性回归模型、逻辑回归模型。
> 掌握支持向量回归模型、保序回归模型、决策树回归模型、随机森林回归模型、K 最近邻回归模型。
> 了解回归算法在分类和预测方面的应用。

3.1 回归算法概述

回归分析最初由弗朗西斯·高尔顿(Francis Galton)在 19 世纪提出,并用于描述身高的生物现象。高尔顿观察到,高个体的后代往往会向整体人群的平均值回归,而矮个体的后代则会有一定程度"回归"到平均身高。这种现象后来被称为回归到均值(Regression Toward the Mean)。对于身高而言,回归仅具有生物学意义,但后来乌德尼·尤尔(Udny Yule)和卡尔·皮尔逊(Karl Pearson)将他的工作扩展到了更一般的统计背景。回归分析成了一种统计学中重要的方法,用于建立变量之间的关系模型并进行预测和推断。

回归分析是一种用于建模和分析数据的重要工具,其目的是根据已有的数据预测或估计连续的数值输出。例如,在二手车交易中,可以使用回归分析来根据车辆的品牌、里程数、新旧程度等特征预测其成交价。

回归分析的主要思想是通过找到最佳的拟合曲线或直线来描述数据的关系,使得数据点到拟合曲线或直线的距离方差最小。这种拟合过程可以通过最小化残差平方和(即数据点与拟合曲线之间差异的平方和)来实现。在回归分析中,人们寻找一个函数形式及与之对应的参数,使得该函数能够在给定的数据集上拟合数据,并能够反映数据的基本趋势。

在几何学上,回归分析可以理解为寻找一条曲线或直线,使得数据点在离该曲线或直线的上方或下方不远处均匀分布。这意味着拟合曲线或直线能够在整体上捕捉到数据的趋势,并提供对未知数据点的预测或估计。

回归分析并不要求拟合曲线或直线通过所有的数据点,而是要求所得的曲线或直线能够尽可能地反映数据的整体趋势。这样的拟合可以通过各种回归模型和算法来实现,如线性回归、多项式回归、岭回归、支持向量回归等。

回归分析的目标是研究因变量(也称为目标变量,通常表示为 y)与自变量(也称为特征变量,通常表示为 x)之间的关系。回归模型用于描述和预测因变量与自变量之间的关联关系,并可以用不同的函数形式来表示这种关系。回归分析提供了一种强大的工具,用于理解和预测因变量与自变量之间的关系。选择适当的回归模型和方法依据数据的特征、问题的要求,以及对模型的解释性和预测性能的需求。

图 3-1 所示为一个使用不同函数对数据进行拟合的例子。

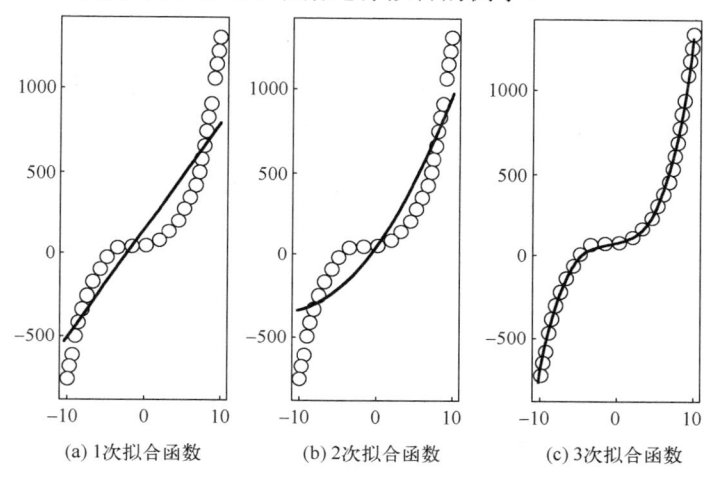

(a) 1次拟合函数　　(b) 2次拟合函数　　(c) 3次拟合函数

图 3-1　一个使用不同函数对数据进行拟合的例子

回归算法可以根据多个方面进行分类。
- 根据自变量的个数:回归算法可以分为一元回归和多元回归。一元回归指只有一个自变量和一个因变量的情况,如简单线性回归。多元回归指有多个自变量和一个因变量的情况,如多元线性回归和多项式回归。
- 根据因变量的类型:回归算法可以分为线性回归和非线性回归。线性回归假设因变量与自变量之间的关系是线性的,如简单线性回归和多元线性回归。非线性回归则允许因变量与自变量之间的关系是非线性的,如多项式回归、指数回归、对数回归等。
- 根据模型的函数形式:不同的回归算法使用不同的函数形式来描述因变量与自变量之间的关系。常见的回归模型包括线性回归、多项式回归、岭回归、Lasso 回归、逻辑回归、决策树回归、支持向量回归等。每个模型都有其特定的函数形式和参数估计方法,适用于不同类型的数据和问题。

单输出回归和多输出回归是监督学习中回归问题的两种形式,它们在预测目标变量的数量上有所不同。
- 单输出回归(Single Output Regression):模型的目标是预测单个连续目标变量的值。这意味着每个样本有一个与之对应的目标变量。常见的例子包括预测房屋价格,预测销售量等。单输出回归的目标是建立一个函数，将输入特征映射到单个连续的目标变量。单输出回归算法包括线性回归、岭回归、Lasso 回归、支持向量回归、决策树回归、随机森林回归等。

➢ 多输出回归（Multi-Output Regression）：模型的目标是同时预测多个相关的目标变量的值。这意味着每个样本有多个与之对应的目标变量。多输出回归可以处理目标变量之间的相关性和相互影响，尤其适用于需要同时预测多个相关变量的问题。例如，预测房屋的价格和面积，预测多维时间序列数据。多输出回归的目标是建立一个函数，将输入特征映射到多个相关的目标变量。多输出回归包括多输出线性回归、多输出决策树回归、多输出支持向量回归等模型。

表 3-1 中列举了一些常见的回归模型及其函数形式。

表 3-1　常见的回归模型及其函数形式

算法模型	函数形式
线性回归	$f(\boldsymbol{x}) = \beta_0 + \beta_1 \boldsymbol{x} + \varepsilon$
多项式回归	$f(\boldsymbol{x}) = \beta_0 + \beta_1 \boldsymbol{x} + \beta_2 \boldsymbol{x}^2 + \cdots + \beta_n \boldsymbol{x}^n + \varepsilon$
岭回归	$J(\boldsymbol{\theta}) = \text{MSE}(\boldsymbol{\theta}) + \alpha \sum_{j=1}^{n} \theta_j^2$
Lasso 回归	$J(\boldsymbol{\theta}) = \text{MSE}(\boldsymbol{\theta}) + \alpha \sum_{j=1}^{n} \lvert \theta_i \rvert$
ElasticNet 回归	$J(\boldsymbol{\theta}) = \text{MSE}(\boldsymbol{\theta}) + \lambda_1 \alpha \sum_{j=1}^{n} \lvert \theta_j \rvert + \lambda_2 \alpha \sum_{j=1}^{n} \theta_j^2$
指数函数回归	$y_t = a \mathrm{e}^{bx_t + u_t}$

3.2　线性回归模型

线性回归模型是一种线性模型，它假设输入变量 x 和单个输出变量 y 之间存在线性关系。线性回归模型是机器学习常用的模型之一。在这个模型中，简单线性回归模型的函数形式为 $y = \beta_0 + \beta_1 \boldsymbol{x} + \varepsilon$，其中 β_1 表示斜率，β_0 表示截距，ε 表示误差。一元线性回归和多元线性回归的区别在于，多元线性回归有超过一个的自变量。对于具有 n 个自变量的多元线性回归，可以将 β_1 看作 $1 \times n$ 的行向量，$\boldsymbol{x}$ 看作 $n \times 1$ 的一维列向量。

线性回归模型的应用非常广泛，如经济学中的经济预测、市场研究中的价格预测、医学研究中的疾病预测等。同时，线性回归模型也为更复杂的回归算法提供了基础和参照。

本节列举并介绍一些常见的线性回归模型。

（1）简单线性回归（Simple Linear Regression）模型：一个自变量和一个因变量之间的线性关系。

（2）多元线性回归（Multiple Linear Regression）模型：多个自变量和一个因变量之间的线性关系。

（3）岭回归模型：在多元线性回归模型的基础上，加入了 L_2 正则化项，用于解决自变量之间的共线性问题。

（4）Lasso 回归模型：在多元线性回归模型的基础上，加入了 L_1 正则化项，用于自动进行特征选择和稀疏性处理。

（5）ElasticNet 回归（ElasticNet Regression）模型：综合了岭回归模型和 Lasso 回归模型的特点，通过同时使用 L$_1$ 正则化项和 L$_2$ 正则化项，既能进行特征选择，又能处理共线性。

（6）逐步回归（Stepwise Regression）模型：逐步选择变量，通过逐步添加和删除预测变量来建立回归模型，以得到最佳的预测变量子集。

3.2.1 简单线性回归模型

简单线性回归模型的目标是通过估计回归系数来拟合数据，使得模型预测值与真实值之间的残差平方和最小。

简单线性回归模型的基本形式可以表示为

$$y = \beta_0 + \beta_1 x + \varepsilon$$

式中，y 是因变量；x 是自变量；β_0、β_1 是模型的参数（也称为回归系数）；ε 是误差项。

线性回归的求解方法主要有两种：最小二乘法和梯度下降法。

最小二乘法：通过最小化预测值与真实值之间的平方差来估计模型的系数。最小二乘法能够直接得到最优解的闭式解。它对数据集中的异常值较敏感，因此在使用最小二乘法时需要注意异常值的处理。

梯度下降法：通过不断迭代更新模型的系数，使损失函数逐渐减小，最终得到最优解。梯度下降法的优点是可以处理大规模数据集，并且相对不受异常值的影响。但需要选择合适的学习率和迭代次数，并对数据进行归一化处理。

如图 3-2 所示，在线性回归中一般采用最小二乘法来获得最佳拟合曲线。最优拟合曲线是指对于所有点的残差（预测值与真实值之差）平方和最小的曲线，即 $\sum (y_{\text{predict}} - y_{\text{real}})^2$ 的值最小。最小二乘法可以通过最小化残差平方和来确定回归系数的值。

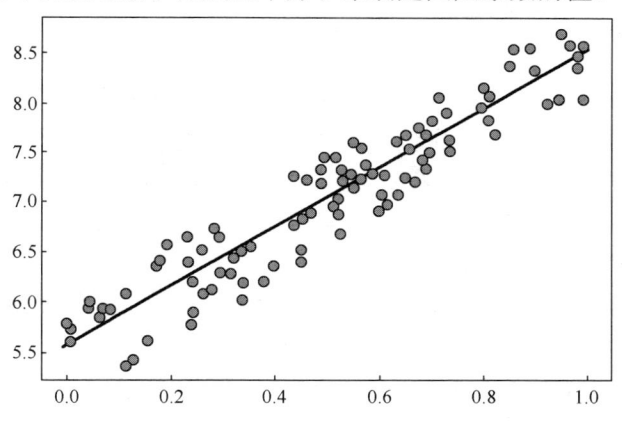

图 3-2 采用最小二乘法拟合

简单线性回归模型的特点如下。
- 自变量与因变量之间必须有线性关系。
- 线性回归对异常值非常敏感，它会严重影响回归线，最终影响预测值。
- 在多个自变量的情况下，可以使用向前选择法、向后剔除法和逐步筛选法来选择最重要的自变量。
- 多元回归存在多重共线性、自相关性和异方差性。
- 多重共线性会增加系数预测值的方差，使得在模型轻微变化下，估计非常敏感，结果就是系数预测值不稳定。

3.2.2 多元线性回归模型

多元线性回归模型是一种线性回归模型，用于描述多个自变量与一个因变量之间的线性关系。在多元线性回归模型中，有多个自变量（通常表示为 $x_1, x_2, \cdots, x_p$）和一个因变量（通常表示为 y），模型的形式可以表示为

$$y = \beta_0 + \beta_1 x_1 + \beta_2 x_2 + \cdots + \beta_p x_p + \varepsilon$$

式中，y 是因变量；$x_1, x_2, \cdots, x_p$ 是自变量，$\beta_0, \beta_1, \beta_2, \cdots, \beta_p$ 是回归系数（也称为参数）；ε 是误差项。

多元线性回归模型的目标是通过估计回归系数，找到最佳的参数估计，使得模型预测值与真实值之间的残差平方和最小。通常使用最小二乘法来估计回归系数，通过最小化残差平方和来确定最优的参数值。多元线性回归模型的优点包括能够考虑多个自变量对因变量的影响，提供了更丰富的变量关系描述。它可以用于预测和推断分析，适用于许多实际问题的建模和分析。

在应用多元线性回归模型时，需要注意以下几点。
- 自变量之间应该具有较低的共线性，以避免多重共线性问题。
- 模型的假设要满足，包括线性关系、误差项的独立性、常数方差和正态分布。
- 需要进行模型诊断和残差分析，以评估模型的拟合程度和假设的有效性。

在多元线性回归模型中，假设各个自变量之间不存在很强的关系。当自变量之间存在很强的线性相关关系时，会导致回归参数的估计不稳定，也称为多重共线性问题。这种情况会导致模型估计过程中的问题，对回归系数的解释变得困难，并且可能导致估计结果不稳定或不可靠。

多重共线性问题就是，一个解释变量的变化引起另一个解释变量的变化。如果各个自变量 x 之间有很强的线性相关关系，那么就无法固定其他变量，找不到 x 和 y 之间真实的关系。通俗地讲，共线性是指自变量 x（解释变量）影响因变量 y（被解释变量）时，多个 x 之间本身就存在很强的相关关系，即 x 之间有着比较强的替代性，因而导致多重共线性问题。

多重共线性问题可能会对多元线性回归模型产生以下影响。

（1）参数估计不准确：在存在多重共线性问题的情况下，回归系数的估计可能变得不稳定，其标准误差会增大，使得参数的显著性检验变得困难。

（2）解释变量的解释力下降：多重共线性问题会模糊解释变量对因变量的独立贡献，使得解释力下降。这意味着很难确定哪个自变量对因变量的影响最为显著。

（3）假设检验的失效：多重共线性问题可能导致回归模型中的假设检验失效，如 t 检验、F 检验等。这是因为相关自变量之间的共线性会使得模型的误差项的方差变大，从而影响统计推断的准确性。

为了解决多重共线性问题，可以采取以下措施。

（1）增加样本量：多重共线性问题不是模型的错误，是一种数据缺陷，可以通过增加样

本量来解决。

（2）变量聚类：特征比较多时，先用变量聚类选择单特征比较强的方差膨胀因子。

（3）选择有效特征：采用逐步回归，或者主成分分析方法对特征降维，去除噪声，选择有效特征。

（4）正则化：给回归估计增加一个偏差度来降低标准误差。

3.2.3 正则化线性模型

方差一般是指一个模型在不同训练集上的差异，方差较大的模型可能过拟合训练数据。当使用最小二乘法计算线性回归模型的参数时，如果数据集矩阵存在多重共线性问题，那么最小二乘法对输入变量中的噪声非常敏感，其解会极为不稳定。由方差造成的误差可能导致过拟合和不稳定的预测结果。

如果能限制权重参数的增长，使权重参数不会变得特别大，那么模型对输入变量中噪声的敏感度就会降低。对模型进行正则化约束可以有效减小模型的自由度，则模型过拟合的难度变高。对于线性模型，正则化一般是通过约束模型的权重来实现的，对多项式模型施加正则化的一种简单方式是降低多项式的次数。

正则化线性模型是在线性回归模型中引入正则化项（或惩罚项）来控制模型复杂度的一种方法。它可以有效地处理特征多、样本少或存在多重共线性等问题，以提高模型的泛化能力和稳定性。

图 3-3（a）所示为加入正则化前使用多项式回归过拟合生成的数据，可以看到拟合得到的曲线非常弯曲陡峭，训练得到的模型的系数非常大；图 3-3（b）所示为加入正则化后得到的结果，可以看到曲线平滑了许多。正则化起到的作用就是限制这些模型系数的快速增长，降低模型复杂度。

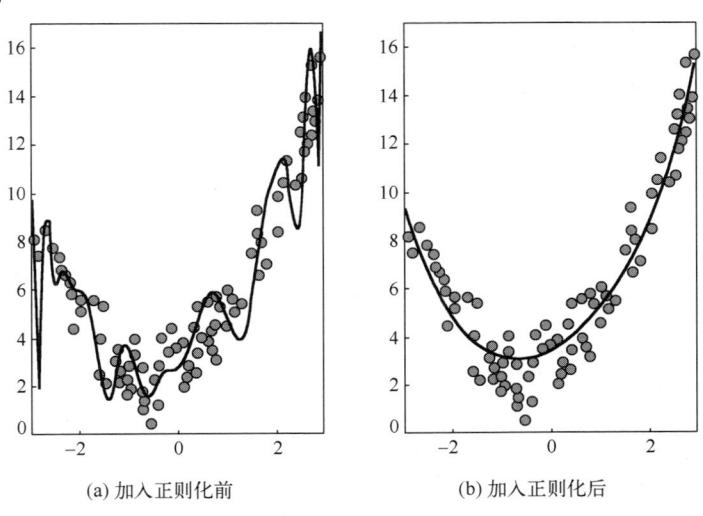

(a) 加入正则化前　　　　　　(b) 加入正则化后

图 3-3　加入正则化前后的模型

正则化线性模型的优点如下。
- 控制过拟合：正则化项可以限制模型参数的增长，防止过拟合，提高模型的泛化能力。
- 特征选择：Lasso 回归的稀疏性可以进行特征选择，即自动选择对目标变量具有显著影响的特征，有助于解释模型结果和简化模型。

常见的正则化线性模型包括岭回归和 Lasso 回归。
- 如果惩罚项是参数的 L_2 范数，就是岭回归。
- 如果惩罚项是参数的 L_1 范数，就是 Lasso 回归。

1. 岭回归

岭回归通过添加 L_2 范数作为正则化项来惩罚回归系数的大小。它在最小化残差平方和的同时，也迫使回归系数尽量接近于零。岭回归可以有效地减小回归系数的方差，缓解多重共线性问题。

岭回归是线性回归的正则化版本，通过添加 L_2 范数的正则化项来限制模型的权重，使其尽可能小。正则化项的形式为 $\alpha \sum_{j=1}^{n} \theta_j^2$，其中 α 是正则化参数，用于控制正则化的强度。

当 $\alpha = 0$ 时，岭回归退化为普通的线性回归，没有正则化项。在这种情况下，模型的权重没有受到正则化的影响，拟合的结果完全依赖于训练数据。

当 α 非常大时，正则化项的影响变得非常显著。在极端情况下，当 α 趋近于无穷大时，所有的权重都会趋近于零，这会导致模型输出一条经过目标变量（因变量）均值的直线。在这种情况下，模型变得过于简单，忽略了输入特征的影响，从而无法很好地拟合训练数据。

选择合适的 α 值是岭回归中的一个重要问题。较小的 α 值对应较弱的正则化，模型对权重的限制较弱，可能更接近于普通线性回归。较大的 α 值对应较强的正则化，模型对权重的限制较强，可能更倾向于产生较小的权重值。

岭回归的求解过程可以通过最小化带有正则化项的目标函数来完成。岭回归求解过程的一般步骤如下。

（1）建立岭回归的目标函数：目标函数是加入了 L_2 正则化项的最小二乘法的损失函数。损失项 $\frac{1}{2m} \sum_{i=1}^{m} (y_i - \hat{y}_i)^2$ 是均方误差（MSE），用于度量模型预测值与真实值之间的偏差。岭回归的目标函数可以表示为

$$J(\boldsymbol{\theta}) = \frac{1}{2m} \sum_{i=1}^{m} (y_i - \hat{y}_i)^2 + \alpha \sum_{j=1}^{n} \theta_j^2$$

式中，m 是样本数；n 是特征数；α 是正则化参数；y_i 是第 i 个样本的真实值；$\hat{y}_i$ 是第 i 个样本的预测值；θ_j 是模型的回归系数。

（2）最小化目标函数：通过最小化目标函数，可以得到岭回归模型的参数预测值。最小化目标函数的常用方法是最小二乘法或优化算法（如梯度下降法）。

（3）求解参数预测值：通过最小化目标函数，求解参数预测值 $\boldsymbol{\theta}$。具体的求解方法取决于使用的方法。最常用的方法是使用正规方程（Normal Equation）求解，它可以直接得到参数估计的闭式解：

$$\boldsymbol{\theta} = (\boldsymbol{X}^\mathrm{T} \boldsymbol{X} + \alpha \boldsymbol{I})^{-1} \boldsymbol{X}^\mathrm{T} \boldsymbol{Y}$$

其中，$\boldsymbol{X}^\mathrm{T}$ 表示矩阵的转置；$\boldsymbol{X}^{-1}$ 表示矩阵的逆；$\boldsymbol{I}$ 是单位矩阵。

(4) 交叉验证选择 α：选择适当的正则化参数 α 是岭回归中的一个关键问题。常用的方法是使用交叉验证，在训练数据中选择最优的 α 值。可以尝试不同的 α 值，通过交叉验证选择使模型在验证集上性能最好的 α 值。

(5) 模型评估和解释：对岭回归模型进行评估和解释，可以使用各种指标（如均方误差、决定系数等）来评估模型的拟合能力和预测性能；还可以分析参数的符号、大小和显著性，解释模型对因变量的影响。

2. Lasso 回归

Lasso 回归是一种用于线性回归的正则化方法，它通过添加 L_1 范数的正则化项 $\alpha \sum_{i=1}^{n} |\theta_i|$ 来实现参数估计和特征选择。与岭回归不同，Lasso 回归的正则化项是模型参数的绝对值之和。Lasso 回归的目标函数可以表示为

$$J(\boldsymbol{\theta}) = \frac{1}{2m} \sum_{i=1}^{m} (y_i - \hat{y}_i)^2 + \alpha \sum_{j=1}^{n} |\theta_j|$$

式中，m 是样本数；n 是特征数；α 是正则化参数；y_i 是第 i 个样本的真实值；$\hat{y}_i$ 是第 i 个样本的预测值；θ_j 是模型的回归系数。

Lasso 回归的求解过程与岭回归类似，可以通过最小化目标函数来获得参数预测值。然而，由于 L_1 范数的特性，Lasso 回归具有一些独特的性质。

(1) 特征选择：Lasso 回归倾向于使一些参数估计变为零，从而实现自动的特征选择。这是因为 L_1 范数的正则化项具有稀疏性，鼓励模型选择具有较强预测能力的特征，而过滤掉对目标变量影响较小的特征。

(2) 参数稀疏性：由于 L_1 范数的存在，Lasso 回归通常会产生稀疏的参数估计。这意味着只有一部分特征对目标变量有显著影响的参数会被估计为非零值，而其他参数则会被估计为零。这样可以简化模型并提高解释性。

(3) 多重共线性问题处理：与岭回归类似，Lasso 回归也可以帮助处理多重共线性问题。正则化项鼓励参数估计趋向于零，从而减小参数之间的相关性，提高模型的稳定性和可解释性。

Lasso 回归有以下几个特点。

- 特征选择：由于 L_1 惩罚项的作用，Lasso 回归会将一些不重要特征的系数压缩至零，从而实现特征选择。
- 稀疏解：Lasso 回归产生的解是稀疏的，即大多数特征的权重会被设为零，这有助于解释和理解模型。
- 正则化参数的选择：Lasso 回归正则化参数 α 的选择是一个重要问题。适当选择 α 可以平衡模型的拟合能力和正则化效果。通常使用交叉验证或其他模型选择技术来选择最佳的 α 值。
- 防止过拟合：由于包含了正则化项，Lasso 回归在面对多重共线性问题或数据维度很高的情况时，比普通的线性回归更不容易过拟合。
- 计算复杂性：虽然 Lasso 回归的优化问题是非光滑的（因为 L_1 惩罚项是非光滑的），但可以通过坐标下降、最小角度回归（LARS）等算法高效地求解。

Lasso 回归广泛应用于各种领域,包括机器学习、数据科学、生物信息学等,特别是在数据维度很高或者特征之间存在多重共线性问题的情况下表现出色。

3.2.4 ElasticNet 回归模型

ElasticNet 回归也称为弹性网络回归,属于线性回归的一种。ElasticNet 回归是对普通线性回归的扩展,它在目标函数中同时使用 L_1 范数和 L_2 范数的正则化项,以综合 Lasso 回归和岭回归的优点。

ElasticNet 回归是 Lasso 回归和岭回归技术的混合体。它使用 L_1 范数来训练,以 L_2 范数作为正则化矩阵。ElasticNet 回归算法的代价函数结合了 Lasso 回归和岭回归的正则化方法,通过两个参数 λ_1 和 λ_2 来控制惩罚项的大小。ElasticNet 回归的目标函数是通过最小优化代价函数来优化模型参数的,可以表示为

$$J(\theta) = \frac{1}{2m} \sum_{i=1}^{m}(y_i - \hat{y}_i)^2 + \lambda_1 \alpha \sum_{j=1}^{n}|\theta_j| + \lambda_2 \alpha \sum_{j=1}^{n}\theta_j^2$$

式中,m 是样本数;n 是特征数;α 是正则化参数;y_i 是第 i 个样本的真实值;$\hat{y}_i$ 是第 i 个样本的预测值;θ_j 是模型的回归系数;λ_1 和 λ_2 分别是 Lasso 回归正则化参数和岭回归正则化参数。

可以看到,当 $\lambda_1 = 0$ 时,其代价函数就等同于岭回归的代价函数;当 $\lambda_2 = 0$ 时,其代价函数就等同于 Lasso 回归的代价函数。

当有多个相关的特征时,ElasticNet 回归是很有用的。Lasso 回归会随机挑选它们其中的一个,而 ElasticNet 回归则会选择其中的两个。ElasticNet 回归在处理高维数据、多重共线性问题和特征选择等方面具有一定的优势。

对于 ElasticNet 回归,以下是几个关键点。

(1)高度相关变量的群体效应:相对于 Lasso 回归,ElasticNet 回归更倾向于保留高度相关的变量,而不是将其中某些变量系数置零。当多个特征与另一个特征高度相关时,ElasticNet 回归可以更好地处理这种情况,而 Lasso 回归可能会随机选择其中一个变量。

(2)弹性网络的使用场景:当数据集中存在高度相关的特征时,ElasticNet 回归更有用。它能够平衡 L_1 正则化项(Lasso 回归)和 L_2 正则化项(岭回归),从而结合了特征选择和对相关特征的保留。

(3)对所选变量数量的灵活性:与 Lasso 回归不同,ElasticNet 回归没有对所选变量数量的限制。在 ElasticNet 回归中,可以选择保留所有变量,也可以选择只保留少数重要变量。

3.2.5 逐步回归模型

逐步回归是一种逐步选择特征的方法,用于构建线性回归模型。它通过迭代的方式,每次选择一个特征,将其加入模型中或从模型中剔除,以逐步优化模型的性能。

在逐步回归中,有三种常见的方法:向前选择法、向后选择法和逐步筛选法。

1. 向前选择法

将自变量逐个引入模型,引入一个自变量后要查看该自变量的引入是否使得模型发生显

著性变化（F检验），如果发生了显著性变化，那么将该自变量引入模型中，否则忽略该自变量，直至对所有自变量都进行了考虑。将自变量按照贡献度从大到小排列，依次加入。

特点：自变量一旦被加入，就永远保存在模型中；不能反映自变量引入模型后的模型本身的变化情况。

2. 向后选择法

与向前选择法相反，在这个方法中，先将所有自变量放入模型，然后尝试将某一自变量剔除，查看剔除后整个模型是否发生显著性变化（F检验）。如果没有发生显著性变化，则剔除；若发生显著性变化，则保留，直到留下所有使模型发生显著性变化的自变量。将自变量按贡献度从小到大，依次剔除。

特点：自变量一旦被剔除，就不再进入模型；把全部自变量引入模型，计算量过大。

3. 逐步筛选法

逐步筛选法是向前选择法和向后选择法的结合，即一边选择，一边剔除。当引入一个自变量后，首先查看这个自变量是否使模型发生显著性变化（F检验），若发生显著性变化，则对所有自变量进行 t 检验；当原来引入的自变量由于后面引入的自变量而不再使模型发生显著性变化时，剔除此自变量，确保每次引入新的自变量之前回归方程中只包含使模型发生显著性变化的自变量，直到既没有使模型发生显著性变化的自变量被引入回归方程，也没有不使模型发生显著性变化的自变量被从回归方程中剔除为止，最终得到一个最优的自变量集合。

逐步筛选法具有以下几个优点。

（1）特征选择：逐步筛选法通过逐步添加或剔除特征，可以帮助识别对目标变量具有显著影响的特征。它可以自动选择最相关的特征，减少冗余特征的影响，提高模型的解释性和泛化能力。

（2）模型优化：逐步筛选法可以通过逐步迭代的方式，不断优化模型的性能。在每一步中，选择最佳的特征或剔除对性能影响较小的特征，以提升模型的拟合能力和预测准确性。

（3）减少多重共线性问题：多重共线性问题是指自变量之间存在高度相关性的情况，逐步筛选法可以帮助减少多重共线性问题的影响，逐步选择高度相关的特征，或者逐步剔除无意义的特征，从而提高模型的稳定性和可解释性。

（4）计算效率：相比于将所有特征都包含在模型中进行拟合，逐步筛选法可以减少特征的数量，从而减小了计算的复杂度和减少了运行时间。特别是在特征维度非常高的情况下，逐步筛选法可以提高计算效率。

（5）解释性：逐步筛选法可以帮助识别对目标变量具有显著影响的特征，并提供相应的回归系数。这样可以更好地理解自变量与因变量之间的关系，提供更准确的解释和高预测能力。

需要注意的是，逐步筛选法也有一些限制和注意事项。例如，它可能容易受到初始特征选择的影响，可能对噪声敏感，并且可能存在过拟合的风险。

逐步筛选法的应用场景包括但不限于特征选择、高维数据分析、多重共线性问题处理和解释性模型建立等。

3.3 可线性化的非线性回归模型

在实际生活中，很多现象之间的关系并不是简单的线性关系，对这类现象的分析预测一般要应用非线性回归预测。但是非线性回归模型的优化问题难以求解，不同的非线性回归模型往往具有完全不同的性质，比较复杂。而线性回归模型是一类已经被研究得比较透彻的模型，优化问题也容易求解，因此实际中往往会先将非线性回归模型转化为线性回归模型再去解决问题。

在非线性回归模型中，有一类被称为可线性化的非线性回归模型。这类模型具有一种特殊的性质，即可以通过适当的变换将其转化为线性回归模型或近似线性回归模型。可线性化的非线性回归模型的基本思想是通过对非线性函数进行适当的变换，使得新的因变量与自变量之间的关系变得线性或近似线性。这样，可以应用线性回归或线性近似方法来建立模型。

本节列举了一些常见的可线性化的非线性回归模型。

（1）倒数回归模型：通过对因变量取倒数，将非线性关系转化为线性关系。

（2）半对数回归模型：通过对自变量或因变量取对数，将非线性关系转化为线性关系。

（3）指数函数回归模型：通过对自变量或因变量进行指数变换，将非线性关系转化为线性关系。

（4）幂函数回归模型：通过对自变量或因变量进行幂函数变换，将非线性关系转化为线性关系。

（5）多项式回归模型：通过引入高次项和交互项，将非线性关系转化为线性关系。

（6）广义线性回归模型：通过使用非线性连接函数，将非线性关系转化为线性关系。

（7）逻辑回归模型：通过使用逻辑函数（如 sigmoid 函数）将非线性关系转化为线性关系，用于二分类问题。

3.3.1 倒数回归模型

倒数回归模型是一种非线性回归模型，它基于自变量的倒数建模。倒数回归模型假设因变量与自变量的倒数之间存在线性关系。通常把具有以下形式的模型称为倒数回归模型：

$$y = b_0 + b_1 \frac{1}{x} + u$$

如果令 $x^* = \dfrac{1}{x}$，则上式可以写为

$$y = b_0 + b_1 x^* + u$$

倒数回归模型在一些特定情况下可以很有用，特别是当因变量与自变量的倒数之间存在线性关系时。例如，在一些物理学和化学方程中，某些因变量与自变量的倒数之间可能存在线性关系。

3.3.2 半对数回归模型

模型中只有某一侧的变量为对数形式,所以称为半对数回归模型。通常把具有下列形式的模型称为半对数回归模型:

$$\ln(y) = b_0 + b_1 x^* + u$$

令 $x^* = \ln x$,则 $y = b_0 + b_1 \ln x + u$ 可以写为 $y = b_0 + b_1 x^* + u$ 的另一种线性回归模型。

半对数回归模型常用于处理自变量的增长对因变量的影响不是等比例的情况。例如,当自变量表示时间、收入、人口等指标时,这些指标通常具有指数增长的特点。通过对因变量取对数,可以将指数增长转化为线性增长,从而更好地描述因变量与自变量之间的关系。

3.3.3 指数函数回归模型

指数函数回归模型是一种常见的非线性回归模型,它基于指数函数来描述自变量和因变量之间的关系。指数函数回归模型的一般形式可以表示为

$$y_t = a e^{bx_t + u_t}$$

式中,y_t 是因变量;x_t 是自变量;a 和 b 是模型的参数。指数函数回归模型中的 b 参数控制了指数函数的增长速率,而 a 参数则表示函数在自变量为零时的截距。

对 $y_t = a e^{bx_t + u_t}$ 等号两侧同时取自然对数,得 $\ln y_t = \ln a + bx_t + u_t$。

令 $y_t^* = \ln y_t, a^* = \ln a$,则可以写为 $y_t^* = a^* + bx_t + u_t$ 形式的线性回归模型,其中 u_t 表示随机误差项。

指数函数回归模型在许多领域都有广泛的应用,如生物学、经济学、物理学等。它可以用来描述许多自然现象和现实问题,如人口增长、物质衰变、经济增长等。

3.3.4 幂函数回归模型

基于幂函数来描述自变量和因变量之间的关系。幂函数回归模型的一般形式可以表示为

$$y_t = a x_t^b e^{u_t}$$

式中,y_t 是因变量;x_t 是自变量;a 和 b 是模型的参数。幂函数回归模型中的参数 b 控制了幂函数的曲线形状,而参数 a 则表示函数在自变量为零时的截距。

对 $y_t = a x_t^b e^{u_t}$ 等号两侧同时取对数,得 $\ln y_t = \ln a + b \ln x_t + u_t$。

令 $y_t^* = \ln y_t, a^* = \ln a, x_t^* = \ln x_t$,则 $\ln y_t = \ln a + b \ln x_t + u_t$ 可以写为 $y_t^* = a^* + bx_t^* + u_t$ 形式的线性回归模型。

幂函数回归模型在许多领域都有广泛的应用。它可以用来描述一些具有非线性关系的现象,如物理学中的力与位移关系、经济学中的收入与消费关系等。幂函数回归模型适用于自变量和因变量之间的正相关或负相关关系。

3.3.5 多项式回归模型

线性回归模型适用于数据呈线性分布的回归问题。如果数据样本呈明显的非线性分布,线性回归模型就不再适用[见图3-4(a)],而采用多项式回归模型可能更好[见图3-4(b)]。

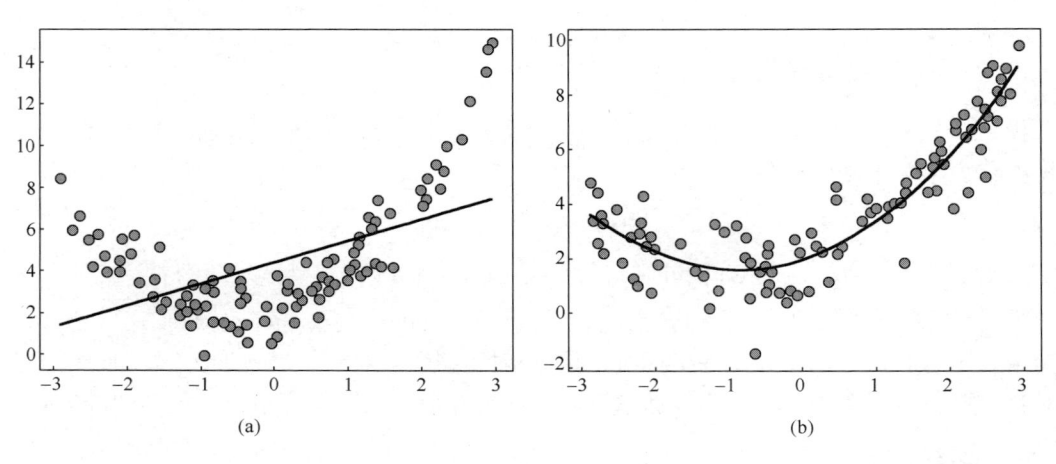

图 3-4　简单线性回归与多项式回归

多项式回归模型是指在线性回归模型的基础上，通过增加非线性特征来拟合非线性数据。多项式回归模型可以用一个 n 次多项式函数来近似描述因变量和自变量之间的关系。

多项式回归模型的一般形式可以表示为

$$y = \beta_0 + \beta_1 x + \beta_2 x^2 + \cdots + \beta_n x^n + \varepsilon$$

式中，y 是因变量；x 是自变量；$\beta_0, \beta_1, \beta_2, \cdots, \beta_n$ 是回归系数；ε 是误差项；幂次 n 确定了多项式的阶数。

多项式回归模型可以理解为线性回归模型的扩展，在线性回归模型中添加了新的特征值。例如，要预测一栋房屋的价格，有三个特征值，分别表示房子的长、宽、高，则房屋价格可表示为以下线性回归模型：

$$y = \omega_1 x_1 + \omega_2 x_2 + \omega_3 x_3 + b$$

对于房屋价格，也可以用房屋的体积来表示，而不直接使用三个特征值：

$$y = \omega_0 + \omega_1 x + \omega_2 x^2 + \omega_3 x^3$$

相当于创造了新的特征 x，$x=$ 长×宽×高。对以上两个模型解释如下。

- 房屋价格是关于长、宽、高三个特征值的线性回归模型。
- 房屋价格是关于体积的多项式回归模型。

因此，可以将一元 n 次多项式回归模型变换成 n 元一次线性回归模型。

3.3.6　广义线性回归模型

广义线性回归模型由 Nelder 和 Wedderburn 于 1972 年提出和发表，旨在解决普通线性回归模型无法处理的因变量离散的问题，并发展为能够解决非正态因变量的回归建模任务的建模方法。广义线性回归模型是一种统计模型，用于描述和分析因变量与自变量之间的关系。与传统的线性回归模型相比，广义线性回归模型更加灵活，可以处理因变量非正态分布、非线性关系及离散型因变量等情况。广义线性回归模型使得变量从正态分布拓展到指数分布族，从连续型变量拓展到离散型变量，这就使得其在现实中有着很广泛的应用。

从最开始的线性回归模型 $y = \boldsymbol{w}^T\boldsymbol{x} + b$ 到后面的非线性回归模型 $y = e^{\boldsymbol{w}^T\boldsymbol{x}+b}$，虽然形式上依然是线性回归模型，但实质上已经是求取输入空间到输出空间的非线性函数映射，对数线性回归示意图如图 3-5 所示。这里的对数函数起到了将线性回归模型的预测值与真实值联系起来的作用。

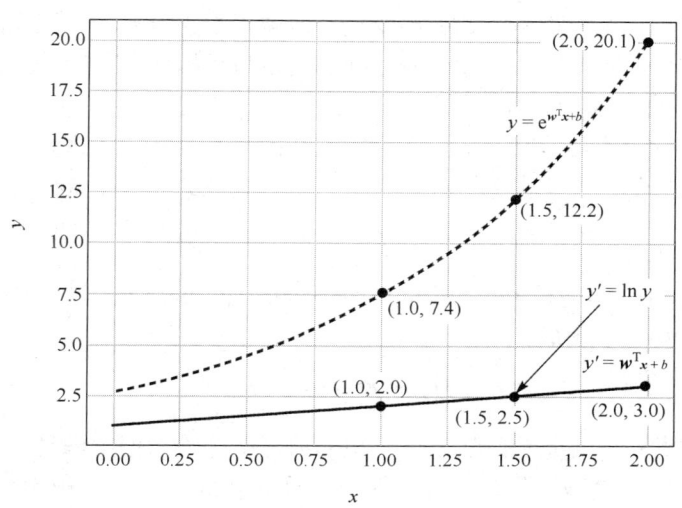

图 3-5 对数线性回归示意图

更一般地，考虑单调可微函数 $g(\cdot)$，令

$$y = g^{-1}(\boldsymbol{w}^T\boldsymbol{x} + b)$$

这样得到的模型称为广义线性回归模型，其中函数 $g(\cdot)$ 称为链接函数（Link Function），显然，线性对数回归模型是广义线性回归模型在 $g(\cdot) = \ln(\cdot)$ 时的特例。

广义线性回归模型的基本框架包括以下三个要素。

- 随机分布：广义线性回归模型假设因变量符合某种已知的概率分布，如正态分布、泊松分布、二项分布等。这个假设用于描述因变量的变异性和误差结构。
- 链接函数：广义线性回归模型通过引入链接函数，将自变量与因变量之间的关系建立起来。链接函数将条件均值与自变量的线性组合联系起来，使得模型能够适应非线性关系。
- 系统矩阵：广义线性回归模型还包括一个系统矩阵（System Matrix），用于描述自变量对因变量的影响。系统矩阵中的参数表示自变量对因变量的影响程度和方向。

广义线性回归模型可以适用于多种类型的数据分析问题。常见的广义线性回归模型如下。

- 二项分布回归：适用于二分类问题，如逻辑回归模型。
- 泊松回归：适用于计数数据，如事件发生率的建模。
- 正态分布回归：适用于连续型因变量，如普通线性回归模型。

广义线性回归模型的优势在于它提供了一种灵活的建模框架，能够处理各种类型的响应变量和数据分布。同时，广义线性回归模型的参数估计和推断也可以通过最大似然估计等统计方法进行。

3.3.7 逻辑回归模型

逻辑回归模型是广义线性回归模型的一种特殊情况。在广义线性回归模型的框架下,逻辑回归模型可以用于建模二元分类问题。

在逻辑回归中,目标变量是二元分类变量,通常表示为 0 和 1。逻辑回归使用逻辑函数将线性预测值转换为概率值,从而建立线性回归模型与目标变量之间的关系。逻辑函数将线性预测值映射到 0~1 的概率范围内。

逻辑回归是线性分类器的一种,称之为线性是因为有这样一种假设:数据集中的特征与分类结果是线性相关的。在线性分类模型中,从一个线性关系表示开始:

$$f_\theta(\boldsymbol{x}) = \theta_0 + \theta_1 x_1 + \theta_2 x_2 + \cdots + \theta_n x_n$$

如果用 $\boldsymbol{x}=(x_1,x_2,\cdots,x_n)$ 表示 n 维特征向量,用 $\boldsymbol{\theta}=(\theta_1,\theta_2,\cdots,\theta_n)$ 表示对应的权重,即系数,于是该线性关系也可以表示成:

$$f(\boldsymbol{x},\boldsymbol{\theta},b) = \boldsymbol{\theta}^\mathrm{T}\boldsymbol{x} + b$$

式中,$\boldsymbol{\theta}$ 为未知参数;b 为截距。然而该模型的值是一个连续值,而现在讨论的问题是分类问题,因此还需要一个单调可微函数将分类任务的真实标记和线性回归模型的预测值联系起来。考虑二分类问题,人们很容易想到单位阶跃函数,然而单位阶跃函数不连续,在 0 附近函数值从 0 瞬间跳跃到 1,这个瞬间跳跃过程有时很难处理。因此我们采用对数几率函数将连续的预测值转换为(0,1)区间上的概率。对数几率函数(Logistics 函数)是一种 sigmoid 函数(sigmoid 函数即形似 S 的函数):

$$y(z) = \frac{1}{1+\mathrm{e}^{-z}}$$

式中,$z \in \mathbf{R}$;y 的取值范围为(0, 1)。Logistic 函数的图像如图 3-6 所示。

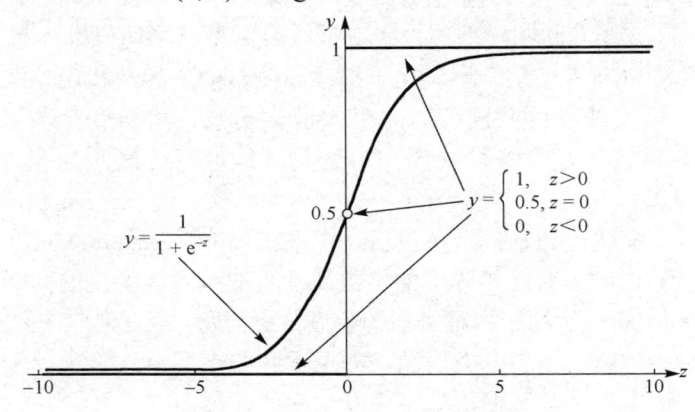

图 3-6 Logistic 函数的图像

如果用 f 替换 z,结合上述方程,就可以获得一个 Logistic 回归模型:

$$h(\boldsymbol{\theta},b,\boldsymbol{x}) = y(f(\boldsymbol{x},\boldsymbol{\theta},b)) = \frac{1}{1+\mathrm{e}^{-f}} = \frac{1}{1+\mathrm{e}^{-(\boldsymbol{\theta}^\mathrm{T}\boldsymbol{x}+b)}}$$

如果 $z=0$，那么 $y=0.5$；如果 $z<0$，那么 $y<0.5$，该特征向量会被判定为一类。如果 $z>0$，那么 $y>0.5$，该特征向量被判断为另一类。

h 是一个假设函数，它是一个预测值，求解出的 θ、b 的值可能有很多个，如何确定最佳的参数，使得分类结果达到最优呢？在数据集 $\{(x^1,y^1),(x^2,y^2),\cdots,(x^n,y^n)\}$ 上进行模型训练。

一个样本的误差为

$$\text{cost}(h_\theta(x^i),y^i)=\begin{cases}-\log[h_\theta(x^i)], & y^i=1\\ -\log[1-h_\theta(x^i)], & y^i=0\end{cases}$$

则逻辑回归的代价函数如下：

$$J(\theta)=\frac{1}{m}\sum_{i=1}^{m}\text{cost}(h_\theta(x^i),y^i)=-\frac{1}{m}\left(\sum_{i=1}^{m}\{\log[h_\theta(x^i)]+(1-y^i)\log[1-h_\theta(x^i)]\}\right)$$

逻辑回归模型具有以下几个优点。

（1）简单而高效：逻辑回归模型是一种相对简单的模型，容易理解和实现。它的计算效率高，适用于处理大规模数据集。

（2）可解释性强：逻辑回归模型通过回归系数的符号和大小，可以解释预测变量对目标变量的影响程度。这使得模型的结果具有可解释性，可以得到有关特征的相对重要性。

（3）可以估计概率：逻辑回归模型可以估计目标变量属于某个类别的概率。这对于许多应用场景非常有用，如风险评估、分类阈值选择等。

（4）适用性广泛：逻辑回归模型适用于二元分类问题，可以处理线性可分或近似线性可分的数据。它也可以通过引入多项式特征或交互项来处理一些非线性关系。

（5）可以处理稀疏数据：逻辑回归模型在面对稀疏数据（大部分特征为零）时表现良好。这在文本分类和推荐系统等领域中非常有用。

（6）鲁棒性强：逻辑回归模型对于数据中存在的小量噪声或违反模型假设的情况具有一定的鲁棒性。它对异常值和离群点的影响相对较小。

（7）可以进行特征选择：逻辑回归模型可以使用回归系数的大小来进行特征选择，剔除对目标变量影响较小的特征，从而简化模型和提高预测性能。

3.4　非线性回归模型

非线性回归模型在机器学习中也扮演着重要角色。例如，神经网络是一种强大的非线性模型，通过多层非线性单元和复杂的连接结构，可以学习和表示非线性关系。决策树、支持向量机和随机森林等方法也可以用于非线性回归建模，以处理复杂的数据关系。非线性回归模型在统计学和机器学习领域具有广泛的应用背景。它们被用于建立描述自变量与因变量之间的非线性关系的模型，以更准确地预测和解释数据。

不可线性化的非线性回归模型是指无法通过简单的转换将其转化为线性回归形式的非线性回归模型。这些模型通常涉及更复杂的非线性函数或特定的结构，无法直接通过线性变换来处理。本节列举了一些常见的非线性回归模型，如下所述。

（1）支持向量回归（Support Vector Regression，SVR）模型：使用支持向量机算法，可以处理非线性关系，并在高维空间中找到最佳的超平面来进行回归。

（2）保序回归（Isotonic Regression）模型：用于处理有序因变量的非线性回归问题，它将有序因变量的顺序关系考虑在内，并找到最佳的拟合函数。

（3）决策树回归（Decision Tree Regression）模型：构建决策树模型，可以处理非线性关系，并根据自变量的取值范围将数据划分为不同的子集，从而进行回归预测。

（4）随机森林回归（Random Forest Regression）模型：集成多个决策树模型的预测结果处理非线性关系，并提供更好的泛化能力和稳定性。

（5）K最近邻回归（K-Nearest Neighbors Regression）模型：找到与目标变量最近的K个邻居，根据它们的取值来进行回归预测，可以处理非线性关系。

3.4.1 支持向量回归模型

支持向量回归（SVR）模型的目标是选择最有效的支持向量来预测连续数值类型的目标变量。与支持向量分类方法相比，SVR 模型的目标是找到一个函数使该函数与数据点之间的误差最小化，同时保持预测函数与数据点之间的较大间隔。

SVR 是一种基于支持向量机的回归算法。与传统的支持向量机用于分类不同，SVR 通过寻找一个超平面，使得样本点尽可能地落在超平面的 ε 带内，并且最小化预测值与真实值之间的误差。SVR 模型适用于处理非线性关系、存在离群点的数据集。

SVR 模型的基本思想是将回归问题转化为一个求解边界上支持向量的最小化问题。通过定义一个边界，使得大部分样本点都位于边界内部，并且允许一定程度上的误差存在。SVR 模型通过引入核函数来将低维的输入空间映射到高维特征空间，从而能够处理非线性关系。

SVR 模型的求解过程包括以下几个关键步骤。

（1）特征转换：使用合适的核函数将数据从原始的输入空间映射到高维特征空间，通过非线性映射将数据转化为高维的特征表示。

（2）求解边界：在特征空间中寻找一个最优的超平面，使得训练样本点尽可能地位于边界内部，同时控制边界外部的误差不超过预先设定的范围。

（3）预测：根据训练得到的模型，对新的输入样本进行预测。

训练 SVR 模型的过程与训练支持向量分类模型的类似。通过调用 fit 方法，输入向量 X 和目标变量 y，其中 y 是浮点数，表示连续数值类型的目标。

在 SVR 模型中，模型的拟合程度由两个关键参数决定。

（1）Kernel（核函数）：用于将数据映射到高维特征空间，使得数据在高维特征空间中更容易被分割。常用的核函数包括线性核函数、多项式核函数和径向基函数（RBF）核函数等。

（2）Regularization Parameter（正则化参数）：控制模型的复杂度和拟合程度。它可以通过交叉验证等方法进行调优，以避免过拟合或欠拟合。

一旦 SVR 模型训练完成，就可以使用模型来进行预测。给定一个新的输入向量，模型将返回一个连续的数值作为预测结果。

需要注意的是，SVR 模型与线性回归模型有所不同。SVR 模型通过选择支持向量来构建预测函数，因此它在非线性问题上的表现更好。同时，SVR 模型也具有较好的鲁棒性，受异常值和噪声的影响相对较小。

SVR 模型有三种不同的实现形式，如下所述。

（1）基于线性核函数的 SVR（Linear SVR）模型：这种形式的 SVR 模型使用线性核函数，通过最小化目标变量的预测误差来拟合数据。线性核函数在高维空间中进行线性组合，可以处理线性关系的回归问题。

（2）基于多项式核函数的 SVR（Polynomial SVR）模型：这种形式的 SVR 模型使用多项式核函数，在高维空间中进行非线性组合。多项式核函数可以处理包含多项式特征的非线性回归问题。

（3）基于径向基函数核函数的 SVR（RBF SVR）模型：这种形式的 SVR 模型使用径向基函数核函数，在高维空间中进行非线性组合。径向基函数核函数可以处理更一般的非线性回归问题。

这三种形式的 SVR 模型都共享相似的基本思想，即通过选择支持向量来构建预测函数，并尽量使预测函数与数据点之间的误差最小化。它们的区别在于所采用的核函数类型不同，从而影响了模型对于不同类型非线性关系的拟合能力。在只考虑线性核函数的情况下，Linear SVR 模型的实现比 SVR 模型更快（参考代码 SVM_SVR.ipynb）。

```
from sklearn import svm
X = [[0, 0], [2, 2]]
y = [0.5, 2.5]
clf = svm.SVR ()
clf.fit(X, y)
print(clf.predict([[1, 1]]))            #输出结果为 array([ 1.5])
```

支持向量分类和 SVR 生成的模型都只依赖于训练集的子集，这是因为构建模型的过程是通过选择最有效的支持向量来进行的。

在支持向量分类中，模型的构建是通过最大化边界之间的间隔来实现的。在这个过程中，边界之外的训练点对构建模型的代价函数没有影响，只有处于边界上的支持向量起到了关键作用。因此，模型的生成只依赖于这些支持向量，而忽略了其他训练点。

类似地，在 SVR 中，模型的构建是通过最小化目标变量的预测误差来实现的。与支持向量分类类似，模型的代价函数忽略了任何接近于模型预测的训练数据，只有那些作为支持向量的训练点对构建模型起到了关键作用。

在 sklearn 中，支持向量分类模型和 SVR 模型的支持向量信息可以通过以下成员变量获取。

（1）support_vectors_：存储支持向量的特征向量。

（2）support_：存储支持向量的索引。

（3）n_support_：存储每个类别的支持向量数量。

通过这些成员变量，可以获取支持向量的特征向量、索引和支持向量的数量，进而了解模型的关键信息。

在实际应用中，可以根据数据集的特点选择合适的核函数，并通过调整参数来优化 SVR 模型的性能。此外，与其他回归算法相比，SVR 模型在处理非线性关系和异常值时具有一定的优势，但也需要注意数据预处理和参数选择的问题。

3.4.2 保序回归模型

保序回归模型是一种非参数化的回归模型,它能够捕捉到数据中的非线性关系。它的目标是在满足数据的保序性约束的前提下,拟合一个单调递增或递减的函数,而不考虑函数的具体形式。保序回归模型的基本思想是将数据集划分为多个段,每个段内的数据点都具有相同的预测值。在每个段内,保序回归模型通过最小化预测值与真实值之间的差异来进行拟合。这样,保序回归模型能够灵活地适应不同段内的非线性关系。

IsotonicRegression 类是 sklearn 中提供的一个用于进行保序回归的类。它用于拟合非降函数来逼近有序数据集。IsotonicRegression 类对数据进行非降函数拟合,它解决了如下问题。

- 最小化 $\sum_i w_i(y_i - y'_i)^2$。
- 服从于 $y'_{\min} = y'_1 \leqslant y'_2 \leqslant \cdots \leqslant y'_n = y'_{\max}$。

其中,每一个 w_i 是正数,且每个 y_i 是任意实数。它生成一个由平方误差接近的不减元素组成的向量。实际上这些元素形成了一个分段线性函数。和线性回归相比,它的预测函数更像一个分段线性函数。图 3-7 所示为保序回归示意图,显示了保序回归和线性回归的区别。这种类型的函数在能耗预测、递增函数拟合等场合能取得更好的效果。

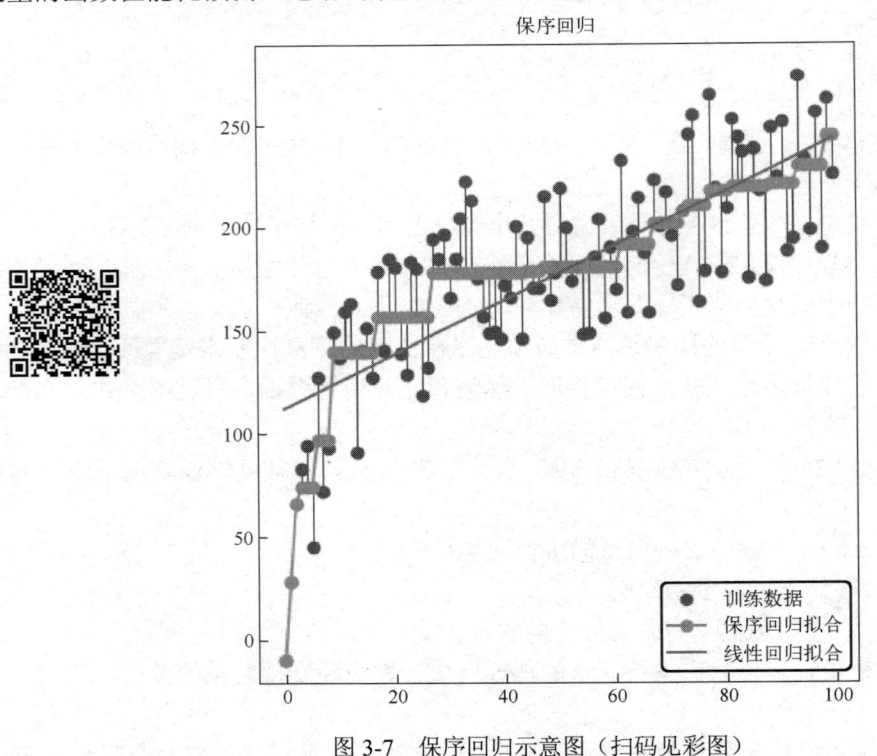

图 3-7 保序回归示意图(扫码见彩图)

3.4.3 决策树回归模型

决策树回归模型也被称为回归树。与决策树分类不同,决策树回归的叶节点上的数值是连续型的，用于进行回归预测。决策树回归模型是一种用于解决回归问题的机器学习模型。它通过构建一棵决策树来进行预测，并且每个叶节点上的数值是连续型的。

决策树回归模型的基本原理是，先根据自变量的取值将数据集划分为不同的区域，然后在每个区域内拟合一个常数值，用于预测目标变量的连续值。决策树回归模型通过选择最佳的划分点和划分规则来构建决策树，使得每个叶节点上的数值能够最好地拟合训练数据。

决策树回归模型具有以下特点。
- 非参数性：决策树回归模型不对数据的分布做任何假设，因此适用于各种类型的数据。
- 可解释性：决策树回归模型的结构清晰，可以直观地解释每个判断条件和预测结果。
- 鲁棒性：决策树回归模型对于异常值和缺失值具有一定的鲁棒性。

然而，决策树回归模型也存在一些限制。
- 容易过拟合：决策树回归模型容易过于复杂，对训练数据过拟合，导致在新数据上的泛化性能下降。
- 局部最优解：决策树构建过程中采用贪心算法，容易陷入局部最优解，而无法达到全局最优。

在 sklearn 中，可以使用 DecisionTreeRegressor 类来构建决策树回归模型。在训练模型时，拟合方法将数组 X 和数组 y 作为参数。此后模型可预测浮点型的 y 值（参考代码 DecisionTreeRegressor.ipynb）。

```
from sklearn import tree

X = [[0, 0], [2, 2]]
y = [0.5, 2.5]
clf = tree.DecisionTreeRegressor()
clf = clf.fit(X, y)              #训练模型
clf.predict([[1, 1]])            #使用模型预测，得到结果为array([ 0.5])
```

3.4.4 随机森林回归模型

随机森林回归模型是一种基于随机森林算法的回归模型。它是通过集成多个决策树回归模型来进行预测的。

随机森林回归模型的基本原理如下。

（1）数据集的随机抽样：从原始训练集中有放回地随机抽取样本，形成多个不同的训练子集。

（2）决策树的构建：针对每个训练子集，构建决策树回归模型。在构建决策树的过程中，每次划分节点时，先从所有特征中随机选择一部分特征，然后选择最佳的划分特征和划分点。

（3）集成预测：对于一个新的样本，通过将其输入每棵决策树，得到多个预测结果。然后通过对这些预测结果进行平均（回归问题）或投票（分类问题），得到最终的预测结果。

随机森林采用决策树作为弱分类器，并结合了两种随机性的引入：样本的随机采样和特征的随机选择。

在构建每棵决策树时，随机森林通过自助采样（Bootstrap Sampling）从原始训练集中有

放回地随机采样得到不同的训练子集。这种样本的随机采样可以引入随机性，使得每个训练子集都有略微的差异。

除了样本的随机采样，随机森林还在每个节点处进行特征的随机选择。在每个节点上，随机森林先从总特征集合中随机选择一部分特征子集，然后从这个子集中选择最佳的特征用于划分节点。这种特征的随机选择增加了模型的多样性，减少了特征之间的相关性。

通过结合样本的随机采样和特征的随机选择，随机森林能够减小模型的方差，提高模型的泛化能力。样本的随机采样保证了模型训练时的多样性，特征的随机选择则增加了模型的多样性和独立性。

随机森林回归模型具有以下特点。

（1）高鲁棒性：随机森林能够处理高维数据和大量特征，对异常值和噪声有一定的鲁棒性。

（2）防止过拟合：通过样本的随机采样和特征的随机选择，减小了每棵决策树的相关性，从而降低了过拟合的风险。

（3）可解释性：与单个决策树相比，随机森林的解释性较差，因为预测结果基于多棵决策树的集成。

（4）适用于各种数据类型：随机森林可以处理连续型特征和离散型特征，无须进行特征缩放。

3.4.5 K最近邻回归模型

K最近邻回归模型是一种基于实例的回归模型。它查找与待预测样本最接近的K个训练样本，并利用这K个训练样本的目标变量值进行预测。在K最近邻回归模型中，预测结果基于K个最近邻样本的目标变量值的平均或加权平均。这意味着模型的预测结果不是通过一个简单的线性函数来表示的，而是通过邻居之间的相对距离和目标变量值的关系进行推断的。

K最近邻回归模型的非线性特性使其能够适应各种复杂的数据关系。它可以捕捉到非线性的模式和趋势，因为它没有对数据的分布做出线性假设。然而，需要注意的是，K最近邻回归模型本身并没有明确的函数形式，它是一种基于实例的模型。因此，虽然K最近邻回归模型属于非线性回归模型，但它并不涉及对特征之间的显式非线性变换或多项式特征的引入。它通过邻居之间的距离和目标变量值的关系来进行预测，从而实现非线性回归的效果。

在数据标签是连续变量而不是离散变量的情况下，可以使用基于近邻的回归，此时一个查询点的标签是基于其最近邻居们的标签的平均值计算的。sklearn实现了两种不同的近邻回归器：KNeighborsRegressor和RadiusNeighborsRegressor。

（1）KNeighborsRegressor：基于每个查询点的K个最近邻居来学习，K是一个由用户指定的整数。

（2）RadiusNeighborsRegressor：基于在每个查询点的固定半径r内的邻居来学习，r是一个由用户指定的浮点数。

使用方法如下。

```
from sklearn import neighbors
n_neighbors = 5
weights = 'uniform'
knn = neighbors.KNeighborsRegressor(n_neighbors, weights=weights)
y_ = knn.fit(X, y).predict(input)
```

3.5 多输出回归模型

多输出回归是指在回归问题中有多个目标变量需要预测的情况。每个目标变量可以是连续性的，而且它们之间可以相互关联。多输出回归可以是线性的，也可以是非线性的，这取决于具体的模型选择和问题本身。多输出回归模型的非线性性质与目标变量之间的关系有关。

如果多输出回归模型使用的是线性回归模型（如多元线性回归模型），并且假设目标变量之间是独立的，那么它可以被归类为线性回归模型。然而，如果多输出回归模型使用的是非线性模型，如决策树回归模型、支持向量回归模型、神经网络回归模型等，或者目标变量之间存在非线性关系，那么它被归类为非线性回归模型。

多输出回归模型是一种回归分析模型，用于处理具有多个相关目标变量的情况。它也被称为多目标回归模型或多变量回归（Multivariate Regression）模型。

在传统的单输出回归模型中，只有一个目标变量与一组预测变量相关联。而在多输出回归模型中，存在多个目标变量与同一组预测变量相关联。这些目标变量之间可以是相关的，也可以是独立的。

多输出回归模型可以通过扩展单输出回归模型的方法来实现，常用的方法如下。

- 多元线性回归模型：将多个目标变量视为一个多维向量，使用线性回归模型进行建模。多元线性回归模型假设目标变量之间存在线性关系，并通过最小二乘法或最大似然估计来估计回归系数。
- 多元高斯过程回归（Multivariate Gaussian Process Regression）模型：基于高斯过程的回归模型，用于建模多个相关目标变量之间的非线性关系。它通过定义一个多元高斯分布来描述目标变量之间的联合分布，并使用真实数据进行参数估计和预测。
- 多输出支持向量回归（Multi-Output Support Vector Regression）模型：将支持向量回归算法扩展到多输出的情况。它通过寻找一个超平面，使得预测变量与多个目标变量之间的误差最小化。
- 多目标决策树（Multi-Objective Decision Tree）模型：基于决策树的回归模型，可以处理多个相关目标变量。它递归地划分数据空间，并在每个叶节点上建立多个目标变量的回归模型。

多输出回归模型在许多领域中有广泛的应用，如天气预测、多目标优化、图像处理等。它可以提供对多个相关目标变量的联合建模和预测，有助于捕捉不同目标之间的关联性和共享信息。

在 sklearn 中，可以使用以下方式来实现多输出回归。

➢ 多输出回归 MultiOutputRegressor：MultiOutputRegressor 可以被添加到任何回归器

中。这个策略包括对每个目标拟合一个回归器。因为每个目标可以被一个回归器精确地表示,通过检查对应的回归器,可以获取关于目标的信息。MultiOutputRegressor假设每个输出之间都是相互独立的(但这种假设有时并不成立),对于每个目标可以训练出一个回归器,所以它无法利用目标之间的相关度信息。

➢ 回归链 RegressorChain:基于链式规则的回归算法。RegressorChain 通过将多个单输出回归器按照一定的顺序链接起来逐个预测目标变量,从而实现多输出回归。具体来说,RegressorChain 将每个目标变量视为一个序列,每个序列都与一组预测变量相关联。它按照预先定义的顺序,逐个预测每个目标变量,将前面预测得到的目标变量作为后续预测的输入。这样,每个回归器的预测结果都可以作为下一个回归器的输入,形成一个链式结构。

3.6 回归算法框架

在 sklearn 中,线性模型相关的类位于 linear_model 包中。这个包提供了多个线性模型的实现,如下所述。

(1)LinearRegression:用于普通最小二乘线性回归的类。
(2)Lasso:使用 L_1 正则化的线性回归模型,用于特征选择和稀疏性处理。
(3)Ridge:使用 L_2 正则化的线性回归模型,用于减小模型复杂度和过拟合风险。
(4)ElasticNet:结合 L_1 正则化和 L_2 正则化的线性回归模型,平衡特征选择和模型复杂度。
(5)LogisticRegression:用于二分类和多分类问题的逻辑回归模型。

这些类提供了一种方便的方式来实现和使用这些线性模型,并提供了一致的 API(Application Program Interface),以便与其他 sklearn 中的模型和工具进行交互。

在 sklearn 中,非线性模型相关的类位于 sklearn.svm、sklearn.ensemble 和 sklearn.tree 等模块中。这些模块提供了多种非线性模型的实现。

下面所述是一些常见的非线性模型及其所在的模块。

(1)支持向量模型:位于 sklearn.svm 模块中,包括 SVC(用于分类问题)和 SVR(用于回归问题)。
(2)随机森林模型:位于 sklearn.ensemble 模块中,包括 RandomForestClassifier(用于分类问题)和 RandomForestRegressor(用于回归问题)。
(3)决策树(Decision Tree)模型:位于 sklearn.tree 模块中,包括 DecisionTreeClassifier(用于分类问题)和 DecisionTreeRegressor(用于回归问题)。

此外,sklearn.neural_network 模块中的 MLPClassifier 和 MLPRegressor 类实现了多层感知机(Multilayer Perceptron,MLP)模型,用于解决非线性问题。

3.6.1 线性回归模型

简单看一下线性回归模型的使用方式及 LinearRegression 类的可选参数和常用特征。

```
>>> from sklearn import linear_model
```

```
>>> reg = linear_model.LinearRegression()
>>> reg.fit([[0, 0], [1, 1], [2, 2]], [0, 1, 2])
LinearRegression()
>>> reg.coef_
array([0.5, 0.5])
```

表 3-2 所示为 LinearRegression 类的可选参数。

表 3-2　LinearRegression 类的可选参数

参数	类型与默认值	解释
fit_intercept	bool, default=True	是否计算模型的截距。对 $y = kx + b$ 而言，即是否使用 b，参考 regression.ipynb
copy_X	bool, default=True	为 True，则 X 会被复制，否则 X 会被重写
n_jobs	int, default=None	用于计算的工作数量，对于足够大问题，该参数可用于加速
positive	bool, default=False	为 True 时，强制 coefficients 为正数

表 3-3 所示为 LinearRegression 类的常用特征。

表 3-3　LinearRegression 类的常用特征

特征	类型	解释
coef_	array of shape (n_features) or (n_targets, n_features)	对该线性模型的估计系数，如果在调用拟合函数时传入多目标变量，则返回二维向量，如果仅有一个目标被传入，则返回一维向量
rank_	Int	矩阵 X 的秩
singular_	array of shape (min(X, y,))	X 的奇异值
intercept_	float or array of shape (n_targets,)	线性模型中的独立项，注意参数中的 fit_intercept
N_features_in_	Int	在拟合时几个特征被使用
Feature_names_in_	ndarray of shape (n_features_in_,)	在拟合时被使用的特征名，仅在 X 有特征名时被定义

3.6.2　正则化的线性模型

在下面的代码中，使用了 Ridge 回归（岭回归）模型来进行线性回归分析。通过调整正则化参数 alpha，可以控制模型的复杂度，从而在一定程度上提高模型的泛化能力。最终得到的回归系数和截距提供了特征与目标变量之间关系的量化描述。

```
>>> from sklearn import linear_model
>>> reg = linear_model.Ridge(alpha=.5)
>>> reg.fit([[0, 0], [0, 0], [1, 1]], [0, 1, 1])
Ridge(alpha=0.5)
>>> reg.coef_
array([0.34545455, 0.34545455])
>>> reg.intercept_
0.13636...
```

表 3-4 和表 3-5 所示分别为 Ridge 模型的常用参数和 Ridge 模型的常用特征。

表 3-4　Ridge 模型的常用参数

参数	类型与默认值	解释
alpha	float, default=1.0	L_2 正则化项的约束系数
max_iter	int, default=None	共轭梯度求解器的最大迭代次数
solver	{'auto', 'svd', 'cholesky', 'lsqr', 'sparse_cg', 'sag', 'saga', 'lbfgs'}, default='auto'	计算时使用的梯度求解器
tol	float, default=1e-3	求解的精度
random_state	int, RandomState instance, default=None	对数据进行随机排列

表 3-5　Ridge 模型的常用特征

属性	类型	解释
n_iter_	None or ndarray of shape(n_targets,)	每一个目标的实际迭代次数,仅对 sag 和 lsqr 求解器有用,其他求解器会返回 None

下面的代码展示了如何使用 Lasso 回归模型进行线性回归分析。通过设置正则化参数 alpha,Lasso 回归不仅可以控制模型的复杂度,还能在某些情况下进行特征选择。最终,模型通过训练数据学习特征与目标之间的关系,并对新样本进行预测。

```
>>> from sklearn import linear_model
>>> reg = linear_model.Lasso(alpha=0.1)
>>> reg.fit([[0, 0], [1, 1]], [0, 1])
Lasso(alpha=0.1)
>>> reg.predict([[1, 1]])
array([0.8])
```

表 3-6 和表 3-7 所示分别为 Lasso 模型的常用参数和 Lasso 模型的常用特征。

表 3-6　Lasso 模型的常用参数

参数	类型与默认值	解释
alpha	float, default=1.0	L_1 正则化项的约束系数
precompute	bool or array-like of shape (n_features, n_features)default=False	是否使用预训练的 Gram 矩阵来加速计算

表 3-7　Lasso 模型的常用特征

特征	类型	解释
dual_gap_	float or ndarray of shape (n_targets,)	对于给定参数 alpha,优化结束时的对偶间隙

下面的代码展示了如何使用 ElasticNet 回归模型进行线性回归分析。ElasticNet 结合了 Lasso 和 Ridge 的优点,通过合理设置正则化参数 alpha 和 L_1 比率,能够有效控制模型的复杂度并进行特征选择。

```
>>> from sklearn import linear_model
>>> reg = linear_model.ElasticNet(alpha=0.1, l1_ratio=0.5)
>>> reg.fit([[0, 0], [1, 1]], [0, 1])
>>> reg.predict([[1, 1]])
array([0.86364212])
```

表 3-8 所示为 ElasticNet 模型的常用参数。

表 3-8 ElasticNet 模型的常用参数

参数	类型与默认值	解释
alpha	float, default=1.0	惩罚项的约束系数
L1_ration	float, default=0.5	ElasticNet 的混合参数。L1_ration=0，为 L_2 正则化；L1_ration=1，则为 L_1 正则化

3.6.3 多项式回归模型

linear_model 包中没有直接提供多项式回归模型，但是一个多项式回归模型可以通过简单地对线性模型进行扩展而实现。例如，现有一个多项式模型是 2 阶的，对于 $\boldsymbol{x} = (x_1, x_2)$ 的特征，可以简单地将其变换为 $\boldsymbol{x} = (x_1, x_2, x_1^2, x_1 x_2, x_2^2)$，这样就可以用在任何线性模型中了。

```
>>> from sklearn.preprocessing import PolynomialFeatures
>>> import numpy as np
>>> X = np.arange(6).reshape(3, 2)
>>> X
array([[0, 1],
       [2, 3],
       [4, 5]])
>>> poly = PolynomialFeatures(degree=2)
>>> X_poly = poly.fit_transform(X)
array([[ 1.,  0.,  1.,  0.,  0.,  1.],
       [ 1.,  2.,  3.,  4.,  6.,  9.],
       [ 1.,  4.,  5., 16., 20., 25.]])
>>> reg = linear_model.LinearRegression())
>>> reg.fit(X_poly, y)
>>> print(reg.intercept_, reg.coef_)
```

关键点在数据的预处理和线性模型的选取上，sklearn 提供了 Pipeline 工具简化过程。

```
>>> from sklearn.preprocessing import PolynomialFeatures
>>> from sklearn.linear_model import LinearRegression
>>> from sklearn.pipeline import Pipeline
>>> import numpy as np
>>> model = Pipeline([('poly', PolynomialFeatures(degree=3)),
...                   ('linear', LinearRegression(fit_intercept=False))])
>>> # fit to an order-3 polynomial data
>>> x = np.arange(5)
>>> y = 3 - 2 * x + x ** 2 - x ** 3
>>> model = model.fit(x[:, np.newaxis], y)
>>> model.named_steps['linear'].coef_
array([ 3., -2.,  1., -1.])
```

3.6.4 逻辑回归模型

下面的代码展示了如何使用逻辑回归模型进行二分类分析。通过将鸢尾花数据集中一种花的类别转换为二元标签，模型能够学习特征与类别之间的关系，并对新样本进行预测。最终返回的预测结果表明了模型对给定花瓣宽度的分类判断。

```
>>> from sklearn import datasets
>>> from sklearn import linear_model
>>> iris = datasets.load_iris()
>>> X = iris["data"][:, 3:]
>>> y = (iris["target"] == 2).astype(int) # if virginica to 1, else 0
>>> reg = linear_model.LogisticRegression()
>>> reg.fit(X, y)
>>> reg.predict([[1.7], [1.5]])
array([1, 0])
```

表 3-9 和表 3-10 所示分别为逻辑回归模型的常用参数和逻辑回归模型的常用特征。

表 3-9 逻辑回归模型的常用参数

参数	类型与默认值	解释
penalty	{'l1', 'l2', 'elasticnet', 'none'}, default='l2'	惩罚项形式
dual	bool, default=False	对偶公式或原始公式。对偶公式仅用 liblinear 求解器 L_2 惩罚项实现，当 n_samples>n_features 时，使用 dual=False 更好
C	float, default=1.0	正则化强度的倒数，必须是正浮点数，与支持向量机一样，较小的值表示更强的正则化
intercept_scaling	float, default=1	仅在使用求解器 liblinear 时有用，并且 self.fit_intercept 设置为 True，在这种情况下，x 变为 [x, self.intercept_scaling]，即恒定值等于的合成特征 intercept_scaling 附加到实例向量中
class_weight	dict or 'balanced', default=None	{class_label:weight} 形式的类关联的权重，如果没有给出，所有的类都应该有一个权重。balanced 模式使用 y 的值来自动调整使权重与输入数据中的类频率成反比
multi_class	{'auto', 'ovr', 'multinomial'}, default='auto'	'ovr'：对于每个标签，使用二元分类的方式进行拟合。'multinomial'：直接最小化整个数据分布上的多项式损失，即使数据是二元的。'auto'：根据数据的特性自动选择方法。如果数据是二元的，或使用的求解器是 liblinear，则会选择 'ovr'；否则，会选择 'multinomial'

表 3-10 逻辑回归模型的常用特征

特征	类型	解释
classes_	ndarray of shape (n_classes,)	分类器已知的类标签列表
coef_	ndarray of shape (1, n_features) or (n_classes, n_features)	决策函数中特征的系数
intercept_	ndarray of shape (1,) or (n_classes,)	将拦截（又名偏差）添加到决策功能中
n_features_in_	Int	拟合中的特征数
feature_names_in_	ndarray of shape (n_features_in_,)	在拟合期间看到的特征名称，仅在 *X* 有所有字符串特征名称时被定义
n_iter_	ndarray of shape (n_classes,) or (1,)	所有类的实际迭代次数，如果是二进制数或多项式，那么它只返回 1 个元素。对于 liblinear 求解器，只给出在所有类的最大迭代次数

3.6.5 多输出回归模型

下面的代码展示了如何处理多输出回归问题。首先使用线性回归模型进行简单的多输出回归，然后通过 MultiOutputRegressor 和 RegressorChain 两种方法进一步处理多目标变量的回归任务。这些方法允许模型同时预测多个目标变量，适用于具有多个输出的回归问题。

```
# 使用内置支持多输出的算法
>>> from sklearn.datasets import make_regression
>>> from sklearn.linear_model import LinearRegression
>>> X, y = make_regression(n_samples=1000, n_features=10, n_informative=5, n_targets=2, random_state=1)
>>> model = LinearRegression()
>>> model.fit(X, y)
>>> x_ = [[-2.02220122, 0.31563495, 0.82797464, -0.30620401, 0.16003707, -1.44411381, 0.87616892, -0.50446586, 0.23009474, 0.76201118]]
>>> y_ = model.predict(x_)
# [[-93.147146 23.26985013]]
# 使用 MultiOutputRegressor
>>> from sklearn.multioutput import MultiOutputRegressor
>>> from sklearn.svm import LinearSVR
>>> model = LinearSVR()
>>> wrapper = MultiOutputRegressor(model)
>>> wrapper.fit(X, y)
>>> y_ = wrapper.predict(x_)
# [[-93.147146 23.26985013]]
# 使用 RegressorChain
>>> from sklearn.multioutput import RegressorChain
>>> wrapper = RegressorChain(model)
>>> y_ = wrapper.predict(x_)
# [[-93.147146 23.27082987]]
```

3.7 选择回归模型

选择适合的回归模型是一个关键的步骤，它可以影响预测性能、模型解释性和泛化能力。以下是一些常用的方法和原则，可以帮助人们正确选择回归模型。

（1）理解问题的特点。首先要深入了解问题的特点，考虑以下因素。
- 目标变量的类型：确定目标变量是连续的还是离散的。
- 数据的特征：考虑特征之间的关系、非线性关系、多重共线性等。
- 数据的大小和质量：评估数据的样本数量、噪声水平和缺失值等。

（2）简单模型优先原则。在没有明确证据表明需要更复杂模型的情况下，应该从简单的模型开始。简单模型具有解释性强、计算效率高和泛化能力好的优点。

（3）特征选择和特征工程。在选择模型之前，进行特征选择和特征工程是很重要的。考虑使用相关性分析、方差分析、逐步回归等方法来选择相关特征，并进行特征转换和标准化等预处理步骤。

（4）交叉验证和模型评估。使用交叉验证来评估不同模型的性能，并比较它们的预测准确度、均方误差、R^2等指标，选择具有良好性能和稳定性的模型。

（5）模型复杂度和正则化。考虑模型的复杂度和泛化能力之间的平衡。过度复杂的模型可能导致过拟合，而过于简单的模型可能无法捕捉数据中的复杂关系。正则化方法（如 L_1 正则化、L_2 正则化）可以帮助控制模型的复杂度。

（6）领域知识和先验信息。考虑问题的领域知识和先验信息。领域知识会指导人们选择特定类型的模型，或者对模型的参数和约束提供有价值的建议。

（7）集成方法。考虑使用集成方法，如随机森林、梯度提升树等，以提高预测性能和稳定性。集成方法可以通过结合多个模型的预测结果来减小方差和偏差。

第 2 章介绍了一些常用的模型评估指标，如均方误差（MSE）、平均绝对误差（MAE）、等，这些指标在模型选择和评估过程中提供了有用的信息，可以帮助人们选择最合适的模型。

以上三种评估指标可在 sklearn 中通过以下方式引入（参考代码 Regression_evaluate.ipynb）。

```
from sklearn.metrics import mean_absolute_error,mean_squared_error,r2_score
y_true=[1,3,5,7]
y_pred=[2,4,5,8]
print(mean_absolute_error(y_true,y_pred))    #输出为 0.75
print(mean_squared_error(y_true,y_pred))     #输出为 0.75
print(r2_score(y_true,y_pred))               #输出为 0.85
```

sklearn.metrics 提供了一些函数，用来计算真实值与预测值之间的预测误差。以_score 结尾的函数，返回一个最大值，越大越好。以_error 结尾的函数，返回一个最小值，越小越好。

3.8 实例分析

用不同的回归模型对美国波士顿房价进行预测，数据集是马萨诸塞州波士顿郊区的房屋信息数据，于 1978 年开始统计，共 506 个样本，涵盖了波士顿郊区房屋 14 种特征的信息。本节的完整代码请参考 boston_regression.ipynb。

1. 导入数据

从 sklearn.datasets 包中导入数据集。

```
#导入数据
from sklearn.datasets import load_boston
import pandas as pd

boston = load_boston()
features = boston.data
target = boston.target
df_boston = pd.DataFrame(features)
```

```
df_boston.columns = boston.feature_names
df_boston["MEDV"] = target
df_boston.head()
```

特征说明如下。

（1）CRIM：每个城镇的人均犯罪率。

（2）ZN：超过 25000 平方英尺用地划为居住用地的百分比。

（3）INDUS：非零售商用地百分比。

（4）CHAS：是否靠近查尔斯河。

（5）NOX：氮氧化物浓度。

（6）RM：住宅平均房间数。

（7）AGE：1940 年前建成自用单位比例。

（8）DIS：到 5 个波士顿就业服务中心的加权距离。

（9）RAD：无障碍径向高速公路指数。

（10）TAX：每万元物业税率。

（11）PTRATIO：小学师生比例。

（12）B：黑色人种比例指数。

（13）LSTAT：下层经济阶层比例。

（14）MEDV：业主自住房屋中值。

关于该数据集的更多信息可以使用下面的代码进行查看。

```
print(boston.DESCR)   #查看数据集的描述信息
```

2．建立回归模型

建立回归模型。

```
#标准化
from sklearn.preprocessing import StandardScaler
# import numpy as np
ss_x = StandardScaler()
ss_y = StandardScaler()
s_features=ss_x.fit_transform(features)
s_target=ss_y.fit_transform(target.reshape(-1, 1))
```

把数据集按照 7∶3 分为训练集和测试集。

```
#分离数据集
from sklearn.model_selection import train_test_split
features=df_boston[df_boston.loc[:,df_boston.columns!='MEDV'].columns]
target = df_boston['MEDV']
x_train, x_test, y_train, y_test = train_test_split(s_features, s_target, test_size=0.3, random_state=0)
```

进行训练并预测。

```python
from sklearn.linear_model import LinearRegression
from sklearn.svm import SVR
from sklearn.tree import DecisionTreeRegressor
from sklearn.neighbors import KNeighborsRegressor
from sklearn.metrics import mean_absolute_error,mean_squared_error,r2_score
```

线性回归。

```python
lr_model = LinearRegression()
lr_model.fit(x_train, y_train)
lr_y_pred = lr_model.predict(x_test)
lr_MSE = mean_squared_error(ss_y.inverse_transform(y_test), ss_y.inverse_transform(lr_y_pred))
lr_MAE = mean_absolute_error(ss_y.inverse_transform(y_test), ss_y.inverse_transform(lr_y_pred))
lr_R2 = r2_score(y_test, lr_y_pred)
```

支持向量机（linear）。

```python
#使用线性核函数的SVR进行训练，并进行预测
l_svr = SVR(kernel='linear')
l_svr.fit(x_train, y_train)
l_svr_y_pred = l_svr.predict(x_test)

svr_linear_MSE = mean_squared_error(ss_y.inverse_transform(y_test), ss_y.inverse_transform(l_svr_y_pred))
svr_linear_MAE = mean_absolute_error(ss_y.inverse_transform(y_test), ss_y.inverse_transform(l_svr_y_pred))
svr_linear_R2 = r2_score(y_test,l_svr_y_pred)
```

支持向量机（rbf）。

```python
#使用径向基函数核函数的SVR进行训练，并进行预测
r_svr = SVR(kernel='rbf')
r_svr.fit(x_train, y_train)
r_svr_y_pred = r_svr.predict(x_test)

svr_rbf_MSE = mean_squared_error(ss_y.inverse_transform(y_test), ss_y.inverse_transform(r_svr_y_pred))
svr_rbf_MAE = mean_absolute_error(ss_y.inverse_transform(y_test), ss_y.inverse_transform(r_svr_y_pred))
svr_rbf_R2 = r2_score(y_test,r_svr_y_pred)
```

支持向量机（poly）。

```python
#使用多项式核函数的SVR进行训练，并进行预测
p_svr = SVR(kernel='poly')
```

```
p_svr.fit(x_train, y_train)
p_svr_y_pred = p_svr.predict(x_test)

svr_poly_MSE = mean_squared_error(ss_y.inverse_transform(y_test),ss_y.
inverse_transform(p_svr_y_pred))
svr_poly_MAE = mean_absolute_error(ss_y.inverse_transform(y_test),ss_y.
inverse_transform(p_svr_y_pred))
svr_poly_R2 = r2_score(y_test,p_svr_y_pred)
```

决策树回归。

```
dtr = DecisionTreeRegressor()
dtr.fit(x_train, y_train)
dtr_y_pred = dtr.predict(x_test)

dtr_MSE = mean_squared_error(ss_y.inverse_transform(y_test), ss_y. inverse
_transform(dtr_y_pred))
dtr_MAE = mean_absolute_error(ss_y.inverse_transform(y_test), ss_y. inverse
_transform(dtr_y_pred))
dtr_R2 = r2_score(y_test,dtr_y_pred)
```

K 最近邻回归。

```
knr = KNeighborsRegressor()
knr.fit(x_train, y_train)
knr_y_pred = knr.predict(x_test)

knr_MSE = mean_squared_error(ss_y.inverse_transform(y_test), ss_y. inverse_
transform(knr_y_pred))
knr_MAE = mean_absolute_error(ss_y.inverse_transform(y_test), ss_y. inverse_
transform(knr_y_pred))
knr_R2 = r2_score(y_test,knr_y_pred)
```

表 3-11 所示为不同回归模型的性能指标对比。

表 3-11 不同回归模型的性能指标对比

模型	MAE	MSE	R^2
SVR（rbf）	2.698141	20.969827	0.748157
SVR（poly）	3.071375	22.881751	0.725195
DecisionTreeRegressor	3.144079	3.144079	0.677281
KNeighborsRegressor	3.268289	27.807292	0.666041
SVR（linear）	3.541104	31.515546	0.621505
LinearRegression	3.609904	27.195966	0.673383

3.9 习　　题

1. 回归任务和分类任务的不同是什么？
2. 回归任务在生活中有哪些应用？
3. 请简述常见的用于回归任务的机器学习算法。
4. 请简述常见的用于回归任务的性能评价指标。
5. 请推导最小二乘法。
6. 请简述岭回归和线性回归的差别。
7. 请简要叙述岭回归、Lasso 回归、ElasticNet 回归之间的差别。
8. 请从偏差和方差的角度分析机器学习算法的泛化性能。
9. 请在波士顿房价数据集或任何你感兴趣的数据集上尝试使用一种回归算法预测值。
10. 请使用 Python 或任何其他语言实现一个线性回归模型（不要调用 sklearn 等库中的相关模块）。

第 4 章

决策树算法

决策树算法是 1966 年提出的一种经典机器学习算法。决策树生成模型速度快，模型直观便于人们理解。在应用该模型进行分类和预测时速度也比较快。决策树算法是一种强大而直观的机器学习算法，适用于许多分类和预测任务。本章介绍决策树算法的相关知识。

本章的重点、难点和需要掌握的内容如下。
- 掌握决策树算法的原理。
- 掌握常见的决策树生成算法，如 ID3 算法、C4.5 算法和 CART 算法。
- 掌握预剪枝和后剪枝两种决策树剪枝的过程。
- 了解决策树算法的应用场景。

4.1 决策树算法概述

决策树算法是一种监督学习的判别模型算法，可用于分类或回归预测任务。它通过对数据集进行递归的二分或多分划分，构建一棵树状结构，以实现对样本的分类或预测。

以区分学生性别为例，根据学生的特征如头发长短、嗓音粗细等，决策树将学生分为不同的子集，直到所有特征都被用于划分。每次特征的划分可以被看作一个 if-then 规则，根据不同的数值或种类进行划分，形成二叉树或多分支树。分类规则是互斥且完备的，意味着每个样本最终会被分到叶节点的某个类别中。

决策树的本质是利用特征对样本进行分类，通过一系列的判定条件进行分割，直到叶节点的样本属于同一类别。决策树的优点在于其直观性和可解释性，模型生成的规则易于理解和解释，使得决策树在实际应用中具有广泛的应用。

决策树由下面几种元素构成。
- 根节点：包含样本的全集。
- 中间节点：对应特征测试。
- 叶节点：代表决策的结果预测时，在树的中间节点处用某一特征值进行判断，根据判断结果决定进入哪个分支节点，直到到达叶节点处，得到分类结果。这是一种基于 if-then-else 规则的有监督学习算法，决策树的这些规则通过训练得到，而不是人工制定的。

决策树结构示意图如图 4-1 所示，根节点是所有学生的集合，菱形的中间节点根据特征进行判断，将其分为不同的子集，叶节点是根据中间节点划分后的子集。决策树学习的目的是生成一棵泛化能力强，即处理新样本能力强的决策树，其基本流程遵循简单而直观的分治策略。

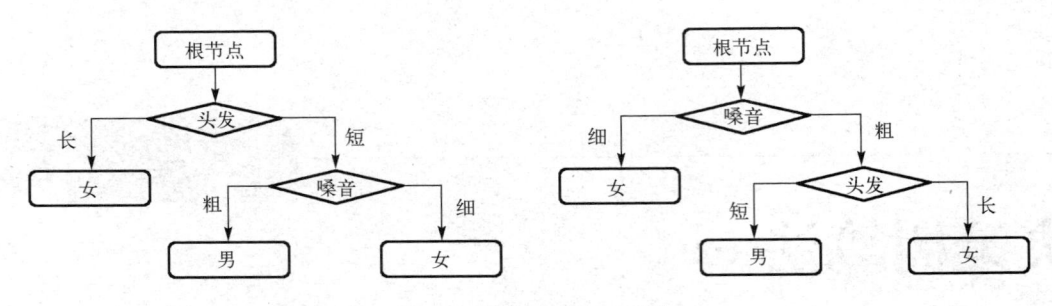

图 4-1 决策树结构示意图

决策树算法构造决策树来发现数据中蕴涵的分类规则,如何构造精度高、规模小的决策树是决策树算法的核心内容。决策树构造可以分如下两步进行。

(1)决策树生成:决策树的生成是一个自根节点一直到叶节点的递归生成过程。自上至下会选择较优的特征进行集合划分,每一个中间节点都对应一次数据集划分,选择特征的顺序和范围都会影响分类的效率及准确性。现在常用的算法都是根据信息熵理论来构造决策树的,主要算法包括 ID3 算法、C4.5 算法和 CART 算法。本章的 4.2 节将介绍这三种生成决策树的算法。

(2)决策树剪枝:在生成决策树的过程中,如果没有剪枝操作,那么所有的叶节点都可以属于同一类。这样的决策树对于训练集是完全拟合的,但是泛化能力不足,对于新样本无法准确判断。主要的剪枝方法包括预剪枝和后剪枝。预剪枝是在决策树的生成过程中进行的;后剪枝是在决策树生成之后进行的。本章的 4.4 节将介绍决策树剪枝方法。

决策树的优点如下。
- 决策树易于理解和实现,每个中间节点代表一个 if-then 判断,很容易理解决策树的判断依据和意义。
- 适用范围广,能够同时处理数值型和离散型数据,可以处理不相关特征数据,并且对缺失值不敏感。
- 不需要进行数据集的预处理,包括正则化、填充缺失值等。
- 决策树生成算法简单,在较短时间内能生成可行且效果良好的决策树。
- 决策树使用效率高,对每个样本的预测,最大计算次数不超过决策树的深度。

决策树的缺点如下。
- 对时间序列数据处理不好,需要很多预处理。
- 对连续数值型字段比较难预测。
- 当类别太多时,错误增加得比较快。
- 一般的算法分类时,只根据一个字段来分类,处理特征关联性比较强的数据时表现不太好。

决策树算法有几种主要的变种,而集成方法通过组合多个决策树来获得更强大的模型。主要的决策树算法及集成方法如图 4-2 所示,以下是一些常见的决策树算法和集成方法。

(1)ID3 算法:一种经典的决策树算法,使用信息增益来选择最优的特征进行划分。然而,ID3 算法对于具有多个取值的特征处理不太好,并且容易过拟合。

(2)C4.5 算法:ID3 算法的改进版,使用信息增益比来解决 ID3 算法中的问题。信息增益比考虑了特征本身的熵,从而更好地处理具有多个取值的特征。C4.5 算法还支持处理缺失值,并且可以用于回归预测。

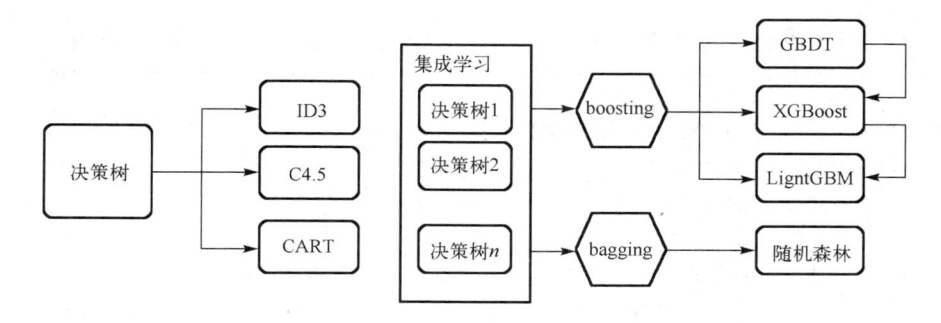

图 4-2　主要的决策树算法及集成方法

（3）CART 算法：一种常用的决策树算法，可用于分类和回归任务。与 ID3 算法和 C4.5 算法不同，CART 算法使用基尼系数作为特征选择准则。它生成二叉决策树，具有较高的计算效率。

（4）GBDT 算法（Gradient Boosting Decision Tree）是一种基于提升（Boosting）思想的集成学习算法，通过逐步训练多个决策树，每一棵新树拟合前一轮残差，从而不断优化模型性能。它适用于回归和分类任务，具有高精度、强泛化能力和较强的特征建模能力。

（5）XGBoost（Extreme Gradient Boosting）：梯度提升树的一个优化实现，它通过引入正则化和高效的近似算法来提高模型的训练速度和泛化能力。XGBoost 在特征选择、缺失值处理和并行计算等方面进行了优化，成了许多机器学习竞赛中的常用工具。

（6）LightGBM：也是梯度提升树的一种优化实现，它通过基于直方图的决策树算法来加速模型的训练过程。LightGBM 使用了基于特征值的离散化和直方图算法，使得每次迭代中只需考虑特征的一个分段，从而提高了训练速度和内存效率。

（7）随机森林：一种集成学习方法，通过构建多个决策树并对它们的结果进行投票或平均来进行分类或回归。随机森林在每个决策树的训练过程中引入随机性，如随机选择特征子集和样本的有放回抽样，以提高模型的泛化能力和防止过拟合。

这些决策树的集成方法在实践中被广泛应用，并取得了很好的效果。它们能够通过组合多个决策树的预测结果来降低过拟合风险，提高模型的准确性和泛化能力。

4.2　决策树生成

从决策树的结构可以看出，如果生成一个决策树，需要选择不同的特征作为根节点和各级子节点，并且在特定条件下停止分裂，得到叶节点。决策树的生成是一个递归过程，首先选择根节点的特征，依次创建底层的节点。每个节点的特征确定后将数据集分为两个子集，递归处理这两个子集分别得到左、右子树。有三种情形会导致递归返回，如下所述。

（1）当前节点包含的样本全属于同一类别，无须划分。

（2）当前特征为空或者所有样本在所有特征上取值相同，无须划分，在这种情况下，把当前节点标记为叶节点，并将其类别设定为该节点所含样本最多的类别。

（3）当前节点包含的样本集为空，不能划分，同样把当前节点标记为叶节点。

下面展示了决策树生成的过程，在给定训练数据的情况下，输入训练集 D 和特征集 A，整个过程是一个自顶向下递归的过程，在每个节点上选择最优的划分特征，将样本集划分为更纯的子集，直到满足停止条件为止。最终输出一棵以 node 为根节点的决策树。

>输入：
>　　训练集 $D = \{(x_1,y_1),(x_2,y_2),\cdots,(x_m,y_m)\}$；
>　　特征集 $A = \{a_1,a_2,\cdots,a_d\}$。
>过程：函数 TreeGenerate(D, A)
>生成节点 node；
>if D 中样本全属于同一类别 C then
>　　将 node 标记为 C 类叶节点；return
>end if
>if $A = \varnothing$　OR D 中样本在 A 上取值相同 then
>　　将 node 标记为叶节点，其类别标记为 D 中样本数最多的类；return
>end if
>从 A 中选择最优划分特征 a_*；
>for a_* 的每一个值 a_*^v do
>　　为 node 生成一个分支；令 D_v 表示 D 中在 a_v 上取值为 a_*^v 的样本子集；
>　　if D_v 为空 then
>　　　　将分支节点标记为叶节点，其类别标记为 D 中样本最多的类；return
>　　else
>　　　　以 TreeGenerate($D_v, A\setminus\{a_*\}$)为分支节点
>　　end if
>end for
>输出：一棵以 node 为根节点的决策树

构建决策树的过程，是自上而下选择不同的特征对数据集进行划分的过程。不同决策树生成算法的区别就在于特征选择的原则。常见的决策树生成算法包括 Quinlan 在 1986 年提出的 ID3 算法、1993 年提出的 C4.5 算法，以及 Breiman 等人在 1984 年提出的 CART 算法。

在决策树生成算法中，选择最佳划分特征的度量通常基于节点的不纯度或纯度（Purity）的变化。节点的纯度反映了叶节点中样本所属类别的分布情况。一般来说，纯度越高，表示叶节点中包含的样本大部分属于同一类别，即节点的不纯度越低。在选择划分特征时，人们希望通过特征的划分能够降低节点的不纯度，使得子节点的纯度更高。

常见的度量指标包括信息增益、信息增益比和基尼系数等，它们都用于衡量节点的不纯度或纯度。选择特征时，比较的是父节点（划分前）的不纯度与子节点（划分后）的不纯度之间的差异。差异越大，表示特征作为划分条件的效果越好，因为它能够更有效地将不同类别的样本分开。

因此，在决策树生成的过程中，人们通过比较父节点和子节点的不纯度来选择最佳的划分特征，以使得节点的纯度得到提高，并最终生成具有较高纯度的决策树。

在决策树算法中，增益Δ（Gain）是一种常用的标准，用于评估特征的划分效果。当使用熵（Entropy）作为不纯度度量时，增益被称为信息增益（Information Gain）。增益Δ是一种可以用来确定划分效果的标准，其中 $I(parent)$ 表示给定节点的不纯度度量，N 是父节点上的记录总数，k 是特征值的个数，$N(v_j)$ 是与子节点 v_j 相关联的记录个数。决策树归纳算法通常选择最大化增益Δ的特征作为划分，因为对所有的特征测试条件来说，$I(parent)$ 是一个不

变的值，所以最大化增益 Δ 等价于最小化子节点的不纯度度量的加权平均值。例如，当选择熵作为不纯度度量时，熵的差就是信息增益 Δ_{info}。

$$\Delta = I(\text{parent}) - \sum_{j=1}^{k} \frac{N(v_j)}{N} I(v_j)$$

ID3 算法和 C4.5 算法使用信息增益和信息增益比作为特征选择的准则，而 CART 算法使用基尼系数作为特征选择的准则。

4.3 信息熵、条件熵和互信息

决策树生成算法使用信息熵（Information Entropy）、条件熵（Conditional Entropy）和互信息（Mutual Information）来选择最优的划分特征，以生成决策树模型。条件熵和互信息是在给定其他变量的条件下，衡量随机变量之间关系的度量。条件熵在给定另一个随机变量的条件下，对随机变量的不确定性进行度量。互信息则衡量了两个随机变量之间的相关性或信息共享程度。本节介绍信息熵、条件熵和互信息的概念、公式及例子。本节中的例子代码请参考 entropy.ipynb。

熵的概念首先是在热力学中引入的，用于表述热力学第二定律。信息熵由信息论之父克劳德·香农在 1948 年提出，在信息论中代表随机变量不确定性的度量。

信息熵是一种衡量随机变量不确定性的概念。在决策树中，信息熵常用于衡量节点的不纯度。对于一个节点的样本集合，通过计算样本在不同类别上的分布概率，可以计算节点的信息熵。当样本在各个类别上分布均匀时，节点的信息熵达到最大值，表明节点的不确定性最大；而当样本都属于同一类别时，节点的信息熵为 0，表示节点的纯度最高。决策树算法通过选择特征来最小化节点的信息熵，即选择能够使节点纯度提高的划分特征。通过不断进行特征选择和划分，决策树可以生成具有较高纯度的叶节点，从而实现对样本的分类。

信息熵的公式为

$$-\log_2 p(x)$$

式中，$p(x)$ 表示随机变量的概率，取值范围为 $[0,1)$，所以 $\log_2 p(x)$ 小于 0，因此求和后加上负号，确保信息熵为正。将 log 函数的底设置为 2，这是因为这里只需要信息量满足低概率事件 x 对应于高的信息量，因此对数的选择是任意的。遵循信息论的传统，这里采用 2 作为对数的底。

一个离散型随机变量 X 的熵 $H(X)$ 定义为

$$H(X) = -\sum_{x \in X} p(x) \log_2 p(x)$$

若 X 是连续变量，则

$$H(X) = \int -p(X) \log_2(p(X)) \mathrm{d}X$$

信息熵 $H(X)$ 是各项自信息的累加值，由于每一项都是正整数，故而随机变量取值个数越多，状态数越多，累加次数越多，信息熵越大，混乱程度越大，纯度越小。可以通过数学证明，当随机变量分布为均匀分布，即状态数最多时，熵最大。熵代表了随机分布的混乱程度，这一特性是所有基于熵的机器学习算法的核心思想。

信息熵只依赖于随机变量的分布，与随机变量取值无关。定义 $0\log_2 0 = 0$（因为可能出现某个取值概率为 0 的情况）。熵越大，随机变量的不确定性越大，分布越混乱，随机变量状态数越多。

例：假设 x 为离散型变量[1,2,3,3,2,4,1,2,2]。信息熵计算如表 4-1 所示，x 共有 10 个数，其中有 2 个 1，所以 1 的概率为 0.2。

表 4-1 信息熵计算

数值	个数	概率 p	$\text{Log}_2 p$	$P\log_2 p$
1	2	0.2	−2.32	−0.46
2	4	0.4	−1.32	−0.53
3	3	0.3	−1.74	−0.52
4	1	0.1	−3.32	−0.33

所以其信息熵为 $-\Sigma p\log_2 p \approx 1.85$。

在决策树生成中，条件熵用于衡量给定特征的条件下，节点的不确定性。通过计算节点样本集合在给定特征的情况下，不同类别的分布情况，可以计算节点的条件熵。选择具有最小条件熵的特征作为划分特征，可以提高节点纯度。

条件熵 $H(Y|X)$ 表示在已知随机变量 X 的条件下随机变量 Y 的不确定性。条件熵的定义：在 X 给定条件下，Y 的条件概率分布的熵对 X 的数学期望。设有随机变量 (X,Y)，其联合概率分布为

$$p(X = x_i, Y = y_i) = p_{ij}, \quad i = 1,2,\cdots,n, \quad j = 1,2,\cdots,m$$

在随机变量 X 给定的条件下，随机变量 Y 的条件熵 $H(Y|X)$：

$$H(Y|X) = \sum_{x \in X} p(x) H(Y|X = x) = -\sum_{x \in X} p(x) \sum_{y \in Y} p(y|x) \log_b p(y|x)$$
$$= -\sum_{x \in X} \sum_{y \in Y} p(x,y) \log_b p(y|x)$$

式中，b 是对数的底数，常用的取值有 2、e 和 10，后面均采用 2 作为对数的底数。

举例说明：西瓜的特征如表 4-2 所示，共有 17 个样本，包括 8 个正样本和 9 个负样本。有一堆西瓜，已知这堆西瓜的色泽，以及每种色泽对应好瓜和差瓜的个数。

表 4-2 西瓜的特征

序号	色泽	根蒂	敲声	纹理	脐部	触感	好瓜
1	青绿	蜷缩	浊响	清晰	凹陷	硬滑	是
2	乌黑	蜷缩	沉闷	清晰	凹陷	硬滑	是
3	乌黑	蜷缩	浊响	清晰	凹陷	硬滑	是
4	青绿	蜷缩	沉闷	清晰	凹陷	硬滑	是
5	浅白	蜷缩	浊响	清晰	凹陷	硬滑	是
6	青绿	稍蜷缩	浊响	清晰	稍凹陷	软黏	是
7	乌黑	稍蜷缩	浊响	稍模糊	稍凹陷	软黏	是

续表

序号	色泽	根蒂	敲声	纹理	脐部	触感	好瓜
8	乌黑	稍蜷缩	浊响	清晰	稍凹陷	硬滑	是
9	乌黑	稍蜷缩	沉闷	稍模糊	稍凹陷	硬滑	否
10	青绿	硬挺	清脆	清晰	平坦	软黏	否
11	浅白	硬挺	清脆	模糊	平坦	硬滑	否
12	浅白	蜷缩	浊响	模糊	平坦	软黏	否
13	青绿	稍蜷缩	浊响	稍模糊	凹陷	硬滑	否
14	浅白	稍蜷缩	沉闷	稍模糊	凹陷	硬滑	否
15	乌黑	稍蜷缩	浊响	清晰	稍凹陷	软黏	否
16	浅白	蜷缩	浊响	模糊	平坦	硬滑	否
17	青绿	蜷缩	沉闷	稍模糊	稍凹陷	硬滑	否

表 4-3 中列举了如何根据西瓜的特征挑选好瓜。条件熵 $H(好瓜|色泽)$ 表示在已知随机变量 X（色泽）的条件下随机变量 Y（好瓜或差瓜）的不确定性。

表 4-3 根据西瓜的特征挑选好瓜

色泽（X）	好瓜（Y）	个数	$p(x,y)$	$p(y|x)$	$\log_2 p(y|x)$
乌黑	是	4	0.24	0.67	−0.58
浅白	是	1	0.06	0.20	−2.32
青绿	是	3	0.18	0.50	−1.00
乌黑	否	2	0.12	0.33	−1.60
浅白	否	4	0.24	0.80	−0.32
青绿	否	3	0.18	0.50	−1.00

$$H(Y|X) = E_{x \sim p}[H(Y|X=x)]$$

$$= \sum_{i=1}^{n} p(x)H(Y|X=x)$$

$$= -\sum_{i=1}^{n} p(x) \sum_{j}^{m} p(y|x) \log_2 p(y|x) = -\sum_{i=1}^{n} \sum_{j=1}^{m} p(x,y) \log_2 p(y|x)$$

$$= -\left[\sum_{i=1}^{n} \sum_{j=1}^{m} p(x,y) \log_2 p(x,y) - \sum_{i=1}^{n} \sum_{j=1}^{m} p(x,y) \log_2 p(x)\right]$$

$$= -\left[\sum_{i=1}^{n} \sum_{j=1}^{m} p(x,y) \log_2 p(x,y) - \sum_{i=1}^{n} \log_2 p(x) \sum_{j=1}^{m} p(x,y)\right]$$

$$= -\left[\sum_{i=1}^{n} \sum_{j=1}^{m} p(x,y) \log_2 p(x,y) - \sum_{i=1}^{n} p(x) \log_2 p(x)\right] = H(X,Y) - H(X)$$

可知条件熵：

$$H(Y|色泽) = -\sum_{i=1}^{n}\sum_{j=1}^{m} p(x,y)\log_2 p(y|x)$$
$$= -[0.24\times(-0.58) + 0.06\times(-2.32) + 0.18\times(-1.00) + 0.12\times(-1.60) +$$
$$0.24\times(-0.32) + 0.18\times(-1.00)] \approx 0.91$$

同样，根据如下方式计算得到的条件熵是一致的。

$$H(Y|X) = \sum_{i=1}^{n} p_i H(Y|X = x_i)$$

$$H(Y|X = 青绿) = -\left(\frac{1}{2}\log_2\frac{1}{2} + \frac{1}{2}\log_2\frac{1}{2}\right) = 1$$

$$H(Y|X = 乌黑) = -\left(\frac{4}{6}\log_2\frac{4}{6} + \frac{2}{6}\log_2\frac{2}{6}\right) \approx 0.92$$

$$H(Y|X = 浅白) = -\left(\frac{1}{5}\log_2\frac{1}{5} + \frac{4}{5}\log_2\frac{4}{5}\right) \approx 0.72$$

则 $H(Y|X = 色泽) = 0.35\times 0.92 + 0.29\times 0.72 + 0.35\times 1 \approx 0.88$。

在决策树生成中，互信息用于衡量特征与目标变量之间的相关性或信息共享程度。通过计算特征与目标变量之间的互信息，可以评估特征对于目标变量的重要性。选择具有最大互信息的特征作为划分特征，可以使决策树更好地捕捉特征与目标变量之间的关联关系。互信息定义了两个随机变量的依赖程度。它可以看成一个随机变量中包含的关于另一个随机变量的信息量，或者一个随机变量由于已知另一个随机变量而减少的不确定性。对于两个离散型随机变量 X 和 Y，它们的互信息：

$$I(X,Y) = \sum_{x}\sum_{y} p(x,y)\ln\frac{p(x,y)}{p(x)p(y)}$$

式中，$p(x,y)$ 为 X 和 Y 的联合概率；$p(x)$ 和 $q(x)$ 分别为 X 和 Y 的边缘概率。互信息反映了联合概率 $p(x,y)$ 与边缘概率乘积的差异程度。如果两个随机变量独立，则 $p(x,y) = p(x)p(y)$，因此它们越接近于相互独立，$p(x,y)$ 和 $p(x)p(y)$ 的值越接近。换句话说，互信息越接近于 0，两个随机变量越独立。

对于两个连续随机变量 X 和 Y，它们的互信息定义如下：

$$I(x,y) = \int_{-\infty}^{+\infty}\int_{-\infty}^{+\infty} p(x,y)\ln\frac{p(x,y)}{p(x)p(y)} \mathrm{d}x\mathrm{d}y$$

互信息有如下两个重要性质。

（1）互信息是非负的；互信息越大，两个概率分布之间的依赖程度越强；两个概率分布互相独立时，互信息等于 0。

（2）与信息熵的关系：$H(X,Y) = H(X) + H(Y) - I(X<Y)$。

两个随机变量的联合熵等于它们各自的信息熵减去互信息，这与集合运算的规律类似，互信息可以看作两个随机变量信息量的重叠部分。互信息、条件熵与联合熵的区别与联系如

图 4-3 所示，两个圆形区域分别为两个随机变量的信息熵 $H(X)$ 和 $H(Y)$，它们重叠的部分为这两个随机变量之间的互信息 $I(X,Y)$，两个圆的并集为它们的联合熵 $H(XY)$。此外，还有一些常用的如联合熵、相对熵、交叉熵等多种概念，此处不再展开说明。

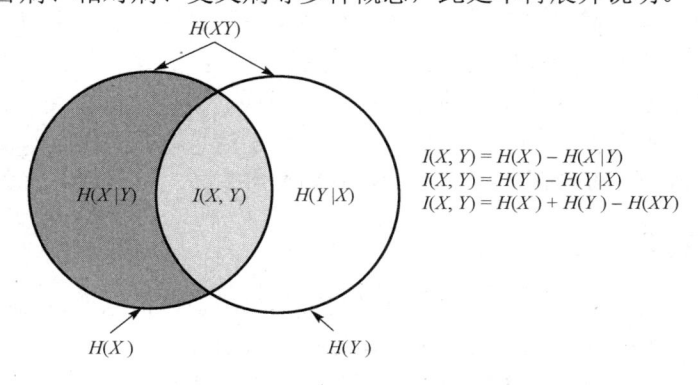

图 4-3 互信息、条件熵与联合熵的区别与联系

4.3.1 信息增益和信息增益比

信息增益是决策树 ID3 算法在进行特征切割时使用的划分准则，其物理意义和互信息完全相同，并且公式也完全相同。其公式如下：

$$g(D,A) = H(D) - H(D|A)$$

式中，D 表示数据集；A 表示特征。信息增益表示得到 A 的信息而使得类 X 的不确定性下降的程度，在 ID3 算法中，需要选择一个 A 使得信息增益最大，这样可以使得分类系统进行快速决策。

需要注意的是，在数值上，信息增益和互信息完全相同，但意义不一样，需要区分，当提及互信息时，两个随机变量的地位是相同的，可以认为是纯数学工具，不考虑物理意义；当提及信息增益时，是把一个变量看成减小另一个变量不确定性的手段。

信息增益比是决策树 C4.5 算法引入的划分特征准则，主要用于克服信息增益在某种特征上导致分类特征过于细致的问题，这些过于细致的特征实际上可能包含无意义的取值，这可能会引发决策树特征划分失误（信息增益对取值数目较多的特征有所偏好，但这种偏好容易带来不利影响）。例如，假设有一列特征是身份证 ID，每个人的都不一样，其信息增益肯定是最大的，但是对于一个情感分类系统来说，这个特征是没有意义的，此时如果采用 ID3 算法就会出现失误，而 C4.5 算法正好克服了该问题。其公式如下：

$$g_r(D,A) = g(D,A) / H(A)$$

4.3.2 基尼系数

基尼系数是决策树 CART 算法引入的划分特征准则，其提出的目的不是为了克服上面算法存在的问题，而主要考虑的是计算快速性、高效性，这种性质使得 CART 二叉树的生成非常高效。其公式如下：

$$\text{Gini}(p) = \sum_{i=1}^{m} p_i(1-p_i) = 1 - \sum_{i=1}^{m} p_i^2 = 1 - \sum_{i=1}^{m} \left(\frac{|C_k|}{|D|}\right)^2$$

可以看出，基尼系数越小，表示选择该特征后熵下降最快，对分类模型效果更好，其与信息增益、信息增益比的选择指标是相反的。基尼系数主要度量数据划分对数据集 D 的不纯度高低，基尼系数越小，表明样本的纯度越高。

基尼系数实际上是信息熵的一阶近似，作用等价于信息熵，只不过是简化版本。根据泰勒级数公式，将 $f(x) = -\ln(x)$ 在 $x = 1$ 处展开，忽略高阶无穷小，其可等价为 $f(x) = 1 - x$。

4.3.3 决策树生成

在决策树的特征选择过程中，常用的准则包括信息增益、信息增益比和基尼系数。这些准则都是为了选择能够在划分节点时最大限度地提高节点纯度的特征。

（1）ID3 算法（信息增益）：ID3 算法使用信息增益作为特征选择的准则。信息增益衡量的是在划分节点后，样本集合的不确定性减小的程度。具体而言，它衡量的是划分前后样本集合熵的差值。选择信息增益最大的特征作为划分特征。

（2）C4.5 算法（信息增益比）：C4.5 算法在 ID3 算法的基础上进行了改进，引入了信息增益比作为特征选择的准则。信息增益比考虑了特征本身的取值个数对信息增益的影响，避免了对取值较多的特征有所偏好。选择信息增益比最大的特征作为划分特征。

（3）CART 算法（基尼系数）：CART 算法使用基尼系数作为特征选择的准则。基尼系数衡量的是在划分节点后，样本集合中随机抽取两个样本，其类别标签不一致的概率。选择基尼系数最小的特征作为划分特征。

本节的例子请参考代码 decision_tree.ipynb。

ID3 算法使用信息增益作为特征选择的准则，选择信息增益最大的特征进行节点的划分。信息增益表示由于得知特征 A 的信息后数据集的不确定性减小程度，即节点熵的降低程度。因此，选择信息增益最大的特征可以使得节点的熵迅速降低，从而使得节点中包含的样本尽可能属于同一类别。

ID3 算法在选择特征时，会计算每个特征的信息增益，并选择具有最大信息增益的特征进行分裂。这样可以使得每次划分选择的特征在熵减方面具有最大的贡献。同时，ID3 算法也会设定一个阈值（通常为 0），当计算出的最大信息增益小于该阈值时，停止继续分裂，形成叶节点。这样可以限制决策树的深度，避免过拟合问题。

C4.5 算法是在 ID3 算法的基础上进行改进的，主要包括以下几个方面的改进。

（1）信息增益比：C4.5 算法将信息增益替换为信息增益比作为特征选择的准则。信息增益比考虑了特征本身取值个数对信息增益的影响。它通过除以划分特征的熵（或基尼系数）来归一化信息增益，以解决 ID3 算法对取值较多特征的偏好问题。

（2）处理连续性特征：C4.5 算法能够处理连续性特征，通过引入阈值将连续特征转化为离散特征。具体做法是先对连续特征的取值进行排序，然后选择相邻两个取值的中点作为阈值，将样本划分为两部分。最后通过计算每个阈值对应的信息增益比，选择最佳阈值进行划分。

（3）处理缺失性数据：C4.5 算法能够处理缺失性数据。在计算熵减或基尼系数时，C4.5 算法会忽略特征值缺失的样本，只考虑特征值不缺失的样本。这样可以避免缺失数据对特征选择造成的不公平影响。

（4）剪枝：C4.5 算法引入了剪枝操作来降低过拟合风险。剪枝可以通过预剪枝或后剪枝来实现。预剪枝在构建决策树时进行，根据一定的准则判断是否进行节点的划分。后剪枝在构建完整的决策树后进行，通过合并无法产生大量信息增益的节点来简化树结构。

这些改进使得 C4.5 算法在特征选择、处理连续性特征、处理缺失性数据及剪枝等方面更加全面和灵活，提高了决策树的性能和鲁棒性。C4.5 算法是决策树中经典的算法之一，被广泛应用于各种领域的机器学习任务。

CART 算法是一种基于二叉树的决策树算法，相对于 ID3 算法和 C4.5 算法的多叉树结构，CART 算法的二叉树结构更加简洁。

CART 算法使用基尼系数作为特征选择的准则，选择基尼系数最小的特征进行节点的划分。基尼系数衡量的是在划分节点后，从该节点随机选择两个样本，其类别标签不一致的概率。因此，基尼系数越小，节点的纯度越高，样本越可能属于同一类别。

与信息增益或信息增益比相比，基尼系数的计算更加简捷，无须计算特征取值的熵或条件熵，只需要计算特征取值的概率和类别标签的概率即可。这使得 CART 算法在处理大规模数据集时具有优势，计算速度更快。另外，CART 算法的另一个特点是能够处理连续性特征。在对连续性特征进行划分时，CART 算法会通过遍历特征的所有取值，选择最优的二值划分点，以最小化划分后的基尼系数。

CART 算法在决策树的构建过程中采用了贪心策略，通过递归地选择最优特征和最优划分点，生成二叉树结构。此外，CART 算法也支持剪枝操作，通过剪枝来避免过拟合问题。由于 CART 算法的简洁性、计算效率和处理连续性特征的能力，它成了现实世界中最常用的决策树算法之一，并在分类和回归任务中得到了广泛应用。

4.4 决策树剪枝

决策树剪枝是一种用于减少过拟合问题的技术，它可以提高决策树的泛化能力。剪枝通过删除一些决策树的分支或节点来简化模型，使其更具有一般化能力，避免对训练数据的过度拟合。当使用训练数据生成决策树，而不进行额外处理时，会出现训练集精度为 100%，但在测试集上表现不是很好的情况。这是由于对训练集生成决策树时过于细分，经常会产生过拟合。剪枝的目的就是增强模型的泛化能力，决策树剪枝主要分为以下两种类型。

预剪枝：在构建决策树的过程中，在每个节点进行划分之前，先评估划分该节点是否会带来显著的泛化性能提升。在决策树的生成过程中，对每个节点在划分前先进行估计，若当前节点的划分不能带来决策树泛化性能的提升，则停止划分即结束树的构建并将当前节点标记为叶节点。预剪枝可以提前停止决策树的生长，避免生成过于复杂的树结构，但可能会导致欠拟合问题，因为有时可能会过早地停止划分，错过了更好的划分机会。

后剪枝：在决策树构建完成后，通过对已生成的完整决策树进行修剪来减少过拟合。先对训练集生成一棵完整的决策树，然后自底向上地对叶节点进行考查，若将该节点对应的子树替换为叶节点能带来决策树泛化性能的提升，则将该子树替换为叶节点。泛化性能的提升可以使用交叉验证数据来检查修剪的效果，通过使用交叉验证数据，测试扩展节点是否会带来改进。如果显示会带来改进，那么可以继续扩展该节点。但是，如果精度降低，则不应该扩展，节点应该转换为叶节点。后剪枝通过修剪决策树的一些分支或节点，减小了模型的复杂度，提高了泛化能力。相对于预剪枝，后剪枝能够更充分地利用训练数据，但需要额外的验证集或交叉验证来评估修剪后模型的性能。

对表 4-2 中的西瓜数据集进行划分，如表 4-4 和表 4-5 所示，将其随机分为两部分，将编号为 {1,2,3,6,7,10,14,15,16,17} 的样本作为训练集，将编号为 {4,5,8,9,11,12,13} 的样本作为验证集。

表 4-4 西瓜数据集划分出的训练集

编号	色泽	根蒂	敲声	纹理	脐部	触感	好瓜
1	青绿	蜷缩	浊响	清晰	凹陷	硬滑	是
2	乌黑	蜷缩	沉闷	清晰	凹陷	硬滑	是
3	乌黑	蜷缩	浊响	清晰	凹陷	硬滑	是
6	青绿	稍蜷缩	浊响	清晰	稍凹陷	软黏	是
7	乌黑	稍蜷缩	浊响	稍模糊	稍凹陷	软黏	是
10	青绿	硬挺	清脆	清晰	平坦	软黏	否
14	浅白	稍蜷缩	沉闷	稍模糊	凹陷	硬滑	否
15	乌黑	稍蜷缩	浊响	清晰	稍凹陷	软黏	否
16	浅白	蜷缩	浊响	模糊	平坦	硬滑	否
17	青绿	蜷缩	沉闷	稍模糊	稍凹陷	硬滑	否

表 4-5 西瓜数据集划分出的验证集

编号	色泽	根蒂	敲声	纹理	脐部	触感	好瓜
4	青绿	蜷缩	沉闷	清晰	凹陷	硬滑	是
5	浅白	蜷缩	浊响	清晰	凹陷	硬滑	是
8	乌黑	稍蜷缩	浊响	清晰	稍凹陷	硬滑	是
9	乌黑	稍蜷缩	沉闷	稍模糊	稍凹陷	硬滑	否
11	浅白	硬挺	清脆	模糊	平坦	硬滑	否
12	浅白	蜷缩	浊响	模糊	平坦	软黏	否
13	青绿	稍蜷缩	浊响	稍模糊	凹陷	硬滑	否

4.4.1 预剪枝过程

以表 4-2 作为数据集，以信息增益准则进行特征选择，通过表 4-2 的数据可以得到一棵决策树，采用 ID3 算法，用表 4-4 所示的训练集产生图 4-4 所示的以信息增益为准则得到的决策树。

这是未剪枝的决策树，以特征"脐部"来对训练集进行划分时，产生 3 个分支凹陷、稍凹陷、平坦，然而是否应该进行这个划分，预剪枝要对划分前后的泛化性能进行评估。

划分前，所有样例集中在根节点，若不进行划分，则该节点被标记为叶节点，其类别标记为训练样例数最多的类别，所以将该节点标记为"好瓜"。用表 4-5 所示的验证集对这个单节点决策树进行评估，样例 (4,5,8) 被正确分类，另外的 4 个样例（9,11,12,13）分类错误，可得验证集上的精度为 3/7×100% ≈ 42.9%。

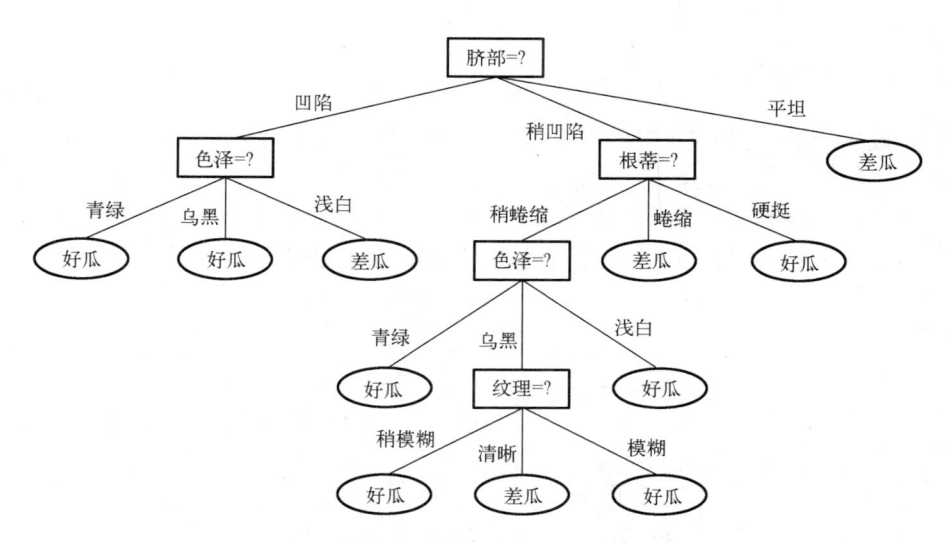

图 4-4 以信息增益为准则得到的决策树

图 4-5 所示的是剪枝后的决策树，用特征"脐部"划分之后，3 个节点分别包含训练样例（1,2,3,14）、(6,7,15,17)、(10,16)。3 个节点分别被标记为叶节点"好瓜""好瓜""差瓜"，此时验证集中的样例（4,5,8,9,13）被分类正确，验证精度为 5/7 ≈ 71.4%>42.9%，于是应该用特征"脐部"进行划分。

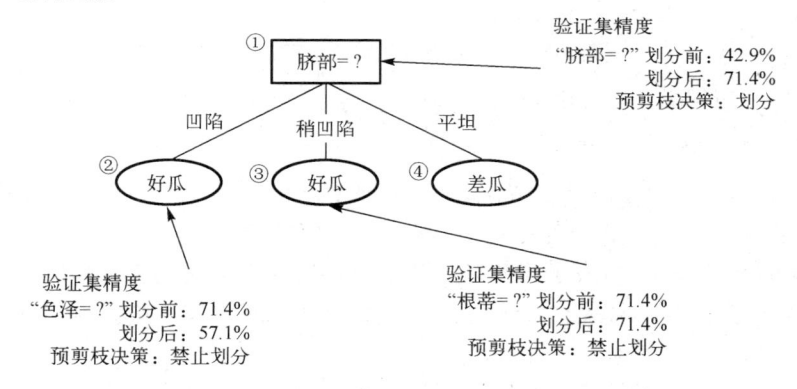

图 4-5 用特征"脐部"划分的精度变化

决策树算法应该对节点②进行划分，基于信息增益准则以"色泽"作为划分特征。使用"色泽"划分后，编号为 9 的验证集样本分类结果由正确转为错误，验证集下降为 57.1%，故预剪枝策略将禁止节点②被划分。

对于节点③，最优划分特征为"根蒂"，划分后验证集精度仍为 71.4%。这个划分不能提升验证集精度，故预剪枝测量将禁止节点③被划分。

对于节点④，其所含训练样例已属于同一类，不再进行划分。

预剪枝使得很多决策树的很多分支没有展开，降低了过拟合的风险，同时显著减少了决策树的训练时间开销和预测时间开销。有些分支的当前划分虽不能提升泛化性能，甚至可能导致泛化性能暂时下降，但是在其基础上进行的后续划分却有可能带来性能的显著提升。预剪枝是一种贪心策略，这给预剪枝带来了欠拟合的风险。

4.4.2 后剪枝过程

后剪枝先生成一棵完整的决策树，由图 4-5 可知，该决策树的验证精度为 42.9%。现在自底向上地对叶节点进行考查，如图 4-4 中所示的"纹理"分支，若将该分支剪去，则该分支变为叶节点，替换后叶节点包含编号（7,15）训练样本，该叶节点被标记为好瓜，此时决策树的验证精度提高至 57.1%，于是后剪枝决定剪枝，如图 4-6 所示。

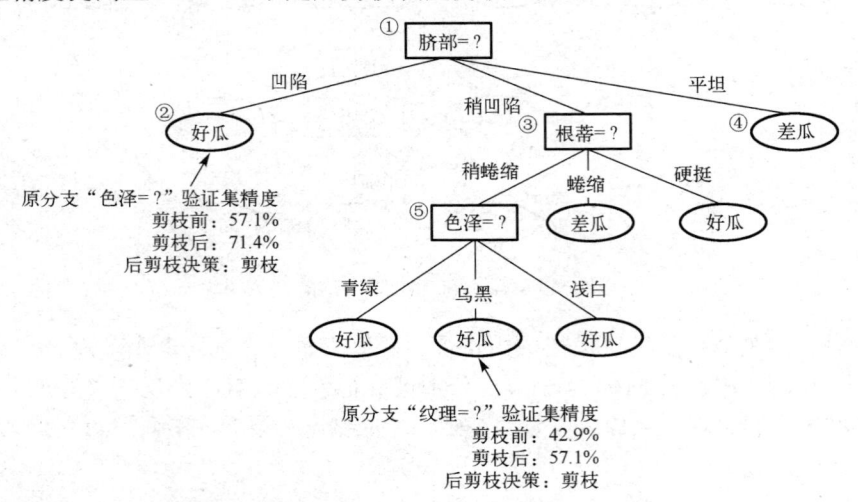

图 4-6 基于后剪枝策略生成的决策树

考查节点⑤，将其变为叶节点后包含编号为（6,7,15）的样例，叶节点标记为"好瓜"，此时决策树精度仍为 57.1%。可以不进行剪枝。

对于节点②，将其子树换为叶节点，该叶节点包含编号为（1,2,3,14）的样例，标记为"好瓜"，此时决策树的验证集精度提高至 71.4%，做剪枝处理。

对于节点③和①，将其对应子树替换为叶节点，所得决策树的验证集精度分别为 71.4% 和 42.9%，均未得到提高，被保留。最终，基于后剪枝策略生成的决策树如图 4-6 所示，其验证精度为 71.4%。

后剪枝策略通常会保留更多的分支，相对于预剪枝决策树而言，后剪枝决策树的泛化性能往往更好。后剪枝的过程是在完全生成决策树之后进行的，它会自底向上地对决策树中的非叶节点进行评估，并尝试剪掉一些分支来简化树的结构。这些剪枝操作通常基于某种评估指标（如验证集上的准确率或交叉验证误差），如果剪枝后的树在未见过的数据上能够保持或提升泛化性能，那么就执行剪枝操作。

相对于预剪枝，后剪枝的优势在于它可以利用完整的训练数据来进行剪枝决策，因此能够更准确地评估每个非叶节点的影响。这样可以避免预剪枝中可能出现的过早停止划分的问题，从而更有效地提高决策树的泛化能力。

4.5 决策树框架

sklearn 提供了一个名为 DecisionTreeClassifier 的类，用于构建分类决策树模型，以及一个名为 DecisionTreeRegressor 的类，用于构建回归决策树模型。

```
>>> from sklearn import tree
>>> X = [[0, 0], [1, 1]]
>>> Y = [0, 1]
>>> clf = tree.DecisionTreeClassifier()
>>> clf = clf.fit(X, Y)
>>> clf.predict([[2., 2.]])
array([1])
>>> clf.predict_proba([[2., 2.]])
array([[0., 1.]])
```

表 4-6 所示为 DecisionTreeClassifier 类的参数及其说明。

表 4-6　DecisionTreeClassifier 类的参数及其说明

参数	类型与默认值	说明
criterion	{"gini","entropy"}, default="gini"	评测一个划分的质量的函数：支持的标准有 gini，表示基尼不纯度，entropy 表示信息增益
splitter	{"best","random"}, default="best"	用于在每个节点处选择拆分的策略。支持的策略包含"最佳"与"随机"两种
max_depth	int, default=None	树的最大深度：如果没有，那么节点被扩展直到所有叶子都是纯的或直到所有节点含有少于 min_samples_split 的样本
min_samples_split	int or float, default=2	拆分中间节点所需的最小样本数：如果是 int，那么表示只有当中间节点的样本数大于或等于当前值时，才会进行划分；如果是浮点数，那么表示该值为样本总数的比例
min_samples_leaf	int or float, default=1	定义了叶节点所需的最小样本数。如果设置为一个整数，如 5，那么表示每个叶节点必须至少包含 5 个样本。如果设置为浮点数，如 0.1，那么表示该值为样本总数的比例
min_weight_fraction_leaf	float, default=0.0	权重总和的最小加权分数（所有输入样本）需要位于叶节点。当未提供 sample_weight 时，样品的权重相等
max_features	int, float or {"auto", "sqrt", "log2"}, default=None	max_features 决定了在寻找最佳分裂时考虑的特征数目。如果为整数 int，那么在每次拆分时考虑 max_features 的功能。如果为浮点数 float，那么 max_features 是一个分数，而 int(max_features * n_features)是每个分割处的特征数量，其中 n_features 表示执行模型拟合训练时的特征数量
random_state	int, RandomState instance or None, default=None	控制估计器的随机性
max_leaf_nodes	int, default=None	表述最大叶节点数量，通过限制叶节点来减少过拟合
min_impurity_decrease	float, default=0.0	如果这种分裂导致杂质减少，则节点将被分裂为大于或等于该值
class_weight	dict, list of dict or "balanced", default=None	表示类别权重，用于处理不平衡数据集
ccp_alpha	non-negative float, default=0.0	用于最小成本复杂度修剪的复杂度参数。具有最大成本复杂度的子树小于 ccp_alpha，将被选中。 默认情况下，不进行剪枝

表 4-7 所示为 DecisionTreeRegressor 类的特征及其说明。

表 4-7 DecisionTreeRegressor 类的特征及其说明

特征	类型	说明
classes_	ndarray of shape (n_classes,) or list of ndarray	类标签（单输出问题），或类标签数组列表（多输出问题）
feature_importances_	ndarray of shape (n_features,)	特征的重要性评分，表示每个特征对模型的贡献程度。值越大，表示特征对预测的影响越大
max_features	int	max_features 的推断值
n_classed_	int or list of int	类的数量（用于单输出问题），或包含每个类别数的列表输出（用于多输出问题）
n_features_	int	在 fit 期间看到的特征数量
feature_names_in_	ndarray of shape (n_features_in_,)	在 fit 期间看到的特征名称，仅在输入数据的特征名称全部为字符串时才定义
b_outputs_	int	执行 fit 时的输出数量
tree_	Tree Instance	底层树对象

4.6 决策树应用

鸢尾花数据集的决策树如图 4-7 所示，使用鸢尾花数据集来构建和训练决策树模型，代码如下。

```
from sklearn.datasets import load_iris
from sklearn.tree import DecisionTreeClassifier, plot_tree

iris = load_iris()
X, y = iris.data, iris.target
tree_clf = DecisionTreeClassifier(max_depth=2)
tree_clf.fit(X, y)
plot_tree(tree_clf)

# 使用 Graphviz 需要提前安装
# Graphviz 软件包中的 dot 命令行工具可以将 .dot 文件转换为多种格式
import graphviz
from sklearn.tree import export_graphviz
dot_data = export_graphviz(tree_clf, out_file=None,
            feature_names=iris.feature_names,
            class_names=iris.target_names,
            filled=True, rounded=True,
            special_characters=True)
graph = graphviz.Source(dot_data)
# graph.render('iris')
graph
```

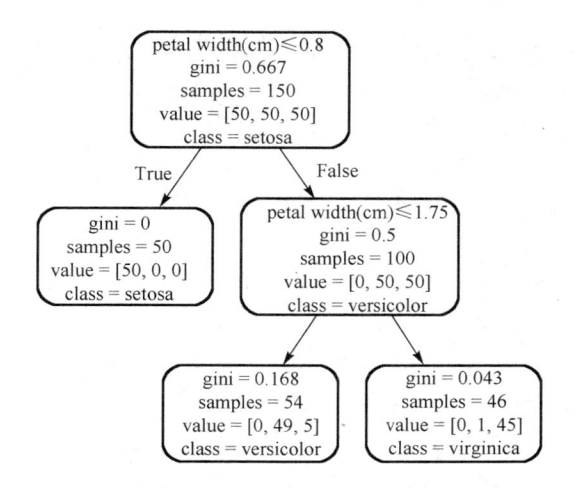

```
                petal width(cm)≤0.8
                    gini = 0.667
                    samples = 150
                    value = [50, 50, 50]
                    class = setosa
           True  /              \  False
                /                \
       gini = 0                   petal width(cm)≤1.75
       samples = 50                 gini = 0.5
       value = [50, 0, 0]            samples = 100
       class = setosa                value = [0, 50, 50]
                                     class = versicolor
                              /              \
                             /                \
                  gini = 0.168              gini = 0.043
                  samples = 54              samples = 46
                  value = [0, 49, 5]        value = [0, 1, 45]
                  class = versicolor        class = virginica
```

图 4-7　鸢尾花数据集的决策树

在 DecisionTreeClassifier 类中，min_samples_leaf、max_leaf_nodes 等超参数对模型的影响较大，寻找最佳的超参数组合是一个重要问题，可以通过定义不同超参数的模型训练，然后比较模型性能，从而挑选出好的模型，sklearn 中提供了相关工具。

```
from sklearn.datasets import make_moons
from sklearn.model_selection import train_test_split
from sklearn.model_selection import GridSearchCV
from sklearn.tree import DecisionTreeClassifier
from sklearn.datasets import load_iris
import numpy as np
# datasets
iris = load_iris()
X, Y = iris.data, iris.target
validation_size = 0.30
seed = 7
np.random.seed(seed)
# 划分训练集和测试集
X_train, X_test, y_train, y_test = train_test_split(X, Y, test_size=validation_size, random_state=seed)
# 通过GridSearchCV寻找好的超参数
params = {'max_leaf_nodes': list(range(2, 100)), 'min_samples_split': [2, 3, 4]}
grid_search_cv = GridSearchCV(DecisionTreeClassifier(random_state=seed), params, verbose=1, cv=3)
grid_search_cv.fit(X_train, y_train)
grid_search_cv.best_estimator_
# Fitting 3 folds for each of 294 candidates, totalling 882 fits
# DecisionTreeClassifier(max_leaf_nodes=3, random_state=7)
from sklearn.metrics import accuracy_score
# 默认GridSearchCV在整个训练集上训练最好的模型，因此不必重新做一次
y_pred = grid_search_cv.predict(X_test)
```

```
accuracy_score(y_test, y_pred)
# 0.8888888888888888
```

4.7 习　　题

1. 如果训练集有 100 万个实例，训练决策树（无约束）大致的深度是多少？
2. 请简述什么是熵，什么是信息增益。
3. 通常来说，子节点的基尼不纯度是高于还是低于其父节点的呢？
4. 根据表 4-8 所示的二元分类问题训练样本，回答下列问题。

表 4-8　二元分类问题训练样本

顾客 ID	性别	车型	衬衣尺码	类
1	男	家用	小	C0
2	男	运动	中	C0
3	男	运动	中	C0
4	男	运动	大	C0
5	男	运动	加大	C0
6	男	运动	加大	C0
7	女	运动	小	C0
8	女	运动	小	C0
9	女	运动	中	C0
10	女	豪华	大	C0
11	男	家用	大	C1
12	男	家用	加大	C1
13	男	家用	中	C1
14	男	豪华	加大	C1
15	女	豪华	小	C1
16	女	豪华	小	C1
17	女	豪华	中	C1
18	女	豪华	中	C1
19	女	豪华	中	C1
20	女	豪华	大	C1

（1）计算整个训练样本集的 gini 指标值。
（2）计算特征"顾客 ID"的 gini 指标值。
（3）计算特征"性别"的 gini 指标值。
（4）计算使用"车型"特征划分的 gini 指标值。
（5）计算使用"衬衣尺码"特征划分的 gini 指标值。
（6）哪个特征更好，性别、车型还是衬衣尺码？
（7）解释为什么特征"顾客 ID"的 gini 值最低，却不能作为特征测试条件。

5．简述什么是过拟合、什么是欠拟合，以及解决办法。
6．在决策树算法中如何应对过拟合问题？
7．如果决策树过拟合训练集，那么减少 max_depth 是否是一个好主意？
8．如果决策树对训练集欠拟合，那么尝试缩放输入特征是否是一个好主意？
9．如果训练集包含 10 万个实例，那么设置 presort=True 可以加快训练吗？
10．为卫星数据集训练并微调一个决策树。
（1）使用 make_moons(n_sample=10000，noise=0.4)生成一个卫星数据集。
（2）拆分训练集和测试集。
（3）使用交叉验证的网格搜索（在 GridSearchCV 的帮助下）为 DecisionTreeClassifier 找到适合的超参数。提示：尝试 max_leaf_nodes 的多种值。
（4）使用超参数对整个训练集进行训练，并测量模型在测试集上的性能。

第 5 章

支持向量机算法

支持向量机是一种基于统计学习的二分类模型，是机器学习中一种非常重要的算法。支持向量机可用于解决分类、回归、异常检测等多种问题。生成的模型与训练集中数据的数量无关，仅通过少量支持向量即可用于分类或预测，因此运行效率高。本章介绍支持向量机算法的相关知识及应用。

本章的重点、难点和需要掌握的内容如下。
- ➢ 掌握支持向量机的原理。
- ➢ 掌握线性支持向量机的原理。
- ➢ 掌握非线性支持向量机的原理，熟悉线性数据与线性对应关系。
- ➢ 了解支持向量机算法解决多分类问题的方法。
- ➢ 了解支持向量机的应用场景。

5.1 支持向量机概述

支持向量机（SVM）是一种经典的监督学习算法，通俗地讲，SVM 是一种常见的分类模型，可以有效地处理线性问题和非线性问题。它的学习策略：在分类超平面的正、负两边各找到一个离分类超平面最近的点（也就是支持向量），使得这两个点距离分类超平面的距离和最大。

SVM 可以用于解决分类、回归和异常检测等多种机器学习问题。在分类问题中，SVM 的目标是找到一个最优的超平面，将不同类别的样本点分开，并使得两个类别之间的间隔最大化。SVM 的关键思想是利用支持向量（位于超平面上的样本点）来定义决策边界，这些支持向量决定了分类器的性能。

图 5-1 所示为 SVM 示意图，展示了 SVM 进行二分类的过程（参考代码 SVM_demo.ipynb）。在线性分类模型中，分类的目标是使用一条直线或超平面作为分类边界来最大限度地将数据集划分为不同类别。对于图 5-1（a）所示的原始数据集，显然可以用一条直线区分两种不同的类型。但是如图 5-1（b）所示，可以构造出多条直线对数据进行分类。虽然这三条直线都能把两类数据分隔开，但是选择不同的直线，图中方块所表示的点将被分到不同的类中。如何从众多的边界直线中选取最佳的一条，就是 SVM 要解决的问题。它的思想是不再用一条直线来区分类别，而是画一条到最近点边界、有宽度的线条，取边界宽度最大的直线作为分类直线。以图 5-1（c）为例，居中的一条直线和最近点的距离最远，宽度最大。如图 5-1（d）所示，落在两侧虚线上的距离分类直线最近的点被称为支持向量，训练集中的支持向量确定了分类直线，删除其他数据点不影响分类效果。

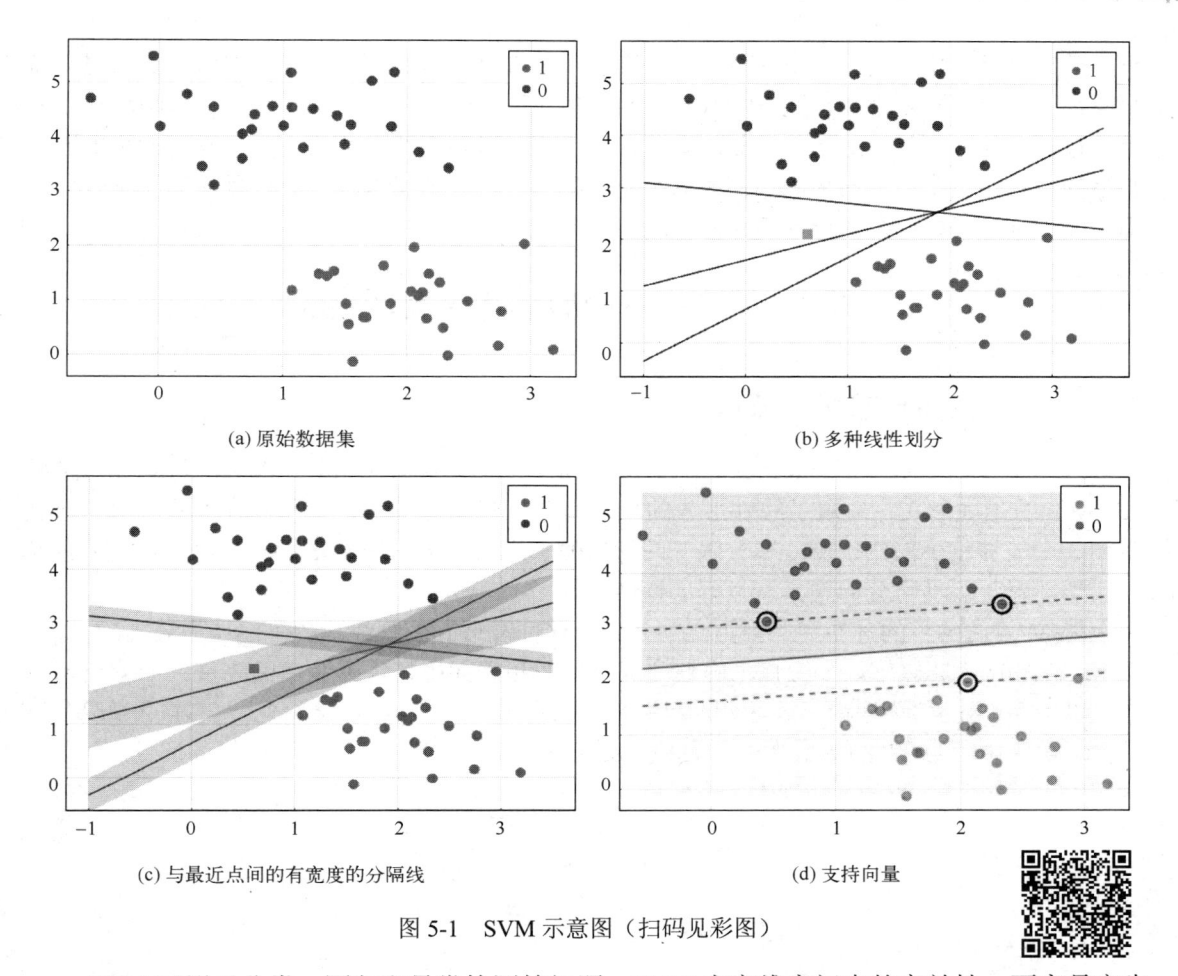

(a) 原始数据集　　(b) 多种线性划分
(c) 与最近点间的有宽度的分隔线　　(d) 支持向量

图 5-1　SVM 示意图（扫码见彩图）

　　SVM 可用于分类、回归和异常检测等问题。SVM 在高维空间中的高效性、不容易产生过拟合、完全依赖于支持向量及对于少量支持向量的依赖，有助于提高模型的泛化能力和性能。SVM 在高维空间中非常高效，即使在数据维度比样本数量大的情况下仍然有效；SVM 决策函数取决于训练集的一些子集，称作支持向量。训练好的模型算法的复杂度是由支持向量的个数决定的，而不是数据的维度。所以，SVM 不太容易产生过拟合；SVM 训练出来的模型完全依赖于支持向量，即使训练集里面所有非支持向量的点都被去除，重复训练过程，结果仍然会得到完全一样的模型。一个 SVM 如果训练出的支持向量个数比较少，那么 SVM 训练出的模型比较容易被泛化。

　　SVM 处理大规模样本数据时的训练效率相对较低。这是因为 SVM 的训练过程涉及解决一个二次规划问题，其中涉及多阶矩阵的计算。这导致 SVM 的时间复杂度和空间复杂度较高，尤其在大规模数据集上会面临挑战。

　　经典的 SVM 算法是为二分类问题设计的，但在实际应用中，常常面对的是多分类问题。为了解决多分类问题，可以采用多种方法。其中一种常用的方法是构造多个二分类 SVM 的组合。常见的方法有一对多模式和一对一模式，其中一对多模式将每个类别与其他类别区分开，而一对一模式则在每两个类别之间构建一个二分类器。另外，还有一种方法是使用 SVM 决策树，将 SVM 和决策树相结合，从而实现多分类。

此外，对于缺失数据、参数和核函数的选择，SVM 也相对敏感。在面对缺失数据时，需要采用适当的数据处理和填充方法来处理缺失值，以避免对模型性能产生负面影响。对于参数的选择，如正则化参数和核函数的参数，通常需要进行交叉验证或使用启发式方法来选择合适的参数值。至于核函数的选择，通常基于经验和领域知识进行选择，目前还没有一种普适的方法来解决核函数的选取问题。

5.2 支持向量机解决分类问题

5.2.1 线性支持向量机的原理

线性支持向量机（Linear Support Vector Machine），简称为线性 SVM，是支持向量机（SVM）的一种形式，适用于线性可分的分类问题。其原理基于最大间隔分类的思想，通过找到一个能够将不同类别的样本分隔开的超平面来进行分类。线性 SVM 的优点是简单且易于实现，对于线性可分问题具有良好的性能。

SVM 算法的目的是在两类数据之间找到泛化性能最好的直线或超平面作为分类的依据。SVM 的出发点是从无数个能够正确划分训练集的超平面中，选择几何间隔最大的分离超平面。以图 5-2 所示的线性 SVM 为例，该数据集有两种类别，用 y 表示，每个样本点有两个特征（x_1 和 x_2），其几何间隔最大的分离超平面为 $wx+b=0$。

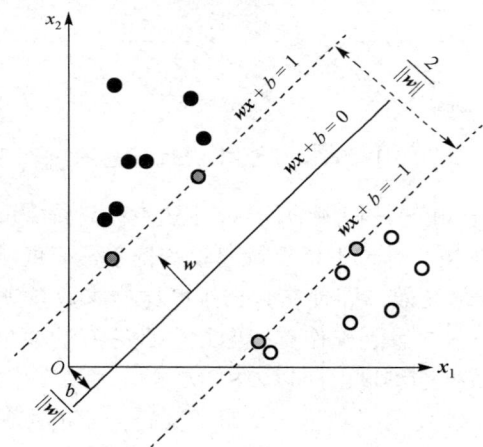

图 5-2 线性 SVM（扫码见彩图）

在开始公式推导之前，首先给出一些定义。假设图 5-2 所示特征空间上的训练集为

$$T=\{(x_1,y_1),(x_2,y_2),\cdots,(x_N,y_N)\}$$

式中，$x_i \in \mathbf{R}^n$，$y_i \in \{+1,-1\}$，$i=1,2,\cdots,N$；x_i 为第 i 个特征向量；y_i 为类别标签。当 y_i 大于或等于 +1 时，为正例；小于或等于 −1 时，为负例。并且假设该数据集是线性可分的。

几何间隔：对于给定的数据集 T 和超平面 $wx+b=0$，定义超平面关于样本点 (x_i,y_i) 的几何间隔为

$$\gamma_i = y_i\left(\frac{\boldsymbol{w}}{\|\boldsymbol{w}\|}\boldsymbol{x}_i + \frac{b}{\|\boldsymbol{w}\|}\right)$$

超平面关于所有样本点的几何间隔的最小值为

$$\gamma = \min_{i=1,2,\cdots,N}\gamma_i$$

实际上这个距离就是支持向量到超平面的距离。

根据以上定义，SVM 模型的求解最大分割超平面问题可以表示为以下约束最优化问题：

$$\max_{\boldsymbol{w},b}\frac{1}{2}\|\boldsymbol{w}\|^2$$

$$\text{s.t.} \quad y_i\left(\frac{\boldsymbol{w}}{\|\boldsymbol{w}\|}\boldsymbol{x}_i + \frac{b}{\|\boldsymbol{w}\|}\right) \geqslant \gamma, \quad i=1,2,\cdots,N$$

将约束条件两边同时除以 γ，得到

$$y_i\left(\frac{\boldsymbol{w}}{\|\boldsymbol{w}\|\gamma}\boldsymbol{x}_i + \frac{b}{\|\boldsymbol{w}\|\gamma}\right) \geqslant 1$$

因为 $\|\boldsymbol{w}\|$、γ 都是标量，所以为了表达式简洁，令

$$\boldsymbol{w} = \frac{\boldsymbol{w}}{\|\boldsymbol{w}\|\gamma}$$

$$b = \frac{b}{\|\boldsymbol{w}\|\gamma}$$

得到

$$y_i(\boldsymbol{w}\boldsymbol{x}_i + b) \geqslant 1, \quad i=1,2,\cdots,N$$

又因为最大化 γ，等价于最大化 $\frac{1}{\|\boldsymbol{w}\|}$，也就等价于最小化 $\frac{1}{2}\|\boldsymbol{w}\|^2$（$\frac{1}{2}$ 是为了后面求导以后形式简洁，不影响结果），因此 SVM 模型的求解最大分割超平面问题又可以表示为以下约束最优化问题：

$$\min_{\boldsymbol{w},b}\frac{1}{2}\|\boldsymbol{w}\|^2$$

$$\text{s.t.} \quad y_i(\boldsymbol{w}\boldsymbol{x}_i + b) \geqslant 1, \quad i=1,2,\cdots,N$$

这是一个含有不等式约束的凸二次规划问题，可以对其使用拉格朗日乘子法得到其对偶问题（Dual Problem）。

序列最小优化（Sequential Minimal Optimization，SMO）算法是由约翰·普拉特（John Platt）在 1998 年发明的，旨在更高效地解决 SVM 训练过程中的优化问题。SMO 算法通过将大优化问题分解为一系列较小的子问题，并使用解析方法和启发式策略进行求解，加速了 SVM 模型的训练过程。

SMO 算法的核心思想是每次选择两个变量进行优化，固定其他变量，通过解析方法求解这两个变量的最优解。这种迭代的方式使得 SMO 算法能够高效地优化 SVM 的目标函数，并找到最优的模型参数。

由于 SMO 算法的高效性和有效性，它已经被广泛应用于 SVM 的训练过程。许多 SVM 库和工具，如 LIBSVM，都采用了 SMO 算法来实现 SVM 模型的训练。使用 SMO 算法进行 SVM 参数求解的过程可以参考相关的文献和资料。

前面举例的数据集非常完美，其上存在完美的决策边界。但是，真实数据集中有些数据有一定的重叠。对如图 5-3 所示的数据集，并不能找到一个直线将其完美线性分割。

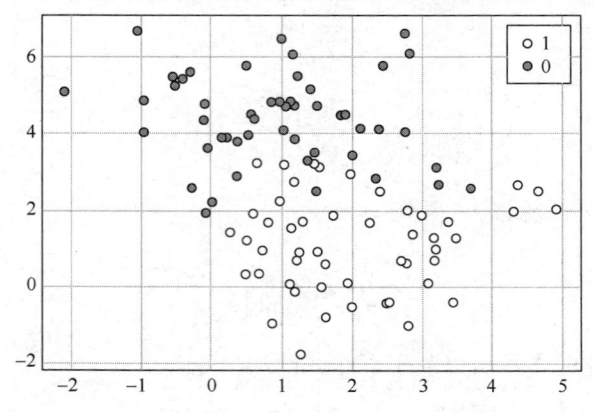

图 5-3　无法完美线性分割的数据集

为了处理这种情况，如图 5-4 所示，SVM 有一个软化边距的概念：如果想要更好地拟合，允许一些点进入边距。边缘的硬度由调整参数控制，通常称为 C。对于非常大的 C，边距是硬的，点不能越过边距。对于较小的 C，边距更柔和，并且可以增长到包含一些点。

图 5-4　不同软化边距的分类结果（扫码见彩图）

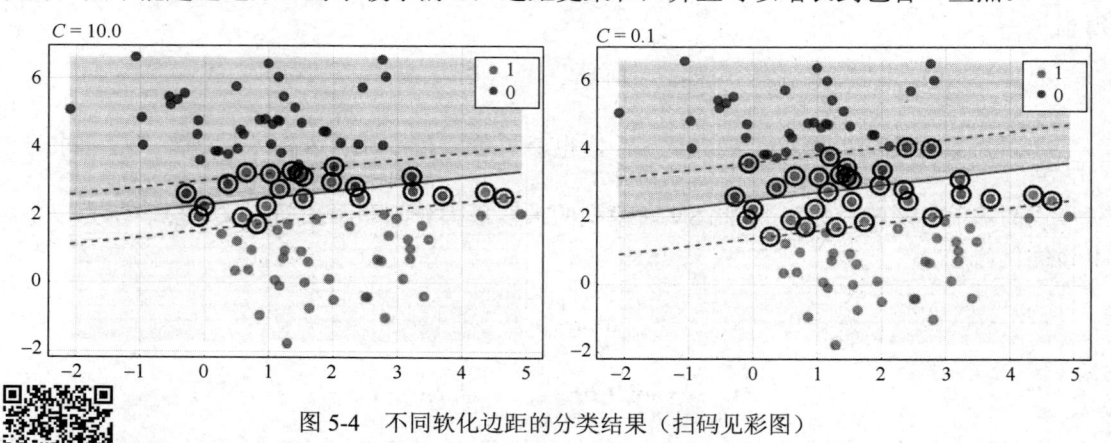

图 5-4 给出了分类结果随 C 的变化而变化的直观图，可以看出，参数 C 通过边距的软化影响最终拟合，参数 C 的最优值将取决于具体数据集，并且应使用交叉验证或类似方法进行调整。

5.2.2 非线性支持向量机的原理

非线性支持向量机（Nonlinear Support Vector Machine），简称为非线性 SVM，用于处理非线性可分的分类问题。当数据不能被一个线性超平面完全分开时，非线性 SVM 通过将数据映射到高维特征空间中，从而在高维空间中找到一个线性可分的超平面来进行分类。

对于输入空间中的非线性分类问题，可以通过非线性变换将它转化为某个高维特征空间中的线性分类问题，在高维特征空间中学习线性 SVM。以图 5-5 为例，很明显，没有任何线性判别能够分离这些数据。但是可以思考如何将数据投影到更高的维度上，这样就可以进行线性分离。如图 5-5 所示，可以定义一个由 x 计算出来的新维度 z，将非线性特征映射到三维空间中：

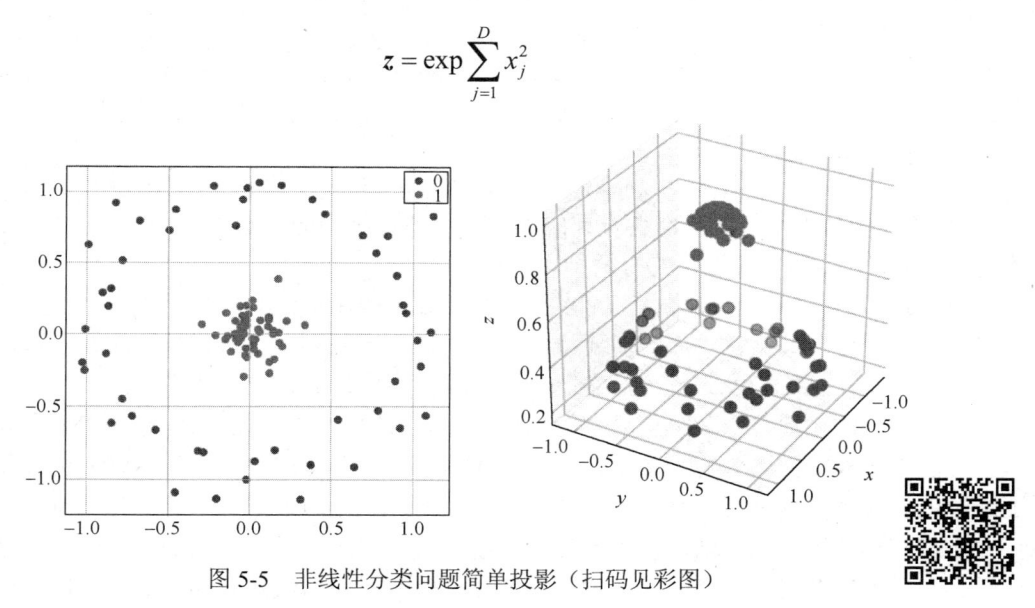

$$z = \exp \sum_{j=1}^{D} x_j^2$$

图 5-5　非线性分类问题简单投影（扫码见彩图）

这种策略的一个潜在问题是，加了投影 z 后，它的计算可能会变得非常密集，因为数据集总的维度变大。然而，由于在线性 SVM 学习的对偶问题中，目标函数和分类决策函数都只涉及实例和实例之间的内积，所以不需要显式地指定非线性变换，可以用核函数来替换这个内积，通过一个非线性转换后的两个实例间的内积，可以隐式地对内核转换的数据进行拟合。也就是说，无须构建完整的 z 轴投影。这个内核技巧内置在 SVM 中，也是该方法如此强大的原因之一。

非线性 SVM 的核心思想是，通过核函数将数据映射到高维特征空间，从而使得在原始的低维空间中线性不可分的问题在高维空间中变为线性可分的问题。常用的核函数包括线性核函数、多项式核函数、高斯径向基核函数、sigmoid 核函数等，根据数据的特点和问题的要求选择合适的核函数。

表 5-1 所示为不同核函数的性质。

表 5-1　不同核函数的性质

核函数	表达式	优点	缺点
线性核函数	$K(\boldsymbol{x},\boldsymbol{z}) = \boldsymbol{x} \cdot \boldsymbol{z}$	简单高效，结果易解释，总能生成一个最简洁的线性分割超平面	只适用于线性可分的数据集
多项式核函数	$K(\boldsymbol{x},\boldsymbol{z}) = (\gamma \boldsymbol{x} \cdot \boldsymbol{z} + r)d$	可以拟合出复杂的分割超平面	参数太多。有 γ、d、r 三个参数要选择，选择起来比较困难；另外，多项式的阶数不宜太高，否则模型的求解会过于耗时且容易过拟合
高斯径向基核函数	$K(\boldsymbol{x},\boldsymbol{z}) = \mathrm{e}^{-\gamma\|x-z\|^2}$	可以把特征映射到无限多维，并且没有多项式计算那么困难，参数也比较容易选择	不容易解释，计算速度比较慢，容易过拟合
sigmoid 核函数	$K(\boldsymbol{x},\boldsymbol{z}) = \tanh(\alpha \boldsymbol{x}^{\mathrm{T}} \boldsymbol{z} + c)$	非线性映射，允许 SVM 处理非线性可分问题，输出是连续的，并且具有平滑的性质，计算相对简单和高效	不是正定核，不能保证对应的特征空间是内积空间，易受参数调节影响，当参数设置不当或数据噪声较多时，模型容易过拟合

5.2.3　多分类问题

SVM 最初是为二值分类问题设计的，但可以通过不同的方法扩展到多分类问题。目前，构造 SVM 多分类器的方法主要有两种。

（1）直接法。通过直接优化一个多类目标函数来构建 SVM 多分类器。这种方法直接考虑多分类问题的全局优化，而不需要将多分类问题分解为多个二值分类子问题。这种方法看似简单，但其计算复杂度比较高，实现起来比较困难，只适合于小型问题。

（2）间接法。通过将多分类问题转化为一系列二值分类子问题来构造 SVM 多分类器。这种方法将多分类问题分解为多个二值分类子问题，然后使用二值分类 SVM 进行训练。主要通过组合多个二值分类器来实现多分类器的构造，常见的方法有一对多和一对一两种。

选择直接法还是间接法取决于具体的问题和数据集的特点。直接法通常适用于对全局优化有较高要求的多分类问题，但计算复杂度可能较高。间接法则更加灵活，可以根据具体情况选择一对一方法或一对多方法，适用于不同规模和复杂度的多分类问题。本节主要介绍间接法、一对多方法。

使用一对多方法对 n 个类别分别构造 n 个 SVM，每一个 SVM 分别将某一类的数据从其他类别中分离出来。在测试时，取决策函数输出值最大的类别为测试样本的类别。

一对多的 SVM 示意图如图 5-6 所示，以 3 个类的分类算法为例，使用 3 个训练集分别进行训练，得到 3 个 SVM。在测试时，对应的测试向量分别利用这 3 个 SVM 进行测试。最终的结果便是 3 个值中最大的一个。

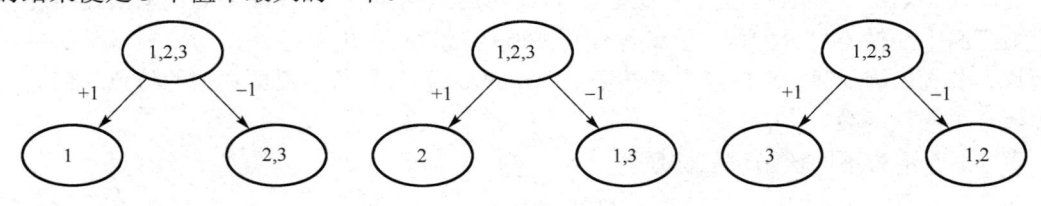

图 5-6　一对多的 SVM 示意图

这种方法的优点是每个优化问题的规模都比较小,并且分类的速度非常快。但是存在两种极端情况,当输入数据同时被多个分类器认为属于其对应的类别时,就会出现分类重叠现象;当输入数据被所有分类器都认为不属于其对应的类别时,就会出现不可分类现象。

为了解决分类重叠和不可分类问题,可以使用决策树的方式组织多个 SVM。首先将所有类别分为两个子类,再将子类进一步划分为两个次级子类,如此循环下去,直到所有的节点都只包含一个单独的类别为止,此节点也是二叉树树种的叶子。该分类将原有的分类问题同样分解成了一系列的二分类问题,其中两个子类间的分类函数采用 SVM。

一对多的 SVM 决策树如图 5-7 所示,越上层节点的分类性能对整个分类模型的推广性影响越大。因此,在生成二叉树的过程中,应该让最易分割的类最早分割出来,即在二叉树的上层节点处分割。但是,本来各个类别的样本数目是相近的,其余的那一类样本数总是要数倍于正类(由于它是除正类以外其他类别的样本之和)。这就人为地造成了数据不平衡问题。

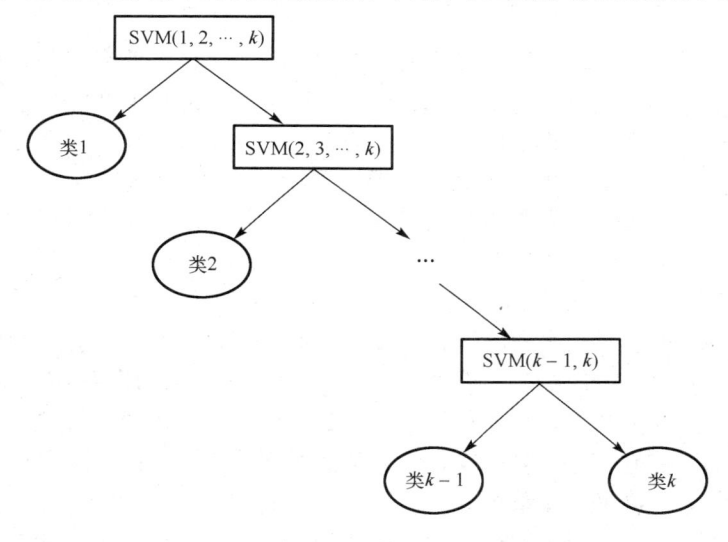

图 5-7　一对多的 SVM 决策树

一对一方法是在每两个类别之间构造分类器。对 n 个类别共需构造 $n(n-1)/2$ 个分类器。每个分类器函数的训练样本是相关的两个类,组合这些二分类器并使用投票法,得票最多的类为样本点所属的类。

假设有 A、B、C、D 4 类。在训练的时候选择(A,B)、(A,C)、(A,D)、(B,C)、(B,D)、(C,D)所对应的向量作为训练集,得到 6 个训练结果,在测试时,把对应的向量分别对 6 个结果进行测试,采取投票形式,最后得到一组结果。这样的方法显然也会有分类重叠的现象,但不会有不可分类现象。类别为 4 需要创建 6 个分类器,假设类别数是 1000,要调用的分类器数目会达到 $1000\times(1000-1)/2\approx 500000$ 个(类别数的平方量级),训练和预测的复杂度都急剧上升。

为了减少预测所需的分类器数量,可以采用有向无环图(Directed Acyclic Graph,DAG)来组织分类器。使用 DAG 组织一对一分类器如图 5-8 所示,虽然训练的分类器数量仍是 $n(n-1)/2$ 个,但在测试阶段,只需要调用 $n-1$ 次分类器即可得到分类结果。

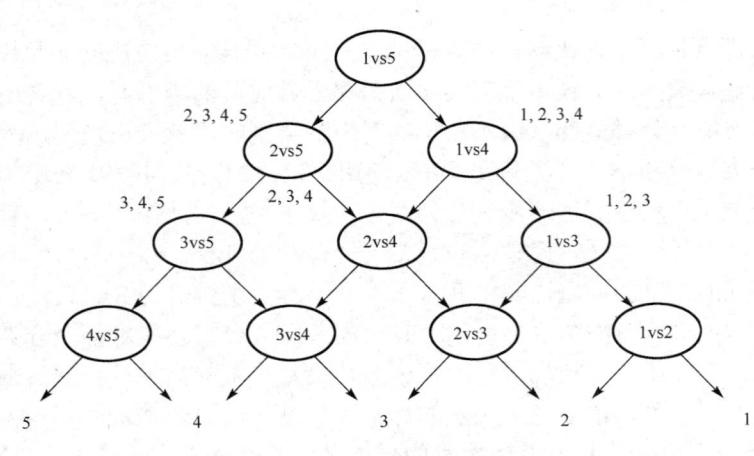

图 5-8 使用 DAG 组织一对一分类器

假如顶层分类器判断错误（如明明是类别 1，它判断成了类别 5），那么后面的分类器不管怎样也无法纠正它的错误（由于后面的分类器压根没有出现 1 这个类别标签），事实上对以下每一层的分类器都存在这样的错误向下累积的现象。错误累积在一对多方法和一对一方法中都存在，DAG 方法优于它们的地方就在于错误累积是有理论上限的。而在一对多方法和一对一方法中，虽然每个两类分类器的泛化误差限是可计算的，但组合做多分类时，误差上界是不可计算的。这意味着准确率也有可能低到 0。

目前也有一些方法优化基于 DAG 的分类效果，这些方法旨在提高分类的准确性和鲁棒性。一种优化方法是根据类别之间的区分度安排它们在 DAG 中的位置。将区分度更大的两个类放在更上层可以使得它们更容易被准确分类，因为它们的特征更具有明显的区别性。这种安排可以提高整体分类性能。另一种优化方法是在分类器输出类别标签的同时，输出一个类似于置信度或概率的值。这个值可以表示分类器对于分类结果的确定程度。当分类结果不太可信时，可以考虑不仅仅依靠单个分类器的输出，而是通过探索相邻的分支路径来获得更多信息。这种方法可以增加分类的鲁棒性，尤其是当分类器面临不确定的情况时。

5.3　支持向量机解决回归问题

支持向量机解决回归问题的核心目标是构建一个回归模型，通过学习一条（或多条）曲线，使得训练样本与这些曲线之间的误差最小化。与分类问题不同，支持向量回归（SVR）的目标是在给定的一定的容忍度内，尽量拟合训练样本，并且使得曲线尽可能远离样本点。

对于回归问题，给定训练数据 $D = \{(x_1, y_1), (x_2, y_2), \cdots, (x_m, y_m)\}$，希望学得一个回归模型 $f(x) = \boldsymbol{\omega}^T \boldsymbol{x} + b$ 使得 $f(x)$ 与 y 尽可能接近，$\boldsymbol{\omega}$ 和 b 是模型参数。

SVR 示意图如图 5-9 所示，对样本 (x, y) 传统回

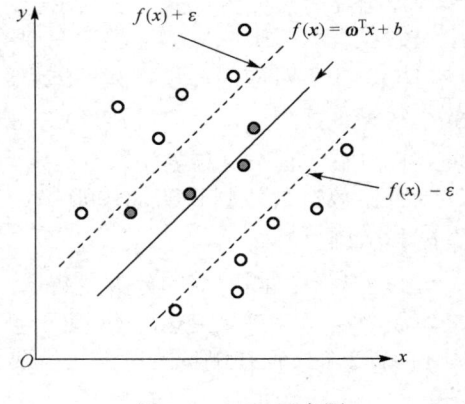

图 5-9　SVR 示意图

归模型通常直接基于模型输出 $f(x)$ 与真实输出 y 之间的差别来计算损失,当且仅当 $f(x)$ 与 y 完全一样时,损失才为 0。与此不同,SVR 假设能够容忍 $f(x)$ 与 y 之间最多有 ϵ 的误差,仅当 $f(x)$ 与 y 之间的差的绝对值大于 ϵ 时才计算损失。这相当于以 $f(x)$ 为中心,构建了一个宽度为 2ϵ 的间隔带,若训练样本落入此间隔带,则被认为是正确的。

于是,SVR 问题写成:

$$\min_{\boldsymbol{\omega},b} \frac{1}{2}\|\boldsymbol{\omega}\|^2 + C\sum_{i=1}^{m} l_{\epsilon}[f(\boldsymbol{x}_i)-y_i]$$

C 为正则化常数,l_{ϵ} 为

$$l_{\epsilon}(z) = \begin{cases} 0, & \text{if } |z| < \epsilon \\ |z|-\epsilon, & \text{otherwise} \end{cases}$$

引入松弛变量 ξ_i 和 $\hat{\xi}_i$,将上式重写为

$$\min_{\boldsymbol{\omega},b,\xi_i,\hat{\xi}_i} \frac{1}{2}\|\boldsymbol{\omega}\|^2 + C\sum_{i=1}^{m} l_{\epsilon}(\xi_i + \hat{\xi}_i)$$

$$\text{s.t.} \quad f(\boldsymbol{x}_i) - y_i \leq \epsilon + \xi_i$$

$$y_i - f(\boldsymbol{x}_i) \leq \epsilon + \xi_i$$

$$\xi_i \geq 0, \quad \hat{\xi}_i \geq 0, \quad i=1,2,\cdots,m$$

引入拉格朗日乘子 $\mu_i \geq 0, \hat{\mu}_i \geq 0, \alpha \geq 0, \hat{\alpha} \geq 0$,得到下面的拉格朗日函数:

$$L = \frac{1}{2}\|\boldsymbol{\omega}\|^2 + C\sum_{i=1}^{m} l_{\epsilon}(\xi_i + \hat{\xi}_i) - \sum_{i=1}^{m} \mu_i \xi_i - \sum_{i=1}^{m} \hat{\mu}_i \hat{\xi}_i +$$

$$\sum_{i=1}^{m} \alpha_i [f(\boldsymbol{x}_i) - y_i - \epsilon - \xi_i] + \sum_{i=1}^{m} \hat{\alpha}_i [y_i - f(\boldsymbol{x}_i) - \epsilon - \hat{\xi}_i]$$

求偏导得到:

$$\boldsymbol{\omega} = \sum_{i=1}^{m} (\alpha_i - \hat{\alpha}_i)\boldsymbol{x}_i$$

$$0 = \sum_{i=1}^{m} (\alpha_i - \hat{\alpha}_i)$$

$$C = \alpha_i + \mu_i$$

$$C = \hat{\alpha}_i + \hat{\mu}_i$$

将上式代入拉格朗日函数,得到 SVR 对偶问题:

$$\max_{\alpha,\hat{\alpha}} \sum_{i=1}^{m} y_i(\hat{\alpha}_i - \alpha_i) - \epsilon(\hat{\alpha}_i + \alpha_i) - \frac{1}{2}\sum_{i=1}^{m}\sum_{j=1}^{m} (\hat{\alpha}_i - \alpha_i)(\hat{\alpha}_j - \alpha_j)\boldsymbol{x}_i^{\mathrm{T}}\boldsymbol{x}_j$$

$$\text{s.t.} \quad \sum_{i=1}^{m}(\hat{\alpha}_i - \alpha_i) = 0$$

$$0 \leqslant \hat{\alpha}_i, \quad \hat{\alpha}_i \leqslant C$$

上述过程需满足 KKT 条件，即要求：

$$\alpha_i[f(\boldsymbol{x}_i) - y_i - \epsilon - \xi_i] = 0$$

$$\hat{\alpha}_i[y_i - f(\boldsymbol{x}_i) - \epsilon - \hat{\xi}_i] = 0$$

$$\alpha_i\hat{\alpha}_i = 0, \quad \xi_i\hat{\xi}_i = 0$$

$$(C - \alpha_i)\xi_i = 0, \quad (C - \hat{\alpha}_i)\hat{\xi}_i = 0$$

可以看出，当且仅当 $f(\boldsymbol{x}_i) - y_i - \epsilon - \xi_i = 0$ 时，α_i 能取非零值，当且仅当 $y_i - f(\boldsymbol{x}_i) - \epsilon - \hat{\xi}_i = 0$ 时，$\hat{\alpha}_i$ 能取非零值。换言之，仅当样本不落入 ϵ 间隔带中，相应的 α_i 和 $\hat{\alpha}_i$ 才能取非零值。此外，约束 $f(\boldsymbol{x}_i) - y_i - \epsilon - \xi_i = 0$ 和 $y_i - f(\boldsymbol{x}_i) - \epsilon - \hat{\xi}_i = 0$ 不能同时成立，所以 α_i 和 $\hat{\alpha}_i$ 至少有一个为 0。
SVR 解如下：

$$f(\boldsymbol{x}) = \sum_{i=1}^{m}(\hat{\alpha}_i - \alpha_i)\boldsymbol{x}_i^{\mathrm{T}}\boldsymbol{x} + b$$

能使上式中的 $(\hat{\alpha}_i - \alpha_i) \neq 0$ 的样本即 SVR 的支持向量，它们落在 ϵ-间隔带之外。此时 SVR 的支持向量仅是训练样本的一部分，即其解仍具有稀疏性。

由 KKT 条件可看出，对每个样本 $(\boldsymbol{x}_i, y_i)$ 都有 $(C - \alpha_i)\xi_i = 0$ 且 $\alpha_i[f(\boldsymbol{x}_i) - y_i - \epsilon - \xi_i] = 0$。于是，在得到 α_i 后，若 $0 < \alpha_i < C$，则必有 $\xi_i = 0$，进而有

$$b = y_i + \epsilon - \sum_{i=1}^{m}(\hat{\alpha}_i - \alpha_i)\boldsymbol{x}_i^{\mathrm{T}}\boldsymbol{x}$$

在实践中常采用更鲁棒的办法，选取多个（或所有）满足条件 $0 < \alpha_i < C$ 的样本求解 b 后取平均值。还可以引进 kernel strick，使用 $\varphi(\boldsymbol{x})$ 代替 $\boldsymbol{x}$，得到最终的模型为

$$f(\boldsymbol{x}) = \sum_{i=1}^{m}(\hat{\alpha}_i - \alpha_i)\varphi(\boldsymbol{x}_i)^{\mathrm{T}}\varphi(\boldsymbol{x}_j) + b$$

5.4　支持向量机编程框架

sklearn.svm 模块中共有 7 个 SVM 算法的实现，如表 5-2 所示。一类是分类的算法库，主要包含 LinearSVC、NuSVC 和 SVC 三个类；另一类是回归算法库，包含 SVR、NuSVR 和 LinearSVR 三个类。此外，还有一种特殊的分类器 OneClassSVM 类，主要用于异常检测。

表 5-2 SVM 算法的实现及其说明

类别	类名	说明
分类	LinearSVC	基于 liblinear 库实现，线性分类器
	NuSVC	基于 libsvm 库实现，支持多种核
	SVC	基于 libsvm 库实现，与 NuSVC 类似
回归	LinearSVR	基于 liblinear 库实现，线性回归器
	NuSVR	基于 libsvm 库实现，支持多种核
	SVR	基于 libsvm 库实现，与 NuSVR 类似
异常检测	OneClassSVM	基于 libsvm 库实现，单分类问题

对于 LinearSVC、SVC 和 NuSVC 三个分类的库，SVC 和 NuSVC 类似，区别仅在于对损失的度量方式不同，支持线性分类和多种核函数。而 LinearSVC 是线性分类，也就是不支持各种低维到高维的核函数，仅仅支持线性核函数，不能对线性不可分的数据使用。

同样地对于 SVR、NuSVR 和 LinearSVR 三个回归的类，SVR 和 NuSVR 差不多，区别也仅在于对损失的度量方式不同。LinearSVR 是线性回归，只能使用线性核函数。

在使用这些类时，通常首先使用线性分类或回归方法，LinearSVC 和 LinearSVR 可调节参数少，不需要慢慢地调参选择各种核函数及对应的参数，速度快。如果对数据分布没有什么经验，一般使用 SVC 或 SVR，这就需要选择核函数，以及对核函数调参了。

OneClassSVM 是一种特殊的分类器。例如，识别照片中人物的性别，可能为男或女，是一个二分类问题，OneClassSVM 分类器只需要识别这是个男人，不用判断是否是女人。在一些特殊场景下，如流水线生产的产品，合格的占大多数，不合格的可能有各种变化，这种情况下样本中合格品数量很多，其他可能有很多类，但是数量不多，OneClassSVM 只需要判断产品是否属于合格品即可。

5.4.1 支持向量机分类器

1. LinearSVC

其函数原型如下。

```
class   sklearn.svm.LinearSVC(self,   penalty='l2',   loss='squared_hinge',
dual=True, tol=1e-4,
            C=1.0, multi_class='ovr', fit_intercept=True,
            intercept_scaling=1, class_weight=None, verbose=0,
            random_state=None, max_iter=1000)
```

参数说明如下。

penalty：正则化参数，有 L_1 和 L_2 两种参数可选，仅 LinearSVC 有。默认是 L_2 正则化，如果需要产生稀疏，那么可以选择 L_1 正则化，这和线性回归里面的 Lasso 回归类似。

loss：损失函数，有 hinge 和 squared_hinge 两种可选，前者称为 L_1 损失，后者称为 L_2 损失，默认是 squared_hinge，其中 hinge 是 SVM 的标准损失，squared_hinge 是 hinge 的平方。

dual：是否转化为对偶问题求解，默认是 True。这是一个布尔变量，控制是否使用对偶形式来优化算法。

tol：残差收敛条件，默认是 0.0001，与逻辑回归中的一致。

C：惩罚系数，用来控制损失函数的惩罚系数，类似于逻辑回归中的正则化系数。默认为 1，C 越大，对分错样本的惩罚程度越大，因此在训练样本中准确率越高，泛化能力越低。

multi_class：多分类策略，可选值有 ovr（一对多）或 crammer_singer。crammer_singer 直接针对目标函数设置多个参数值，最后进行优化，得到不同类别的参数值大小。

fit_intercept：是否计算截距，与逻辑回归模型中的意思一致。

intercept_scaling：截距缩放参数，仅在 fit_intercept 为 True 时使用。

class_weight：与其他模型中参数的含义一样，也是用来处理不平衡样本数据的，可以直接以字典的形式指定不同类别的权重，也可以使用 balanced 参数值。如果使用 balanced，则算法会自己计算权重，样本量少的类别所对应的样本权重会高。当然，如果样本类别分布没有明显的偏倚，则可以不管这个系数，选择默认的 None。

verbose：是否冗余，默认为 False。

random_state：随机种子的大小。

max_iter：最大迭代次数，默认为 1000。

2. NuSVC

其函数原型如下。

```
class sklearn.svm.NuSVC(self, nu=0.5, kernel='rbf', degree=3, gamma='auto_deprecated',
          coef0=0.0, shrinking=True, probability=False, tol=1e-3,
          cache_size=200, class_weight=None, verbose=False, max_iter=-1,
          decision_function_shape='ovr', random_state=None)
```

参数说明如下。

nu：训练误差部分的上限和支持向量部分的下限，取值在(0,1)，默认是 0.5，它和惩罚系数 C 类似，都可以控制惩罚的力度。

kernel：核函数，用来将非线性问题转化为线性问题，默认是 rbf 核函数。常用的核函数如表 5-3 所示。

表 5-3 常用的核函数

表示	解释
linear	线性核函数
poly	多项式核函数
rbf	高斯核函数
sigmoid	sigmoid 核函数
precomputed	自定义核函数

degree：当核函数是多项式核函数时，用来控制函数的最高次数（多项式核函数将低维的输入空间映射到高维的特征空间）。这个参数只对多项式核函数有用，是指多项式核函数的阶数 n。如果给的核函数是其他核函数，则会自动忽略该参数。

gamma：核函数系数，默认是 auto，即特征维度的倒数。核函数系数，只对 rbf poly sigmoid

有效。

coef0：核函数常数值，只有 poly 和 sigmoid 函数有，默认值是 0。

max_iter：最大迭代次数，默认值是 -1 ，即没有限制。

probability：是否使用概率估计，默认是 False。

decision_function_shape：与 multi_class 参数的含义类似，可以选择 ovo 或者 ovr（0.18 版本默认是 ovo，0.19 版本为 ovr）。ovr（one vs rest）的思想很简单，无论是多少元分类，都可以看作二元分类，具体的做法是，对于第 K 类的分类决策，把所有第 K 类的样本作为正例，除第 K 类样本以外的所有样本作为负类，然后在上面做二元分类，得到第 K 类的分类模型。ovo（one vs one）则是每次在所有的 T 类样本里面选择两类样本出来，不妨记为 T1 类和 T2 类，把所有的输出为 T1 和 T2 的样本放在一起，把 T1 作为正例、T2 作为负例，进行二元分类，得到模型参数，一共需要 $T(T-1)/2$ 次分类。从上面的描述可以看出，ovr 相对简单，但是分类效果略差（这里是指大多数样本分布情况，某些样本分布下 ovr 的分类效果可能更好），而 ovo 分类相对精确，但是分类速度没有 ovr 快，一般建议使用 ovo 以达到较好的分类效果。

cache_size：缓冲大小，用来限制计算量大小，默认是 200M，如果机器内存大，那么推荐使用 500MB 甚至 1000MB。

3．SVC

其函数原型如下。

```
class sklearn.svm.SVC(self, C=1.0, kernel='rbf', degree=3, gamma='auto_deprecated',
          coef0=0.0, shrinking=True, probability=False,
          tol=1e-3, cache_size=200, class_weight=None,
          verbose=False, max_iter=-1, decision_function_shape='ovr',
          random_state=None)
```

参数说明如下。

C：惩罚系数。

SVC 和 NuSVC 的方法基本一致，唯一的区别就是损失函数的度量方式不同（NuSVC 中的 nu 参数和 SVC 中的 C 参数），即 SVC 使用惩罚系数 C 来控制惩罚力度，而 NuSVC 使用 nu 来控制惩罚力度。

4．OneClassSVM

其函数原型如下。

```
class sklearn.svm.OneClassSVM(kernel='rbf', degree=3, gamma='scale', coef0=0.0,
              tol=0.001, nu=0.5, shrinking=True, cache_size=200,
              verbose=False, max_iter=-1)
```

参数说明如下。

kernel：核函数，用来将非线性问题转化为线性问题，默认是 rbf 核函数。

degree：当核函数是多项式核函数时，用来控制函数的最高次数（多项式核函数将低维的输入空间映射到高维的特征空间）。这个参数只对多项式核函数有用，是指多项式核函数的阶数。如果给的核函数是其他核函数，则会自动忽略该参数。

gamma：核函数系数，默认是 auto，即特征维度的倒数，只对 rbf、poly、sigmoid 函数有效。

coef0：核函数常数值，只有 poly 和 sigmoid 函数有，默认值是 0。

tol：停止标准的度量，残差收敛条件，默认是 0.001。

nu：训练误差部分的上限和支持向量部分的下限，取值在(0,1)，默认是 0.5，它和惩罚系数 C 类似，都可以控制惩罚的力度。

shrinking：是否使用缩小的启发式方法。

cache_size：指定内核缓存的大小（以 MB 为单位）。

verbose：是否启用详细输出。此设置利用了 libsvm 中每个进程的运行时设置，如果启用了该设置，则可能无法在多线程上下文中正常工作。

max_iter：对求解器内的迭代进行限制，默认为 1000，为-1 时表示无限制。

5.4.2 支持向量机回归器

1. LinearSVR

其函数原型如下。

```
class sklearn.svm.LinearSVR(self, epsilon=0.0, tol=1e-4, C=1.0,
        loss='epsilon_insensitive', fit_intercept=True,
        intercept_scaling=1., dual=True, verbose=0,
        random_state=None, max_iter=1000)
```

参数说明如下。

epsilon：距离误差，即回归模型中的 epsilon。

loss：损失函数，该参数有以下两种选项：epsilon_insensitive，默认值，不敏感损失（标准 SVR）是 L_1 损失；squared_epsilon_insensitive，平方不敏感损失是 L_2 损失。

dual：是否转化为对偶问题求解，默认是 True。这是一个布尔变量，控制是否使用对偶形式来优化算法。

tol：残差收敛条件，默认是 0.0001，与逻辑回归中的一致。

C：惩罚系数，用来控制损失函数的惩罚系数，类似于逻辑回归中的正则化系数。默认为 1，一般需要通过交叉验证来选择一个合适的 C，噪点比较多时，C 需要小一些。

fit_intercept：是否计算截距，与逻辑回归中的意思一致。

verbose：是否冗余，默认为 False。

random_state：随机种子的大小。

max_iter：最大迭代次数，默认为 1000。

2. NuSVR

其函数原型如下。

```
class sklearn.svm.NuSVR(self, nu=0.5, C=1.0, kernel='rbf', degree=3,
        gamma='scale', coef0=0.0, shrinking=True,
        tol=1e-3, cache_size=200, verbose=False, max_iter=-1)
```

参数说明如下。

nu：训练误差部分的上限和支持向量部分的下限，取值在(0,1)，默认是 0.5，它和惩罚系数 C 类似，都可以控制惩罚的力度。

kernel：核函数，用来将非线性问题转化为线性问题，默认是 rbf 核函数。

degree：当核函数是多项式核函数时，用来控制函数的最高次数（多项式核函数将低维的输入空间映射到高维的特征空间）。这个参数只对多项式核函数有用，是指多项式核函数的阶数。如果给的核函数是其他核函数，则会自动忽略该参数。

gamma：系数包含 rbf、poly 和 sigmoid，如果 gamma=scale（默认），则它使用 1 / (n_features * X.var()) 作为 gamma 的值；如果 gamma=auto，则使用 1 / n_features。在 0.22 版本有改动：默认的 gamma 从 auto 改为 scale。

coef0：核函数常数值，只有 poly 和 sigmoid 函数有，默认值是 0。

cache_size：缓冲大小，用来限制计算量大小，默认是 200M，如果机器内存大，那么推荐使用 500MB 甚至 1000MB。

3. SVR

其函数原型如下。

```
class sklearn.svm.SVC(self, kernel='rbf', degree=3, gamma='auto_deprecated',
        coef0=0.0, tol=1e-3, C=1.0, epsilon=0.1, shrinking=True,
        cache_size=200, verbose=False, max_iter=-1)
```

参数说明如下。

SVR 和 NuSVR 的方法基本一致，唯一区别就是损失函数的度量方式不同（NuSVR 中的 nu 参数和 SVR 中的 C 参数），即 SVR 使用惩罚系数 C 来控制惩罚力度，而 NuSVR 使用 nu 来控制惩罚力度。

5.5 支持向量机应用

SVC、NuSVC 和 LinearSVC 都能在数据集中实现多分类。SVC 和 NuSVC 是相似的方法，它们的参数和数学方程稍有不同。它们都可以通过 kernel 参数设置核函数。而 LinearSVC 没有 kernel 参数，它只支持线性核函数。这些支持向量保存在模型的 support_vectors_、support_ 和 n_support_ 变量中。其中 support_vectors_ 保存了模型用到的支持向量，support_ 是这些向量在原始数据中的下标，n_support_ 是每个类别支持向量的个数。

下面所示的例子随机生成两类数据点，使用 SVC 对其进行分类。SVC 模型对每个类别找出了若干个支持向量。如图 5-10 所示，将支持向量连成一个多边形，可以看出不同类别的数据被围在不同的区域中。在决策函数中判断测试数据是否属于某个类别时，仅用到支持向量，因此 SVM 方法节省内存，决策算法也很高效（参考代码 SVM_SVC.ipynb）。

```
import matplotlib.pyplot as plt
%matplotlib inline
from sklearn.datasets.samples_generator import make_blobs
X, y = make_blobs(n_samples=50, centers=2,random_state=0, cluster_std=0.60)
```

```
plt.scatter(X[:, 0], X[:, 1], c=y, s=50, cmap='viridis');
plt.scatter(1.0,4.0,c="red",s=60)

from sklearn import svm
clf = svm.SVC()
clf.fit(X,y)

print(clf.predict([[1.0,4.0]]))        #输出分类结果array([0])
print(clf.n_support_)                  #输出每个类别的支持向量的个数
print(clf.support_)                    #输出支持向量的下标
print(clf.support_vectors_)            #输出支持向量的值
```

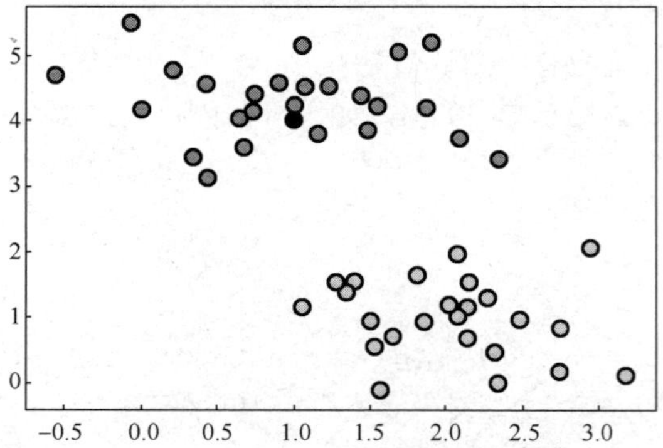

(a) 原始数据 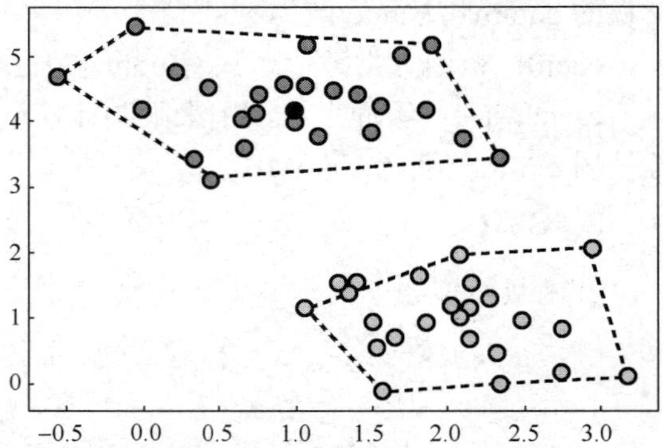　　　　　　　　　　　(b) 支持向量组成的多边形

图 5-10　使用 SVC 模型分类

SVC 和 NuSVC 可以通过 kernel 参数指定核函数。不同的核函数与特定的决策函数一一对应，sklearn 已经提供了常见的核函数，如多项式核函数 poly、高斯核函数 rbf，也可以指定自定义的核函数，表 5-1 中分析了不同核函数的优缺点。

选择核函数的一般原则是数据量很大时，可以选择复杂一点的模型。虽然复杂模型容易过拟合，但由于数据量很大，所以可以有效弥补过拟合问题。如果数据集较小，则选择简单点的模型，否则很容易过拟合，此时要注意模型是否欠拟合，如果欠拟合，那么可以增加多项式纠正欠拟合。

也可以根据样本量和特征量的数量进行选择，如特征量比样本量大，选择线性函数。在特征量比样本量小的情况下，选择多项式核函数或高斯核函数。如果特征量比样本量大得多，在选择核函数时要避免过拟合。支持向量机不直接提供概率估计，概率估计使用五次交叉验证得到，这种方式的计算量很大。

5.6　习　　题

1．使用 SVM 时，为什么要对输入值进行缩放？
2．SVM 的基本思想是什么？什么是支持向量？
3．SVM 分类器在对实例进行分类时，会输出信心分数吗？会输出概率吗？
4．如果训练集有几百万个实例和几百万个特征，那么应该使用 SVM 原始问题还是对偶问题来训练模型呢？

5．如果使用现成的二次规划求解器，那么应该如何设置 QP 参数（H、f、A 和 b）来解决软间隔性 SVM 分类器问题呢？

6．在一个线性可分离数据集上训练 LinearSVC，在同一数据集上训练 SVC 和 SGDClassifier，是否可以用它们产生大致相同的模型呢？

7．在 MNIST 数据集上训练 SVM 分类器。由于 SVM 分类器是二分类器，所以需要使用一对多方法来对 10 个数字进行分类，并尝试使用小型验证集来调整超参数以加快进度。

8．在加州住房数据集上训练一个 SVR 模型。

第 6 章

贝叶斯算法

贝叶斯算法是基于贝叶斯定理的一类统计学习方法,它使用概率论的思想来进行分类、回归和预测等任务。在 18 世纪由概率论和决策论的早期研究者贝叶斯首次提出,故统称为贝叶斯算法。在不同规模的数据集上,贝叶斯算法均表现出高准确率和高性能。本章介绍贝叶斯算法的相关知识。

本章的重点、难点和需要掌握的内容如下。

> 掌握贝叶斯算法的原理。
> 掌握朴素贝叶斯算法及其常见的算法,包括多项式朴素贝叶斯算法、伯努利朴素贝叶斯算法、高斯朴素贝叶斯算法等。
> 了解贝叶斯算法的应用场景。

6.1 贝叶斯算法概述

贝叶斯算法是经典的机器学习算法之一,也是基于概率论的分类算法。其核心思想是在观测到数据的情况下,通过利用先验知识来更新对未知量的概率分布。贝叶斯算法通常适用于维度非常高的数据集,是一种简单、高效的分类算法。该算法训练和运行的速度都比较快,可调参数少,而且可以采用增量学习,因此非常适合为分类问题提供快速的基本方案。贝叶斯算法在许多领域也有广泛的应用,如过滤垃圾邮件、文档分类、情感分析、医学诊断等。

贝叶斯算法是基于贝叶斯原理的一种分类算法,可用于计算随机事件 A 和 B 的条件概率。贝叶斯定理可以表述为

$$P(A|B) = \frac{P(B|A) \cdot P(A)}{P(B)}$$

贝叶斯定理提供了从已知条件 $P(A|B)$ 推导出 $P(B|A)$ 的方法,用于在给定观测数据的情况下更新概率分布。上式也可变形为

$$P(B|A) = \frac{P(A|B) \cdot P(B)}{P(A)}$$

式中,$P(A|B)$ 是在 B 事件发生的情况下 A 事件发生的可能性。$P(A,B)$ 表示 A、B 事件同时发生的概率,则 $P(A,B) = P(A|B) \cdot P(B) = P(B|A) \cdot P(A)$。A、B 事件同时发生的概率 $P(A,B)$ 可以通过 B 事件发生的概率 $P(B)$ 乘以在 B 事件发生情况下 A 事件发生的概率 $P(A|B)$,或 A 事件发生的概率 $P(A)$ 乘以 A 事件发生的情况下 B 事件发生的概率 $P(B|A)$。

假设某学校的男女比例为 6∶4，其中男生都穿长裤，女生一半穿长裤，一半穿裙子。如果一个同学穿长裤，那么他是男生或女生的概率分别是多少？

用 $P(M)$、$P(W)$、$P(P)$、$P(D)$ 分别代表男生、女生、穿裤子和穿裙子的概率。$P(M|P)$ 和 $P(W|P)$ 表示穿裤子的情况下男生和女生的概率，则

$$P(M|P) = \frac{P(P|M)P(M)}{P(P)} = \frac{1 \times 0.6}{0.6 + 0.4 \times 0.5} = 0.75$$

$$P(W|P) = \frac{P(P|W)P(W)}{P(P)} = \frac{0.5 \times 0.4}{0.6 + 0.4 \times 0.5} = 0.25$$

根据计算结果可知，如果一个同学穿裤子，那么他有 75% 的概率是男生。

将上述例子中的穿裙子和穿裤子作为分类的依据，男生和女生分别是对应的两个类别。贝叶斯算法的思想就是根据已有的特征（穿裤子）推测类别（男生）。在实际的算法应用过程中，特征一般超过一个，概率也是根据训练样本计算得出的。

贝叶斯分类器是一种基于贝叶斯定理的生成式分类模型。它通过计算样本的各种条件概率来进行分类。贝叶斯分类器具有以下优点。

（1）算法原理简单易懂：贝叶斯分类器基于概率论的基本原理，易于理解和实现。

（2）鲁棒性好：贝叶斯分类器对数据噪声和缺失数据具有较好的鲁棒性，能够处理不完整的数据。

（3）适用于多分类任务：贝叶斯分类器可以处理多分类问题，可以对样本进行多个类别的分类。

（4）支持增量式训练：贝叶斯分类器支持增量式学习，可以逐步地接收和处理新的样本数据，而无须重新训练整个模型。

（5）在小规模数据集预测上表现良好：贝叶斯分类器在小规模数据集上通常具有较高的准确率和较低的误判率。

同时，贝叶斯分类器也有一些限制，贝叶斯算法对输入数据比较敏感，不适合处理不平衡数据集。贝叶斯分类器假设特征之间相互独立，而在实际例子中，特征之间都有相互联系，所以对于特征之间相关性较强的场景，准确率会有一定损失。特征一般是离散型值，连续型特征需要转换为不同区间，或者使用高斯朴素贝叶斯算法。朴素贝叶斯算法假设连续特征符合高斯分布。在实际应用中，需要充分考虑特征之间的相关性和分布情况。

6.2　朴素贝叶斯算法

6.2.1　朴素贝叶斯算法概述

朴素贝叶斯算法（Naive Bayes Algorithm）是贝叶斯分类器的一种常见形式。它假设特征之间相互独立，即在给定类别的情况下，特征之间是条件独立的。朴素贝叶斯算法中的朴素是指该算法假设特征之间相互独立，这个假设在实际应用中往往是不成立的，该算法常用于小规模数据集和特征间相互独立的情况。

朴素贝叶斯的思想来源于贝叶斯理论，即后验概率=先验概率×调整因子。朴素贝叶斯

算法流程如图 6-1 所示，朴素贝叶斯算法在模型训练阶段计算每个类别的概率和每个特征值的条件概率；在应用模型预测新的数据时，计算属于每个类别的概率，选择最大概率对应的类作为预测结果。

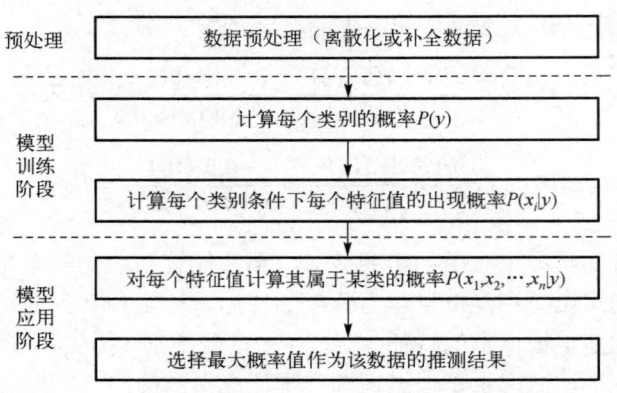

```
预处理      ┌─────────────────────────────────┐
            │ 数据预处理（离散化或补全数据）  │
            └─────────────────────────────────┘
                           │
- - - - - - - - - - - - - -│- - - - - - - - - - - -
                           ▼
模型        ┌─────────────────────────────────┐
训练        │   计算每个类别的概率 P(y)       │
阶段        └─────────────────────────────────┘
                           │
                           ▼
            ┌─────────────────────────────────────────┐
            │ 计算每个类别条件下每个特征值的出现概率P(xᵢ|y) │
            └─────────────────────────────────────────┘
                           │
- - - - - - - - - - - - - -│- - - - - - - - - - - -
                           ▼
模型        ┌───────────────────────────────────────────┐
应用        │ 对每个特征值计算其属于某类的概率P(x₁,x₂,…,xₙ|y) │
阶段        └───────────────────────────────────────────┘
                           │
                           ▼
            ┌─────────────────────────────────────┐
            │ 选择最大概率值作为该数据的推测结果  │
            └─────────────────────────────────────┘
```

图 6-1　朴素贝叶斯算法流程

$P(\boldsymbol{x})$ 是 $\boldsymbol{x}$ 的先验概率或边缘概率。之所以称为先验，是因为它不考虑任何 y 事件方面的因素，即在 y 事件发生之前，单独统计 $\boldsymbol{x}$ 事件发生的概率。$P(\boldsymbol{x}|y)$ 是已知 y 事件发生后 $\boldsymbol{x}$ 事件的条件概率，在 y 事件发生的前提下，计算同时发生 $\boldsymbol{x}$ 事件的概率，也被称作 $\boldsymbol{x}$ 事件的后验概率。同样地，$P(y)$ 是 y 事件的先验概率，$P(y|\boldsymbol{x})$ 是在 $\boldsymbol{x}$ 事件发生的前提下，同时发生 y 事件的后验概率。$P(\boldsymbol{x}|y)/P(\boldsymbol{x})$ 称为可能性函数，这是一个调整因子，使得预估概率更接近于真实概率。

$$P(y|\boldsymbol{x}) = \frac{P(\boldsymbol{x}|y)P(y)}{P(\boldsymbol{x})}$$

如果把 $\boldsymbol{x}$ 表示成特征，y 为目标，那么一些具有某些特征的样本属于某类标签的概率即 $P(y|\boldsymbol{x})$，因此算法的目的就是寻找最大的 $P(y|\boldsymbol{x})$，$\underset{y}{\mathrm{argmax}}\, P(y|\boldsymbol{x})$。由于在同一数据集中分母 $P(\boldsymbol{x})$ 与样本无关，是常数，所以只需要比较分子部分 $P(\boldsymbol{x}|y) \cdot P(y)$，即可计算最大的 $P(y|\boldsymbol{x})$。对于先验概率 $P(y)$，只需计算不同类别样本占样本总量的比例。

特征 $\boldsymbol{x} = (x_1, x_2, \cdots, x_n)$ 往往包含多个相关因素，任意一个 x_i 都是众多因素中的一个，比如，预测泰坦尼克号事件乘客生存与否问题时，x_i 可能是乘客的年龄、性别，也可能是乘客登船地点或船舱等级等。计算 $P(\boldsymbol{x}|y)$ 实际上就是计算 $P(x_1, x_2, \cdots, x_n|y)$。在通常情况下，分类问题的特征 n 的取值较大，不利于计算。为了能够简化计算过程获取合理的 $P(\boldsymbol{x}|y)$ 值，假设特征满足特征条件独立性假设：

$$P(x_1, x_2, \cdots, x_n|y) = P(x_1|y)P(x_2|y)\cdots P(x_n|y)$$

通俗地说，就是假设特征与特征之间相互独立，不同特征间取值互不相关。特征条件独立性假设实际上是忽略掉了某些特征之间可能存在的关联，假设特征的取值可能性都是独立的，以简化计算，这也是该模型中朴素的由来。虽然实际的数据集中特征间经常存在某种关联，但是，往往这种假设能在实际问题中取得较好的分类结果，特别是在文档分类和垃圾邮件过滤等应用中。

基于特征条件独立性假设的朴素贝叶斯分类器分类准则可表示为

$$\text{classify}(x_1, x_2, \cdots, x_n) = \underset{c \in y}{\text{argmax}} \, p(c) \prod_{i=1}^{n} p(x_i \mid c)$$

当特征值离散时，$p(x_i \mid c)$ 可以通过训练样本数和样本总数的比值计算得到：

$$p(x_i \mid c) = \frac{n_i}{N}$$

当特征值连续时，朴素贝叶斯算法假设特征值符合高斯分布，$p(x_i \mid c)$ 可以利用高斯分布（正态分布）进行离散化处理：

$$p(x_i \mid c) = \frac{1}{\sqrt{2\pi\sigma_c^2}} e^{-\frac{(x_i - \mu_c)^2}{2\sigma_c^2}}$$

式中，μ_c 为 $\boldsymbol{x}$ 在类别 c 上的均值；σ_c^2 为 $\boldsymbol{x}$ 在类别 c 上的方差。

朴素贝叶斯算法有三种常见的变种：多项式朴素贝叶斯（Multinomial Naive Bayes）算法、伯努利朴素贝叶斯（Bernoulli Naive Bayes）算法和高斯朴素贝叶斯（Gaussian Naive Bayes）算法。这三种朴素贝叶斯算法在假设特征之间相互独立的基础上，通过不同的概率分布假设来处理不同类型的特征。

朴素贝叶斯算法的优点如下。

（1）算法实施所需的时间和空间开销小，即运用该模型分类时所需要的时间复杂度和空间复杂度都很小。对数据的预测是简单、快捷和高效的，特别是在多分类任务中。

（2）当特征相互独立的假设成立时，其预测能力好于逻辑回归等其他算法。

（3）适合增量式训练，尤其对于超出内存大小的数据集，可以分批进行增量式训练。

朴素贝叶斯算法的缺点如下。

（1）朴素贝叶斯算法的假设条件在实际中往往很难成立，在特征个数比较多或者特征之间相关性较大时，分类效果不好。

（2）需要知道先验概率，且先验概率很多时候取决于假设，假设的模型可以有很多种，因此在某些时候会由于假设的先验模型的原因导致预测效果不佳。

（3）对输入数据的表达形式很敏感。

（4）对不平衡数据集分类效果不好。

（5）输入变量为离散型数据时分类效果好，若是连续型数值变量，则需要假设其为正态分布。若特征不符合正态分布，则分类效果不好。

朴素贝叶斯算法的应用场景如下。

（1）实时预测：朴素贝叶斯算法时空复杂度很小，可以用于实时预测。

（2）多分类预测：适用于目标变量为多类别的任务，这里可以预测多类目标变量的概率。

需要注意的是，朴素贝叶斯分类模型一般只能处理离散的数据，因此使用该模型分类时较常采用的方法是先对样本数据训练集和测试集借助一定的数据处理软件进行离散化处理，另外，如果处理的数据存在缺失，也要借助相应的软件进行数据的补齐。

6.2.2 多项式朴素贝叶斯算法

多项式朴素贝叶斯算法适用于处理离散型特征的分类问题，常用于文本分类任务。多项式朴素贝叶斯算法假设特征的条件概率服从多项式分布，通常用于表示计数或频率的特征。在文本分类中，常用的特征表示方式是词袋模型，其中特征表示为文档中每个单词出现的次数或词频。

当数据集中的特征很多，训练集中数据的一些特征计数为 0 时，会出现条件概率为 0 的情况，导致计算各类的概率都为 0。若朴素贝叶斯算法用于文本情感分类，特征是单词，则值是单词出现的次数。此时对于贝叶斯定理：

$$P(C_i|\boldsymbol{x}) = \frac{P(\boldsymbol{x}|C_i)P(C_i)}{P(\boldsymbol{x})}$$

式中，先验概率 $P(C_i) = \frac{n_i}{N} = \frac{s_i}{s}$，$s_i$ 是类 C_i 中的训练样本数，而 s 是训练样本总数。若某个单词出现次数为 0，则后续计算的概率都是 0。因此在概率计算时先对先验概率进行平滑处理，公式如下：

$$P(C_i) = \frac{s_i + \alpha}{s + m\alpha}$$

式中，m 是类别总个数；α 是设定的平滑值，其取值区间为[0,1]，当 $\alpha=1$ 时，称作拉普拉斯（Laplace）平滑，$\alpha=0$ 时不做平滑。如果不做平滑，当某一维特征的值 x_k 没有在训练样本中出现过时，会导致 $P(x_k|C_i)=0$，从而导致后验概率为 0。加上平滑就可以克服这个问题。在此基础上，其 $P(x_k|C_i)$ 计算为

$$P(x_k|C_i) = \frac{s_{i,x_k} + \alpha}{s_i + n\alpha}$$

式中，s_{i,x_k} 为类别为 C_i 的训练样本中第 k 个特征变量 x_k 的样本个数；n 是特征变量的维数。

多项式朴素贝叶斯算法在文本分类任务中广泛应用，它简单高效，并且在很多情况下能够取得良好的分类性能。然而，它假设特征之间相互独立，忽略了单词之间的顺序和上下文信息，因此在处理包含丰富语义信息的文本数据时，可能会有一定的限制。

6.2.3 伯努利朴素贝叶斯算法

伯努利朴素贝叶斯算法是朴素贝叶斯算法的一种变种，适用于处理布尔型特征（取值为 0 或 1）的离散特征分类问题。

伯努利朴素贝叶斯算法假设特征的条件概率服从伯努利分布，即特征的取值只有两种情况：出现（取值为 1）和不出现（取值为 0）。在该算法中，对于每个类别，计算每个特征取值为 1 的频率。

以球队是否进行比赛这个样本集为例，该样本集中包含一个二元特征 X，表示是否下雨（$X=1$ 表示下雨，$X=0$ 表示晴天）。目标变量是 C_i 表示球队是否进行比赛（C_1 表示比赛，C_0 表示不比赛）。那么对于伯努利朴素贝叶斯算法，其条件概率 $P(X|C_i)$ 的计算规则如下。

$P(X=1 \mid C_1)$：比赛时下雨的概率。

$P(X=0 \mid C_1)$：比赛时晴天的概率。

$P(X=1 \mid C_0)$：不比赛时下雨的概率。

$P(X=0 | C_0)$：不比赛时晴天的概率。

对于多分类问题，如信用等级评估的例子，其中的特征变量 income、points、house、default、numbers 均不是二元分类变量，在实际处理时，对于某个 x_k，伯努利朴素贝叶斯算法通常以该类别的值为 1，其他类别的值为 0 来计算。

伯努利朴素贝叶斯算法在处理布尔型特征时非常有用，尤其适用于文本分类问题，其中特征表示单词是否在文档中出现。然而，它假设特征之间相互独立，并且假设特征的条件概率服从伯努利分布，这在某些情况下可能不符合实际情况。如果特征之间存在依赖关系或特征的条件概率分布与伯努利分布不匹配，那么可能会导致分类性能下降。

6.2.4 高斯朴素贝叶斯算法

高斯朴素贝叶斯算法常用于处理连续型特征的分类问题。高斯朴素贝叶斯算法假设特征的条件概率服从高斯分布（正态分布），因此适用于处理数值型特征的分类问题。在该算法中，对于每个类别，计算每个特征的均值和方差，并使用这些统计量来估计特征的条件概率。

当特征为连续值，而且分布服从高斯分布时，在计算 $P(x|y)$ 时，可以直接使用高斯分布的概率公式：

$$p(x_i | c) = \frac{1}{\sqrt{2\pi\sigma_c^2}} e^{-\frac{(x_i - \mu_c)^2}{2\sigma_c^2}}$$

它的模型假设是特征 A_k 的每一个维度都符合高斯分布（正态分布），且变量无协方差（指线性无关）。只要找出每个标签的所有样本点均值和标准差，根据公式就可以计算概率公式，就可以拟合模型了。通常，高斯朴素贝叶斯算法的边界是二次方曲线。图 6-2 展示了高斯朴素贝叶斯算法在 make_blobs 方法生成的数据集上的分类效果（参考代码 Gaussian.ipynb）。

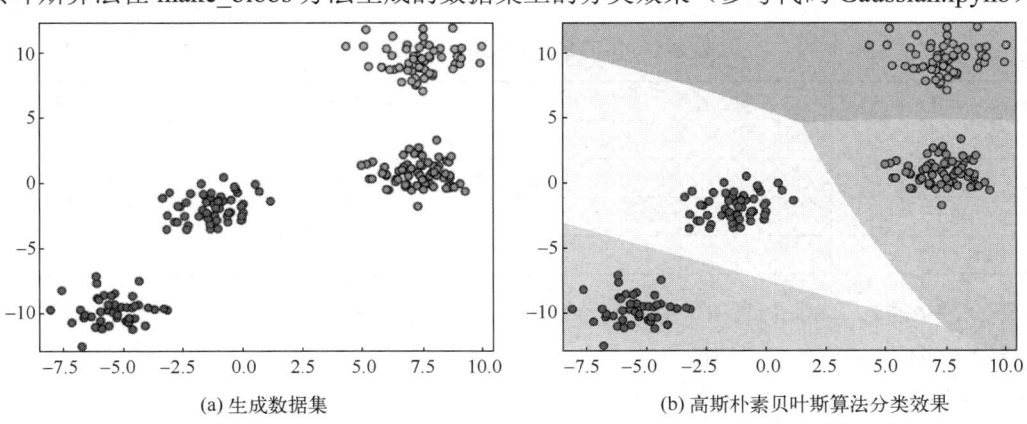

(a) 生成数据集　　(b) 高斯朴素贝叶斯算法分类效果

图 6-2　高斯朴素贝叶斯算法流程（扫码见彩图）

高斯朴素贝叶斯算法在处理连续型特征时非常有用，尤其在数据分布近似于高斯分布的情况下表现良好。然而，它假设特征之间相互独立，并且假设特征的条件概率服从高斯分布，这在某些情况下可能不符合实际情况。如果数据的分布与高斯分布的假设不匹配，那么可能会导致分类性能下降。

6.2.5 朴素贝叶斯算法实例

本节用两个例子来说明朴素贝叶斯算法的计算过程。

1. 实例1（离散型实例）

假设一支业余足球队经常和别的球队约比赛，但是能否比赛要视天气情况而定，有时候雨天可能会取消比赛，但有时候也会雨中比赛；有时候没有下雨也可能会由于某些原因取消比赛。一段时间内，该足球队是否比赛与天气信息如表6-1所示。

表6-1 该足球队是否比赛与天气信息

天气	是否比赛	天气	是否比赛
晴天	否	阴天	否
阴天	是	阴天	是
雨天	是	晴天	是
晴天	是	晴天	否
晴天	是	晴天	是
阴天	否	晴天	否
雨天	否	雨天	否
雨天	否	雨天	是

令 B 表示该足球队当天进行了比赛（是），A 表示天气情况，其中，A_1 表示晴天，A_2 表示阴天，A_3 表示雨天，并假定 A_1、A_2、A_3 三者并无关联。若明天为晴天，则该足球队进行比赛的概率 $P(B|A_1)$ 有多大呢？

首先将表6-1所示的信息整理为不同事件与结果的频次分布表，如表6-2所示。

表6-2 不同事件与结果的频次分布表

天气	进行比赛（是）	不进行比赛（否）	总计/天
晴天	5	2	7
阴天	2	2	4
雨天	2	3	5
总计/次	9	7	16

根据表6-2所示的信息，可以得到各个事件与结果的概率如下。

晴天的概率：$P(A_1) = 7/16$。

阴天的概率：$P(A_2) = 4/16 = 1/4$。

雨天的概率：$P(A_3) = 5/16$。

进行比赛的概率：$P(B) = 9/16$。

当足球队进行比赛时，天气为晴天的概率：$P(A_1|B) = 5/9$。

当足球队进行比赛时，天气为阴天的概率：$P(A_2|B) = 2/9$。

当足球队进行比赛时，天气为雨天的概率：$P(A_3|B) = 2/9$。

......

接下来，若某一天为晴天，则求解足球队进行比赛的概率 $P(B|A_1)$。

根据贝叶斯定理得到：

$$P(B|A_1) = \frac{P(A_1|B)P(B)}{P(A_1)} = \frac{\frac{5}{9} \times \frac{9}{16}}{\frac{7}{16}} = \frac{5}{7} \approx 0.71$$

同理，若某一天为阴天，则求解足球队进行比赛的概率 $P(B|A_2)$。

根据贝叶斯定理得到：

$$P(B|A_2) = \frac{P(A_2|B)P(B)}{P(A_2)} = \frac{\frac{2}{9} \times \frac{9}{16}}{\frac{4}{16}} = \frac{2}{4} = 0.5$$

若某一天为阴天，则足球队进行比赛的概率为 50%。

2．实例 2（连续型实例）

假设个人的性别主要通过身高（英尺）、体重（磅①）、脚的尺寸（英寸②）等外在因素进行判断，本次实验预测身高为 6 英尺、体重为 130 磅、脚的尺寸为 8 英尺的个体性别，个体特征训练样本如表 6-3 所示。

表 6-3　个体特征训练样本

性别	身高/英尺	体重/磅	脚的尺寸/英寸
男	6	182	12
男	5.92	190	11
男	5.58	170	12
男	5.92	165	10
女	5	100	6
女	5.5	150	8
女	5.42	130	7
女	5.75	150	9

根据表 6-3，计算可得训练样本的个体特征均值与方差分布，如表 6-4 所示。

表 6-4　个体特征均值与方差分布

性别	均值（身高）	方差（身高）	均值（体重）	方差（体重）	均值（脚的尺寸）	方差（脚的尺寸）
男	5.855	0.035	176.25	0.012	11.25	0.92
女	5.4175	0.097	132.5	0.056	7.5	1.67

令 B 表示个体性别为男，F 表示个体性别为女，A 表示个体特征，其中，A_1 表示身高，A_2 表示体重，A_3 表示脚的尺寸，并假定 A_1、A_2、A_3 三者并无关联。若身高为 6 英尺、体重为 130 磅、脚的尺寸为 8 英尺，那么该个体性别是什么呢？

---

① 1 磅≈0.4536kg。
② 1 英寸=0.0254m。

个体性别为女的概率：$P(F) = 0.5$。

个体性别为男的概率：$P(B) = 0.5$。

当个体性别为男时，身高为 6 英尺的概率：$P(A_1|B)= \dfrac{1}{\sqrt{2\pi\sigma_c^2}}e^{-\dfrac{(6-\mu_c)^2}{2\sigma_c^2}} \approx 1.5789$，其中 μ_c=5.855， σ_c^2=0.035。

当个体性别为男时，体重为 130 磅的概率：$P(A_2|B)= \dfrac{1}{\sqrt{2\pi\sigma_c^2}}e^{-\dfrac{(130-\mu_c)^2}{2\sigma_c^2}} \approx 5.9881\,e^{-6}$，其中 μ_c=176.25， σ_c^2=0.012。

当个体性别为男时，脚的尺寸为 8 英尺的概率：$P(A_3|B)= \dfrac{1}{\sqrt{2\pi\sigma_c^2}}e^{-\dfrac{(8-\mu_c)^2}{2\sigma_c^2}} \approx 1.3112\,e^{-3}$，其中 μ_c=11.25， σ_c^2=0.92。

该个体性别为男的概率：

$$P(B|A_1A_2A_3) = \dfrac{P(B)P(A_1|B)P(A_2|B)P(A_3|B)}{\text{evidence}} \approx \dfrac{6.1984\text{e}^{-9}}{\text{evidence}}$$

$\text{evidence} = P(B)P(A_1|B)P(A_2|B)P(A_3|B) + P(F)P(A_1|B)P(A_2|B)P(A_3|B)$。

同理可得，该个体性别为女的概率：

$$P(F|A_1A_2A_3) = \dfrac{P(F)P(A_1|F)P(A_2|F)P(A_3|F)}{\text{evidence}} \approx \dfrac{5.3778\text{e}^{-4}}{\text{evidence}}$$

在实验中，evidence 为常数且相等，所以可以忽略，在计算时仅考虑分子部分的大小，比较分子部分大小可知，本次实验预测的样本个体性别为女。

6.3　贝叶斯算法编程框架

在 sklearn 中实现了三种朴素贝叶斯算法：GaussianNB（高斯朴素贝叶斯算法）、MultinomialNB（多项式朴素贝叶斯算法）、BernoulliNB（伯努利朴素贝叶斯算法）。

（1）GaussianNB：高斯朴素贝叶斯算法的实现。它适用于处理连续型特征的分类问题，假设特征的条件概率服从高斯分布。在 sklearn 中，使用 GaussianNB 类来创建高斯朴素贝叶斯分类器。

（2）MultinomialNB：多项式朴素贝叶斯算法的实现。它适用于处理离散型特征的分类问题，常用于文本分类任务。在 sklearn 中，使用 MultinomialNB 类来创建多项式朴素贝叶斯分类器。

（3）BernoulliNB：伯努利朴素贝叶斯算法的实现。它适用于处理布尔型特征（取值为 0 或 1）的分类问题。在 sklearn 中，使用 BernoulliNB 类来创建伯努利朴素贝叶斯分类器。

不同朴素贝叶斯分类器的差异主要来自处理 $P(x_i|y)$ 分布时所做的假设。高斯朴素贝叶斯算法适用于连续型特征的分类问题。多项式朴素贝叶斯算法常用于文本分类问题，特征是单词，值是单词出现的次数。伯努利朴素贝叶斯算法所用特征为全局特征，只是它计算的不

是单词的数量，而是出现则为 1，否则为 0，也就是特征的权重。

除此之外，朴素贝叶斯算法的方法和其他模型的方法一致。这三种变形都提供了 fit()方法用于训练模型，以及 predict()方法用于进行预测。人们可以根据数据的特征类型选择适当的朴素贝叶斯算法来构建分类器，并使用 sklearn 中相应的类来实现。

fit(X,Y)：在数据集(X,Y)上拟合模型。
get_params()：获取模型参数。
predict(X)：对数据集 X 进行预测。
predict_log_proba(X)：对数据集 X 进行预测，得到每个类别的概率对数值。
predict_proba(X)：对数据集 X 进行预测，得到每个类别的概率。
score(X,Y)：得到模型在数据集(X,Y)上的得分情况。

6.3.1 高斯朴素贝叶斯算法编程框架

高斯朴素贝叶斯算法假设特征的可能性（概率）为高斯分布。GaussianNB 实现了运用于分类的高斯朴素贝叶斯算法。特征的可能性（概率）假设为高斯分布：

$$P(x_i \mid y) = \frac{1}{\sqrt{2\pi\sigma_y^2}} \exp\left[-\frac{(x_i - \mu_y)^2}{2\sigma_y^2}\right]$$

式中，参数 σ_y 和 μ_y 使用最大似然法估计。

sklearn 中使用 class sklearn.naive_bayes.GaussianNB(priors=None, var_smoothing=1e-09)来实现高斯朴素贝叶斯算法，其中包含以下两个参数。

priors：类别的先验概率。如果指定，则先验不会根据数据进行调整。
var_smoothing：为了计算稳定性，将所有特征中最大方差的部分添加到方差中。

```
import numpy as np
X = np.array([[-1, -1], [-2, -1], [-3, -2], [1, 1], [2, 1], [3, 2]])
Y = np.array([1, 1, 1, 2, 2, 2])
from sklearn.naive_bayes import GaussianNB
clf = GaussianNB()
clf.fit(X, Y)
print(clf.predict([[-0.8, -1]]))             //预测结果为[1]
clf_pf = GaussianNB()
clf_pf.partial_fit(X, Y, np.unique(Y))
print(clf_pf.predict([[-0.8, -1]]))          //预测结果为[1]
```

6.3.2 多项式朴素贝叶斯算法编程框架

多项式朴素贝叶斯算法适用于服从多项分布的特征的分类问题。MultinomialNB 实现了服从多项分布的多项式朴素贝叶斯算法，也是用于文本分类的两大经典朴素贝叶斯算法之一。分布参数由每类 y 的 $\boldsymbol{\theta}_y = (\theta_{y1}, \theta_{y2}, \cdots, \theta_{yn})$ 向量决定，式中 n 是特征的数量（对于文本分类，是词汇量的大小），θ_{yi} 是样本中属于类 y 中特征 i 的概率 $P(x_i \mid y)$。

参数 $\boldsymbol{\theta}_y$ 使用平滑过的最大似然估计法来估计，即相对频率计数为

$$\hat{\theta}_{yi} = \frac{N_{yi} + \alpha}{N_y + \alpha n}$$

式中，$N_{yi} = \sum_{x \in T} x_i$ 是训练集 T 中特征 i 在类 y 中出现的次数；$N_y = \sum_{i=1}^{n} N_{yi}$ 是类 y 中出现所有特征的计数总和；先验平滑因子 $\alpha \geqslant 0$，为在学习样本中没有出现的特征而设计，以防在将来的计算中出现 0 概率的输出。把 $\alpha = 1$ 称为拉普拉斯平滑，而 $\alpha < 1$ 被称为 Lidstone 平滑。

sklearn 中使用 class sklearn.naive_bayes.MultinomialNB(alpha=1.0，fit_prior=True，class_prior=None)来实现多项式朴素贝叶斯算法，其中包含以下参数。

alpha：先验平滑因子，默认等于 1，当等于 1 时表示拉普拉斯平滑。

fit_prior：是否去学习类的先验概率，默认是 True。

class_prior：各个类别的先验概率，如果没有指定，则模型会根据数据自动学习，每个类别的先验概率相同，等于类标记总个数的 $1/N$。

下面展示了 MultinomialNB 的参考代码。

```
import numpy as np
rng = np.random.RandomState(1)
X = rng.randint(5, size=(6, 100))
y = np.array([1, 2, 3, 4, 5, 6])
from sklearn.naive_bayes import MultinomialNB
clf = MultinomialNB()
clf.fit(X, y)
MultinomialNB()
print(clf.predict(X[2:3]))    //预测结果为[3]
```

6.3.3 伯努利朴素贝叶斯算法编程框架

BernoulliNB 实现了用于多重伯努利分布数据的朴素贝叶斯训练和分类算法，即有多个特征，但每个特征都假设是一个二元（Bernoulli，boolean）变量。因此，这种算法要求样本以二元值特征向量表示；如果样本含有其他类型的数据，那么一个 BernoulliNB 实例会将其二值化（取决于 binarize 参数）。

伯努利朴素贝叶斯算法的决策规则基于

$$P(x_i | y) = P(i | y)x_i + [1 - P(i | y)](1 - x_i)$$

与多项式朴素贝叶斯算法的规则不同，伯努利朴素贝叶斯算法明确地惩罚类 y 中没有出现的作为预测因子的特征 i，而多项式朴素贝叶斯算法只是简单地忽略没出现的特征。

在文本分类问题中，统计词语是否出现的向量（而非统计词语出现次数的向量）可以用于训练和使用这个分类器。BernoulliNB 可能在一些数据集上表现得更好，特别是那些更短的文档。

sklearn 中使用 class sklearn.naive_bayes.BernoulliNB(alpha=1.0，binarize=0.0，fit_prior=True，class_prior=None)来实现伯努利朴素贝叶斯算法，其中包含以下参数。

alpha：平滑因子，与多项式朴素贝叶斯算法中的 alpha 一致。

binarize：样本特征二值化的阈值，默认是 0。如果不输入，则模型会认为所有特征都已经是二值化形式了；如果输入具体的值，则模型会把大于该值的部分归为一类，小于的归为另一类。

fit_prior：是否去学习类的先验概率，默认是 True。

class_prior：各个类别的先验概率，如果没有指定，则模型会根据数据自动学习，每个类别的先验概率相同，等于类标记总个数的 $1/N$。

下面展示了 BernoulliNB 的参考代码。

```
import numpy as np
rng = np.random.RandomState(1)
X = rng.randint(5, size=(6, 100))
Y = np.array([1, 2, 3, 4, 4, 5])
from sklearn.naive_bayes import BernoulliNB
clf = BernoulliNB()
clf.fit(X, Y)
BernoulliNB()
print(clf.predict(X[2:3]))    //预测结果为[3]
```

6.4　贝叶斯算法的应用

通过对分类算法的比较发现，贝叶斯算法可以与决策树算法及神经网络算法相媲美。基于贝叶斯算法的分类器以完善的贝叶斯定理为基础，有较强的模型表示、学习和推理能力，使得基于贝叶斯算法分类器的研究和应用成为模式识别、人工智能和数据挖掘等领域的研究热点。

事实上，以贝叶斯定理为基础的贝叶斯算法大量应用在病症检测、垃圾邮件过滤等方面。例如，关于垃圾邮件过滤，最初的垃圾邮件过滤是靠静态关键词加一些判断条件来实现的，效果不好，被判错的邮件很多，同时漏掉的垃圾邮件也不少。后来，人们利用贝叶斯定理来过滤邮件，选取正常邮件和垃圾邮件作为先验信息，这两种邮件数量越多，效果越好。根据已知正常邮件和垃圾邮件的相关内容，统计在垃圾邮件中出现过的所有词汇的频次和在正常邮件中出现的所有词汇的频次。由于典型的垃圾邮件词汇在垃圾邮件中会以更高的频率出现，因此，当收到某一邮件时，通过贝叶斯公式计算，若在该邮件中典型垃圾邮件词汇出现的概率较高，那么该邮件为垃圾邮件的概率就会较大，这就是应用贝叶斯定理中基于先验概率来判断条件概率，进而实现垃圾邮件分类的基本原理。

文本挖掘是机器学习的一个重要应用，本节将使用 sklearn 中的相关模块对文本内容进行分类，即情感分析。

1. 导入相关模块

```
from sklearn.model_selection import train_test_split
from sklearn.naive_bayes import MultinomialNB
from sklearn.feature_extraction.text import TfidfVectorizer
```

2. 导入相关数据

```
from sklearn.datasets import fetch_20newsgroups
```

3. 使用朴素贝叶斯算法进行文本分类

```
def naivebayes():
    #使用朴素贝叶斯算法进行文本分类

    #获取数据
    news = fetch_20newsgroups(subset='all')

    #拆分训练集和测试集
    x_train, x_test, y_train, y_test = train_test_split(news.data, news.target, test_size=0.25)

    #特征工程
    #使用tf-idf进行文本特征抽取
    tf = TfidfVectorizer()

    #以训练集中词的列表进行每篇文章重要性的统计
    x_train = tf.fit_transform(x_train)
    x_test = tf.transform(x_test)

    #调用朴素贝叶斯算法的alpha为拉普拉斯平滑系数
    nav = MultinomialNB(alpha=1.0)
    nav.fit(x_train, y_train)

    y_predict = nav.predict(x_test)
    score = nav.score(x_test, y_test)

    print(tf.get_feature_names())
    print(x_train)
    print("预测的文章类型:", y_predict)
    print("准确率:", score)
    return None
if __name__ == "__main__":
    naivebayes()
```

程序运行结果如下。

预测的文章类型：[13　3 11 ...　4 12　4]

准确率：0.8616298811544991

本次实验对 fetch_20newsgroups 数据集使用朴素贝叶斯算法进行了分类，程序运行结果显示朴素贝叶斯算法的准确率较高，达约 0.86。

6.5 习　题

1. 为什么朴素贝叶斯算法是朴素的？
2. 朴素贝叶斯算法的优缺点及主要应用场景有哪些？为什么在实际应用中朴素贝叶斯

算法条件独立性假设难以满足，但朴素贝叶斯算法仍然取得了较好的结果？

3．请列举出至少三种朴素贝叶斯算法？简要描述这三种朴素贝叶斯算法的区别。

4．朴素贝叶斯算法与逻辑回归算法有什么区别？

5．朴素贝叶斯算法是如何处理条件概率为 0 的情况的？

6．令 B 表示球队当天进行了比赛（是），A 表示天气情况，其中，A_1 表示晴天，A_2 表示阴天，A_3 表示雨天，并假定 A_1、A_2、A_3 三者并无关联。若明天为阴天，则该球队进行比赛的概率 $P(B|A_2)$ 有多大？（参考表6-1）

7．运用朴素贝叶斯算法对鸢尾花数据集进行分类，并显示分类结果。

8．请自定义用户评价数据集，并使用多项式朴素贝叶斯算法对该数据集展开情感分析。

第 7 章

集成学习算法

在机器学习领域，集成学习是一种将多种机器学习技术组合成一个预测模型的元算法，其目的是减小模型的方差、偏差，或改进预测。集成学习在不同规模的数据集上通常都具有良好的性能和适应能力。集成学习通过组合多个模型的能力，取长补短，获得了更好的预测效果。本章主要介绍集成学习算法的原理及应用。

本章的重点、难点和需要掌握的内容如下。
- 掌握集成学习的原理和结构。
- 掌握 Bagging 算法的原理和随机森林算法。
- 掌握常见的 Boosting 算法，如 AdaBoost 算法、GBDT 算法和 XGBoost 算法等。
- 了解 Stacking 算法。

7.1 集成学习概述

集成学习，顾名思义，是组合多个模型以得到一个更好、更全面的模型，它通过构建并结合多个分类器来完成学习任务。之所以要把多个分类器组合在一起，是因为单个分类器可能效果不那么好，而多个分类器可以互相帮助、各取所长。通过将多个分类器进行结合，常常可以获得比单个分类器更显著优越的泛化性能。

在集成学习中，弱分类器通常指泛化性能略优于随机猜测的分类器，如在二分类问题上精度略高于 50%的分类器。集成学习通过将多个弱分类器进行组合，以得到一个性能更强的强分类器。这种组合可以通过不同的集成方法实现，如投票法、平均法、学习法、加权法等。在集成学习中，首先需要训练多个基础模型，也就是弱分类器。接下来，通过集成方法将这些基础模型组合在一起。通过对多个弱分类器进行组合，集成学习可以充分利用它们的优势和多样性，从而获得更准确、更稳定和泛化能力更强的预测结果。

集成学习的主要思想是，通过在多个模型之间进行合理的组合，利用模型之间的差异性和多样性来提高整体的预测能力。集成学习的目标是通过分类器的结合，达到整体性能优于单个分类器的效果。因此，集成学习不是一种分类器本身，而是一种分类器结合的方法，通过训练多个基础模型，并使用适当的集成方法将它们组合在一起，以获得更强的预测能力。

集成学习的常见方法包括投票法、平均法、学习法和加权法等，可以根据具体的需求和问题选择合适的集成方法。

7.1.1 基分类器集成

基分类器集成是集成学习中的一个重要步骤，指的是将多个基分类器组合在一起以形成一个更强大的集成模型。在基分类器集成中，训练多个独立的分类器，每个分类器可以使用不同的算法、不同的参数设置或者在不同的训练集上进行训练。这样可以使得每个基分类器具有一定的预测能力，但可能在某些情况下表现不佳。

根据个体分类器的种类的个数，可以将集成分为两种类型：基于同质个体分类器的集成和基于异质个体分类器的集成。

1. 基于同质个体分类器的集成

在这种类型的集成学习中，个体分类器是同质的，即它们属于同一种类型的学习算法或模型，并且在训练过程中使用相同的特征集合。这种集成方法的目标是通过训练多个相似的个体分类器来提高性能，并通过集体决策来得出最终的预测结果。常见的基于同质个体分类器的集成方法包括 Bagging 和随机森林。

2. 基于异质个体分类器的集成

在这种类型的集成方法中，个体分类器是异质的，即它们属于不同类型的学习算法或模型，甚至使用不同的特征子集。这种集成方法的目标是通过结合多个不同类型的个体分类器的优势，提高整体的预测性能。基于异质个体分类器的集成方法通常需要解决个体分类器之间的集成决策问题，例如，使用堆叠法训练一个元分类器来融合个体分类器的预测结果。

目前来说，同质个体分类器的应用最为广泛。一般的集成学习中提到的均指同质个体分类器。关于同质个体分类器，按照个体分类器之间是否存在依赖关系，可以分为如下两类。

（1）串行集成学习：也称为顺序集成学习。个体分类器之间存在强依赖关系，一系列个体分类器基本都需要串行生成，代表算法是 Boosting 算法（AdaBoost 算法和 GBDT 算法）。串行方法的原理是利用基础分类器之间的依赖关系，通过对之前训练中错误标记的样本赋予更高的权重，从而提高整体的预测性能。

（2）并行集成学习：个体分类器之间不存在强依赖关系，一系列个体分类器可以并行生成，代表算法是 Bagging 算法和随机森林算法。并行集成学习的原理是利用基础分类器之间的独立性，通过平均来降低错误。

举例说明。有三个学生 A、B、C 在做周末练习卷，做题时选择了三种策略：A 自己做完直接交卷；B 找了几个同学，每道题讨论后得到答案。C 也找了几个同学，每个同学把自己会的题目做完后传给下一个同学，C 作为最后一个同学交卷。这里 B、C 的方法都是集成学习，分别对应的是并行集成学习和串行集成学习。图 7-1 展示了基分类器集成方法的过程对比。

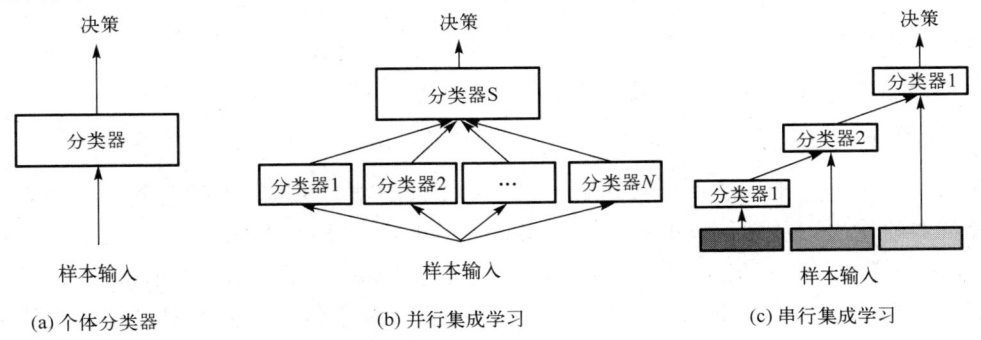

图 7-1　基分类器集成方法的过程对比

7.1.2 集成方法

在集成学习中,存在多种集成方法,如投票法、平均法、加权法、学习法等,用于决定如何组合个体分类器的预测结果。投票法适用于分类问题,平均法适用于回归问题或概率预测问题,加权法通过为每个个体分类器分配权重来组合它们的预测结果,学习法是一种更高级的集成方法,其中引入了一个元分类器(Meta-Learner)。元分类器通过学习个体分类器的预测结果与真实标签之间的关系,来决定如何组合个体分类器的预测结果。

假设共有 T 个个体分类器,以 $\{h_1, h_2, \cdots, h_T\}$ 表示,其中样本 x 经 h_i 后的输出值为 $h_i(x)$。对于结合 T 个个体分类器的输出值,本节主要介绍平均法、投票法及学习法。

1. 平均法

平均法常用于回归类任务的数值型输出,包括简单平均法、加权平均法等。

(1) 简单平均法如下:

$$H(x) = \frac{1}{T} \sum_{i=1}^{T} h_i(x)$$

(2) 加权平均法如下:

$$H(x) = \frac{1}{T} \sum_{i=1}^{T} \omega_i h_i(x)$$

式中,ω_i 是个体分类器 h_i 的权重,通常要求 $\omega_i \geq 0$ 且 $\sum_{i=1}^{T} \omega_i = 1$。至于 ω_i 的具体值,可以根据 h_i 的具体表现来确定,h_i 准确率越高,ω_i 越大。

对于两种平均法的选择,当个体分类器性能相差较大时,优先选用加权平均法;当个体分类器性能相近时,优先使用简单平均法。

2. 投票法

投票法更多地被用作分类任务的集成学习的结合策略,主要有以下几种。

(1) 相对多数投票法:也可以认为是多数决策法,即预测结果中票数最高的分类类别。如果不止一个类别获得最高票,则随机选择一个作为最终类别。

(2) 绝对多数投票法:不光要求获得票数最高,而且要求票数过半,否则拒绝输出。

(3) 加权投票法:与加权平均法类似,每个个体分类器的分类票数要乘以一个权重,最终将各个类别的加权票数求和,最大的值对应的类别为最终类别。

3. 学习法

学习法是一种比平均法和投票法更为强大、复杂的结合策略,它更加科学地集合了所有个体分类器的输出,从而使模型的预测效果表现得更好。经典的学习法可以分为 Bagging 算法、Boosting 算法和 Stacking 算法三类。经典集成方法如表 7-1 所示,Bagging 算法的特点是各个弱分类器之间没有依赖关系,Boosting 算法的特点是各个弱分类器之间有依赖关系,Stacking 算法的特点是在多个分类器的基础上再加一个机器学习算法进行预测。

表 7-1 经典集成方法

集成方法	基本原理	类比电路模型
Bagging 算法	训练多个分类器取平均 $H(x)=\frac{1}{T}\sum_{i=1}^{T}h_i(x)$	并联
Boosting 算法	从弱分类器开始加强，通过加权进行训练 $H_i(x)=H_{i-1}(x)+\propto_m h_i(x)$	串联
Stacking 算法	聚合多个分类或回归模型，可以分阶段来做	串并联

7.2 Bagging 算法

Bagging 算法（套袋法）是一种常用的集成学习算法，其特点是各个基础模型之间没有依赖关系，具有相同的地位。Bagging 算法使用自助法进行有放回地随机抽样来获得多个训练集，每个训练集都是通过从原始训练集中随机抽取样本得到的。

自助法的采样过程：给定包含 N 个样本的数据集，从原始训练集 D 中随机选取一个样本放入采样集中，并将该样本放回原始训练集，使得该样本在下一次采样时仍然有可能被选中。通过重复这个过程进行 N 次采样，可以得到 N 个采样集，由于采样的随机性，这 N 个采样集互不相同。对于这 N 个采样集，可以分别独立地训练出 N 个弱分类器，每个弱分类器都基于不同的采样集进行训练。最后，通过一种集成方法（如投票法、平均法）来整合这 N 个弱分类器的预测结果，得到最终的强分类器。

对于 Bagging 算法中的自助法采样，通过计算可以发现，约 36.8% 的样本将会在每次采样中不被选中，这些未被选中的样本称为包外（Out Of Bag，OOB）数据，约有 63.2% 的样本出现在采样集中。样本在 N 次采样中始终不被选中的概率为 $\left(1-\frac{1}{N}\right)^N$，取极限得

$$\lim_{N\to\infty}\left(1-\frac{1}{N}\right)^N \to \frac{1}{e} \approx 0.368$$

因此，Bagging 算法并不侧重于训练集中的任何特定实例，可以更好地处理数据集中的噪声和过拟合问题。包外数据在 Bagging 算法中具有多种用途，可以用于模型的泛化性能估计和其他任务。首先，包外数据可以直接用作验证集，用于对模型的泛化能力进行评估。其次，包外数据可以用于一些特定的任务，例如，在基于决策树的 Bagging 算法中，可以用于辅助剪枝过程，帮助选择最优的树结构，以提高模型的泛化能力。再次，包外数据可以用于估计决策树中各节点的后验概率，从而辅助对零训练样本节点的处理。最后，对于基于神经

网络的 Bagging 算法，包外数据可以用于辅助早期停止（Early Stopping）的策略，以减小过拟合的风险。监测包外数据上的模型性能，当模型在包外数据上的性能开始下降时，可以及时停止训练，避免过拟合。

Bagging 算法流程如图 7-2 所示，叙述 Bagging 算法流程如下。

（1）数据采样：从原始样本集中抽取训练集。每轮从原始样本集中使用自助法抽取 n 个训练样本。共进行 N 轮抽取，得到 N 个训练集（N 个训练集之间是相互独立的）。

（2）基础模型训练：对于每个训练集，使用相同的学习算法或模型构建一个基础模型。每个基础模型在相应的训练集上进行训练，以拟合不同的数据分布和观测误差。每次使用一个训练集得到一个基础模型，N 个训练集共得到 N 个基础模型。

（3）预测集成：对于分类问题，通过投票或取平均的方式，对步骤（2）中得到的 N 个基础模型的预测结果进行集成，得到最终的集成预测结果。对于回归问题，可以取基础模型预测结果的平均值作为集成预测结果。

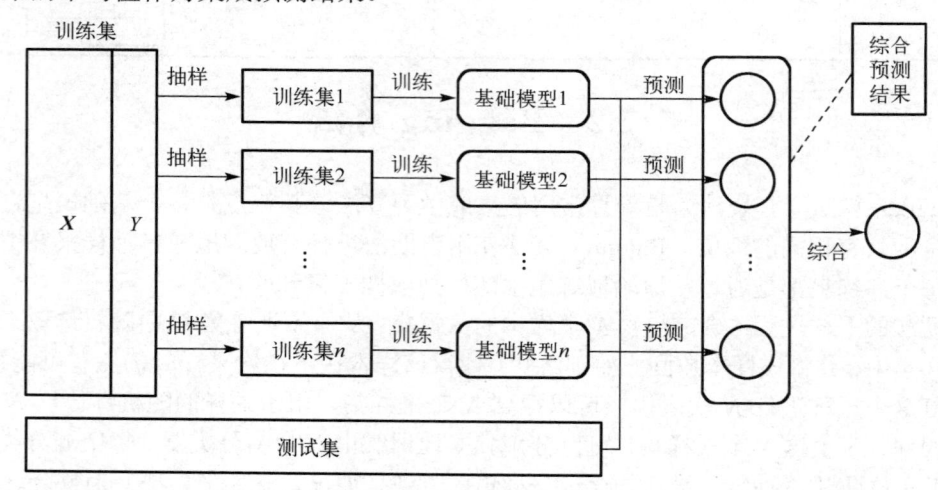

图 7-2 Bagging 算法流程

Bagging 算法的思想比较简单，但是其效果相比于弱分类器一般有较大提高。Bagging 算法能够有效地减小过拟合的程度，因为弱分类器之间没有依赖关系，所以可以并行训练，从而大幅度提升训练速度。从偏差-方差分解的角度看，Bagging 算法主要通过降低个体分类器的方差来改善泛化误差。

Bagging 算法的弱分类器可以选择不同的分类算法，常用决策树算法作为弱分类器，由决策树构成的集成学习算法叫作随机森林算法。随机森林算法是 Bagging 算法的进化版，它的基本思想仍然和 Bagging 算法相同，但是进行了独有的改进。

随机森林算法在以决策树为基分类器构建 Bagging 算法的基础上，进一步在决策树的训练过程中引入了随机特征选择。传统决策树选择划分特征是在当时节点的所有特征（假定有 d 个特征）中选择一个最优特征；而随机森林算法先随机选择节点上的一部分特征（假设有 k 个特征，$k<d$），然后从中选择一个最优特征用于划分。在决策树形成过程中，每个节点都要按照上述规则分裂，一直到不能够再分裂为止。整个决策树形成过程中没有进行剪枝。

这里的参数 k 控制了随机性的引入程度：若令 $k=d$，则此时随机森林算法的决策树和传统的决策树没有区别。若 $k=1$，则随机选择一个特征进行划分。一般情况下，推荐使用 $k = \log_2 d$。

随机森林算法流程如下。

（1）从原始样本集中抽取训练集。每轮从原始样本集中使用自助法抽取 n 个训练样本。共进行 T 轮抽取，得到 T 个训练集。

（2）每次使用一个训练集得到一个决策树模型。在训练决策树模型的节点时，在节点上所有的特征中选择一部分特征，在这些随机选择的部分特征中选择一个最优的特征来做决策树的左、右子树划分。T 个训练集共得到 T 个决策树模型，这样就构成了随机森林。

（3）对于分类问题，将步骤（2）中得到的 T 个决策树模型采用投票的方式得到分类结果；对于回归问题，计算上述模型的均值作为最后的结果。

随机森林算法具有以下优点。

（1）高准确性：随机森林算法能够在处理分类问题和回归问题时提供高准确性的预测。通过集成多个决策树的预测结果，随机森林算法可以减小单个决策树的偏差和方差，从而提高整体模型的准确性。

（2）具有抗过拟合能力：随机森林算法通过引入样本扰动和特征扰动的机制，减少了模型的过拟合风险。样本扰动通过有放回抽样生成不同的训练子集，特征扰动通过随机选择特征子集来进行节点划分。这种随机性使得每个决策树都是不同的，减少了模型对训练数据的过度拟合。

（3）具有处理高维数据和大规模数据的能力：随机森林算法对高维数据和大规模数据具有良好的适应性。由于随机森林算法只需考虑特征子集，因此可以处理具有大量特征的数据集，并且在大规模数据上具有较高的训练效率。

（4）可解释性：随机森林算法可以提供特征重要性的评估，用于解释模型的预测结果。通过分析每个特征在决策树中的使用频率和影响力，可以得到对问题的理解和洞察。

同时，随机森林算法也存在一些缺点，随机森林算法的起始性能往往相对较差，因为通过引入特征扰动，随机森林算法中个体分类器的性能会有所降低。然而，随着个体分类器数目的增加，随机森林算法通常会收敛到更小的泛化误差。另外，对于决策树来说，重要的特征更可能出现在靠近根节点的位置，而不重要的特征通常出现在靠近叶节点的位置。因此，通过计算一个特征在森林中所有树上的平均深度，可以估算出一个特征的重要程度。可以利用随机森林算法快速找到真正重要的特征，从而执行特征选择。

7.3　Boosting 算法

Boosting 算法又称为提升学习算法，旨在通过组合多个弱分类器来构建一个强分类器，从而提高整体的性能。与 Bagging 算法不同，Boosting 算法注重逐步提升弱分类器的性能，使其逼近甚至超过强分类器的水平。

Boosting 算法的核心思想是通过迭代训练一系列弱分类器，使每个弱分类器都关注之前分类错误的样本，尝试对其进行更准确的分类。在每一次迭代中，Boosting 算法根据样本的权重调整样本分布，使之前被错误分类的样本在下一次迭代中得到更多的关注。通过不断迭代，Boosting 算法能够逐步提升分类器整体的性能，直到达到预先设定的停止条件或最大迭代次数。

集成学习的所有基本分类器应符合以下两个条件。

（1）差异性：基本分类器之间应具有差异性，即它们在某种程度上应该有不同的分类决策边界或错误模式。如果所有基本分类器都产生相同的预测结果，那么集成的结果将没有变化，无法提升性能。

（2）精度大于 0.5：每个基本分类器的精度必须大于 0.5。这是因为，如果基本分类器的精度小于 0.5，也就是比随机猜测还差，那么集成学习的结果可能会更差。

总而言之，所有的基本分类器必须好而不同，为了达到这一目的，Boosting 算法使用了加法模型和前向分步算法。

加法模型是指强分类器是由弱分类器累加组合而来：

$$H_M(\boldsymbol{x}) = \sum_{m=1}^{M} \alpha_m h_m(\boldsymbol{x})$$

式中，$h_m(\boldsymbol{x})$ 是第 m 个弱分类器；α_m 是 $h_m(\boldsymbol{x})$ 在 M 个分类器中的权重。

前向分步算法是指在算法迭代过程中，每一个分类器是在上一次迭代产生的分类器基础上进行训练获得的。数学表示如下：

$$H_M(\boldsymbol{x}) = H_{m-1}(\boldsymbol{x}) + \alpha_m h_m(\boldsymbol{x})$$

前向分步算法决定了 Boosting 算法中所有分类器间只能是一种串行的结构，每一个分类器只能在上一个分类器的基础上进行学习，这是与 Bagging 算法中分类器间的并行结构最大的不同。

Boosting 算法是在集成思想上结合了加法模型和前向分步算法的一种集成学习算法。具体而言，Boosting 算法的步骤：首先，从初始训练集中训练一个初始基本分类器；然后，根据初始基本分类器的表现对训练样本分布进行调整，使得训练下一个分类器时对上一个分类器错误分类样本更加关注；最后，通过此种方式不同循环训练一系列分类器，直到分类器达到指定数量或者累加后的强分类器达到指定精度。

Boosting 算法的具体实现有多个变种，如 AdaBoost 算法、GBDT 算法和 XGBoost 算法等，它们在样本权重调整、基本分类器的训练方式及强分类器的构建等方面有所不同。

7.3.1 AdaBoost 算法

AdaBoost（Adaptive Boosting）算法，即自适应提升算法，由 Yoav Freund 和 Robert Schapire 在 1995 年提出。AdaBoost 算法在每一次迭代中根据训练集中每个样本的分类正确与否，以及上次的总体分类的准确率，为每个样本设置一个权重。通过增加在上一个弱分类器中被错误分类样本的权重，使得该样本在下一次迭代训练时得到更多的重视。通过这种方式，每一次迭代都会在前面弱分类器分类结果的基础上训练新的弱分类器，最终将弱分类器融合起来，作为强分类器进行决策使用。

AdaBoost 算法流程如图 7-3 所示，AdaBoost 算法可以分为以下三个步骤。

（1）初始化样本权重。为训练集中的每一个样本初始化一个权重，若有 N 个样本，则每个样本的权重都为$1/N$。

(2) 迭代训练。重复进行以下步骤，直到达到指定的迭代次数或满足停止条件。
- 训练一个弱分类器：根据当前样本权重训练一个弱分类器，如决策树桩。
- 计算弱分类器的错误率：计算弱分类器在训练集上的分类错误率。
- 更新样本权重：根据弱分类器的错误率调整样本权重，增大被错误分类的样本的权重，减小被正确分类的样本的权重。
- 归一化样本权重：将样本权重归一化，使其总和为 1。

通过这一系列迭代，AdaBoost 算法会逐步关注分类错误的样本，使得后续的弱分类器更加关注这些样本，以期望提升整体的分类性能。

(3) 构建强分类器。将所有训练得到的弱分类器进行加权组合，得到最终的强分类器。每个弱分类器的权重取决于其在迭代过程中的表现。

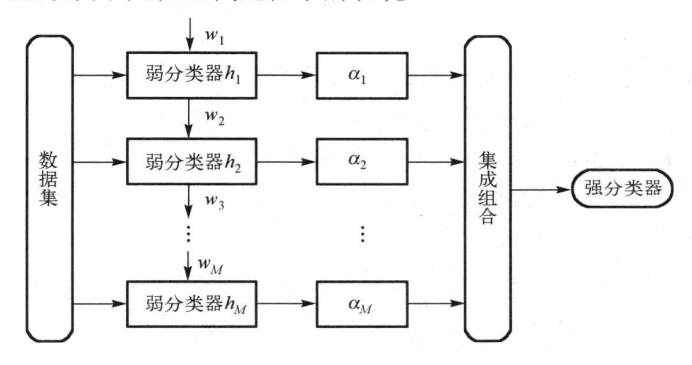

图 7-3　AdaBoost 算法流程

在 AdaBoost 算法中，样本权重在每一次迭代过程中根据弱分类器的错误率进行更新和传递。更新后的样本权重会影响下一次迭代中分类器对样本的重视程度，并且分类器的权重是基于错误率计算的。AdaBoost 算法常用于分类和回归的两种场景，下面将结合数学计算来详细叙述 AdaBoost 算法的各个步骤。

1. 分类问题

给定一个二分类数据集 $D=\{(\boldsymbol{x}_1,y_1),(\boldsymbol{x}_2,y_2),\cdots,(\boldsymbol{x}_N,y_N)\}$，其中样本的特征向量 $\boldsymbol{x}_i \in X \subseteq \mathbf{R}^n$，样本标签 $y_i \in Y=\{-1,+1\}$。通过 AdaBoost 算法对 D 进行分类，步骤如下。

(1) 初始化 D 中所有样本的权重分布。在算法初始化时，尚未对数据集进行拟合，也没有任何其他先验假设，所以对所有样本平等视之，即所有样本相等：

$$\boldsymbol{W}=(w_{11},\cdots,w_{1i},\cdots,w_{1N}), \quad w_{1i}=\frac{1}{N}, \quad i=1,2,\cdots,N$$

(2) 进行 M 次迭代，其中第 m 次迭代的具体过程如下。

① 使用设定好的学习算法对训练集 D 进行学习，构建弱分类器 $h_m(\boldsymbol{x})=X \to \{-1,+1\}$，若样本 $\boldsymbol{x}_i$ 被错误分类，则有 $y_i \neq h_m(\boldsymbol{x}_i)$。结合各样本权重，误差率可以按如下公式计算：

$$e_m=\sum_{y_i \neq h_m(\boldsymbol{x}_i)} w_{m,i}$$

从误差率的计算公式中可以看出，误差率就是所有错误分类样本权重之和。

② 计算 $h_m(\boldsymbol{x})$ 的系数：

$$\alpha_m = \frac{1}{2}\ln\frac{1-e_m}{1+e_m}$$

式中，α_m 的作用是衡量分类器 $h_m(\boldsymbol{x})$ 的"话语权"，$h_m(\boldsymbol{x})$ 误差率越大，α_m 值越小，对集成后强分类器结果的影响就越小。

③ 根据在步骤①中计算好的误差率，更新数据集 D 中各样本的权重分布：

$$\boldsymbol{W} = (w_{m+1,1},\cdots,w_{m+1,i},\cdots,w_{m+1,N})$$

$$w_{m+1,i} = \frac{w_{m,i}}{Z_m}\exp[-\alpha_m y_i h_m(\boldsymbol{x}_i)]$$

$$Z_m = \sum_{i=1}^{N} w_{m,i}\exp[-\alpha_m y_i h_m(\boldsymbol{x}_i)]$$

式中，Z_m 是归一化因子，权重计算时除以 Z_m 是为了让所有样本权重之和为1。关于指数部分的 $-\alpha_m y_i h_m(\boldsymbol{x}_i)$：当样本被正确分类时，$h_m(\boldsymbol{x}_i) = y_i$，所以 $h_m(\boldsymbol{x}_i)$ 与 y_i 一定同为正或同为负，α_m 是正数，于是 $-\alpha_m y_i h_m(\boldsymbol{x}_i)$ 小于 0，指数运算后的值小于 1，权重相乘后的结果减小，从而达到降低正确分类样本在下一次迭代中的权重的目的；反之，对于错误分类样本，指数运算后的值大于 1，与权重相乘后结果增大，以达到增加错误分类样本在下一次迭代中的权重目的。

（3）组合在步骤（2）中训练好的所有弱分类器：

$$H'(\boldsymbol{x}) = \sum_{m=1}^{M}\alpha_m h_m(\boldsymbol{x})$$

最终的强分类器可以表示为

$$H'(\boldsymbol{x}) = \text{sign}[H'(\boldsymbol{x})] = \text{sign}\left[\sum_{m=1}^{M}\alpha_m h_m(\boldsymbol{x})\right]$$

2. 回归问题

AdaBoost 算法在解决回归问题时的求解步骤和原理与分类问题的类似。

（1）初始化 D 中所有样本的权值分布。

$$\boldsymbol{W} = (w_{11},\cdots,w_{1i},\cdots,w_{1N}), \quad w_{1i} = \frac{1}{N}, \quad i = 1,2,\cdots,N$$

（2）进行 M 次迭代，其中第 m 次迭代的具体过程如下。
① 使用设定好的学习算法对训练集 D 进行学习，计算 h_m 的误差率。
在计算误差率前，需要计算最大误差 E_m 和相对误差 $e_{m,i}$。

$$E_m = \max|y_i - h_m(\boldsymbol{x}_i)|, \quad i = 1,2,\cdots,N$$

相对误差可以使用线性误差、平方误差或者指数误差。

线性误差：$e_{m,i} = \dfrac{|y_i - h_m(\boldsymbol{x}_i)|}{E_m}$。

平方误差：$e_{m,i} = \dfrac{[y_i - h_m(\boldsymbol{x}_i)]^2}{E_m}$。

指数误差：$e_{m,i} = 1 - \exp\left[-\dfrac{|y_i - h_m(\boldsymbol{x}_i)|}{E_m}\right]$。

计算误差率 e_m：

$$e_m = \sum_{i=1}^{N} w_{m,i} e_{m,i}$$

② 计算 $h_m(\boldsymbol{x})$ 的系数：

$$\alpha_m = \dfrac{e_m}{1 - e_m}$$

③ 更新所有样本的权重分布：

$$\boldsymbol{W} = (w_{m+1,1}, \cdots, w_{m+1,i}, \cdots, w_{m+1,N})$$

$$w_{m+1,i} = \dfrac{w_{m,i}}{Z_m} \alpha_m^{1-e_{m,i}}$$

$$Z_m = \sum_{i=1}^{N} w_{m,i} \alpha_m^{1-e_{m,i}}$$

（3）在回归问题中，组合策略与分类问题有所区别，采用的是对加权后的弱分类器取中位数的方法，最终的强回归器为

$$H(\boldsymbol{x}) = \left[\sum_{m=1}^{M} \ln\left(\dfrac{1}{\alpha_m}\right)\right] g(\boldsymbol{x})$$

式中，$g(\boldsymbol{x})$ 表示所有加权预测结果 $\alpha_m h_m(\boldsymbol{x})$ 的中位数，$m = 1, 2, \cdots, M$，M 是弱回归器的数量。

AdaBoost 算法的主要优点如下。

（1）高分类精度：AdaBoost 算法在构建强分类器时，通过迭代训练一系列弱分类器并进行加权组合，能够获得较高的分类精度。

（2）灵活性：在 AdaBoost 算法的框架下，可以使用各种回归分类模型来构建弱分类器，包括决策树、支持向量机、神经网络等。这使得 AdaBoost 算法在选择弱分类器时具有很大的灵活性。

（3）简单可理解：当 AdaBoost 算法作为简单的二元分类器时，构建过程相对简单，并且最终得到的强分类器的结果具有可解释性，可以理解每个弱分类器对最终分类结果的贡献。

（4）不容易发生过拟合：AdaBoost 算法通过迭代训练弱分类器并对错误分类样本进行加权处理，可以有效地减少过拟合的风险。

AdaBoost 算法的主要缺点是对异常样本敏感，异常样本在迭代中可能会获得较高的权重，影响最终的强分类器的预测准确性。

7.3.2 GBDT 算法

GBDT 算法是一种迭代的决策树算法，它结合了决策树和梯度提升（Gradient Boosting）

两个关键概念。
- 决策树：一种基本的分类和回归算法，它通过对特征空间进行递归划分，构建一个树状结构的模型来进行预测。
- 梯度提升：GBDT 算法的核心机制是通过通过迭代优化损失函数的负梯度，逐步修正模型的预测错误。在 GBDT 算法中，每一次迭代训练的决策树都专注于拟合前一轮模型的残差，从而逐步提高模型的预测精度。

在 GBDT 算法中，使用决策树作为弱分类器。具体而言，GBDT 算法采用的是 CART，既可以用于分类问题，也可以用于回归问题。在每一次迭代中，GBDT 算法会训练一个新的决策树来拟合前一轮的残差，并将新的决策树加权加入强分类器。GBDT 算法使用梯度作为信息，通过计算残差的方式来迭代更新模型，以逐步改善预测准确性。通过将不同的弱分类决策树加权组合，GBDT 算法能够获得较好的性能，并在各种机器学习任务中取得了广泛应用。

GBDT 算法和传统的 AdaBoost 算法在训练过程、模型选择和迭代思路上存在显著差异。GBDT 算法通过迭代拟合残差来构建强分类器，使用固定的回归树作为弱分类器；而 AdaBoost 算法通过调整样本权重来逐步纠正错误，可以选择不同的弱分类器。

如图 7-4 所示，GBDT 算法的训练过程为如下。

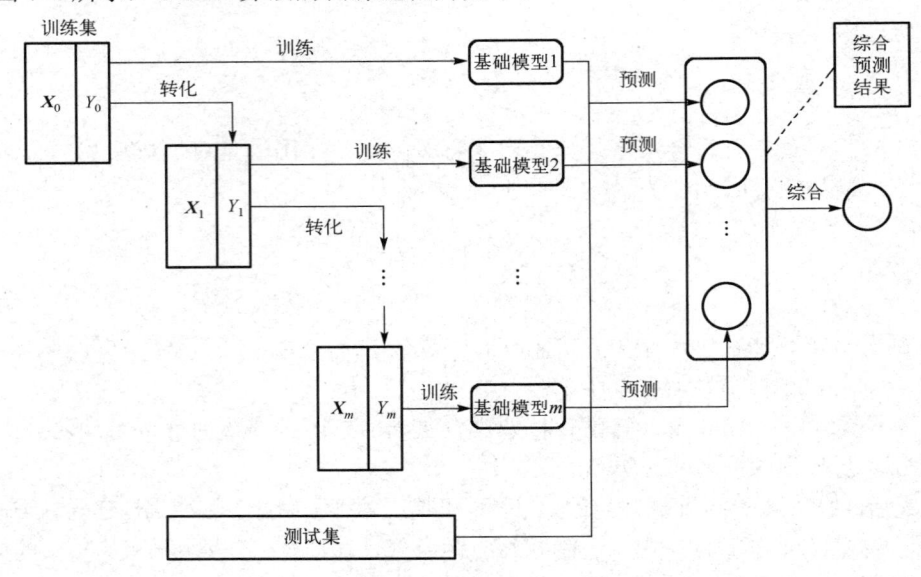

图 7-4　GBDT 算法的训练过程

（1）初始化。将强分类器初始化为一个常数值，可以是目标变量的平均值。同时，计算目标变量的残差（真实值与当前强分类器预测值之间的差异）作为初始残差。

（2）迭代训练。根据设定的迭代次数（或其他停止准则），进行以下步骤。

① 构建弱分类器（回归树）：在每一次迭代中，根据当前的残差，训练一个弱分类器（通常是 CART）。该弱分类器的目标是拟合当前的残差。

② 更新强分类器：将新训练的弱分类器加权加入强分类器。计算权重（学习率）以控制弱分类器的贡献。通常，较小的权重值可以防止过拟合。

③ 更新残差：使用新的强分类器对训练样本进行预测，计算新的残差。将这些残差作为下一次迭代的目标。

（3）输出。迭代完成后，得到了训练好的强分类器，它是多个弱分类器的加权组合。可以使用该强分类器对新的样本进行预测。

在每一次迭代中，GBDT 算法通过拟合当前的残差来逐步减小预测误差。通过多次迭代，强分类器会不断优化，提高对目标变量的预测能力。

梯度提升的核心思想是在函数空间中沿损失函数的负梯度方向迭代优化模型。其本质是利用损失函数对当前模型输出的负梯度（伪残差）指导模型更新：在每一次迭代中，新的基学习器被训练以拟合这些负梯度，而非直接优化参数；随后，将基学习器加权叠加到集成模型中，使模型输出沿梯度下降方向调整，从而逐步降低预测值与真实值之间的差异。这一过程通过不断逼近损失函数的极小值，实现模型预测能力的持续提升，其关键在于函数空间中的非参数优化机制，而非传统梯度下降中的参数空间调整。

GBDT 算法的优点如下。

（1）高预测准确性：GBDT 算法是一种强大的集成学习算法，通过多次迭代不断优化模型，可以获得较高的预测准确性。

（2）能处理多种数据类型：可以处理包括连续型和离散型特征在内的多种数据类型。

（3）对异常值和噪声的鲁棒性：对于异常值和噪声具有一定的鲁棒性。由于每个弱分类器的训练目标是最小化残差，它们通常能够对异常值进行调整，从而减少其对整体模型的影响。

（4）特征的自动选择：能够根据特征的重要性自动选择对预测任务有用的特征。

GBDT 算法的缺点如下。

（1）训练时间长：由于 GBDT 算法是顺序训练的，每一次迭代都依赖于前一次的结果，因此训练时间相对较长。

（2）容易过拟合：如果不适当地设置迭代次数和弱分类器的数量，GBDT 算法容易过拟合训练数据。

（3）对异常值敏感：虽然 GBDT 算法对异常值具有一定的鲁棒性，但在某些情况下，异常值仍可能对模型造成较大的影响。

7.3.3　XGBoost 算法

XGBoost 算法是 GBDT 算法的一种高效实现。XGBoost 算法在 GBDT 算法的思想下进行了具体实现和优化，显著提高了算法的性能和效率。

XGBoost 算法在以下几个方面对 GBDT 算法进行了改进。

- 正则化和复杂度控制：XGBoost 算法引入了正则化项来控制模型的复杂度，防止过拟合。它通过控制叶节点的权重和树的深度来实现正则化。而 GBDT 算法通常没有明确的正则化机制，容易过拟合。
- 列抽样：XGBoost 算法支持对特征进行列抽样，即在每一次迭代中随机选择一部分特征用于训练，这样可以减少过拟合的风险，加快训练速度。而 GBDT 算法通常不支持列抽样。
- 并行化：XGBoost 算法在训练过程中进行了并行化的优化，可以利用多线程进行特征并行和模型并行。这样可以加快训练速度，并提高算法的可扩展性。而 GBDT 算法的训练过程通常是顺序的，无法有效地并行化。
- 灵活性和可扩展性：XGBoost 算法在基分类器的选择上更加灵活，除了支持 CART，还可以使用线性分类器。这使得 XGBoost 算法在处理不同类型的数据和问题时具有更大的适应性。同时，XGBoost 算法还引入了一些其他的技术和优化策略，如缺失值处理、权重调整、稀疏数据处理等，进一步提高了算法的性能和灵活性。
- 速度和效率：XGBoost 算法在训练和预测过程中采用了多种优化策略，如近似算法、特征并行和模型并行等，使得它在速度和效率上通常优于传统的 GBDT 算法。

7.4 Stacking 算法

学习法是一种比平均法和投票法更为强大复杂的结合策略，通过将个体分类器的输出作为新的数据集，并使用额外的分类器对该数据集进行训练，得到最终的预测结果。

Stacking 算法是学习法的一种经典代表，它采用分层的模型集成框架。在 Stacking 算法中，通常有两层模型：第一层是多个基分类器，它们接收原始训练集作为输入，每个基分类器都使用不同的学习算法进行训练，这样可以获得多个基分类器的预测结果；第二层是一个元分类器，它以第一层基分类器的输出作为额外的特征，并与原始特征一起进行训练。这样可以利用第一层基分类器的预测结果来提高最终的预测性能。在 Stacking 算法中，基分类器通常是异构的，即使用不同的学习算法或模型来构建。这样可以从不同的角度对数据进行建模，增加模型的多样性，提高集成模型的性能和泛化能力。

Stacking 算法流程如图 7-5 所示，Stacking 算法的执行步骤如下。

（1）第一阶段：通过对整个训练集进行自助采样，可以得到多个不同的训练集。使用这些训练集分别训练一系列的初级分类器（$C_1, C_2, \cdots, C_m$）。每个初级分类器都会产生一组预测结果（$P_1, P_2, \cdots, P_m$）。

（2）第二阶段：将初级分类器的预测结果（$P_1, P_2, \cdots, P_m$）作为新的训练集来训练第二阶段的模型，这一阶段采用分类器来进行训练，获得最终的预测结果。

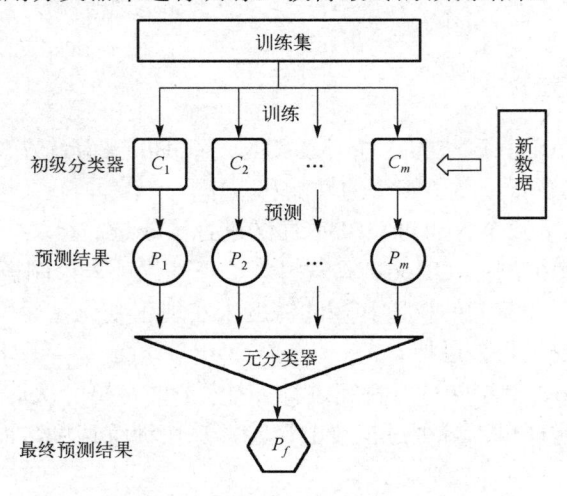

图 7-5 Stacking 算法流程

Stacking 算法具有以下优点。
- 模型表现更强大：Stacking 算法通过结合多个初级分类器的预测结果，利用次级分类器进行集成，可以有效捕获数据的复杂关系和非线性特征，从而提升模型的表现能力和预测准确度。
- 泛化能力更强：由于 Stacking 算法可以利用不同学习算法或模型的多样性，所以它能够在训练集上学习到更多的知识和信息，从而提高模型的泛化能力，对未见样本的预测能力也更强。
- 灵活性和可扩展性：Stacking 算法可以方便地扩展到更多的层次和更多的分类器，可以根据问题的复杂性和需求进行灵活的模型设计和调整，具有较高的可扩展性。

Stacking 算法具有以下缺点。
- 计算复杂度高：Stacking 算法需要训练多个初级分类器和一个次级分类器，涉及多次的训练和预测过程，因此计算复杂度较高，尤其在数据集规模较大时可能面临较高的计算资源需求。
- 模型结构复杂：Stacking 算法是一个分层的集成框架，涉及多个分类器之间的交互和组合，模型结构相对复杂，需要仔细设计和调整。同时，模型的解释性也较弱，不太容易理解和解释分类器之间的关系。
- 可能存在过拟合风险：Stacking 算法使用了多个分类器进行集成，如果初级分类器的数量过多或模型过于复杂，那么存在一定的过拟合风险，特别是当训练集数据较少时。

7.5 集成学习的编程实践

在 sklearn 中，有以下一些与集成学习相关的类，常用的类包括 BaggingClassifier、RandomForestClassifier、AdaBoostClassifier 和 AdaBoostRegressor、GradientBoostingClassifier 和 GradientBoostingRegressor、XGBClassifier 和 XGBRegressor。同时，可以通过 Python 的 mlxtend 库完成对 sklearn 模型的堆叠。

7.5.1 Bagging

在 sklearn 中，可用 BaggingClassifier 类进行 Bagging 分类（或用 BaggingRegressor 进行回归）。以下代码训练了一个包含 500 个决策树分类器的集成学习模型，每次随机从训练集中采样 100 个训练实例进行训练，然后放回。

```
from sklearn.ensemble import BaggingClassifier
from sklearn.tree import DecisionTreeClassifier
bag_clf = BaggingClassifier(
DecisionTreeClassifier(),
n_estimators=500,
max_samples=100,
bootstrap=True,
n_jobs=-1 )
bag_clf.fit(X_train, y_train)
y_pred = bag_clf.predict(X_test)
```

参数说明如下。

max_samples：控制样本子集的大小。max_samples=100，表示在数据集上有放回地采样100个训练实例。

bootstrap：控制样本是否需要放回。False 表示无放回采样，True 表示有放回采样。

n_estimators：表示基分类器数目。n_estimators=500 表示有 500 个相同的决策树。

n_jobs：用来指示 sklearn 用于训练和预测所需要 CPU 内核的数量。n_jobs=-1 表示 sklearn 会使用所有空闲内核。

在 sklearn 中创建 BaggingClassifier 时，设置参数 oob_score=True，可以请求在训练结束后自动进行包外评估来估计泛化精度。通过变量 oob_score_ 可以得到最终的评估分数。

```
bag_clf = BaggingClassifier(
DecisionTreeClassifier(), n_estimators=500,
bootstrap=True, n_jobs=-1, oob_score=True)
bag_clf.fit(X_train, y_train)
bag_clf.oob_score_
Output:
0.93066666666666664
```

BaggingClassifier 也支持对特征进行抽样，可以通过 max_features 和 bootstrap_features 这两个参数来控制特征子集大小和是否放回。它们的使用方法与 max_samples 和 bootstrap 相同，只是抽样对象不再是实例，而是特征。

7.5.2 随机森林

随机森林通常用 Bagging 法训练，训练集大小通过 max_samples 来设置。一种方法是先构建一个 BaggingClassifier，然后将结果传输到 DecisionTreeClassifier 中；另一种方法是直接使用 RandomForestClassifier 类（对于回归任务，使用 RandomForestRegressor 类）。RandomForestClassifier 几乎具有 DecisionTreeClassifier 和 BaggingClassifier 的所有参数，前者用来控制树的生长，后者用来控制集成本身。

```
class sklearn.ensemble.RandomForestClassifier(
n_estimators=10,
criterion='gini',
max_depth=None,
min_samples_split=2,
min_samples_leaf=1,
min_weight_fraction_leaf=0.0,
max_features='auto',
max_leaf_nodes=None,
min_impurity_decrease=0.0,
min_impurity_split=None,
bootstrap=True,
oob_score=False,
n_jobs=1,
random_state=None,
```

```
verbose=0,
warm_start=False,
class_weight=None)
```

参数说明如下。

n_estimators：森林中决策树的个数，默认是 10。

criterion：采用何种方法度量分裂质量，信息熵或者基尼系数，默认是基尼系数。

max_features：寻求最佳分割时考虑的特征数量，即特征数达到多大时进行分割。

max_depth：树的最大深度。

min_samples_split：分割内部节点所需的最少样本数量。

min_samples_leaf：叶节点上包含的样本最小值。

min_weight_fraction_leaf：若节点对应的实例数和总样本数的比值大于此值，可被称为叶节点。

max_leaf_nodes：最大叶节点数。

min_impurity_split：树增长停止的阈值。

min_impurity_decrease：若节点分裂后，杂质度的减小效果高于此值，则该节点将会被分裂。

bootstrap：是否采用有放回的抽样方式。

oob_score：是否使用袋外样本来估计该模型大概的准确率。

n_jobs：拟合和预测过程中并行运用的内核数量。

class_weight：调整类别权重。

以下代码使用所有可用的 CPU 内核，训练了一个拥有 500 棵树的随机森林分类器，其中限制每棵树最多有 16 个叶节点。

```
from sklearn.ensemble import RandomForestClassifier
rnd_clf=RandomForestClassifier(n_estimators=500,max_leaf_nodes=16,n_jobs=-1)
rnd_clf.fit(X_train, y_train)
 y_pred_rf = rnd_clf.predict(X_test)
```

7.5.3 AdaBoost

sklearn 库中 AdaBoost 的类库是 AdaBoostClassifier 和 AdaBoostRegressor，AdaBoostClassifier 用于分类，AdaBoostRegressor 用于回归。

AdaBoost 主要针对两部分内容进行调参：第一部分是对 AdaBoost 的框架进行调参，第二部分是对选择的弱分类器进行调参，两者相辅相成。

框架参数如下。

base_estimator：弱分类器或者弱回归器，需要支持样本权重。默认是决策树。

n_estimators：弱分类器的最大迭代次数。n_estimators 太小，容易欠拟合，n_estimators 太大，容易过拟合。一般选择一个适中的数值，默认为 50。在实际调参的过程中，常常将 n_estimators 和下面介绍的参数 learning_rate 一起考虑。

learning_rate：学习率，用来控制每个弱分类器对最终结果的贡献程度（即控制每个弱分类器的权重修改速率）。

algorithm：Boosting 算法有 SAMME 和 SAMME.R 两种方式，默认为 SAMME.R。两者

的区别主要在于对弱分类器权重的度量,前者关注对样本集预测错误的概率,后者关注样本集预测错误的比例,即通过错分率进行划分。

random_state:随机种子设置。

关于 AdaBoost 模型本身的参数并不多,但是实际调参时除了调整 AdaBoost 模型参数,还需要调整基分类器的参数。基分类器的调参和单模型的调参是完全一样的,比如,默认的基分类器是决策树,它和之前的 sklearn 决策树调参完全一致。获取一个好的预测结果主要需要调整的参数是 n_estimators 和 base_estimator 的复杂度(例如,对于弱分类器为决策树的情况,树的深度 max_depth 或叶节点的最小样本数 min_samples_leaf 等都是控制树的复杂度的参数)。

下面的代码使用 sklearn 的 AdaBoostClassifier 训练了一个 AdaBoost 分类器,它基于 200 个单层决策树(max_depth=1)。这是 AdaBoostClassifier 默认使用的基础估算器。

```
from sklearn.ensemble import AdaBoostClassifier
ada_clf = AdaBoostClassifier(
DecisionTreeClassifier(max_depth=1), n_estimators=200,
algorithm="SAMME.R", learning_rate=0.5 )
ada_clf.fit(X_train, y_train)
```

7.5.4 GBDT

在 sklearn 中,GBDT 类库包含 GradientBoostingClassifier 和 GradientBoostingRegressor,其中 GradientBoostingClassifier 用于分类,而 GradientBoostingRegressor 用于回归。它们的参数完全相同,不过有些参数如损失函数 loss 的可选择项并不相同。人们把重要的参数分为两类:第一类是 Boosting 框架的重要参数;第二类是弱分类器 CART 的重要参数。

首先介绍 Boosting 框架的重要参数。

n_estimators:弱分类器的最大迭代次数,或者说最大的弱分类器个数。一般来说 n_estimators 太小,容易欠拟合,而 n_estimators 太大,又容易过拟合,通常需要选择一个适中的数值,默认值是 50。在实际的调参过程中,常常将它和参数 learning_rate 一起来考虑。

learning_rate:v 的取值范围是 0<v≤1。对于同样的训练集拟合效果,较小的 v 意味着需要进行更多次的弱分类器迭代。通常用步长和最大迭代次数一起来决定算法的拟合效果。一般来说,可以从一个小一点的 v 开始调参,其默认值是 1。

subsample:子采样比例,取值为(0,1]。这里使用的是无放回采样。如果取值为 1,则使用全部样本,等于没有使用子采样。选择小于 1 的值可以减少方差,防止过拟合,但是会增加样本拟合的偏差,因此推荐在[0.5, 0.8]之间选择。

init:初始化的弱分类器。如果不输入,则用训练集样本来做样本集的初始化分类回归预测,否则使用 init 参数提供的分类器来做初始化分类回归预测。

loss:GradientBoostingClassifier 类的损失函数有对数似然损失函数 deviance 和指数损失函数 exponential 两个选项。一般来说,推荐使用默认的对数似然损失函数 deviance。GradientBoostingRegressor 类的损失函数有均方差损失函数 ls、绝对损失函数 lad、Huber 损失函数 huber 和分位数损失函数 quantile。默认为均方差损失函数 ls。

alpha:GradientBoostingClassifier 类没有这个参数。当 GradientBoostingRegressor 类使用

Huber 损失函数 huber 和分位数损失函数 quantile 时，需要指定分位数的值。默认值是 0.9，如果噪声点较多，那么可以适当减小这个参数的值。

关于 GradientBoostingClassifier 和 GradientBoostingRegressor 的弱分类器参数，由于 GBDT 使用了 CART 作为弱分类器，因此它的参数基本上来源于决策树类，也就是说，与 DecisionTreeClassifier 和 DecisionTreeRegressor 的参数基本相同。在 scikit-learn(sklearn)决策树算法中已经对这两个类的参数做了详细的解释，这里只强调其中需要注意的几个最重要的参数，如下所述。

max_features：划分时考虑的最大特征数。可以使用多种类型值，默认是 None。
max_depth：决策树的最大深度。
min_samples_split：内部节点再划分所需最小样本数。
min_samples_leaf：叶节点最小样本数。
min_weight_fraction_leaf：叶节点最小的样本权重。
max_leaf_nodes：最大叶节点数。
min_impurity_split：节点划分最小不纯度。

```
from sklearn.ensemble import GradientBoostingClassifier
model = GradientBoostingClassifier(
max_features=90,
max_depth=40,
min_samples_split=8,
min_samples_leaf=3,
n_estimators=1200,
learning_rate=0.05,
subsample=0.95)
```

7.5.5　XGBoost

XGBoost 可调用的类库是 XGBClassifier 和 XGBRegressor，其中 XGBClassifier 用于分类，XGBRegressor 用于回归。其参数可以分为框架参数和弱分类器参数两类，大致与前面所述的相似。

XGBoost 框架参数如下。

booster：决定 XGBoost 使用的弱分类器类型，默认为 gbtree，也就是 CART。
n_estimators：弱分类器的个数。这个参数对应 sklearn GBDT 的 n_estimators。
XGBoost 弱分类器参数如下。
learning_rate：和 sklearn GBDT 的 learning_rate 类似，较小的 learning_rate 意味着需要更多的弱分类器的迭代次数。通常用步长和最大迭代次数一起来决定算法的拟合效果。
max_depth：控制树结构的深度，该参数对应 sklearn GBDT 的 max_depth。需要注意的是，在训练深树时 XGBoost 会大量消耗内存。
gamma：XGBoost 的决策树分裂所带来的损失减小阈值。
min_child_weight：最小的子节点权重阈值。这里树节点的权重使用的是该节点所有样本的二阶导数的和。此参数值越大，算法越保守，控制过拟合越严格。
subsample：子采样参数，这个也是不放回抽样，和 sklearn GBDT 的 subsample 作用相同。

colsample_bytree、colsample_bylevel、colsample_bynode：这三个参数都是用于特征采样的，默认都是不做采样，即使用所有的特征建立决策树。colsample_bytree 控制整棵树的特征采样比例，colsample_bylevel 控制某一层（depth）的特征采样比例，而 colsample_bynode(split)控制某一个树节点的特征采样比例。如果一共有 64 个特征，假设 colsample_bytree、colsample_bylevel 和 colsample_bynode 都是 0.5，则某一个树节点分裂时会随机采样 8 个特征来尝试分裂子树。

reg_alpha、reg_lambda：XGBoost 的正则化系数。其中 reg_alpha 是 L_1 正则化系数，reg_lambda 是 L_2 正则化系数。

```
from xgboost import XGBClassifier
model =XGBClassifier(
max_depth=3,learning_rate=0.1,n_estimators=100,silent=True,objective='binary:logistic',booster='gbtree',n_jobs=1,nthread=None,gamma=0,min_child_weight=1, max_delta_step=0, subsample=1,colsample_bytree=1, colsample_bylevel=1, reg_alpha=0, reg_lambda=1, scale_pos_weight=1, base_score=0.5, random_state=0, seed=None, missing=None, **kwargs)
```

7.5.6　Stacking

sklearn 不直接支持 Stacking，可以利用 Python 的 mlxtend 库完成对 sklearn 模型的 Stacking。

```
StackingClassifier(
classifiers, meta_classifier, use_probas=False,
average_probas=False, verbose=0, use_features_in_secondary=False)
```

参数说明如下。

classifiers：基分类器，数组形式，[cl1，cl2，cl3]。每个基分类器的特征被存储在类特征 self.clfs_ 中。

meta_classifier：目标分类器。

use_probas：bool (default：False)。如果设置为 True，那么目标分类器的输入为前面分类输出的类别概率值而不是类别标签。

average_probas：bool (default：False)。当使用概率值输出时，设置上一个参数是否使用平均值。

verbose：int，optional (default=0)。控制使用过程中的日志输出，verbose = 0，无输出；verbose = 1，输出回归器的序号和名字；verbose = 2，输出详细的参数信息。verbose > 2，自动将 verbose 设置为小于 2 的值。

use_features_in_secondary：bool (default：False). True。最终的目标分类器会被基分类器产生的数据和最初的数据集同时训练。False 表示最终的分类器只会使用基分类器产生的数据训练。

7.6　集成学习实例

7.6.1　特征选择

以手写数字识别为例，在 MNIST 数据集上训练随机森林，并通过绘制热度图展示每个像素的重要性。代码如下所示。

```python
from sklearn.datasets import fetch_openml
mnist = fetch_openml('mnist_784', version=1)
mnist.target = mnist.target.astype(np.uint8)
rnd_clf = RandomForestClassifier(n_estimators=100, random_state=42)
rnd_clf.fit(mnist["data"], mnist["target"])
def plot_digit(data):
    image = data.reshape(28, 28)
    plt.imshow(image, cmap = mpl.cm.hot,
            interpolation="nearest")
    plt.axis("off")
plot_digit(rnd_clf.feature_importances_)

cbar = plt.colorbar(ticks=[rnd_clf.feature_importances_.min(), rnd_clf.feature_importances_.max()])
cbar.ax.set_yticklabels(['Not important', 'Very important'])

save_fig("mnist_feature_importance_plot")
plt.show()
```

输出结果如图 7-6 所示，颜色越深代表特征的重要性越低。对于手写数字数据集，数字通常位于图像的中心，因此最重要的像素一般集中在中心区域。与此相比，图像周围的像素对预测结果的影响较小，重要性较低。

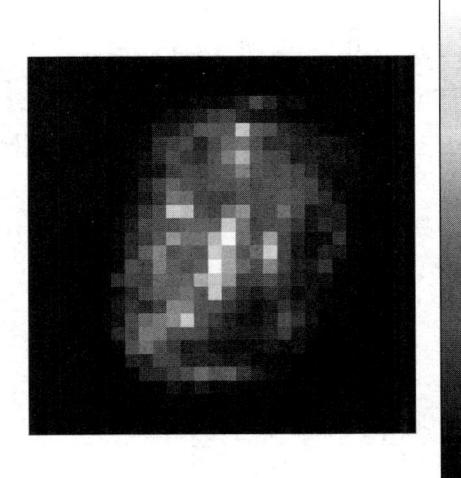

图 7-6 输出结果（扫码见彩图）

7.6.2 数据分类

加载 MNIST 数据集，并将其拆分为训练集、验证集和测试集（例如，使用 50000 个实例进行训练，使用 10000 个实例进行验证，使用 10000 个实例进行测试）。代码如下所示。

```python
from sklearn.model_selection import train_test_split
mnist = fetch_openml('mnist_784', version=1)
```

```
X_train_val, X_test, y_train_val, y_test = train_test_split(
    mnist.data, mnist.target, test_size=10000, random_state=42)
X_train, X_val, y_train, y_val = train_test_split(
    X_train_val, y_train_val, test_size=10000, random_state=42)
```

训练各种分类器，如随机森林分类器、Extra-Trees 分类器和 SVM 等。代码如下所示。

```
from sklearn.ensemble import RandomForestClassifier, ExtraTreesClassifier
from sklearn.svm import LinearSVC
from sklearn.neural_network import MLPClassifier

random_forest_clf=       RandomForestClassifier(n_estimators=100          ,
random_state=42)
extra_trees_clf = ExtraTreesClassifier(n_estimators=100, random_state=42)
svm_clf = LinearSVC(random_state=42)
mlp_clf = MLPClassifier(random_state=42)

estimators = [random_forest_clf, extra_trees_clf, svm_clf, mlp_clf]
for estimator in estimators:
    print("Training the", estimator)
    estimator.fit(X_train, y_train)

[estimator.score(X_val, y_val) for estimator in estimators]
#输出各个分类器得分，分别为[0.9692, 0.9715, 0.8695, 0.9601]
```

其中，线性支持向量机的性能远远低于其他分类器。但还是暂时保留它，因为它可能会提高投票分类器的性能。

尝试使用硬投票法将它们组合成一个集成分类器，并在验证集中对其进行验证，集成性能应优于各个子分类器的性能。代码如下所示。

```
from sklearn.ensemble import VotingClassifier

named_estimators = [
    ("random_forest_clf", random_forest_clf),
    ("extra_trees_clf", extra_trees_clf),
    ("svm_clf", svm_clf),
    ("mlp_clf", mlp_clf),
]

voting_clf = VotingClassifier(named_estimators)
voting_clf.fit(X_train, y_train)
voting_clf.score(X_val, y_val)
#输出集成分类器得分：0.9705
```

```
[estimator.score(X_val, y_val) for estimator in voting_clf.estimators_]
#输出各个子分类器得分，分别为[0.9692, 0.9715, 0.8695, 0.9601]
```

移除支持向量机，查看性能是否有所改善。可以使用 set_params() 将 svm_clf 参数值设置为 None，从而移除 SVM 模型。代码如下所示。

```
voting_clf.set_params(svm_clf=None)
voting_clf.estimators
del voting_clf.estimators_[2]

voting_clf.score(X_val, y_val)
#输出集成分类器得分：0.973。
```

移除 SVM 模型后性能略有提升，说明 SVM 真的影响了集成分类器的性能，且此处集成后的模型优于各个单分类器。

尝试使用软投票法。不需要重新训练分类器，可以直接将 voting 设置为 soft。同时，在测试集中对其进行评估。代码如下所示。

```
voting_clf.voting = "soft"

voting_clf.score(X_val, y_val)
#输出集成分类器得分：0.9669

voting_clf.score(X_test, y_test)
#输出集成分类器得分：0.9691

[estimator.score(X_test, y_test) for estimator in voting_clf.estimators_]
#输出各个子分类器得分，分别为：[0.9645, 0.9691, 0.9603]
```

先使用上述单分类器在验证集上进行预测，然后用预测结果创建一个新的训练集。新训练集中的每个实例都是一个向量，此向量包含了所有分类器对于一张图像的一组预测，以及图像所属类别。在训练集上训练这个新的分类器。代码如下所示。

```
#创建数组存放各个模型预测后的结果，方便下一阶段作为数据输入
X_val_predictions = np.empty((len(X_val),len(estimators)),dtype=np.float32)
#根据数据和分类器数量的维度创建空数组

for index, estimator in enumerate(estimators):
    X_val_predictions[:, index] = estimator.predict(X_val)
#依次遍历四种分类器，将最终预测的结果加入到数组中

X_val_predictions  #查看数组
```

输出结果如下。

```
array([[5., 5., 5., 5.],
```

```
       [8., 8., 8., 8.],
       [2., 2., 2., 2.],
       ...,
       [7., 7., 7., 7.],
       [6., 6., 6., 6.],
       [7., 7., 7., 7.]], dtype=float32)
```

将该数组直接用来作为输入数据进入第二阶段，使用随机森林模型进行训练，它们共同构成了一个 Stacking 集成以获得最终得分。代码如下所示。

```
rnd_forest_blender= RandomForestClassifier(n_estimators=200, oob_score=True, random_state=42)
rnd_forest_blender.fit(X_val_predictions, y_val)

#前面加了 oob_score 参数，这里直接就可以获得模型的评估分数
rnd_forest_blender.oob_score_
#输出结果为 0.9681
```

使用测试集进行评估。对于测试集中的每个图像，首先使用所有分类器进行预测，然后将预测输入到 Stacking 集成中以获得集成的预测结果。代码如下所示。

```
X_test_predictions = np.empty((len(X_test), len(estimators)), dtype=np.float32)

for index, estimator in enumerate(estimators):
    X_test_predictions[:, index] = estimator.predict(X_test)

y_pred = rnd_forest_blender.predict(X_test_predictions)

from sklearn.metrics import accuracy_score
accuracy_score(y_test, y_pred)
#输出集成分类器得分：0.9665
```

7.7 习　题

1. 集成学习可分为哪几类？每类的代表算法是什么？
2. 使用包外数据的好处是什么？
3. 随机森林需要剪枝吗？为什么？
4. 为什么说 Bagging 可以减小弱分类器的方差，而 Boosting 可以减小弱分类器的偏差呢？
5. 是否可以通过在多个服务器上并行来加速 Bagging 集成的训练、Boosting 集成或 Stacking 集成呢？
6. 简述随机森林为何比决策树 Bagging 集成的训练速度更快。
7. 简述 Bagging 通常为何难以提升朴素贝叶斯分类器的性能。

8. 某公司招聘员工，考查身体、业务能力、发展潜力三项。身体分为合格 1、不合格 0 两级，业务能力和发展潜力分为上 1、中 2、下 3 三级。分类为合格 1、不合格 −1 两类。已知 10 个人的数据，如表 7-2 所示，假设弱分类器为决策树桩，试用 AdaBoost 算法学习一个强分类器。

表 7-2　10 个人的数据

项目	1	2	3	4	5	6	7	8	9	10
身体	0	0	1	1	1	0	1	1	1	0
业务能力	1	3	2	1	2	1	1	1	3	2
发展潜力	3	1	2	3	3	2	2	1	1	1
分类	−1	−1	−1	−1	−1	−1	1	1	−1	−1

9. 利用 Boosting 方法实现 MNIST 手写数字识别。

第 8 章

聚类算法

聚类算法是一种无监督学习算法,用于将数据集中的对象划分为具有相似特征的组或簇。聚类算法的目标是将数据集中的对象分成不同的簇,使得同一组内的对象相似性较高,不同组之间的相似性较低。本章介绍聚类算法的相关知识。

本章的重点、难点和需要掌握的内容如下。
➤ 掌握聚类算法的原理。
➤ 掌握常见的聚类算法,如 K-Means 算法。
➤ 了解基于划分、基于模型、基于密度、基于层次和基于图的聚类算法。
➤ 掌握聚类算法的性能评价方法。

8.1 聚类算法概述

聚类算法是一种无监督学习算法,即进行聚类的样本不带有类标签。聚类算法以样本中数据的相似度或距离为依据,直接从数据的内在性质中学习最优划分结果,确定离散标签类型,把样本划分成若干簇,使得同一类的数据尽可能在同一簇,不同类的数据尽可能分离。通过聚类得到的类或簇,类内的样本具有相近的性质,特征差异小,不同类之间的样本特征差异较大。聚类算法在模式识别、异常数据识别等领域有着广泛的应用。

图 8-1(a)显示了随机生成的散点数据,使用聚类算法就可以将其根据分布情况分成四类。图 8-1(b)展示了分类结果,不同类的数据用不同的颜色表示。这里使用的是经典的 K-Means 算法,其思想是距离相近的数据点被划分到一类(参考代码 K-Means.ipynb)。

(a)随机生成的散点数据　　(b)分类结果

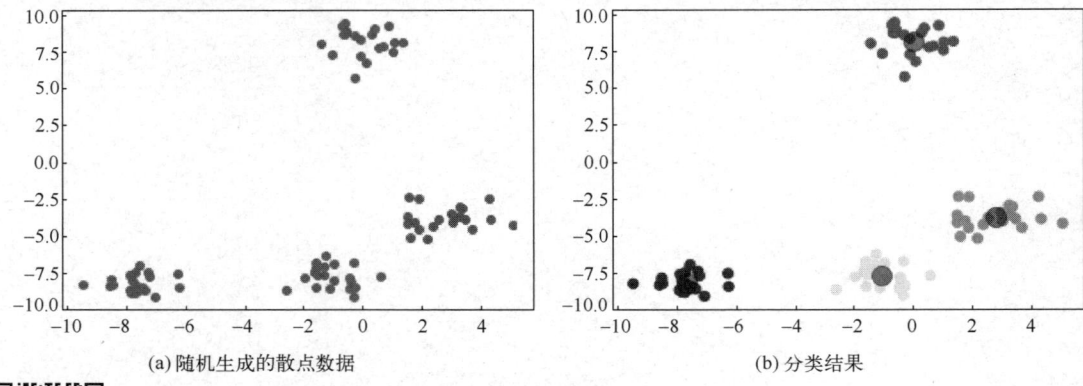

图 8-1 聚类算法分类示意图(扫码见彩图)

8.1.1 聚类算法分类

聚类可以分为硬聚类和软聚类，硬聚类即一个样本只能属于一个聚类簇，而软聚类则是假定一个样本可以属于多个类，如常见的 K-Means 属于硬聚类，而高斯混合模型聚类属于软聚类。常见的聚类有基于划分的聚类、基于模型的聚类、基于密度的聚类、基于层次的聚类、基于图的聚类等。表 8-1 列出了不同聚类的参数及使用场景。

表 8-1　不同聚类的参数及使用场景

模型名称	聚类类别	参数	使用场景
K-Means	基于划分的聚类	簇的个数	簇的数量较小，通用，均匀的簇大小，平面几何
Gaussian Mixtures	基于模型的聚类	参数较多	大型数据集，异常值去除，数据简化
Mean-shift	基于密度的聚类	带宽	簇的数量较多，不均匀的簇大小，非平面几何
DBSCAN	基于密度的聚类	近邻大小	非平面几何，不均匀的簇大小
Birch	基于层次的聚类	分支因子，阈值，可选全局簇	簇的数量较少，通用，均匀的簇大小，平面几何
Ward Hierarchical Clustering	基于层次的聚类	簇的个数或距离阈值	簇的数量较多，可能连接限制
Agglomerative Clustering	基于层次的聚类	簇的个数，链接类型，距离	簇的数量较多，可能连接限制，非欧氏距离
Affinity Propagation	基于图的聚类	样本数量和阻尼	簇的数量较多，不均匀的簇大小，非平面几何
Spectral Clustering	基于图的聚类	簇的个数	簇的数量较少，均匀的簇大小，非平面几何

8.1.2 聚类的性能评价

聚类算法和分类算法在目标和评估方法上有所不同。在聚类算法中，数据集通常没有明确标记的类别信息，因此不能使用传统的准确率、召回率等监督学习的评估指标来评价聚类结果。由于缺乏标签信息，所以无法直接计算错误的数量或准确率。

聚类算法的评估通常基于相似性度量或距离度量，用于衡量聚类结果中对象之间的相似性或距离。常见的评估指标如下。

（1）内部指标：用于评估聚类结果的内部一致性和紧密性。例如，簇内的平均距离应该小，而簇间的距离应该大。常见的内部评估指标包括轮廓系数（Silhouette Coefficient）、戴维斯堡丁指数等。

（2）外部指标：用于与已知标签或真实类别进行比较，评估聚类结果的准确性。但请注意，这些标签并没有用于聚类过程本身，而仅用于评估目的。常见的外部评估指标包括兰德指数（Rand Index，RI）、互信息（Mutual Information）等。

聚类算法的评估是相对的，即需要比较不同算法或不同参数设置下的聚类结果。并且，不同的评估指标可能会产生不同的结果，因此在选择和解释评估指标时需要结合具体问题和算法特点。确实满足某些假设或使用合适的相似性度量指标可以帮助评估聚类结果。这些度量指标可以衡量同一个簇内成员之间的相似性较高，而不同簇内成员之间的相似性较低的程度。但是，选择适当的相似性度量和假设需要根据具体问题和数据的特点进行判断和验证。

1. 内部指标

内部指标不依赖于参考模型，而是直接对聚类结果进行评估，内部有效指标主要基于数据集的集合结构信息从紧致性、分离性、连通性和重叠度等方面对聚类划分进行评价。常见的内部指标如下。

1）戴维斯堡丁指数

戴维斯堡丁指数（Davies-Bouldin Index），简称 DB 指数，用类内样本点到其聚类中心的距离估计类内的紧致性，用聚类中心之间的距离表示类间的分离性，定义如下：

$$\mathrm{DB} = \frac{1}{k}\sum_{i=1}^{k}\max_{j\neq i}\left(\frac{\overline{C_i}+\overline{C_j}}{\|w_i-w_j\|_2}\right)$$

式中，$\overline{C_i}$ 是簇 i 中每一个点到簇质心的平均距离，也称为簇直径；$\|w_i-w_j\|_2$ 是簇 i、j 的质心间距离。

DB 指数越小意味着类内距离越小，同时类间距离越大，较小的 DB 指数表明模型对类的分离度较好，零为最低值，接近零的值表示更好的分类。

2）轮廓系数

轮廓系数是结合类内聚合程度和类间离散程度来评估聚类性能的，对于任意样本点 $\boldsymbol{x}_i$，计算方法如下。

（1）计算 $\boldsymbol{x}_i$ 到簇中各点的平均簇内距离 $a(\boldsymbol{x}_i)$，这个距离也称之为类内聚合度。

（2）分别计算 $\boldsymbol{x}_i$ 到其他簇中各点的平均距离，取最小值记为 $b(\boldsymbol{x}_i)$，也称之为类间离散度。

（3）用 $s(\boldsymbol{x}_i)$ 表示轮廓系数，计算公式如下：

$$s(\boldsymbol{x}_i) = \frac{b(\boldsymbol{x}_i)-a(\boldsymbol{x}_i)}{\max(a(\boldsymbol{x}_i),b(\boldsymbol{x}_i))}$$

$s(\boldsymbol{x}_i)$ 的取值范围为[-1, 1]，$s(\boldsymbol{x}_i)$ 的值越接近于 1，说明聚类效果越好；当 $s(\boldsymbol{x}_i)$ 的值接近于-1 时，说明聚类效果很差。

3）Calinski-Harabasz 指数

Calinski-Harabasz 指数，简称 CH 指数，通过计算类中各点与类中心的距离平方和来度量类内的紧密度，通过计算各类中心与数据集中心点距离平方和来度量数据集的分离度，该指数是所有簇的簇间离散度和簇内离散度之和的比，离散度定义为距离的平方和。CH 指数可用如下公式计算：

$$\mathrm{CH} = \frac{\mathrm{tr}(\boldsymbol{B}_k)}{\mathrm{tr}(\boldsymbol{W}_k)} \times \frac{n_E-k}{k-1}$$

$$\boldsymbol{W}_k = \sum_{q=1}^{k}\sum_{\boldsymbol{x}\in C_q}(\boldsymbol{x}-c_q)(\boldsymbol{x}-c_q)^{\mathrm{T}}$$

$$\boldsymbol{B}_k = \sum_{q=1}^{k}n_q(c_q-c_E)(c_q-c_E)^{\mathrm{T}}$$

式中，$\boldsymbol{B}_k$ 为簇间协方差矩阵；$\boldsymbol{W}_k$ 为簇内数据的协方差矩阵；n_E 为数据集的大小；k 是簇的数量；$\mathrm{tr}(\boldsymbol{B}_k)$ 是簇间离散度矩阵的迹；$\mathrm{tr}(\boldsymbol{W}_k)$ 是簇内离散度矩阵的迹；C_q 是簇 q 的数据点集合；c_q 是簇 q 的中心；c_E 是整个数据集 E 的中心；n_q 是簇 q 中数据点的数量。

CH 指数的值越大，代表类自身越紧密，类与类之间越分散，即更优的聚类结果，因此 CH 指数的值越大，意味着本模型定义的簇越好。

2．外部指标

外部指标是指当数据集的外部信息可用时，通过比较聚类划分与外部准则的匹配度，可以评价不同聚类算法的性能。

1）兰德指数

设数据集 X 的一个聚类结构为 $C = \{C_1, C_2, \cdots, C_m\}$，数据集已知的划分为 $\boldsymbol{P} = \{P_1, P_2, \cdots, P_m\}$，通过比较 C 和 $\boldsymbol{P}$，以及比较邻接矩阵与 $\boldsymbol{P}$ 来评价聚类的质量。

兰德（RI）指数的公式如下：

$$\text{RI} = \frac{a+b}{C_2^{n_{\text{samples}}}}$$

式中，a 表示在 C 与 $\boldsymbol{P}$ 中都是同类别的元素对数；b 表示在 C 与 $\boldsymbol{P}$ 中不同类别的元素对数；$C_2^{n_{\text{samples}}}$ 表示数据集中可以组成的总元素对数。兰德指数取值为[0,1]，越接近于 1 表示两种划分结果越相近，分类效果越好。

然而，对于随机的标签分配，RI 并不能保证分数接近于 0（特别是在簇的数量与样本数量有着相同的规模排序时）。为了抵消这种影响，通过定义调整的兰德指数来对随机标签的预期 $E(\text{RI})$ 进行削减，如下公式定义了调整后的兰德指数（Adjusted Rand Index，ARI）：

$$\text{ARI} = \frac{\text{RI} - E(\text{RI})}{\max(\text{RI}) - E(\text{RI})}$$

在已知真实簇标签 labels_true 和聚类算法基于相同样本所得到的预测标签 labels_pred 后，可以使用调整后的兰德指数函数来测量两个簇标签分配的值的相似度。由于兰德指数是通过对比真实标签与预测标签是否在同一集合中的对数来计算的，所以使用该评估方法的前提是要得知原始数据集的真实标签。

2）标准化互信息

互信息是两种分类所得结果相互依赖程度的度量，可以测量样本的真实标签与聚类所得标签的一致性。标准互信息（Normalized Mutual Information，NMI）属于外部指标，经常被用来衡量两个聚类结果的吻合程度，定义公式如下：

$$\text{NMI} = \frac{\sum_{i=1}^{k}\sum_{j=1}^{k} n_{ij} \log_2 \frac{n_{ij}}{n_i \hat{n}_j}}{\sqrt{\left(\sum_{i=1}^{k} n_i \log_2 \frac{n_i}{N}\right)\left(\sum_{j=1}^{k} \hat{n}_j \log_2 \frac{\hat{n}_j}{N}\right)}}$$

式中，n_{ij} 表示在聚类 C_i 与类别 Y_j 交集中的数据点数量；n_i 是聚类 C_i 中的数据点数量；$\hat{n}_j$ 是类别 Y_j 中的数据点数量。

NMI 的取值范围为[0,1]，NMI 的值越大，两种分类结果相关性越强，分类结果越好。

3）V-measure

介绍 V-measure 之前需要先理解同质性（Homogeneity）和完整性（Completeness）。

同质性：每个簇只包含单个类的成员，度量公式如下：

$$h = 1 - \frac{H(C|K)}{H(C)}$$

完整性：一个给定类的所有成员被分配给同一个群集，度量公式如下：

$$c = 1 - \frac{H(C|K)}{H(C)}$$

式中，$H(C|K)$ 是给定簇划分条件下类别划分的条件熵，$H(C|K) = -\sum_{C=1}^{|C|}\sum_{K=1}^{|K|}\frac{n_{C,K}}{n}\log_2\left(\frac{n_{C,K}}{n_K}\right)$；$H(C)$ 是类别划分熵，$H(C) = -\sum_{C=1}^{|C|}\frac{n_C}{n}\log_2\left(\frac{n_C}{n}\right)$，$n$ 表示实例总数，n_C 表示类别 C 下的实例数，n_K 表示类别 K 下的实例数，$n_{C,K}$ 表示类 C 中被划分到簇 K 中的实例数。

V-measure 是同质性和完整性的调和平均，表示公式如下：

$$v = \frac{(1+\beta)\cdot homogeneity \cdot completeness}{\beta \cdot homogeneity + completeness}$$

式中，β 的默认值是 1，如果 β 小于 1，则 v 偏向于同质性；反之，若 β 大于 1，则 v 偏向于完整性。

V-measure 的取值范围为 [0,1]，其值越大越好，但当样本量较小或聚类数据较多时，不推荐使用。

4）Fowlkes-Mallows 指数

Fowlkes-Mallows 指数（Fowlkes-Mallows Index，FMI）定义为聚类结果与已有真实值的准确率和召回率的几何平均值。

$$FMI = \frac{TP}{\sqrt{(TP+FP)(TP+FN)}}$$

式中，TP 是真正例的数量（真实标签组和预测标签组中属于相同簇的点对数）；FP 是假正例的数量（在真实标签组中属于同一簇的点对数，而不在预测标签组中）；FN 是假负例的数量（预测标签组中属于同一簇的点对数，而不在真实标签组中）。

FMI 的取值范围为[0,1]，取值越接近于 1，表示聚类结果越接近于真实值，聚类效果越 好。

8.2 基于划分的聚类算法

基于划分的聚类算法将数据集划分为互不重叠的簇，通过迭代地优化簇内的样本相似性来划分数据集。基于划分的聚类算法是聚类分析中最常用、最普遍的算法，简单易用，在实际中广泛应用。常见的基于划分的聚类算法包括 K-Means 算法、MiniBatchKMeans 算法和 K-Means++算法等。

8.2.1 K-Means 算法

K-Means 算法是一种常用的基于距离的聚类算法，它通过将数据点划分为 K 个簇来实现聚类。该算法的核心思想是将数据点分配到距离最近的簇中,同时调整簇的中心以最小化簇内的均方差。K-Means 算法简单易用、计算效率高、可解释性强,通常适用于大规模数据集,并且在客户分群、用户画像、精确营销和基于聚类的推荐系统等应用中得到了广泛应用。

在 K-Means 算法中,距离被用作相似性的度量指标,常用的距离计算方法包括欧氏距离、曼哈顿距离和余弦相似度等。选择适当的距离计算方法应考虑数据的特征和问题的要求。K-Means 算法对初始簇中心的选择敏感,并且可能收敛到局部最优解。为了克服这些问题,可以采用多次随机初始化和迭代运行算法,并选择最优的聚类结果。此外,K-Means 算法对异常值和噪声敏感,因此在使用前需要进行数据预处理和异常值处理。

该算法的原理:从样本数据中随机选取 K 个质心作为初始的聚类中心;计算每个样本点到所有质心的距离,样本离哪个质心近就将该样本分配到那个质心,得到 K 个簇;对于每个簇,计算所有被分到该簇中的样本点的平均距离作为新的质心,重复上述过程直到收敛,即所有簇不再发生变化。

具体步骤如下。

样本集: $X = \{x_1, x_2, \cdots, x_m\}$
从 X 中随机选择 k 个点作为初始均值向量 $\{u_1, u_2, \cdots, u_k\}$
01: while true:
02: 令 $C_i = \varnothing (1 \leq i \leq k)$
03: for x_j in range X:
04:   计算样本 x_j 与各均值向量 u_i 间的距离: $d_{ij} = \| x_j - u_i \|^2$
05:   根据 d_{ij} 的值确定 x_j 所属的簇
06:   当 d_{ij} 取 min 时,将 x_j 划入第 i 簇 C_i
07:
08: for u_i in range U:
09:   计算新的均值向量 $u' = \dfrac{1}{|C_i|} \sum_{x \in C_i} x_i$
10:   if $u' \neq u_i$:
11:    将当前均值向量 u_i 更新为 u'_i
12:   else:
13:    保持当前均值向量不变
14: if 当前均值向量均未更新:
15:   break
输出:
簇划分 $C = \{C_1, C_2, \cdots, C_k\}$

根据具体示例理解 K-Means 算法的求解过程,如图 8-2 所示,将 A、B、C、D、E 5 个点分为两类。

从图 8-2 中可以看到,灰色的点是中心点,也就是用来找点群的点。因为要将数据分为两类,所以有两个中心点。聚类过程如下。

(1) 随机在图中取 K(这里 $K=2$)个聚类中心点。

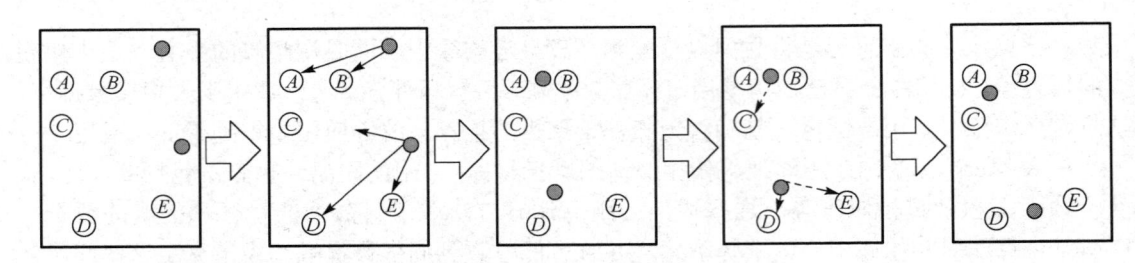

图 8-2　K-Means 算法步骤示意图

（2）针对数据集中每个样本计算它到 K 个聚类中心点的距离，并将其分到距离最小的聚类中心所对应的类中。假如点 P_i 离中心点 S_i 最近，那么 P_i 将被分到 S_i 点群（从图 8-2 中可以看到，A、B 属于上面中部的中心点，C、D、E 属于下面中部的中心点）。

（3）重新计算每个类的聚类中心，$S_i = \dfrac{1}{|P_i|}\sum_{x \in P_i} x$ （见图 8-2 中的第 3 步）。

（4）重复步骤（2）、（3），直到聚类中心点不再移动（可以看到，图 8-2 中第 4 步上面的种子点聚合了 A、B、C 点，下面的种子点聚合了 D、E 点）。

图 8-3 所示为 K-Means 算法分类效果，每一簇用不同颜色区分，并标注出了每一类的聚类中心点。

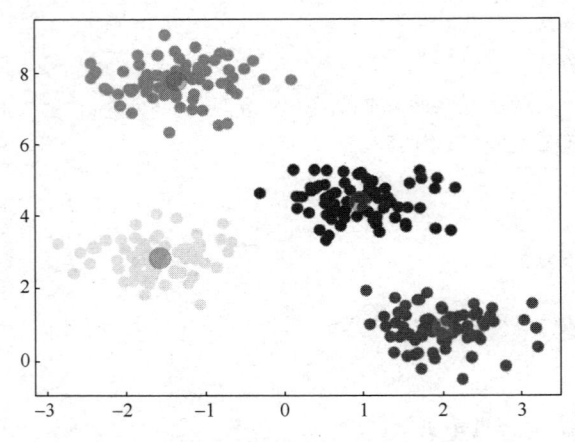

图 8-3　K-Means 算法分类效果（扫码见彩图）

K-Means 算法并不保证结果是全局最优的，并且在聚类之前需要指定聚类的个数，也就是簇的数量。该算法不会从数据中找出最优的簇数。如果选择的簇的数量不恰当，K-Means 算法尽管也会被执行，但结果会不尽如人意。图 8-4 所示为 K-Means 算法簇数不匹配时的分类效果，可以看到，并没有很好地区分开不同类别。

K-Means 算法是解决聚类问题的一种经典算法，算法简单、快速，当结果簇是密集的，而簇与簇之间区别明显时，它的效果较好，主要需要调参的参数仅仅是簇数 K。但 K-Means 算法只有在簇的平均值被定义的情况下才能被使用，且对有些分类特征的数据不适合，K-Means 算法要求用户必须事先给出要生成的簇的数目，在很多情况下 K 值的估计是非常困难的。K-Means 算法对初始选取的质心点较为敏感，不同的随机种子点得到的聚类结果完全不同，对结果影响很大，不适合于发现非凸面形状的簇，或者大小差别很大的簇。

K-Means 算法采用迭代方法进行求解，可能只能得到局部的最优解，而无法得到全局的最优解。

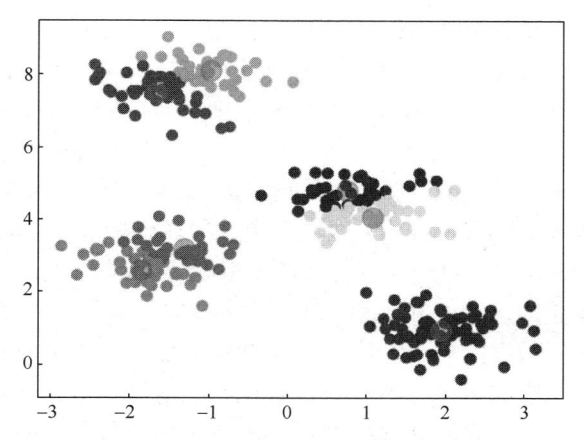

图 8-4　K-Means 算法簇数不匹配时的分类效果（扫码见彩图）

K-Means 算法本质上是一种基于欧氏距离度量的数据划分方法，均值和方差大的维度将对数据的聚类结果产生决定性影响。所以在聚类前对数据（具体地说是每一个维度的特征）做归一化和统一单位至关重要。此外，异常值会对均值计算产生较大影响，导致中心偏移，因此对于噪声和孤立点数据最好能提前过滤。算法尝试找出使平方误差函数值最小的 K 个划分。当簇是密集的、球状或团状的，且簇与簇之间区别明显时，聚类效果较好。

针对 K-Means 算法的缺点，有以下几种解决策略。

（1）数据预处理（去除异常点）。K-Means 算法的本质是基于欧氏距离的数据划分算法，均值和方差大的维度将对数据的聚类产生决定性影响。未做归一化处理和未统一单位的数据是无法直接参与运算和比较的。常见的数据预处理方式有数据归一化、数据标准化。此外，离群点或者噪声数据会对均值产生较大的影响，导致中心偏移，因此还需要对数据进行异常点检测。

（2）合理选择 K 值。K 值的变化对聚类结果影响较大，这也是 K-Means 算法最大的缺点，常见的选取 K 值的方法有手肘法、Gap Statistic 方法等。

（3）采用核函数。当数据线性不可分时，可以采用核函数来改进 K-Means 算法。核函数将数据映射到高维特征空间，使得在原始特征空间中线性不可分的数据在高维特征空间中变得线性可分，从而提高聚类的效果。

在 K-Means 算法中引入核函数的方法称为 Kernel K-Means 算法。与传统的 K-Means 算法相比，Kernel K-Means 算法的主要区别在于距离的计算。传统的 K-Means 算法使用欧氏距离或其他距离度量来计算数据点之间的距离。而 Kernel K-Means 算法使用核函数来计算数据点在高维特征空间中的相似度。核函数可以将原始特征空间中的数据映射到一个更高维的空间中，使得数据在该空间中更容易线性可分。

8.2.2　MiniBatchKMeans 算法

K-Means 算法虽然效果不错，但是每一次迭代都需要遍历全部的数据，一旦数据量过大、计算复杂度过大、迭代的次数过多，就会导致收敛速度非常慢。K-Means 算法在聚类之前首

先需要初始化 K 个簇中心，因此 K-Means 算法对初始值敏感，对于不同的初始值，可能会导致不同的聚类结果。因为初始化是一个随机过程，所选的簇中心很有可能都在同一个簇中，在这种情况下，K-Means 算法在很大程度上不会收敛到全局最小。对于 K-Means 算法的效率问题，可以从样本数量太大和迭代次数过多两个方面进行优化。

MiniBatchKMeans 算法是 K-Means 算法的一个变种，主要解决 K-Means 算法样本数量太大的问题，通过优化样本数量对 K-Means 算法进行优化，它使用小批量减少计算时间，每个批次仍然尝试优化相同的目标函数。小批量是输入数据的子集，在每次训练迭代中随机抽样。这些小批量大大减小了收敛到局部解所需的计算量。与其他减少 K-Means 算法收敛时间的算法不同，MiniBatchKMeans 算法产生的结果通常只比标准算法略差。

该算法在两个步骤之间进行迭代。第一步，从数据集中随机抽取部分数据，形成一个小批量。然后将它们分配到最近的质心。第二步，更新质心。与 K-Means 算法不同，该算法基于每个样本。对于小批量中的每个样本，通过取样本的流平均值和分配给该质心的所有先前样本来更新分配的质心，这具有随时间降低质心的变化率的效果。执行这些步骤直到达到收敛或达到预定次数的迭代。

MiniBatchKMeans 算法的伪代码如下。

01： 从 X 中随机选取 x 值初始化簇中心集合 C
02： for i = 1 to t:
03： 将 X 中随机选择的 b 个样本赋给 M，即抽取的小样本
04：   for x in range M:
05： $d[x] = f(C, x)$ //找出离 x 最近的中心
06：   for x in range M:
07： $c = d[x]$ //得到 x 所属的聚类中心
08： $v[c] = v[c] + 1$ //得到每个中心的计数值
09： $\eta = \dfrac{1}{v[c]}$ //得到每个中心的学习率
10： $c = (1 - \eta)c + \eta x$ //更新簇的中心点

MiniBatchKMeans 算法的收敛速度比 K-Means 算法快，但是结果的质量会降低。

MiniBatchKMeans 算法是通过减少计算样本量来缩短迭代时长的，减少收敛需要的迭代次数，可以达到快速收敛的目的。收敛的速度除了取决于每次迭代的变化率，还取决于迭代起始的位置，如果初始状态离最终的收敛状态越近，那么收敛需要的迭代次数越少。

8.2.3 K-Means++算法

针对 K-Means 算法迭代次数过多的问题，出现了 K-Means++算法，K-Means++算法是在 K-Means 算法的基础上，针对迭代次数，优化选择初始质心的方法。其原理为，在初始化簇中心时，从样本点中逐个选取簇中心，且离其他簇中心越远的样本越有可能被选为下一个簇中心。

算法步骤：从数据集中随机（均匀分布）选取一个样本点作为第一个初始聚类中心，计算每个样本与当前已有聚类中心之间的最短距离；计算每个样本点被选为下一个聚类中心的

概率，选择最大概率值所对应的样本点作为下一个簇中心，重复以上步骤，直到选出最终的聚类中心。

K-Means++算法选取 K 个初始聚类中心的伪代码如下。

01：从数据集中随机选取一个样本作为初始聚类中心 c_1
02：while(num(C)< K):
03：　　for x_i in range X:
04：$D[x]=f(C,x)$ //计算每个样本与当前已有的最近的聚类中心之间的距离
05：　　for x_i in range X:
06：　　　　$v_i = \dfrac{D(x)^2}{\sum\limits_{x \in X} D(x)^2}$ //样本被选为下一个聚类中心的概率
07：　　按照轮盘法选出下一个聚类中心

轮盘法随机从数据中选择簇中心，离已有的簇中心越远的点被选中的概率越大。先计算出所有的点到簇中心的距离之和，再乘以一个[0,1]之间的随机数，将点到簇中心的距离之和缩小，用距离之和减去每个点到簇中心的距离。因为距离之和是随机缩小的，也因为最大距离在数据中的分布并不是确定的，所以离现有簇中心越远的点被选中的可能性越大。

K-Means++算法初始化的簇中心彼此相距都十分远，从而不可能再发生初始簇中心在同一个簇中的情况。当然 K-Means++算法本身也具有随机性，并不一定每一次随机得到的起始点都能有很好的效果，但是通过此策略，可以保证即使出现最坏的情况也不会太坏。

在实际场景中，如果需要对大规模的数据应用 K-Means 算法，往往会将多种优化策略结合在一起，并且多次计算，取平均值，从而保证在比较短的时间内得到一个足够好的结果。

8.3　基于模型的聚类算法

基于模型的聚类算法假设数据集是由一系列的概率分布决定的，它给每一个聚类簇预先假定一个模型，之后在数据集中寻找能够很好地满足这个模型的簇。模型可以是数据点在空间中的密度分布函数，它由一系列的概率分布决定。较为常见的基于模型的聚类算法有 Fish 提出的 COBWEB 算法、Gennarim 提出的 CLASSI 算法、Cheeseman 和 Stutz 提出的 AutoClass 算法，还有应用较广泛的高斯混合模型（Gaussian Mixed Model，GMM）算法。

GMM 算法通过数据点学习出一些概率密度函数，与 K-Means 算法将每个数据点划分到其中某个聚类簇中不同，GMM 算法给出这些数据点被划分到每个聚类簇中的概率。K-Means 算法无法将两个均值相同（聚类中心点相同）的类进行聚类，而 GMM 算法可以解决此问题。GMM 算法通过选择成分最大化后验概率来完成聚类，各数据点的后验概率表示属于各类的可能性，GMM 算法不是判定样本点完全属于某个类，所以称为软聚类。GMM 算法在各类尺寸不同、聚类间有相关关系时可能比 K-Means 算法更合适。

GMM 算法假设样本可分为 k 类，且每类内符合高斯分布，即每类内符合如下的多元高斯分布，类内的样本可代入如下公式：

$$p(\boldsymbol{x}) = \frac{1}{(2\pi)^{\frac{n}{2}}|\boldsymbol{\Sigma}|^{\frac{1}{2}}} e^{-\frac{1}{2}(x-\mu)^{\mathrm{T}}\boldsymbol{\Sigma}^{-1}(x-\mu)}$$

其中含有两个参数均值向量 $\boldsymbol{\mu}$ 和协方差矩阵 $\boldsymbol{\Sigma}$，即多元高斯分布完全由 $\boldsymbol{\mu}$ 和 $\boldsymbol{\Sigma}$ 决定。同时，样本集以 α 参数作为比例分为 k 类，类比全概率公式可得到样本集高斯混合分布形式：

$$p_M(\boldsymbol{x}) = \sum_{i=1}^{k} \alpha_i p(\boldsymbol{x} | \boldsymbol{\mu}_i, \boldsymbol{\Sigma}_i)$$

式中，$p(\boldsymbol{x}|\boldsymbol{\mu}_i,\boldsymbol{\Sigma}_i)$ 即第 i 个类内的多元高斯分布 $p(\boldsymbol{x})_i$，$\boldsymbol{\mu}_i$ 与 $\boldsymbol{\Sigma}_i$ 为第 i 个类内高斯分布的参数；α_i 为分类比例系数，即第 i 类所占的比例，$\sum_{i=1}^{k} \alpha_i = 1$。

如此，便已经将样本集分为 k 类且每一类内均符合高斯分布，但是相应参数 α、$\boldsymbol{\mu}$ 和 $\boldsymbol{\Sigma}$ 并未得到求解，因此需要通过贝叶斯公式和极大似然法对参数进行求解。

首先假定一组 α、$\boldsymbol{\mu}$ 和 $\boldsymbol{\Sigma}$ 的值。令 $\{z_1, z_2, \cdots, z_k\}$ 表示所分成的 $1 \sim k$ 类，$\{\boldsymbol{x}_1, \boldsymbol{x}_2, \cdots, \boldsymbol{x}_m\}$ 表示样本集，依据贝叶斯公式，可得样本 $\boldsymbol{x}_j$ 从第 i 类中获取的概率如下：

$$p_M(z_j = i | \boldsymbol{x}_j) = \frac{P(z_j = i) p_M(\boldsymbol{x}_j | z_j = i)}{p_M(\boldsymbol{x}_j)}$$

$$= \frac{\alpha_i p(\boldsymbol{x}_j | \boldsymbol{\mu}_i, \boldsymbol{\Sigma}_i)}{\sum_{l=1}^{k} \alpha_l p(\boldsymbol{x}_j | \boldsymbol{\mu}_l, \boldsymbol{\Sigma}_l)}$$

概率值越大，说明该样本来自此类的概率越大，因此假定该样本来自概率值最大的类。将每个样本从自己所在类中被选到的概率相乘，得到值 $\Pi p_M(\boldsymbol{x})$。由极大似然法可得，若假定的参数 α、$\boldsymbol{\mu}$ 和 $\boldsymbol{\Sigma}$ 的值是存在的且假定的值是正确的，则此时 $\Pi p_M(\boldsymbol{x})$ 应该取得最大值。

将 $\Pi p_M(\boldsymbol{x})$ 取对数进行化简，得到

$$LL(D) = \ln\left(\prod_{j=1}^{m} p_M(\boldsymbol{x}_j)\right)$$

$$= \sum_{j=1}^{m} \ln\left(\sum_{i=1}^{k} \alpha_i p(\boldsymbol{x}_j | \boldsymbol{\mu}_i, \boldsymbol{\Sigma}_i)\right)$$

确定上述 3 个参数后，可以通过已知参数对样本进行分类，通过 $p_M(z_j = i | \boldsymbol{x}_j)$ 公式求出样本所在最大概率的类，则该样本来自此类的概率最大。

输入：
样本集 $X = \{\boldsymbol{x}_1, \boldsymbol{x}_2, \cdots, \boldsymbol{x}_m\}$
高斯混合成分个数为 k
初始化高斯混合分布的模型参数 $\{(a, \boldsymbol{u}, \boldsymbol{\Sigma}_i)\}$
01: while true:
02:     for j in range m:

03: 　　计算 x_j 由各混合成分生成的后验概率，即 $\gamma_{ji} = P_M(z_j = i \mid x_j)$
04: 　　for i in range k:
05: 　　　　计算均值向量：$\mu'_i = \dfrac{\sum_{i=1}^{m} \gamma_{ij} x_j}{\sum_{j=1}^{m} \gamma_{ji}}$

06: 　　　　计算协方差矩阵：$\Sigma'_i = \dfrac{\sum_{j=1}^{m} \gamma_{ji}(x_j - \mu'_i)(x_j - \mu'_i)^{\mathrm{T}}}{\sum_{j=1}^{m} \gamma_{ji}}$

07: 　　　　计算新混合系数：$\alpha'_i = \dfrac{\sum_{j=1}^{m} \gamma_{ji}}{m}$

08: 　　将模型参数更新为 $\{(\alpha'_i, \mu'_i, \Sigma'_i) \mid 1 \leqslant i \leqslant k\}$
09: 　　if 满足停止条件
10: 　　　　break
11: for j in range m:
12: 　　确定 x_j 的簇标记 $\lambda_j = \underset{i \in \{1,2,\cdots,k\}}{\arg\max}\, \gamma_{ji}$
13: 　　将 x_j 划入相应的簇
输出：簇划分 $C = \{C_1, C_2, \cdots, C_k\}$

while 循环基于 EM 算法对模型参数进行迭代更新，循环停止条件为达到最大迭代次数或似然函数不再增长。

基于模型的聚类步骤如下。

（1）设置 k 的个数，即初始化 GMM 的成分个数[随机初始化每个簇的高斯分布参数（均值和方差），也可观察数据给出一个相对精确的均值和方差]。

（2）计算每个数据点属于每个 GMM 的概率，即计算后验概率（点越靠近高斯分布的中心，概率越大，即属于该簇的可能性越高）。

（3）计算参数使得数据点的概率最大化，使用数据点概率的加权来计算这些新的参数，权重就是数据点属于该簇的概率。

（4）重复迭代步骤（2）和（3）直到收敛。

GMM 算法的本质并不是聚类，而是得到一个能够生成当前样本形式的分布，GMM 算法使用均值和标准差，簇可以呈现出椭圆形，优于 K-Means 算法的圆形，GMM 算法使用的是概率，故一个数据点可以属于多个簇。但 GMM 算法容易收敛到局部最优解。K-Means 算法通常重复多次取最好的结果，但 GMM 算法每次迭代的计算量比 K-Means 算法要大很多，一般先使用 K-Means 算法，然后将聚类中心点作为 GMM 的初始值进行训练。

8.4　基于密度的聚类算法

基于密度的聚类算法假设聚类结构可以通过样本分布的紧密程度来确定。算法通常从样本密度的角度来考虑样本之间的可连接性，并基于可连接样本不断扩展聚类簇以获得最终的聚类结果。所以算法的主要目标是寻找被低密度区域分离的高密度区域。基于距离的聚类算法的聚类结果是球状的簇，而基于密度的聚类算法可以发现任意形状的簇，这对于带有噪声点的数据起着重要的作用。典型的基于密度的聚类算法包括 DBSCAN 算法、OPTICS 算法、Mean Shift 算法等，本节以 DBSCAN 算法为例介绍基于密度的聚类算法。

DBSCAN（Density-Based Spatial Clustering of Applications with Noise）算法是一种基于密度的聚类算法，所谓密度，即样本的紧密程度，对应其类别，属于同一个簇的样本是紧密相连。聚类时不需要预先指定簇的个数，最终的簇的个数不定。基于距离的聚类算法的聚类结果是球状的簇，当数据集中的聚类结果是非球状结构时，基于距离的聚类算法的聚类结果并不好。

与基于距离的聚类算法不同的是，基于密度的聚类算法可以发现任意形状的簇。在基于密度的聚类算法中，通过在数据集中寻找被低密度区域分离的高密度区域，将分离出的高密度区域作为一个独立的类别。

在传统的密度定义中，需要事先给定半径 r，数据集中点 a 的密度要通过落入以点 a 为中心以 r 为半径的圆内点的计数（包括点 a 本身）来估计。很显然，密度是依赖于半径的。点 a 在半径为 r 时的密度，如图 8-5 所示。

DBSCAN 算法提供两个参数：邻域半径 ε 和最少点数目 MinPts，基于密度的定义及提供的参数，将样本分为核心点、边界点和噪声点，假设样本集为 $X = \{x_1, x_2, \cdots, x_m\}$，则 DBSCAN 算法中有以下相关定义。

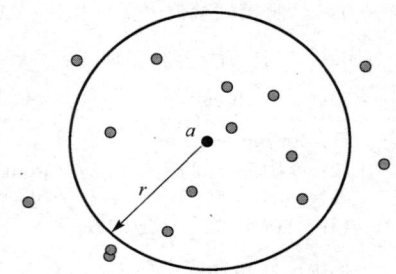

图 8-5 点 a 在半径为 r 时的密度

● ε 邻域：对于 $x_j \in X$，其 ε 邻域包含样本集 X 中与 x_j 的距离不大于 ε 的子样本集。ε 邻域是一个集合，表示如下，集合中样本个数记为 $|N_\varepsilon(x_j)|$。

$$|N_\varepsilon(x_j)| = \{x_i \in X \mid \text{distance}(x_i, x_j) \leq \varepsilon\}$$

● 核心点：对于任一样本 $x_j \in X$，如果其 ε 邻域对应的 $N_\varepsilon(x_j)$ 至少包含 MinPts 个样本，即如果 $|N_\varepsilon(x_j)| \geq \text{MinPts}$，则 x_j 是核心点。

● 边界点：对于某一样本 $x_j \in X$，如果其 ε 邻域对应的 $N_\varepsilon(x_j)$ 包含样本的数目小于 MinPts，即如果 $|N_\varepsilon(x_j)| < \text{MinPts}$，且 x_j 为核心点的直接邻居（通过核心点可以密度直达），则 x_j 是边界点。

● 噪声点：既不是核心点也不是边界点的点。

核心点、边界点、噪声点示意图如图 8-6 所示。

由此可以得知，噪声点是不会被聚类纳入的点，边界点与核心点组成聚类的簇。

在 ε 邻域和 MinPts 的基础上，通过以下三个概念来描述样本的紧密相连。

（1）密度直达。如图 8-7 所示，样本 X 在核心样本 Y 的邻域内，则称 Y 到 X 是密度直达的，这个关系是单向的，反向不一定成立。

（2）密度可达。如图 8-8 所示，核心样本 Y 到核心样本 P_3 是密度直达的，核心样本 P_3 到核心样本 P_2 是密度直达的，核心样本 P_2 到样本 X 是密度直达的，像这种通过 P_3 和 P_2 的中转，从样本 Y 到样本 X 建立的关系叫作密度可达。

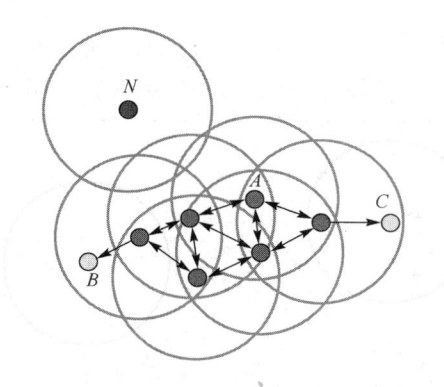

图 8-6　核心点、边界点、噪声点示意图（扫描见彩图）

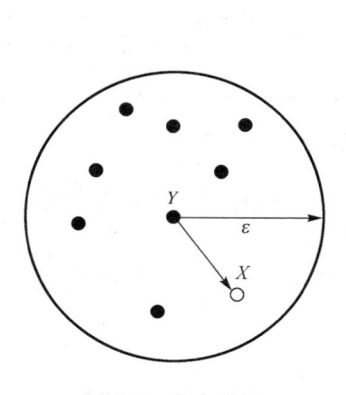

MinPts = 4
红色为核心点
黄色为边界点
蓝色为噪声点

图 8-7　密度直达

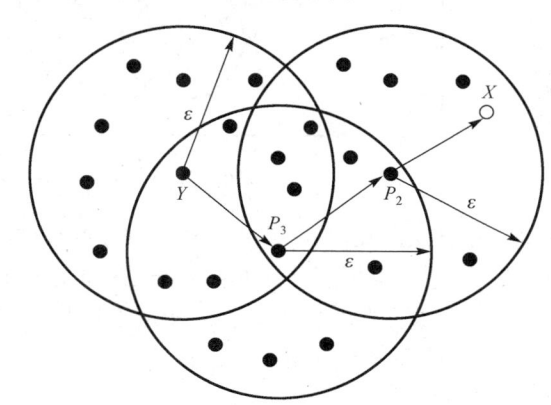

图 8-8　密度可达

（3）密度相连。如图 8-9 所示，核心样本 O 到样本 Y 是密度可达的，同时，核心样本 O 到样本 X 是密度可达的，我们可以说，样本 X 和样本 Y 是密度相连的。

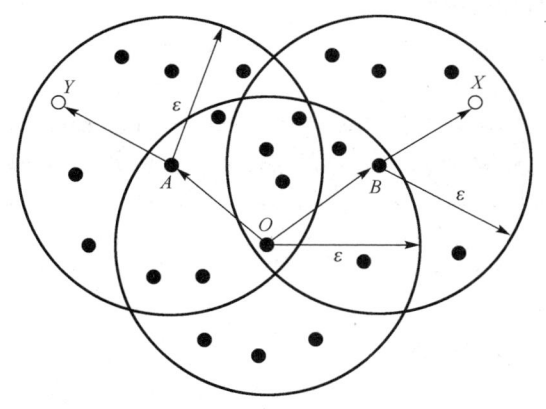

图 8-9　密度相连

对于一系列密度可达的点，其邻域范围内的点都是密度相连的，核心点能够连通（密度可达），它们构成的以 r 为半径的圆形邻域相互连接或重叠，这些连通的核心点及其所处的邻域内的全部点构成一个簇。

如图 8-10 所示，红色点为核心点，绿色箭头连接起来的是密度可达的样本集合，在这些样本点邻域内的点构成了一个密度相连的样本集合，这些样本就属于同一个簇。

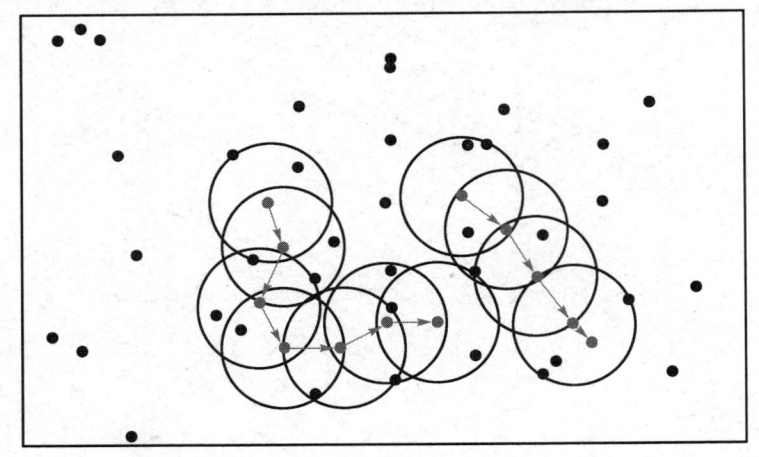

图 8-10 簇的生成示意图（扫码见彩图）

DBSCAN 算法的聚类过程就是根据核心点来推导出最大密度相连的样本集合，首先随机寻找一个核心样本点，按照 MinPts 和 eps 来推导其密度相连的点，赋予一个簇编号，然后选择一个没有赋予类别的核心样本点，开始推导其密度相连的样本集合，一直迭代到所有的核心样本点都有对应的类别为止。

算法的过程如下。

（1）将所有点标记为核心点、边界点或噪声点。
（2）删除所有噪声点。
（3）为距离在 eps 之内的所有核心点之间赋予一条边。
（4）每组连通的核心点形成一个新簇。
（5）将每个边界点指派到一个与之关联的核心点的簇中。
（6）将结果输出。

从算法的流程中可以看出，算法的两个参数 eps 和 min_samples 区分了高密度区域和低密度区域。较大的 min_samples 或者较小的 eps 表示形成聚类需要较高的密度。

输入：
00：样本集 $X = \{x_1, x_2, \cdots, x_m\}$
01：邻域参数 $(\varepsilon, \text{MinPts})$
02：初始化核心对象集合：$\Omega = \varnothing$
03：for x_j in range X：
04：   确定样本 x_j 的 ε 邻域 $N_\varepsilon(x_j)$
05：   if $N_\varepsilon(x_j) \geqslant \text{MinPts}$：
06：   将样本 x_j 加入核心对象集合：$\Omega = \Omega \cup \{x_j\}$
07：初始化聚类簇数：$k = 0$
08：初始化未访问样本集合：$\Gamma = X$

```
09:   while Ω!=∅ :
10:       记录当前未访问样本集合：Γ_old = Γ
11:       随机选取一个核心对象 o∈Ω ，初始化队列 Q=⟨o⟩
12:       Γ=Γ\{o}
13:       while Q!=∅ :
14:           取出队列中的首个样本 q
15:           if |N_ε(q)|>= MinPts :
16:               令 Δ = N_ε(q)∩Γ
17:               将 Δ 中的样本加入队列 Q
18:               Γ = Γ\Δ
19:       k = k+1，生成聚类簇 C_k = Γ_old\Γ
20:       Ω = Ω\C_k
输出：簇划分 C = {C_1, C_2, ⋯, C_k}
```

DBSCAN 算法基于密度定义，能克服基于距离的聚类算法只能发现类圆形的聚类的缺点，可发现任意形状的聚类，有效地处理数据集中的噪声数据，对数据输入顺序不敏感。但是 DBSCAN 算法对输入参数敏感，确定参数 ε、MinPts 困难，若参数选取不当，则将造成聚类质量下降。且由于在 DBSCAN 算法中，变量 ε、MinPts 是全局唯一的，所以当空间聚类的密度不均匀、聚类间距离相差很大时，聚类质量较差。

DBSCAN 算法将聚类视为被低密度区域分隔的高密度区域。因此，DBSCAN 算法发现的聚类可以是任意形状的，而 K-Means 算法则假设所有的类都是凸形状的。图 8-11 展示了在非凸数据集分别使用 K-Means 算法和 DBSCAN 算法分类的效果。

(a) 非凸数据集   (b) K-Means算法分类效果   (c) DBSCAN算法分类效果

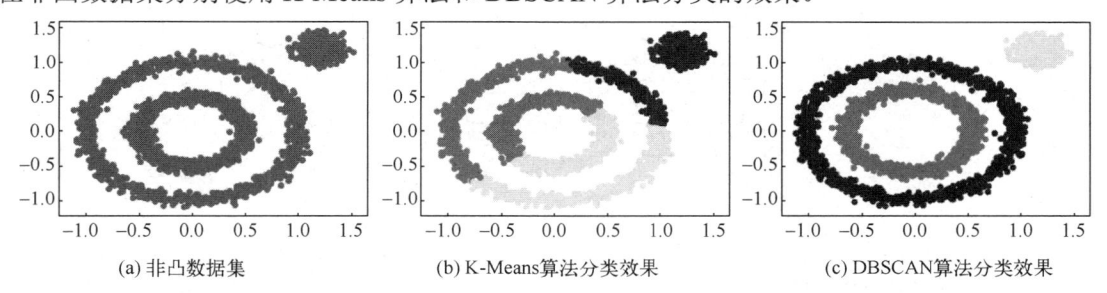

图 8-11　在非凸数据集分别使用 K-Means 算法和 DBSCAN 算法分类的效果

DBSCAN 算法基于密度定义，具有可以对抗噪声、能处理任意形状和大小的簇的优点，但当簇的密度变化太大时，聚类得到的结果会不理想，且对于高维问题，密度定义较为麻烦。同时，DBSCAN 算法对输入参数敏感，确定参数 ε、MinPts 困难，若参数选取不当，则将造成聚类质量下降。

8.5　基于层次的聚类算法

基于层次的聚类算法试图在不同层次上对数据集进行划分，从而形成树状的聚类结构。这种类别的算法通过不断地合并或者分割内置聚类来构建最终聚类。聚类的层次可以被表示成树（或者树形图）。树根是拥有所有样本的唯一聚类，叶子是仅有一个样本的聚类。常用的算法有 AgglomerativeClustering 算法、Birch 算法等。

基于层次的聚类可以分为两大类：自顶向下的分裂聚类和自底向上的合并聚类。分裂聚类是先将所有的对象看成一个聚类，然后将其不断分解直至满足终止条件。后者与前者相反，它先将每个对象各自作为一个原子聚类,然后对这些原子聚类逐层进行聚类，直至满足终止条件。基于层次的聚类算法使用数据的联结规则，对数据集合进行层次的聚类。AgglomerativeClustering 算法是自底向上的合并聚类算法，Brich 算法是自顶向下的分裂聚类算法。

基于层次的聚类算法可以从不同粒度观察数据，十分灵活，可以采用多种形式的相似度定义，因此适用于各种特征类型。但是这类算法的终止条件不确定，计算开销大，因此很难应用到大的数据集上。

本节以 Birch 算法为例，详细讲解基于层次的聚类算法。

Birch 算法全称为利用层次方法的平衡迭代规约和聚类（Balanced Iterative Reducing and Clustering using Hierarchie）。Birch 算法利用了一个树结构来帮助快速聚类，这个树结构类似于平衡 $B+$ 树，一般将它称为聚类特征树(Clustering Feature Tree，CF Tree)。这棵树的每一个节点由若干个聚类特征（Clustering Feature，CF）组成。

CF Tree 结构如图 8-12 所示。

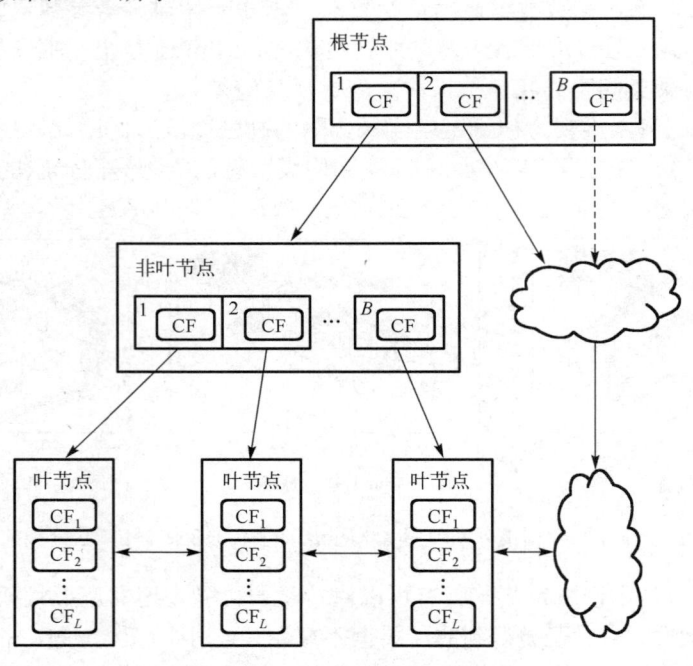

图 8-12　CF Tree 结构

在 CT Tree 中，一个 CF 是这样定义的：每一个 CF 是一个三元组，可以用(N, **LS**, **SS**)表示。其中 N 代表了这个 CF 拥有的样本点的数量，**LS** 代表了这个 CF 拥有的样本点各特征维度的和向量，**SS** 代表了这个 CF 拥有的样本点各特征维度的平方和。

举例：在 CF Tree 中的某一个节点的某一个 CF 中，有下面 5 个样本(3,4)、(2,6)、(4,5)、(4,7)、(3,8)，则

$$N = 5$$
$$\mathbf{LS} = (3+2+4+4+3, 4+6+5+7+8) = (16, 30)$$
$$SS = (3^2+2^2+4^2+4^2+3^2, 4^2+6^2+5^2+7^2+8^2) = (54, 190)$$

CF 满足线性关系，即 $CF_1 + CF_2 = (N_1+N_2, \mathbf{LS}_1+\mathbf{LS}_2, SS_1+SS_2)$，对于 CF Tree，其每个父节点中的 CF 节点，$(N, \mathbf{LS}, SS)$ 三元组的值等于这个 CF 节点所指向的所有子节点的三元组之和。

CF 满足线性关系示意图如图 8-13 所示。

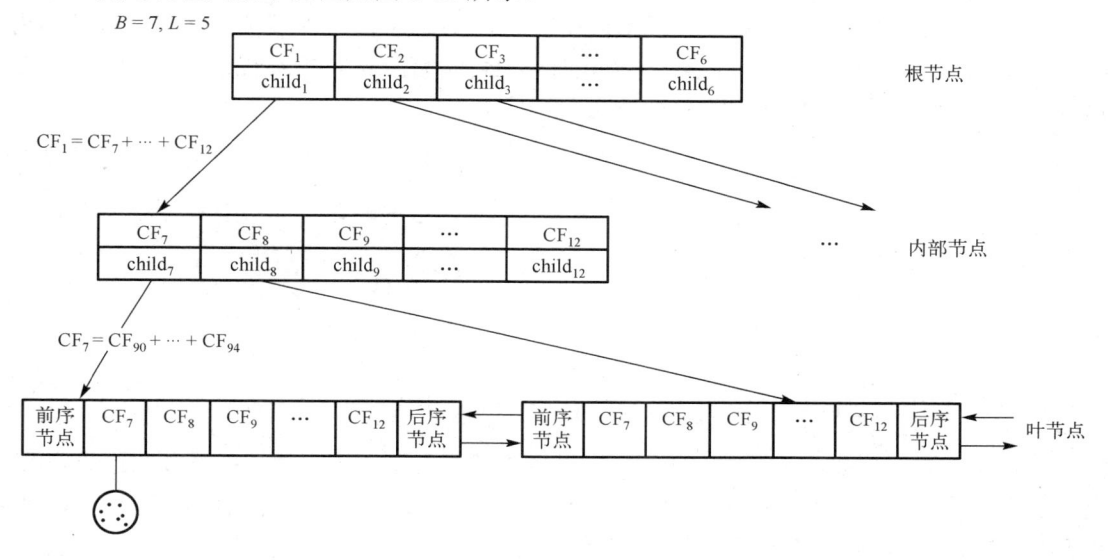

图 8-13　CF 满足线性关系示意图

从图 8-13 可以看出，根节点的 CF_1 的三元组的值，可以由它指向的 6 个子节点（$CF_7 \sim CF_{12}$）的值相加得到。因此 CF Tree 可以实现高效更新。

CF Tree 中有以下 3 个参数。

B：每个内部节点的最大 CF 数。

L：每个叶节点的最大 CF 数。

T：叶节点每个 CF 的最大样本半径阈值。

Brich 算法的主要内容是生成特征聚类树，方法是逐渐将元素放在树中合适的位置，根据阈值 T 和分支因子（B、L）值确定位置，在某些时候需要新增节点。

算法流程如下。

（1）首先，一个新的样本作为一个 CF-Node 被插入 CF-Tree 的根节点。然后将其合并到根节点的子簇中去，使得合并后子簇拥有最小的半径，子簇的选取受阈值和分支因子的约束。如果子簇也拥有叶节点，则重复执行这个步骤直到到达叶节点。在叶节点中找到最近的子簇以后，递归地更新这个子簇及其父簇的特征。

（2）如果合并了新样本和最近的子簇获得的子簇半径大于阈值的平方，并且子簇的数量大于分支因子，则将为这个样本分配一个临时空间。最远的两个子簇被选取，剩下的子簇按照之间的距离分为两组作为被选取的两个子簇的叶节点。

（3）如果拆分的节点有一个父级子簇（Parent Subcluster），并且有足够容纳一个新子簇的空间，那么父簇拆分成两个。如果没有空间容纳一个新的簇，那么这个节点将被再次拆分，依次向上检查父节点是否需要分裂，如果需要，则按叶节点方式分裂。

CF Tree 的生成过程详解如下。

首先对 CF Tree 的参数值进行定义，开始时，CF Tree 是空的，没有任何样本，从训练集读入第一个样本点，将它放入一个新的 CF 三元组 A，这个三元组的 $N=1$，将这个新的 CF 放入根节点，此时的 CF Tree 如图 8-14 所示。

继续读入第二个样本点，第二个样本点和第一个样本点 A，在半径为 T 的超球体范围内，也就是说，它们属于一个 CF，将第二个点也加入 A，此时需要更新 A 的三元组的值，A 的三元组中 $N=2$。此时的 CF Tree 如图 8-15 所示。

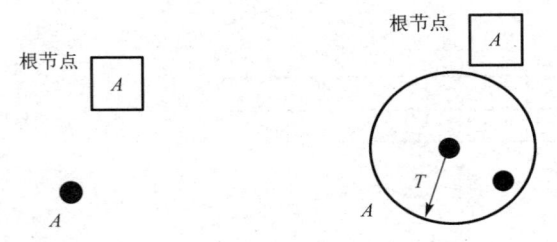

图 8-14 新 CF 三元组 A　　　　图 8-15 插入第二个样本点

此时读入第三个节点，结果发现第三个节点不能融入刚才前面的节点形成的超球体内，也就是说，需要一个新的 CF 三元组 B 来容纳这个新的值。此时根节点有两个 CF 三元组 A 和 B，此时的 CF Tree 如图 8-16 所示。

第四个样本点和 B 在半径小于 T 内的超球体内，更新后的 CF Tree 如图 8-17 所示。

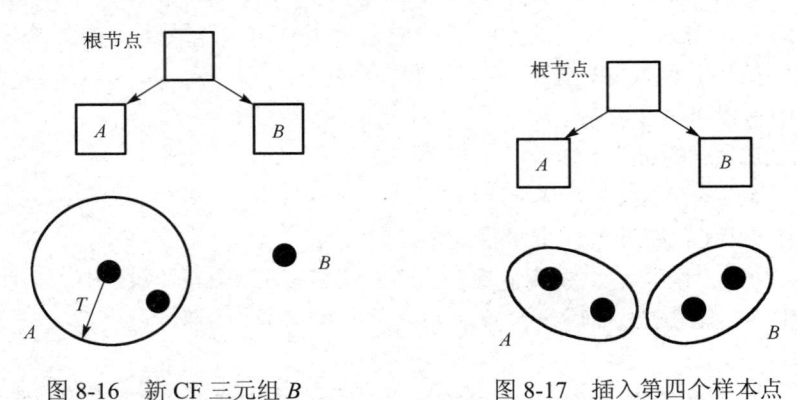

图 8-16 新 CF 三元组 B　　　　图 8-17 插入第四个样本点

假设现有的 CF Tree 结构如图 8-18 所示，叶节点 LN1 有三个 CF，LN2 和 LN3 各有两个 CF。叶节点的最大 CF 数 $L=3$。此时读入新的样本点，发现其离 LN1 节点最近，因此开始判断它是否在 sc1、sc2、sc3 这三个 CF 对应的超球体内，但是它不在，因此它需要建立一个新的 CF，即 sc8 来容纳它。但是设定 $L=3$，即 LN1 的 CF 个数已经达到最大值，不能再创建新的 CF，此时需要将 LN1 叶节点一分为二。

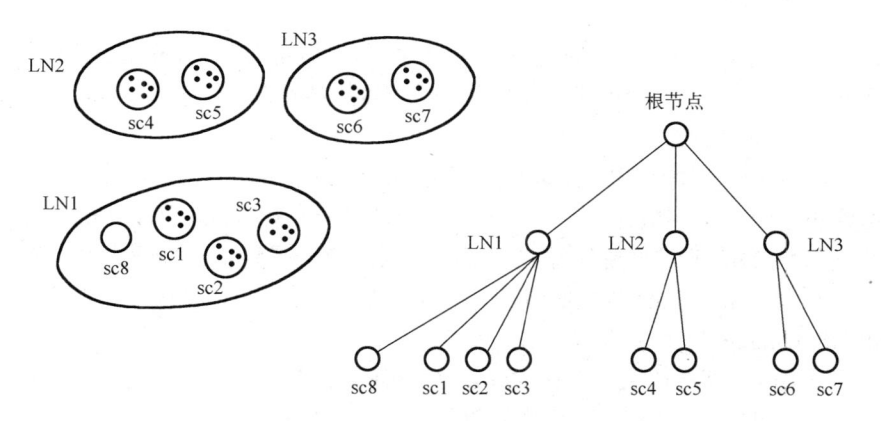

图 8-18 现有的 CF Tree 结构

从 LN1 里所有 CF 元组中，找到两个最远的 CF 做这两个新叶节点的种子 CF，将 LN1 节点里所有 CF，即 sc1、sc2、sc3，以及新样本点的新元组 sc8 划分到两个新的叶节点上。将 LN1 节点划分后的 CF Tree 结构如图 8-19 所示。

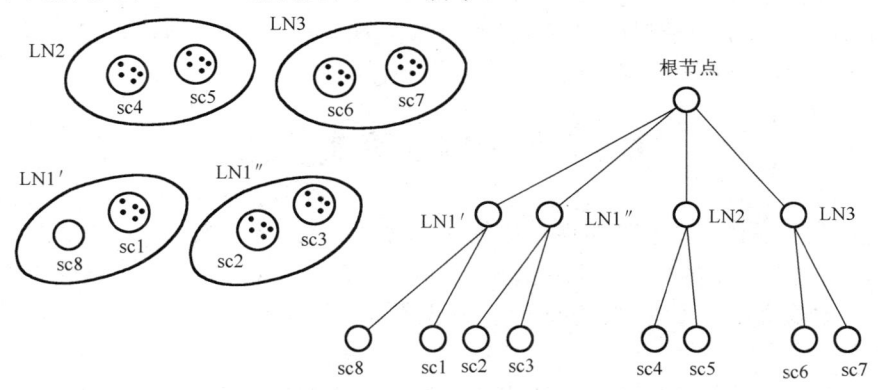

图 8-19 将 LN1 节点划分后的 CF Tree 结构

如果内部节点的最大 CF 数 $B=3$，则此时叶节点一分为二会导致根节点的最大 CF 数超限，也就是说，根节点现在也要分裂，分裂的方法与叶节点分裂一样，根节点分裂后的 CF Tree 结构如图 8-20 所示。

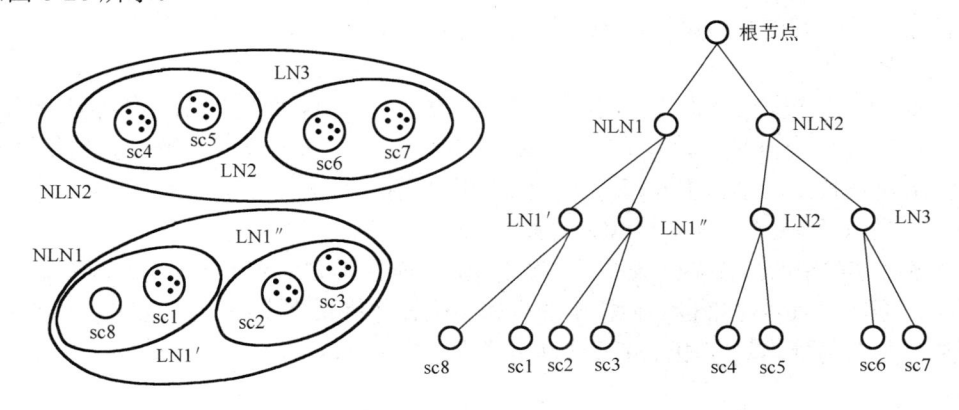

图 8-20 根节点分裂后的 CF Tree 结构

Birch 算法可以不用输入类别数 K 值，这点和 K-Means 算法、MiniBatchKMeans 算法不同。如果不输入 K 值，则最后的 CF 元组的组数即最终的 K，否则会按照输入的 K 值对 CF 元组按距离大小进行合并。

一般来说，Birch 算法适用于样本量较大的情况，这点和 MiniBatchKMeans 算法类似，但是 Birch 算法适用于类别数比较大的情况，而 MiniBatchKMeans 算法一般适用于类别数适中或者较少的情况。Birch 算法除了聚类，还可以额外做一些异常点检测和数据初步按类别规约的预处理。但是，如果数据特征的维度非常大，比如大于 20，则 Birch 算法不太适合，此时 MiniBatchKMeans 算法的表现较好。

对于调参，Birch 算法比 K-Means 算法、MiniBatchKMeans 算法复杂，因为它需要对 CF Tree 的几个关键参数进行调参，这几个参数对 CF Tree 的最终形式影响很大。

Birch 算法节约内存，所有样本都在磁盘上，CF Tree 仅仅存储了 CF 节点和对应的指针；聚类速度快，只需一遍扫描训练集就可以建立 CF Tree，CF Tree 的增、删、改都很快；可以识别噪声点，还可以对数据集进行初步分类的预处理。

由于 CF Tree 对每个节点的 CF 个数有限制，所以 Birch 算法导致聚类的结果可能和真实的类别分布不同。Birch 算法对高维特征的数据聚类效果不好，如果数据集的分布簇不是非凸的，则 Birch 算法聚类效果不佳。

8.6 基于图的聚类算法

基于图的聚类算法是一种基于图论的算法，这里的图不是指图片，而是指由顶点和边构成的图，算法通过对顶点的不断划分完成聚类。谱聚类（Spectral Clustering）算法和 AP（Affinity Propagation）聚类算法是两种常见的基于图的聚类算法。本节以 AP 聚类算法为例介绍基于图的聚类算法。

AP 聚类算法又称为近邻传播算法或者亲和力传播算法，该算法无须事先定义类数，而是在迭代过程中不断搜索合适的聚类中心，自动从数据点间识别类中心的位置及个数，使所有的数据点到最近的类代表点的相似度之和最大。算法开始时把所有的数据点均视作类中心，通过数据点间的信息传递来实现聚类过程。与传统的 K-Means 算法对初始类中心选择的敏感性相比，AP 聚类算法是一种确定性的聚类算法，多次独立运行的聚类结果都十分稳定。AP 聚类算法是在数据点的相似度矩阵上进行聚类的，聚类的目标是使数据点与其类代表点之间的距离达到最小化。

AP 聚类算法将全部样本看作网络的节点，通过网络中各条边的消息传递计算出各样本的聚类中心。在聚类过程中，共有两种消息在各节点间传递，分别是吸引度和归属度。AP 聚类算法通过迭代过程不断更新每一个点的吸引度和归属度，直到产生 m 个高质量的候选聚类中心点（类似于质心），同时将其余的数据点分配到相应的聚类中。吸引度 $r(i,k)$ 是样本 k 作为样本 i 的聚类中心点的累计证据。归属度 $a(i,k)$ 是样本 i 应该选择样本 k 作为其聚类中心点的累计证据，并且考虑来自其他样本的样本 k 应该作为聚类中心点的值。通过这种方式，如果某样本与其他样本足够相似并且被许多样本选择以代表自己，那么该样本将会被选作聚类中心点。

参数解释如下。

- $s(i,k)$：点和点之间的相似度，表示点 k 适合作为点 i 的聚类中心的程度，越大表示越合适。
- $s(k,k)$：称为参考度，是相似度矩阵中横坐标轴和纵坐标轴坐标相同的点，$s(k,k)$ 表示的是点 k 作为聚类中心的可能程度。最终的类别数目受初始参考度的影响，通常是参考度越大，最终的聚类中心的数目越多。如果迭代开始之前所有点成为聚类中心的可能性相同，那么应该将参考度设定为一个公共值：相似度矩阵的平均值或者相似度矩阵的最小值。
- $r(i,k)$：称为吸引度，从点 i 发送至候选聚类中心点 k，反映了在考虑其他潜在聚类中心后，点 k 适合作为点 i 的聚类中心的程度。
- $a(i,k)$：称为归属度，从候选聚类中心点 k 发送至点 i，反映了在考虑其他点对点 k 成为聚类中心的支持后，点 i 选择点 k 作为聚类中心的合适程度。

公式计算如下。

算法开始时，所有归属度都被初始化为 0。

$s(i,k)$ 使用欧氏距离的负数进行计算：

$$s(i,k) = -\|\boldsymbol{x}_i - \boldsymbol{x}_k\|^2$$

如图 8-21 所示，使用邻接矩阵对 $s(i,k)$ 进行表示。

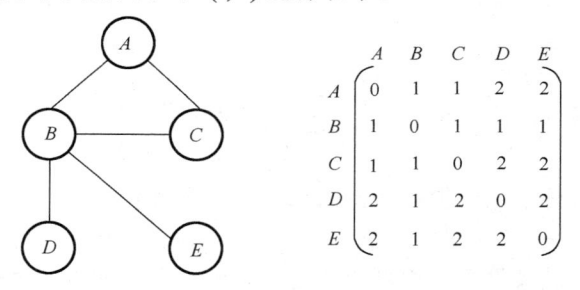

图 8-21　邻接矩阵表示

基于相似度可以得到样本点之间的相似度矩阵。在该相似度矩阵中，对角线的值为样本自身的距离，理论值为 0，为了后续更好地应用相似度来更新吸引度和归属度，引入了参考度，即 $s(k,k)$。

1）计算 $r(i,k)$

吸引度 $r(i,k)$ 按照以下过程进行迭代，其中 $a(i,k')$ 表示除点 k 外其他点对点 i 的归属度，初始为 0；$s(i,k')$ 表示除点 k 外其他点对点 i 的相似度；$r(i,k)$ 表示数据点 k 成为数据点 i 的聚类中心的积累证明，若 $r(i,k)$ 值大于 0，则说明数据点 k 成为聚类中心的能力强。

$$r(i,k) \leftarrow s(i,k) - \max_{k' \text{ s.t. } k' \neq k} \{a(i,k') + s(i,k')\}$$

吸引度传递如图 8-22 所示。任意一个候选聚类中心都可以对其他候选聚类中心产生影响，允许所有的候选聚类中心参与到争夺点的归属权中。

2）计算 $a(i,k)$

归属度 $a(i,k)$ 的迭代过程如下所示，其中 $r(i',k)$ 表示点 k 作为除点 i 外其他点的聚类中心的相似度值。

$$a(i,k) \leftarrow \min\left\{0, r(k,k) + \sum_{i' \text{ s.t. } i' \notin \{i,k\}} \max\{0, r(i',k)\}\right\}$$

归属度传递如图 8-23 所示。$a(i,k)$ 等于自我吸引度 $r(k,k)$ 加上从其他点获得的积极吸引度 $[r(i',k)>0]$。这里只加上积极吸引度，因为只有积极吸引度才会支持点 k 作为聚类中心。如果 $r(k,k)$ 是负值，则意味着相较于作为聚类中心，点 k 更适合归属于其他聚类中心。

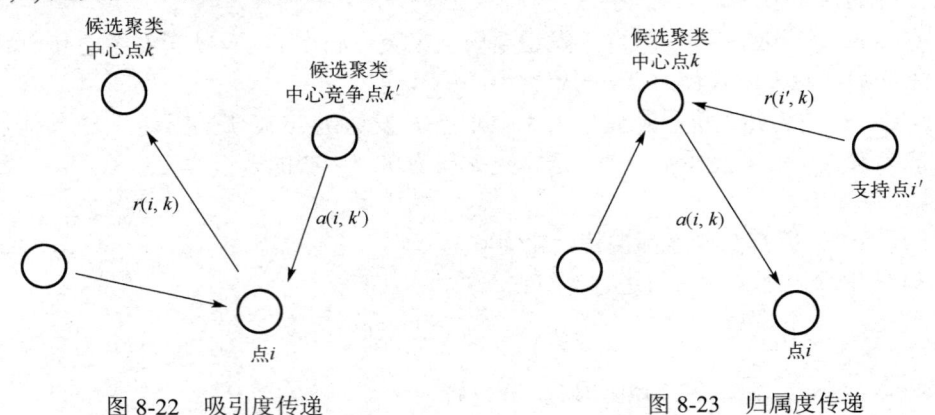

图 8-22　吸引度传递　　　　　　　图 8-23　归属度传递

3）计算 $a(k,k)$

$$a(k,k) \leftarrow \sum_{i' \text{ s.t. } i' \neq k} \max\{0, r(i',k)\}$$

自我归属度 $a(k,k)$ 等于从其他点获得的积极吸引度之和。

算法流程如下。

（1）在给定归属度的条件下，更新相似度矩阵中每个点的吸引度信息。

（2）在给定吸引度的条件下，更新每个点的归属度信息。

（3）对每个点的吸引度信息和归属度信息进行求和，进行决策；判断迭代是否停止。

如果达到预设的迭代次数、聚类中心不再变化，或者在一个子区域内对样本点的决策经过数次迭代之后不再改变，迭代就可以终止。

在任意时刻人们都可以将吸引度和归属度相加，获得聚类中心。对于点 i 来说，假定使得 $a(i,k)+r(i,k)$ 最大的 k 值为 k'，则存在以下结论：如果 $i=k'$，那么点 i 就是聚类中心；如果 $i \neq k'$，那么点 i 属于聚类中心 k'。

在算法实现的过程中，需要使用阻尼系数（Damping Coefficient）来衰减吸引度信息和归属度信息，以免在更新的过程中出现数值振荡。

$$r_{t+1}(i,k) = \lambda r_t(i,k) + (1-\lambda) r_{t+1}(i,k)$$

$$a_{t+1}(i,k) = \lambda a_t(i,k) + (1-\lambda) a_{t+1}(i,k)$$

AP 聚类算法会根据提供的数据选择簇数量，通过两个重要参数：参考度控制产生多少个聚类中心点，用来控制簇数量；阻尼系数用来衰减吸引度和归属度以避免在更新两类消息时出现数值振荡，用来控制算法收敛效果。

与众多聚类算法不同，AP 聚类算法不需要指定 K 值，与其他算法中的聚类中心不同，AP 聚类算法使用已有的数据点作为最终的聚类中心，而不是新生成一个簇中心，多次执行 AP 聚类算法，得到的结果是完全一样的，即不需要进行随机选取初值步骤。AP 聚类算法对初始相似度矩阵数据的对称性没有要求，通过输入相似度矩阵来启动算法，因此允许数据非对称，数据适用范围非常大，且误差平方和小。

AP 聚类算法的主要缺点是复杂度较高，时间复杂度为 $O(N^2T)$，其中 N 是样本数量，T 是迭代次数；空间复杂度为 $O(N^2)$，需要存储一个稠密的相似度矩阵，如果是稀疏矩阵，则复杂度可以降低。因此，AP 聚类算法更适合于小到中规模的数据集。

8.7 编程框架

在机器学习库 sklearn 中，模块 sklearn.cluster 实现了十种聚类相关的机器学习算法。每种聚类算法都提供了面向对象和面向过程两种方式：一种是类（面向对象），它实现了用 fit 方法来学习训练数据的簇；另一种为函数（面向过程），当给定训练数据时，返回与不同簇对应的整数标签数组。对于类来说，训练数据上的标签可以在 labels_ 特征中找到。

表 8-2 所示为 sklearn.cluster 模块中的聚类算法类。

表 8-2 sklearn.cluster 模块中的聚类算法类

类名	聚类算法
cluster.AffinityPropagation(*[, damping, ...])	AP 聚类算法
cluster.AgglomerativeClustering([...])	AgglomerativeClustering 算法
cluster.Birch(*[, threshold, ...])	Birch 算法
cluster.DBSCAN([eps, min_samples, metric, ...])	DBSCAN 算法
cluster.FeatureAgglomeration([n_clusters, ...])	FeatureAgglomeration 聚类算法
cluster.KMeans([n_clusters, init, n_init, ...])	K-Means 算法
cluster.MiniBatchKMeans([n_clusters, init, ...])	MiniBatchKMeans 算法
cluster.MeanShift(*[, bandwidth, seeds, ...])	MeanShift 算法
cluster.OPTICS(*[, min_samples, max_eps, ...])	OPTICS 算法
cluster.SpectralClustering([n_clusters, ...])	谱聚类算法
cluster.SpectralBiclustering([n_clusters, ...])	光谱双聚类算法
cluster.SpectralCoclustering([n_clusters, ...])	光谱联合聚类算法

8.7.1 KMeans 类

sklearn.cluster 中的 KMeans 类实现了 K-Means 算法，代码如下所示。

```
class sklearn.cluster.KMeans(n_clusters=8, *, init='K-Means++', n_init=10, max_iter=300, tol=0.0001, verbose=0, random_state=None, copy_x=True, algorithm='auto')
```

K-Means 算法需要提前确定聚类簇个数，k 值的变化对结果影响较大，对应的参数如下。

（1）n_clusters：即 k 值，聚类后希望得到的聚类簇个数。默认为 8 个聚类簇。

（2）max_iter：最大迭代次数，指定最大的迭代次数让算法及时退出循环，防止数据集难以收敛陷入死循环。在使用时可以省略该参数。

（3）n_init：用不同的初始化质心运行算法的次数。由于 K-Means 算法是结果受初始值影响的局部最优的迭代算法，因此需要多次运行选择一个较好的聚类效果，默认值为 10。

（4）init：初始值选择的方式，有完全随机选择 random、优化过的 K-Means++或者自己指定初始化的 k 个质心三种方式。一般建议使用默认的 K-Means++。

（5）algorithm：所使用的 K-Means 算法，有 auto、full、elkan 三种选择。full 表示传统的 K-Means 算法，elkan 表示 elkan K-Means 算法。目前为止默认 auto 选择的是 elkan。

KMeans 类中包含的方法如表 8-3 所示。

表 8-3　KMeans 类中包含的方法

方法名	含义
fit(X[, y, sample_weight])	根据输入 X 进行 K-Means 聚类
fit_predict(X[, y, sample_weight])	计算聚类中心并返回每个样本所属聚类标签
fit_transform(X[, y, sample_weight])	计算聚类中心并将 X 转换到聚类距离空间
get_feature_names_out([input_features])	获取转换的输出特性名称
get_params([deep])	获取此估计量的参数
predict(X[, sample_weight])	预测 X 中每个样本所属的最近簇
score(X[, y, sample_weight])	与 K 均值目标中的 X 值相反
set_output(*[, transform])	设置输出容器

fix：计算 K-Means 聚类，代码如下所示。

```
fit(X, y=None, sample_weight=None)
```

参数说明如下。

（1）X：聚类训练集。

（2）y：该参数未使用，在此处显示以保持 API 一致性。

（3）sample_weight：X 中每个真实值的权重。如果没有，那么所有真实值将都被赋予相同的权重。

fit_predict：计算聚类中心并计算每个样本的聚类标签，代码如下所示。

```
fit_predict ( X , y = None , sample_weight = None )
```

参数说明如下。

（1）X：进行转换的数据。

（2）y：该参数未使用，在此处显示以保持 API 一致性。

（3）sample_weight：X 中每个真实值的权重。如果没有，那么所有真实值将都被赋予相同的权重。

应用举例（完整实例代码请参考 Kmeans.ipynb）。

```
#设定训练的簇中心数量为4,初始化KMeans对象并完成训练,用labels_4centers 存储样本标签
kmeans_4centers = KMeans(n_clusters=4).fit(X)
```

```
print("\n簇数量", "4" ,",",训练完成")
print("簇中心\n", kmeans_4centers.cluster_centers_)
labels_4centers = kmeans_4centers.labels_
#设定为 4 个簇时，输出聚类效果
plt.scatter(X[:, 0], X[:, 1], c=labels_4centers, marker = '+')
```

使用 K-Means 算法的结果如图 8-24 所示。

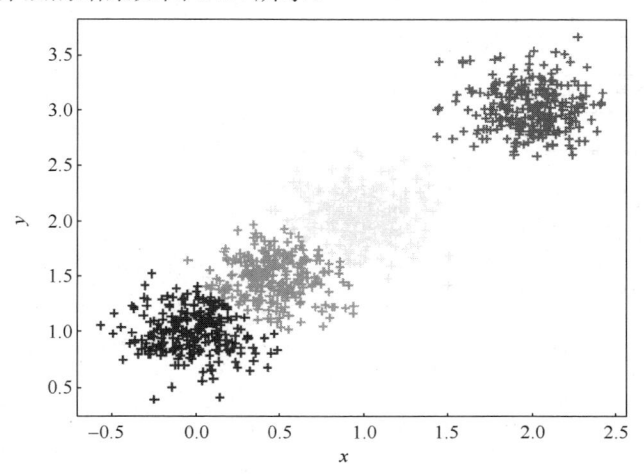

图 8-24　使用 K-Means 算法的结果

8.7.2　高斯混合聚类

高斯混合聚类模型并不在 sklearn.cluster 中定义，而是在 sklearn.mixture 中单独定义，代码如下所示。

```
class sklearn.mixture.GaussianMixture(n_components=1, *, covariance_type=
'full', tol=0.001, reg_covar=1e-06, max_iter=100, n_init=1, init_params='kmeans',
weights_init=None, means_init=None, precisions_init=None, random_state=None,
warm_start=False, verbose=0, verbose_interval=10)
```

高斯混合聚类中的主要参数如下。

（1）n_components：int, default=1，混合成分数，即聚类簇的数目。

（2）max_iter：要执行的 EM（最大期望）迭代次数，即规定的迭代次数，此参数可以选填。

（3）covariance_type：描述要使用的协方差参数类型的字符串，有 {'full', 'tied', 'diag', 'spherical'} 可供选择，default='full'。

（4）'full'：每个分量都有自己的通用协方差矩阵。

（5）'tied'：所有分量共享相同的通用协方差矩阵。

（6）'diag'：每个分量都有自己的对角协方差矩阵。

（7）'spherical'：每个组件都有自己的单一方差。

高斯混合聚类所包含的方法如表 8-4 所示。

表 8-4 高斯混合聚类所包含的方法

方法名	含义
aic(X)	计算当前模型在输入 X 上的 AIC（Akaike Information Criterion，一种衡量统计模型质量的方法）
bic(X)	计算当前模型在输入 X 上的 BIC（Bayesian Information Criterion，一种用于评估统计模型质量的常用指标）
fit(X[, y])	使用 EM 算法估计模型参数
fit_predict(X[, y])	使用输入 X 来估计模型参数并预测 X 的标签
predict(X)	使用训练好的模型预测 X 中数据样本的标签
score(X[, y])	计算给定数据 X 的每个样本的平均对数似然
score_samples(X)	计算每个样本的对数似然

该类同样拥有 fit 和 fit_pridect 函数，使用方法同 KMeans 类的相同。以下对高斯混合聚类的使用方法进行举例说明。

下面的实例对随机生成的椭圆形数据使用高斯混合聚类，完整实例代码请参考 GMM.ipynb。

```
#用椭圆形来拟合数据
rng = np.random.RandomState(13)
X_stretched = np.dot(X, rng.randn(2, 2))
#设定训练的簇中心数量为 4
gmm = GMM(n_components=4, covariance_type='full', random_state=42)
plot_gmm(gmm, X_stretched)
```

聚类结果如图 8-25 所示。

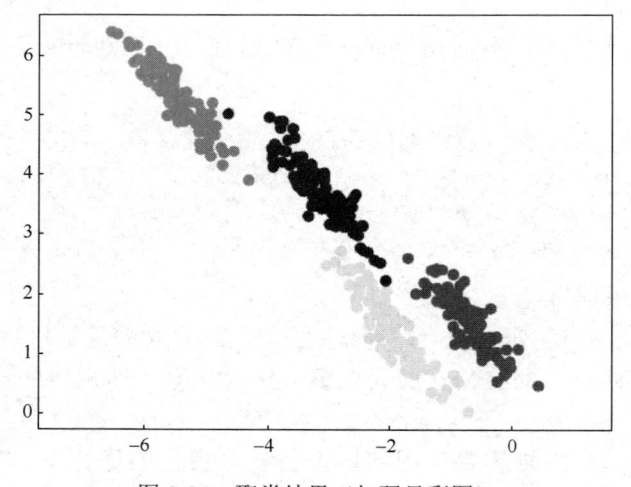

图 8-25 聚类结果（扫码见彩图）

8.7.3 DBSCAN 类

sklearn.cluster 中的 DBSCAN 类实现了 DBSCAN 算法，代码如下所示。

```
class sklearn.cluster.DBSCAN(eps=0.5, *, min_samples=5, metric='euclidean',
metric_params=None, algorithm='auto', leaf_size=30, p=None, n_jobs=None)
```

DBSCAN 类重要的参数包括 DBSCAN 算法本身的参数和定义距离的参数。

（1）min_samples：DBSCAN 算法参数，即样本点要成为核心点需要有多少样本与之距离小于 eps。默认值是 5，一般需要通过在多组值里面选择一个合适的阈值。通常和 eps 一起调参。在 eps 一定的情况下，min_samples 过大，则核心对象会过少，此时簇内部分本来是一类的样本可能会被标为噪声点，类别数也会变多。反之，min_samples 过小，则会产生大量的核心对象，可能导致类别数过少。

（2）metric：最近邻距离度量参数，默认为欧氏距离，一般使用欧氏距离即可满足要求。可以使用的距离度量方式及参数如下。

① 欧氏距离（euclidean）：$\sqrt{\sum_{i=1}^{n}(x_i-y_i)^2}$。

② 曼哈顿距离（manhattan）：$\sum_{i=1}^{n}|x_i-y_i|$。

③ 切比雪夫距离（chebyshev）：$\max|x_i-y_i|(i=1,2,\cdots,n)$。

④ 闵可夫斯基距离（minkowski）：$\sqrt[p]{\sum_{i=1}^{n}(|x_i-y_i|)^p}$。$p=1$ 为曼哈顿距离，$p=2$ 为欧氏距离。

⑤ 带权重闵可夫斯基距离（wminkowski）：$\sqrt[p]{\sum_{i=1}^{n}(w*|x_i-y_i|)^p}$，其中 w 为特征权重。

⑥ 标准化欧氏距离（seuclidean）：$\sqrt{\sum_{i=1}^{n}\frac{(x_i-y_i)^2}{s_i^2}}$，$s_i$ 表示对应的方差，标准化欧氏距离即对各特征维度做了归一化以后的欧氏距离。此时各样本特征维度的均值为 0，方差为 1。

⑦ 马氏距离（mahalanobis）：$\sqrt{(\boldsymbol{x}-\boldsymbol{y})^{\mathrm{T}}\boldsymbol{S}^{-1}(\boldsymbol{x}-\boldsymbol{y})}$，其中，$\boldsymbol{S}^{-1}$ 为样本协方差矩阵的逆矩阵。当样本分布独立时，$\boldsymbol{S}$ 为单位矩阵，此时马氏距离等同于欧氏距离。

DBSCAN 类中包含的方法如表 8-5 所示。

表 8-5　DBSCAN 类中包含的方法

方法名	含义
fit(X[, y, sample_weight])	根据特征或距离矩阵执行 DBSCAN 算法
fit_predict(X[, y, sample_weight])	根据数据或距离矩阵计算聚类并预测标签
get_params([deep])	获取参数
set_params(**params)	设置参数

该类同样拥有 fit 和 fit_pridect 函数，使用方法与 KMeans 类的相同。

应用举例如下。以下代码对随机生成的月牙形数据使用 DBSCAN 算法进行聚类，完整实例代码请参考 DBSCAN.ipynb。

```
#设定邻域半径和邻域样本数量阈值，初始化DBSCAN对象并完成训练，用labels_dbscan存储样本标签
dbscan_ncenters = DBSCAN(eps = 0.1, min_samples = 10).fit(X)
print("\nDBSCAN 训练完成\n")
```

```
    labels_dbscan = dbscan_ncenters.labels_
    #输出聚类效果
    plt.scatter(X[:, 0], X[:, 1], c=labels_dbscan, marker = '+', label = 'DBSCAN
eps = 0.1, min_samples = 10')
    plt.xlabel('x')
    plt.ylabel('y')
    plt.legend(loc=0)
    plt.show()
```

聚类结果如图 8-26 所示。

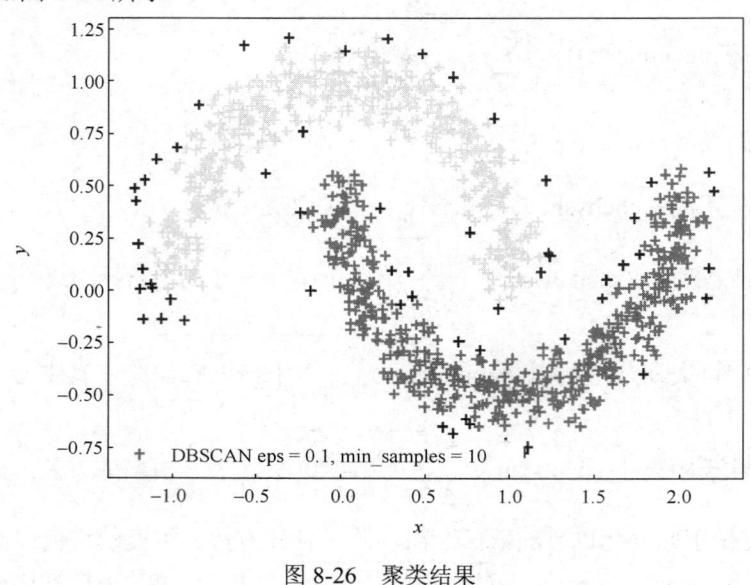

图 8-26 聚类结果

8.7.4 Birch 类

sklearn.cluster 中的 Birch 类实现了 Birch 算法，代码如下所示。

```
    class sklearn.cluster.Birch(*, threshold=0.5, branching_factor=50, n_clus
ters=3, compute_labels=True, copy=True)
```

（1）threshold：叶节点每个 CF 的最大样本半径阈值 T，决定了每个 CF 里所有样本形成的超球体的半径阈值。threshold 越小，CF Tree 建立阶段的规模越大，即 Birch 算法第一阶段所花费的时间和内存越多。默认值为 0.5，如果样本的方差较大，则一般需要增大这个默认值。

（2）branching_factor：CF Tree 内部节点的最大 CF 数 B，以及叶节点的最大 CF 数 L。branching_factor 决定了 CF Tree 里所有节点的最大 CF 数，默认值为 50。

（3）n_clusters：K 值，即聚类后得到的聚类簇个数，在 Birch 算法中为可选参数，如果类别数非常多，则一般输入 None，默认值为 3。

（4）compute_labels：布尔值，表示是否标示类别输出，默认值为 True。

Brich 类中包含的方法如表 8-6 所示。

表 8-6　Brich 类中包含的方法

方法名	含义
fit(X[, y])	为输入数据构建 CF Tree
fit_predict(X[, y])	对 X 进行聚类并返回簇标签
fit_transform(X[, y])	拟合数据，然后对其进行转换
get_feature_names_out([input_features])	获取转换的输出特性名称
get_params([deep])	获取参数
partial_fit([X, y])	在线学习
predict(X)	使用亚簇的质心来预测数据
transform(X)	将 X 转换为子簇的质心维度

该类同样拥有 fit 和 fit_pridect 函数，使用方法与 KMeans 类的相同。

以下实例使用 Brich 类对随机生成的数据进行聚类，完整实例代码请参考 Brich.ipynb。

```
#设定训练的簇中心数量为 4，初始化 Birch 对象并完成训练，用 y_pred 存储样本标签
model = Birch(n_clusters=4)
y_pred = model.fit_predict(X)
plt.scatter(X[:, 0], X[:, 1], c=y_pred)
plt.show()
```

聚类结果如图 8-27 所示。

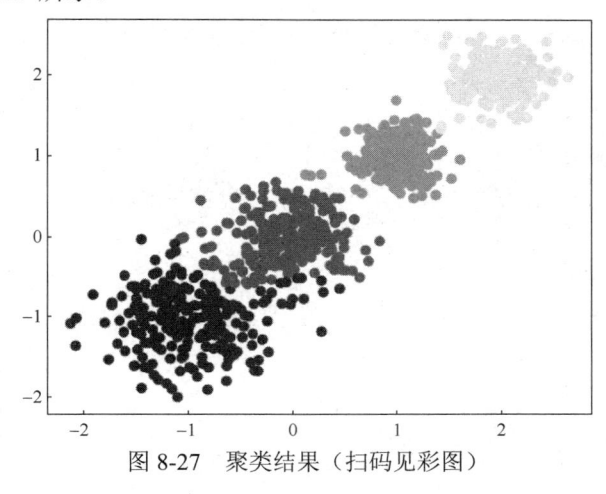

图 8-27　聚类结果（扫码见彩图）

8.7.5　AP 类

sklearn.cluster 中的 AP 类实现了 AP 聚类算法，代码如下所示。

```
class sklearn.cluster.AffinityPropagation(*, damping=0.5, max_iter=200, convergence_iter=15, copy=True, preference=None, affinity='euclidean', verbose=False, random_state='warn')
```

参数说明如下。

（1）damping：阻尼系数（0.5～1），默认值为 0.5，用于避免数值振荡。

（2）max_iter：最大迭代次数，默认值为 200。
（3）copy：是否保存一个输入数据的副本，默认值为 True。
（4）preference：参考度，每个点的参考度越大就越有可能被选择作为样本。样本数和聚类的数目受输入参考度值的影响。如果参考度不是作为参数传递，则将其值设置为输入相似性的中位数。
（5）affinity：用于计算数据点之间的亲和度。目前支持 precomputed 和 euclidean 两种，默认选择 euclidean 表示使用点之间的负平方欧氏距离。

AP 类中包含的方法如表 8-7 所示。

表 8-7　AP 类中包含的方法

方法名	含义
fit(X[, y])	根据特征或关联矩阵拟合聚类
fit_predict(X[, y])	基于特征/相似度矩阵的聚类，返回簇标签
get_params([deep])	获取参数
predict(X)	预测 X 中每个样本所属的最近簇
set_params(**params)	设置参数

该类同样拥有 fit 和 fit_pridect 函数，使用方法与 KMeans 类的相同。

应用举例如下。使用 sklearn.cluster.AffinityPropagation 对数据进行分类并可视化展示，完整实例代码请参考 AP.ipynb。

```
# 创建 AfinityPropagation 对象，amping factor= 0.9
af = AffinityPropagation(damping=0.9)
# 加载
af.fit(X)
#得到分类标签和聚类中心
cluster_centers_indices = af.cluster_centers_indices_
labels = af.labels_
```

聚类结果如图 8-28 所示。

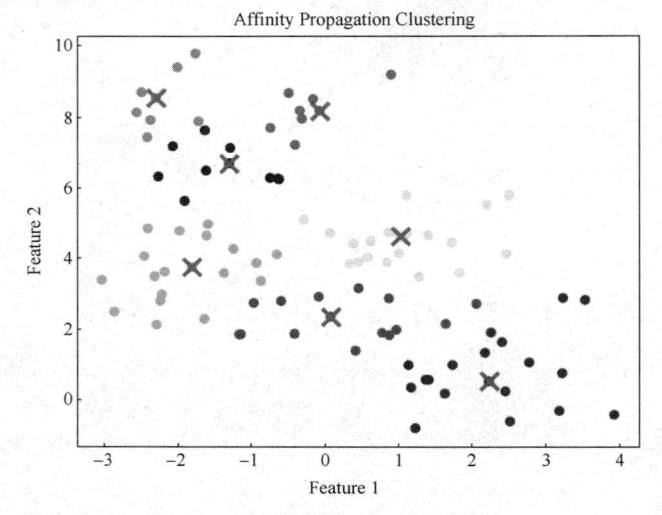

图 8-28　聚类结果（扫码见彩图）

8.7.6 sklearn 中的函数

除了提供相应的类，sklearn 中也提供了可以直接实现相应聚类功能的函数，如表 8-8 所示。

表 8-8 sklearn 中的函数

函数名	聚类算法
cluster.affinity_propagation(S, *[, ...])	AP 聚类算法
cluster.cluster_optics_dbscan(*, ...)	OPTICS 算法
cluster.dbscan(X[, eps, min_samples, ...])	DBSCAN 算法
cluster.k_means(X, n_clusters, *[, ...])	K-Means 算法
cluster.mean_shift(X,*[, bandwidth, seeds, ...])	MeanShift 算法
cluster.spectral_clustering(affinity, *[, ...])	谱聚类算法

8.7.7 性能评价指标

sklearn.metrics.cluster 模块中包含用于聚类分析结果的评估指标，评估有如下两种形式。
- 监督，为每个样本使用基本事实类别值，即外部评价，需要知道真实标签的度量。
- 无监督，不会并且无法衡量模型本身的质量，即内部评价，在真实的分簇标签不知道的情况下。

表 8-9 所示为一些性能评价指标。

表 8-9 一些性能评价指标

指标	含义
metrics.davies_bouldin_score(X, labels)	计算 Davies-Bouldin 分数
metrics.silhouette_score(X, labels, *[, ...])	计算所有样本的平均轮廓系数
metrics.calinski_harabasz_score(X, labels)	计算 Calinski 和 Harabasz 的得分
metrics.adjusted_rand_score(labels_true,...)	经过调整的兰德指数
metrics.mutual_info_score(labels_true,...)	两个簇之间的互信息
metrics.homogeneity_score(labels_true,...)	给定真值的聚类标记的同质性度量
metrics.completeness_score(labels_true,...)	给定真值的聚类标记的完备性度量
metrics.v_measure_score(labels_true,...[,beta])	给定一个真值的 V-度量聚类标记
metrics.fowlkes_mallows_score(labels_true,...)	Fowlkes-Mallows 分数

8.8 实例分析

本节使用测试数据来对比不同聚类算法的效果及所需时间。以下代码是官方代码的一个简化版本，官方例子代码 plot_cluster_comparison.ipynb 或 plot_cluster_comparison.py，对比了 10 种聚类算法的性能和时间。

测试集来自 sklearn.datasets 中随机生成的数据，主要包括圆形数据集、弧形数据集、块状数据集和随机数据集四类，分别由 make_circles()、make_moons()、make_blobs() 和 numpy 中的 rand() 生成。数据集大小为 1500，这个大小可以测试算法的扩展性，也不会因为过大导致算法运行太长时间。完整的代码请参考 cluster\plot_cluster_comparison_less.ipynb。图 8-29 所示为四种数据集。

```
from sklearn import cluster, datasets

n_samples = 1500
noisy_circles = datasets.make_circles(n_samples=n_samples, factor=.5,
                                      noise=.05)                          #圆形数据集
noisy_moons = datasets.make_moons(n_samples=n_samples, noise=.05)         #弧形数据集
blobs = datasets.make_blobs(n_samples=n_samples, random_state=8)          #块状数据集
no_structure = np.random.rand(n_samples, 2), 0                            #随机数据集
```

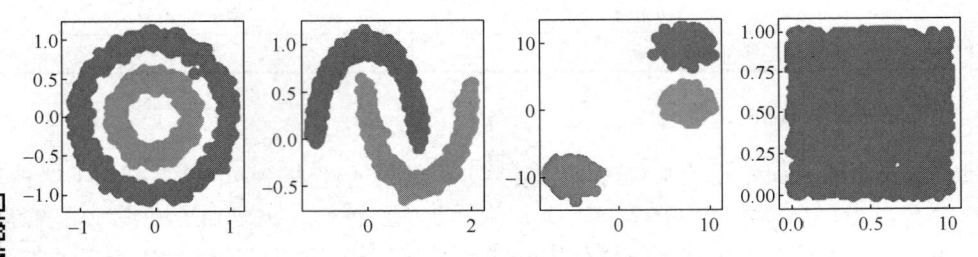

图 8-29　四种数据集（扫描见彩图）

不同的距离模型需要的参数不同，代码中定义了默认的参数值 default_base，以及不同数据集相关的聚类参数 datasets。在循环处理不同数据集时，用下面的代码获得每个模型所需的参数。

```
params = default_base.copy()
params.update(algo_params)
```

在循环处理不同数据集时，先根据预设的参数创建聚类对象；然后循环使用这些聚类对象对数据集进行分类。代码如下所示。图 8-30 展示了不同算法聚类效果对比。

```
km = cluster.KMeans(n_clusters=params['n_clusters'])
dbscan = cluster.DBSCAN(eps=params['eps'])
optics = cluster.OPTICS(min_samples=params['min_samples'],
xi=params['xi'],
min_cluster_size=params['min_cluster_size'])
affinity_propagation = cluster.AffinityPropagation(
damping=params['damping'], preference=params['preference'])
average_linkage = cluster.AgglomerativeClustering(
linkage="average", affinity="cityblock",
n_clusters=params['n_clusters'], connectivity=connectivity)
birch = cluster.Birch(n_clusters=params['n_clusters'])
#gmm
gmm = mixture.GaussianMixture(
n_components=params['n_clusters'], covariance_type='full')
```

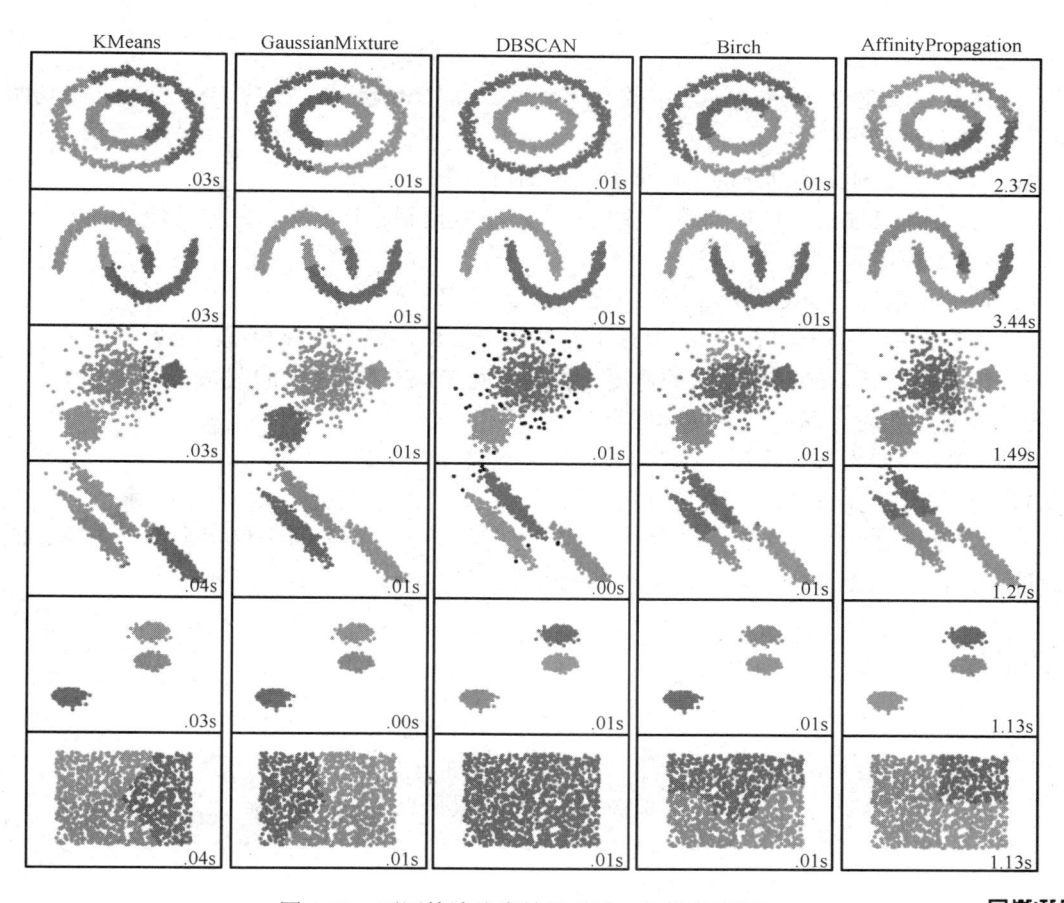

图 8-30　不同算法聚类效果对比（扫描见彩图）

不同算法聚类结果对比如表 8-10 所示，分数取值区间为[−1,1]，越接近于 1 表示分类效果越好，分数为负值表示分类效果不理想。

表 8-10　不同算法聚类结果对比

数据集	KMeans	GaussianMixture	DBSCAN	Birch	AffinityPropagation
环形数据集	0.0	0.0	1	0.0	−0.1
弧形数据集	0.0	0.0	1	0.4	−0.1
各向异性集	0.7	1	0.1	0.0	0.0
条状数据集	−0.2	1	0.9	−0.2	−0.2
点状数据集	1	1	1	1	1
块状数据集	0.0	0.0	1	0.0	0.0

8.9　习　　题

1. 请简要叙述 K-Means 算法的流程。
2. 请简要叙述 K-Means 算法中 K 的选取是否会对聚类结果造成影响，并给出几种选取

K 的方法。

3．请简要叙述 K-Means 算法中质心选择是否会对聚类结果造成影响，给出几种初始化质心的方法并比较。

4．请计算 K-Means 算法的空间复杂度和时间复杂度。

5．请调用 sklearn 中的 K-Means 模块对鸢尾花数据集进行聚类，并尝试使用某一个性能评价指标评价模型。

6．请简要叙述 DBSCAN 算法的流程。

7．请简要叙述 DBSCAN 算法中最重要的两个参数，如何选择合适的值？

8．请简要叙述 OPTICS 算法的适用场合及其与 DBSCAN 算法的关系。

9．请简要叙述自底向上的层次聚类算法的流程。

10．常见的层次聚类算法有哪些？简述其思想。

11．在层次聚类算法中，定义簇之间的邻近性时介绍了四种定义，请简要叙述。

12．某数据集为 {(1,4),(2,4),(3,2),(4,3),(4,5)}，在层次聚类算法中使用全链作为簇之间的邻近度定义，请写出最终合并到一个簇中的流程。

第 9 章

神经网络和深度学习

随着神经科学和认知科学的不断发展，人们逐渐认识到人类的智能行为与大脑活动密切相关。人类大脑是一个复杂的器官，能够产生意识、思想和情感等高级认知功能。受到人脑神经系统的启发，早期的神经科学家构建了一种模仿人脑神经系统的数学模型，称为人工神经网络，简称神经网络。随着研究的不断发展，神经网络逐渐演化为深度神经网络，也被称为深度学习。本章将深入探讨神经网络和深度学习的相关内容。

本章的重点、难点和需要掌握的内容如下。
- 掌握神经网络的基础知识。
- 掌握神经网络训练的相关内容，如反向传播算法、随机梯度下降算法。
- 了解常见的神经网络模型。
- 了解深度学习的基础知识。

9.1 神经网络概述

人工神经网络（ANN）是一种模仿生物神经网络的结构和功能的数学模型或计算模型。人工神经网络由大量的人工神经元连接进行计算，通过调整内部大量节点之间相互连接的关系，达到信息处理的目的。

人工神经网络的起源可以追溯到 1943 年，美国神经心理学家 McCulloch 和数学家 Pitts 通过探索人工神经元如何模仿大脑思考提出了 MP 模型，其输出为布尔逻辑变量，虽然模型相对来说比较简单，但它是人类历史上第一个神经网络模型，具备里程碑式意义。

1948 年，冯·诺依曼在研究工作中比较了人脑结构与存储程序式计算机的根本区别，提出了以简单神经元构成的再生自动机网络结构。

1958 年，Frank Rosenblatt 提出了两层神经元构建的网络，命名为感知机，极大地推动了神经网络的发展，感知机显式地在大脑的神经架构之上进行建模，允许其进行学习，以人类大脑学习的方式学习输入和输出之间的联系。感知机拥有现如今神经网络的主要构件与思想，包括自动学习权重、梯度下降算法、优化器、损失函数等。

1969 年，人工智能之父 Marvin Lee Minsky 在其著作中提出并证明了感知机本质上是一个线性模型，无法解决非线性问题。该证明提出了感知机的局限性，使神经网络的研究陷入停滞状态。

1986 年，神经网络之父 Geoffrey Everest Hinton 提出了适用于多层感知机（MLP）的 BP 算法，并在层与层之间的传播过程中引入 sigmoid 函数，为神经网络引入了非线性，改良了单层感知机无法解决异或问题的缺陷。

常见的神经网络模型包括多层感知机（MLP）、卷积神经网络（CNN）、循环神经网络（RNN）、生成对抗网络（Generative Adversarial Network，GAN）等。

9.1.1 神经元模型

神经元是神经网络的基本单元，它是一种数学模型，用于模拟神经系统中的神经元，其由生物学中的神经元演变而来。生物学中的神经元有兴奋和抑制两种状态，在受到刺激时由抑制状态转变为兴奋状态，并释放化学物质将信息传递给其他神经元。生物学中的神经元结构如图 9-1 所示。

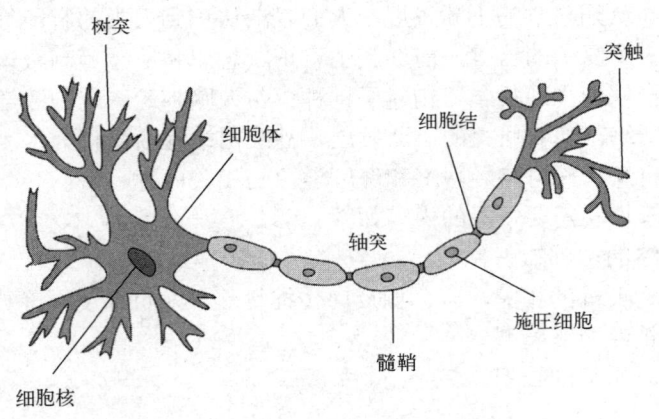

图 9-1 生物学中的神经元结构

1943 年，McCulloch 和 Pitts 对图 9-1 所示的神经元结构进行模仿，构成了人工神经元结构模型，即 MP 神经元模型，如图 9-2 所示。

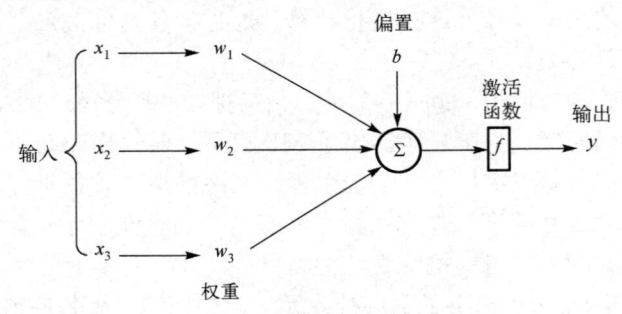

图 9-2 MP 神经元模型

神经元由两个主要部分组成：输入和输出。神经元的输入是其他神经元的输出，每个输入都有一个权重。神经元内部有一个偏置，该偏置可以影响神经元的输出。神经元的输出通过一个激活函数进行处理，以确保输出值在一定的范围内。

当神经元接收到一组输入时，它会先将每个输入乘以相应的权重，然后将它们相加并加上偏置。结果会传递到激活函数中，以产生神经元的输出。激活函数通常是一个非线性函数，它可以将输出映射到一个特定的范围内，如 0~1。这种映射使神经元能够模拟生物神经元的非线性特性。神经元的输出可以被传递到其他神经元中，作为它们的输入，这样神经元就可以形成神经网络，从而实现复杂的计算任务。

一个神经元可能同时接收多个输入,每个输入对神经元的影响不同,因此使用 x_i 表示输入信号,w_i 表示每个输入对应的权重,神经元对收到的全部输入进行累加,得到输入信号总和,相当于生物学神经元中的膜电位,其值为 $\sum_{i=1}^{n} w_i x_i$。生物学中神经元受到的刺激电位变化超过某一阈值时,由抑制状态转变为激活状态进行信息传递,否则神经元不会传递任何信息,在人工神经元中设定阈值为 Θ,得到神经元净激活 $\text{net} = \sum_{i=1}^{n} x_i w_i - \Theta$,net 值为正时神经元处于激活状态,net 值为负时神经元处于抑制状态。最终得到神经元的输出为 $y_i = f(\text{net}) = f\left(\sum_{i=1}^{n} x_i w_i - \Theta\right)$,$f(\ )$ 为激活函数,负责将神经元的输入映射到输出,激活函数在输入和输出之间进行函数变换,引入非线性因素,增强模型的表达能力。

MP 神经元模型是一种非线性模型,可以实现一些基本的逻辑运算。它的主要用途是模拟神经元的计算和逻辑行为,而不是处理实际的连续值数据。MP 神经元模型为后续更复杂的神经元模型和神经网络的发展奠定了基础。

9.1.2 神经网络结构

感知机是一种简单的二分类线性分类器,由多个输入单元 a_i、一个输出单元 Z 和一组权重 w_i 组成。感知机模型引入了权重,使得输入信号的影响程度可以根据权重进行调整。感知机模型是一种简单的线性分类器,对于线性可分的问题有较好的性能。图 9-3 所示为带有一个输出单元的感知机模型。

在感知机中有两个层次,分别是输入层和输出层。通常将输入层视为只负责传输数据的层,不进行计算。而输出层的输出单元则对输入层传递过来的数据进行计算和处理,产生最终的输出结果。如果要预测的目标是一个向量,如(2,3),可以在输出层增加一个输出单元来处理这个向量。每个输出单元都会对前面一层的输入进行计算,并产生一个对应的输出。图 9-4 所示为带有两个输出单元的单层神经网络,其中输出单元 z_1、z_2 的计算公式为

$$z_1 = g(a_1 w_{1,1} + a_2 w_{1,2} + a_3 w_{1,3})$$
$$z_2 = g(a_1 w_{2,1} + a_2 w_{2,2} + a_3 w_{2,3})$$

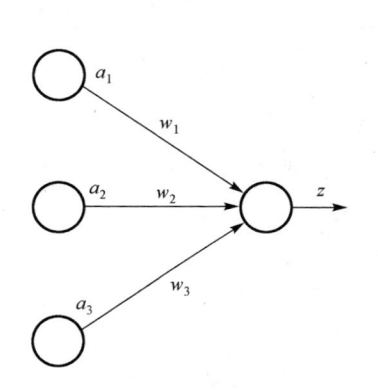

图 9-3 带有一个输出单元的感知机模型 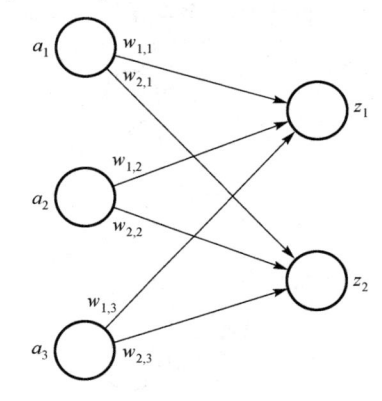　　图 9-4 带有两个输出单元的单层神经网络

使用 $\boldsymbol{a}=[a_1,a_2,a_3]^{\mathrm{T}}$ 代表输入变量，$\boldsymbol{Z}=[z_1,z_2]^{\mathrm{T}}$ 表示输出变量，$\boldsymbol{W}$ 表示系数矩阵（2行3列的矩阵，排列形式与公式中的一样），则输出公式可以改写为 $g(\boldsymbol{Wa})=\boldsymbol{Z}$，此公式即神经网络中从前一层计算后一层的矩阵运算。同神经元模型不同，感知机中的权重是通过训练得到的，但是只拥有一层功能神经元的感知机只能做简单的线性分类任务，如果将感知机增加到两层，则会出现计算量过大的问题。

反向传播（Back Propagation，BP）算法通过使用链式法则和梯度下降优化方法，实现了对多层神经网络中权重的有效调整。它可以计算输出层与目标值之间的误差，并将该误差反向传播到网络的隐藏层和输入层，以更新每个神经元的权重。通过多次迭代训练，反向传播算法能够逐渐调整权重，使神经网络逼近所需的函数或模式。两层神经网络通常包括输入层、隐藏层和输出层。输入层负责接收原始输入数据，隐藏层对输入进行非线性变换和计算，输出层生成最终的输出结果。隐藏层和输出层都是计算层，根据输入进行加权和非线性激活计算，产生输出结果。增加隐藏层的神经网络如图9-5所示，隐藏层 $a_1^{(2)}$、$a_2^{(2)}$ 的计算公式为

$$a_1^{(2)} = g(a_1^{(1)}w_{1,1}^{(1)} + a_2^{(1)}w_{1,2}^{(1)} + a_3^{(1)}w_{1,3}^{(1)})$$
$$a_2^{(2)} = g(a_1^{(1)}w_{2,1}^{(1)} + a_2^{(1)}w_{2,2}^{(1)} + a_3^{(1)}w_{2,3}^{(1)})$$

输出层的计算过程示意图如图9-6所示，公式如下：

$$Z = g(a_1^{(2)}w_{1,1}^{(2)} + a_2^{(2)}w_{1,2}^{(2)})$$

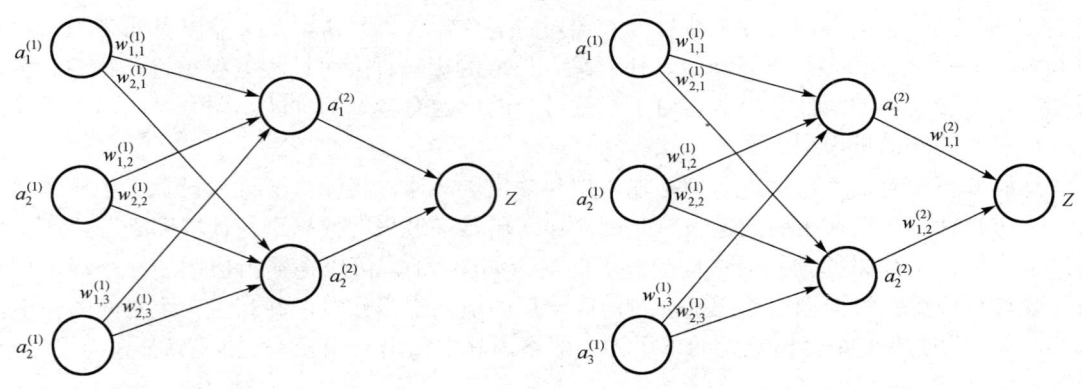

图9-5　增加隐藏层的神经网络　　　　图9-6　输出层的计算过程示意图

如果预测的目标是一个向量，则增加输出层单元即可，两个输出层单元如图9-7所示。

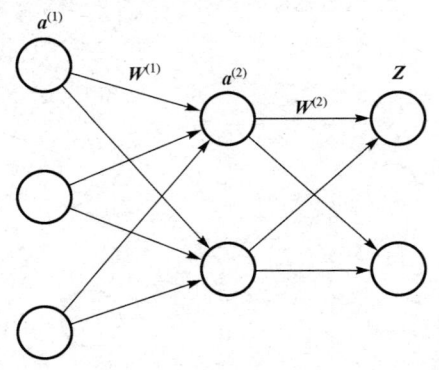

图9-7　两个输出层单元

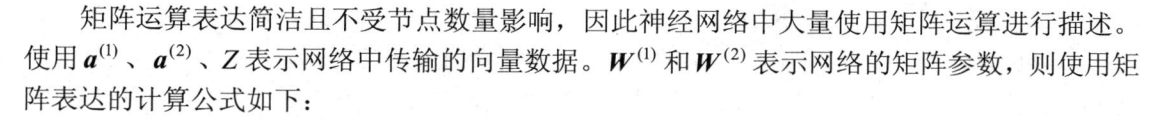

矩阵运算表达简洁且不受节点数量影响，因此神经网络中大量使用矩阵运算进行描述。使用 $a^{(1)}$、$a^{(2)}$、Z 表示网络中传输的向量数据。$W^{(1)}$ 和 $W^{(2)}$ 表示网络的矩阵参数，则使用矩阵表达的计算公式如下：

$$g(W^{(1)}a^{(1)}) = a^{(2)}$$

$$g(W^{(2)}a^{(2)}) = Z$$

在神经网络中，偏置节点是默认存在的，是一个只含有存储功能，且存储值永远为 1 的单元。在神经网络的每个层次中，除了输出层，都会含有这样一个偏置单元。偏置单元与后一层的所有节点都连接，设偏置单元参数值为向量 b，称之为偏置。设置偏置节点的神经网络如图 9-8 所示。

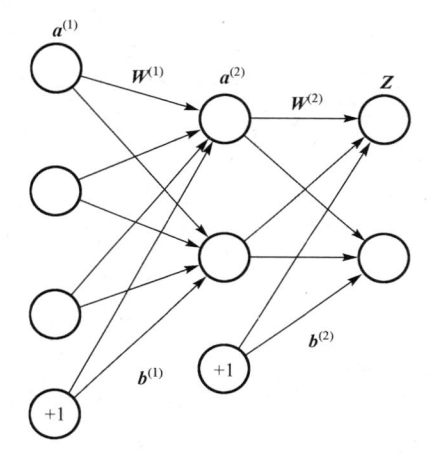

图 9-8　设置偏置节点的神经网络

在神经网络的计算过程中，每个节点都会接收来自上一层节点的输入，并将其与对应的权重进行加权求和。偏置节点的输出值始终为 1，因此与偏置节点相连的节点相当于接收到一个固定的偏置输入。这样可以使每个节点具有不同的偏置值，从而影响节点的激活状态和输出。

考虑偏置值后的神经元矩阵运算如下：

$$g(W^{(1)}a^{(1)} + b^{(1)}) = a^{(2)}$$

$$g(W^{(2)}a^{(2)} + b^{(2)}) = Z$$

以此类推，神经网络输出层神经元的值均可按照以上方法进行计算，总结为

$$a_{\text{output}} = Wa_{\text{input}} + b$$

式中，a_{output}、a_{input}、b 为向量；W 为矩阵。

输入层的节点数需要同特征维度相匹配，输出层的节点数需要同目标维度相匹配。而隐藏层的节点数目由设计者决定，但是节点的数目会影响整个模型的效果，因此隐藏层的节点数目也不可随意设置，一般是通过经验进行设置，或通过网格搜索方法进行设置，预先设定多个可选值，切换不同值查看模型的预测效果，选取使得效果最好的值。

多层神经网络输出值的计算与两层神经网络相同,本章中讨论的全部为全连接神经网络,即神经网络中的某个神经元和下一层及前一层的所有神经元均相连。多层神经网络是一种具有多个隐藏层的神经网络。每个隐藏层由多个神经元组成,这些神经元与前一层和后一层的神经元相连接。图 9-9 所示为多层神经网络示意图。

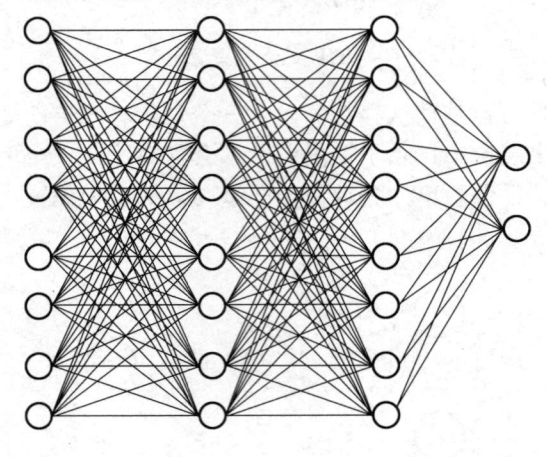

图 9-9　多层神经网络示意图

9.1.3　激活函数

激活函数是神经网络中的一种数学函数,它被应用于神经元的输出,用于确定神经元的激活状态。激活函数是非线性的,它使得神经网络能够对输入数据进行非线性变换,从而增加网络的表达能力和学习能力。

常见的激活函数包括饱和激活函数与非饱和激活函数。

饱和激活函数在输入值较大或较小时会趋于饱和状态,导致梯度接近于零,从而减缓或阻碍神经网络的训练过程。常见的饱和激活函数包括 sigmoid 函数、双曲正切(tanh)函数和 Softmax 函数。sigmoid 函数将输入映射到一个介于 0 和 1 之间的输出。而 tanh 函数将输入映射到一个介于 –1 和 1 之间的输出。Softmax 函数是一种特殊的、具有饱和特性的激活函数,不同于 sigmoid 函数和 ReLU 函数等隐藏层激活函数,它通常用于多分类问题的输出层,用于将模型的输出转换为概率分布。

非饱和激活函数在输入值较大或较小时仍能保持较大的梯度,有助于加速神经网络的训练。常见的非饱和激活函数是修正线性单元(Rectified Linear Unit,ReLU)函数及其变种。ReLU 函数在输入为负时,输出值为零;在输入为正时,输出值等于输入值。ReLU 函数的变种包括 Leaky ReLU 函数、Parametric ReLU(PReLU)函数、指数线性单元(Exponential Linear Unit,ELU)函数等。

下面将对 sigmoid 函数、tanh 函数、ReLU 函数和 Softmax 函数进行详细说明。

1. sigmoid 函数

sigmoid 函数也叫作 Logistic 函数,用于隐藏层神经元输出,取值范围为(0,1),它可以将一个实数映射到(0,1)区间,可以用来做二分类,在特征相差比较复杂或是相差不是特别大时,效果比较好。sigmoid 函数是一个十分常见的激活函数,公式如下:

$$f(x) = \sigma(x) = \frac{1}{1+e^{-x}}$$

式中，x 表示神经元的输入；$\sigma(x)$ 表示神经元的输出。

sigmoid 函数的图像呈现为一条 S 形曲线，如图 9-10 所示。

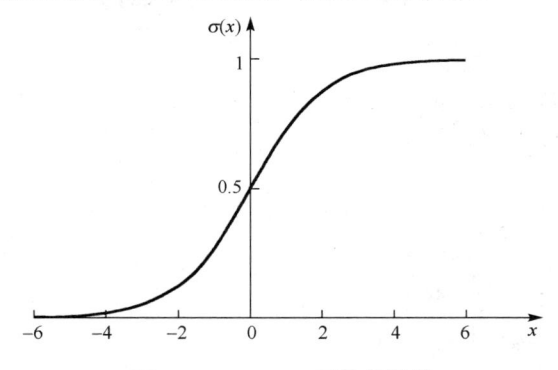

图 9-10　sigmoid 函数的图像

sigmoid 函数的输出值范围为(0，1)，常用于二分类问题。但是，sigmoid 函数在神经元的输入非常大或非常小时导数接近于 0，可能导致梯度消失问题，因此初始输入值非常大或非常小时使用 sigmoid 作为激活函数，神经元可能因为梯度过小停止梯度下降过程，导致网络无法学习。此外，sigmoid 函数的计算量也比 ReLU 函数等的要大，计算 sigmoid 函数时需进行幂计算，会导致神经网络训练耗时增加。

2．tanh 函数

tanh 函数解决了 sigmoid 函数不是原点中心对称的问题，是神经网络中常用的激活函数之一，它将神经元的输入映射到−1 到 1 之间的输出，常用于二分类问题。

tanh 函数的数学公式如下：

$$f(x) = \tanh(x) = \frac{e^x - e^{-x}}{e^x + e^{-x}}$$

式中，x 表示神经元的输入；$\tanh(x)$ 表示神经元的输出。

tanh 函数的图像呈现为一条 S 形曲线，与 sigmoid 函数类似，如图 9-11 所示。

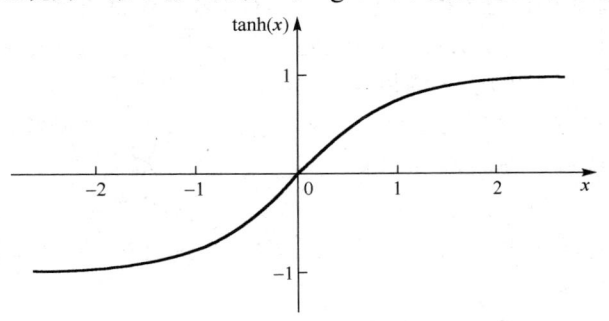

图 9-11　tanh 函数的图像

tanh 函数的输出值范围为（−1，1），可以用于二分类问题。与 sigmoid 函数类似，tanh 函数也存在梯度消失和计算量大的问题。但是，相比于 sigmoid 函数，tanh 函数的导数在 x 的值为 0 时为 1，因此 tanh 函数在神经元输入为 0 时梯度不会消失，相比于 sigmoid 函数更容易训练。

tanh 函数是 sigmoid 函数的变形体，它解决了使用 sigmoid 函数时存在的非 0 均值问题，但是仍不能解决输入值过大或者过小时导数接近于 0 的问题。

3. ReLU 函数

ReLU 函数是现阶段使用最多的激活函数之一，它将神经元的输入映射到非负的输出，为非饱和激活函数，非饱和激活函数可以解决梯度消失问题并且可以加速收敛。ReLU 函数的数学公式如下：

$$\mathrm{ReLU}(x) = \max(0, x)$$

式中，x 表示神经元的输入；$\mathrm{ReLU}(x)$ 表示神经元的输出。ReLU 函数的图像如图 9-12 所示。

ReLU 函数的提出能够有效地解决梯度消失问题，这是因为 ReLU 函数的梯度只可以取两个值：0 或 1，当输入小于 0 时，梯度为 0；当输入大于 0 时，梯度为 1。因此，ReLU 函数的梯度连乘不会收敛到 0，连乘的结果也只可以取两个值：0 或 1，如果值为 1，那么梯度保持值不变进行前向传播；如果值为 0，那么梯度从该位置停止前向传播。

ReLU 函数的缺点是当神经元的输入小于 0

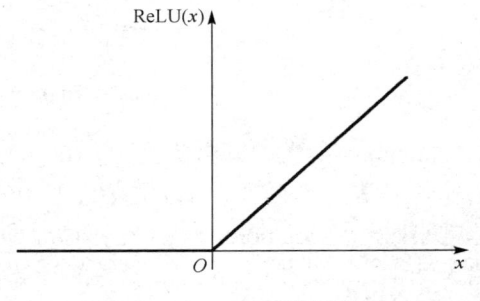

图 9-12　ReLU 函数的图像

时导数为 0，会导致在反向传播过程中梯度为 0，无法更新权重。为了解决这个问题，可以使用一些变种的 ReLU 函数，如 Leaky ReLU 函数、Parametric ReLU 函数和 ELU 函数等。这些变种的 ReLU 函数在输入小于 0 时不会完全抑制梯度，从而避免了梯度消失问题。

sigmoid 函数是双侧饱和的，即朝着正负两个方向函数值都会饱和；但 ReLU 函数是单侧饱和的，只有朝着负方向函数值才会饱和。假如某神经元负责检测边缘，则正值越大代表边缘区分越明显，即激活值为 1 相对于激活值为 0.5 来说，检测到的边缘区分更明显；但激活值 –1 相对于 –0.5 来说并没有意义，因为低于 0 的激活值都代表没有检测到边缘。所以使用常量值 0 表示检测不到特征是更为合理的，此时 ReLU 函数的单侧饱和就可以满足要求。此外，单侧饱和可以将负值区的噪声截断，避免无用信息干扰，使得神经元对于噪声干扰更具鲁棒性。

在函数梯度计算中，ReLU 函数比 sigmoid 函数更为高效，ReLU 函数梯度的值只取 0 或 1，且将负值截断为 0，为网络引入稀疏性，提升了计算效率。

ReLU 函数也有缺点，尽管稀疏性可以提升计算高效性，但同样可能阻碍训练过程。通常，激活函数的输入值有一项偏置项（bias），假设 bias 变得太小，以至于输入激活函数的值总是负的，那么反向传播过程经过该处的梯度恒为 0，对应的权重和偏置参数此次无法得到更新。如果对于所有的样本输入，该激活函数的输入都是负的，那么该神经元再也无法学习，称为神经元"死亡"问题。

在神经网络训练中，神经元的死亡率与学习率的设定密切相关。当学习率过高时，权重更新的幅度可能会过大，导致 ReLU 函数神经元的输入值迅速变为负值，进而使这些神经元在训练过程中"死亡"。因此，合理设置学习率是减少神经元死亡问题的关键策略之一。此外，使用 ReLU 函数的变体（如 Leaky ReLU 函数、Parametric ReLU 函数和 ELU 函数等）也是一种有效的方法。

4．Softmax 函数

Softmax 函数是一种常用的激活函数，主要用于多分类问题，将神经元的输入映射为概率分布。在神经网络中，Softmax 函数通常用于输出层。

Softmax 函数的数学公式如下：

$$\text{Softmax}(x_i) = \frac{e^{x_i}}{\sum_{j=1}^{N} e^{x_j}}$$

式中，x_i 表示第 i 个神经元的输入；N 表示神经元的个数。

Softmax 函数的输入是一个向量，输出也是一个向量，且向量中的每个元素都是一个概率值，它们的和等于 1。Softmax 函数将每个输入值转换为对应的概率值，使得神经元的输出可以解释为在一个离散类别中的概率。在多分类问题中，输出层通常使用 Softmax 函数作为激活函数，可以将神经网络的输出解释为各个类别的概率值。

例如，在一个三分类问题中，Softmax 函数将神经元的输入转换为一个三维向量 (p_1, p_2, p_3)，其中 p_1 表示输入属于第一个类别的概率，p_2 表示输入属于第二个类别的概率，p_3 表示输入属于第三个类别的概率。这三个概率值的和为 1。

需要注意的是，Softmax 函数在计算时可能会存在数值稳定性问题，即当输入值过大或过小时，指数函数会出现上溢或下溢的问题。为了解决这个问题，可以通过对输入值进行平移，使得最大的输入值为 0，从而避免指数函数的上溢问题。常见的做法是对输入值进行减去最大值的操作，如下所示：

$$\text{Softmax}(x_i) = \frac{e^{x_i - \max(x)}}{\sum_{j=1}^{N} e^{x_j - \max(x)}}$$

这样可以保证计算数值的稳定性，而不会影响输出结果的准确性。

Softmax 函数的优点是可以将任意实数向量映射为概率分布，方便解释神经网络的输出结果。Softmax 函数是可微的，可以用于反向传播算法求解梯度，更新网络参数。同时，Softmax 函数是凸函数，保证了全局最优解的存在性和唯一性。

但是，Softmax 函数的计算代价较大，因为需要对向量中的每个元素进行指数运算与求和操作。Softmax 函数对输入的缩放比较敏感，如果输入值过大或过小，那么输出值会饱和或趋近于 0，导致梯度消失问题。此外，Softmax 函数的输出是相互独立的，它无法将输入向量中元素之间的关系考虑在内。

9.1.4 损失函数

神经网络中的损失函数用于衡量模型预测值与真实值之间的误差，是训练神经网络的重要指标。最小化损失函数，可以调整神经网络的参数，使得网络的预测值逐渐接近真实值，从而提高模型的准确性。常见的损失函数包括均方误差（MSE）、交叉熵、KL 散度、Hinge Loss 等。

1. 均方误差

MSE 用于回归问题，如房价预测等。它衡量预测值与真实值之间的平均差异，公式为

$$\text{MSE} = \frac{1}{n}\sum_{i=1}^{n}(y_i - \hat{y}_i)^2$$

式中，n 表示样本数量；y_i 表示第 i 个样本的真实值；$\hat{y}_i$ 表示第 i 个样本的预测值。

MSE 对预测值和真实值之间的差异非常敏感，即如果预测值与真实值之间存在偏差，则 MSE 会给出一个较大的损失值，反之亦然。因此，MSE 适用于需要精确预测数值的回归问题，如房价预测、股票价格预测等。

MSE 的优点是容易理解和计算，并且在训练过程中具有良好的收敛性。但是 MSE 对异常值比较敏感，即一些极端值或异常值可能会对损失函数产生很大的影响。因此，在使用 MSE 时需要注意对异常值的处理。另外，MSE 并不适用于所有的回归问题，对于一些非线性回归问题，可能需要使用其他的损失函数。

2. 交叉熵

交叉熵是一种常用的损失函数，通常用于分类问题。交叉熵的定义基于信息论中熵的概念，表示模型预测值与真实值之间的差异度量。

在二分类问题中，交叉熵损失函数的表达式如下：

$$\text{CE} = -\frac{1}{n}\sum_{i=1}^{n}[y_i \ln(\hat{y}_i) + (1 - y_i)\ln(1 - \hat{y}_i)]$$

式中，n 表示样本数量；y_i 表示第 i 个样本的真实标签（0 或 1）；$\hat{y}_i$ 表示第 i 个样本的预测概率值（0 到 1 之间）。

在多分类问题中，交叉熵损失函数的表达式如下：

$$\text{CE} = -\frac{1}{n}\sum_{i=1}^{n}\sum_{j=1}^{m}y_{ij}\ln(\hat{y}_{ij})$$

式中，n 表示样本数量；m 表示类别数量；y_{ij} 表示第 i 个样本的真实标签(0 或 1)，如果第 i 个样本属于第 j 个类别，则 $y_{ij}=1$，否则为 0；$\hat{y}_{ij}$ 表示第 i 个样本属于第 j 个类别的预测概率值。

交叉熵损失函数能够对预测值与真实值之间的差异进行有效的量化，并且在训练过程中具有良好的收敛性。此外，在多分类问题中，交叉熵损失函数还可以通过 Softmax 函数与神经网络的输出层进行集成，从而实现端到端的训练。但交叉熵损失函数对极端值比较敏感，可能会导致梯度消失或爆炸问题。此外，在处理不平衡数据集时，交叉熵损失函数也可能会出现偏差，需要进行相应的处理。

3. KL 散度

KL 散度（Kullback-Leibler Divergence）也称为相对熵，是一种衡量两个概率分布之间差异的度量方法，通常用于衡量模型预测值与真实值之间的差异。KL 散度的定义如下：

$$D_{\text{KL}}(P \| Q) = \sum_{i} P(i) \ln \frac{P(i)}{Q(i)}$$

式中，P 和 Q 分别表示两个概率分布；$P(i)$ 和 $Q(i)$ 表示分别从 P 和 Q 中获取第 i 个事件的概率值。KL 散度反映了从概率分布 P 转换为概率分布 Q 所需的额外信息量，它是一个非负的实数，当且仅当 $P=Q$ 时取值为 0。

在神经网络中，KL 散度通常用于评估两个概率分布之间的差异，并用作损失函数的一部分。在训练过程中，可以使用 KL 散度作为模型预测值分布与真实值分布之间的差异度量，加入损失函数，通过反向传播更新模型参数，使模型预测值的分布尽可能接近真实值的分布。

在深度学习中，常用的 KL 散度包括交叉熵和自适应熵正则化，交叉熵和自适应熵正则化都可以用来衡量两个概率分布之间的差异，并在不同的应用场景中发挥重要作用。

4．Hinge Loss

Hinge Loss 是一种用于支持向量机（SVM）的损失函数，在神经网络中也有一定的应用。Hinge Loss 通常用于二分类问题，用于衡量模型预测值与真实值之间的差异。

对于一个样本 (x, y)，其中 x 表示输入特征向量，y 表示真实值，如果模型预测的值为 $\hat{y}$，则 Hinge Loss 的计算方式为

$$L_{\text{hinge}} = \max(0, 1 - y\hat{y})$$

式中，$\max(0, 1 - y\hat{y})$ 表示真实值和预测值之间的差异，如果它们的符号相同，则 Hinge Loss 为 0，否则为它们之间的距离。这种差异度量方法被称为合页损失，因为它的图像形状类似于一个合页。

在支持向量机中，Hinge Loss 通常用于最大化分类边界和样本之间的间隔，通过正则化项来避免过度拟合。在神经网络中，Hinge Loss 可以用于训练二分类模型，如图像分类、文本分类等任务。Hinge Loss 通常不是一个连续可导的函数，因此在使用 Hinge Loss 作为损失函数时，通常需要使用其他优化算法，如梯度下降的变种算法等来最小化损失函数。

9.2　神经网络训练

神经网络训练是指使用一组输入数据和对应的输出数据来调整神经网络中的参数，以使神经网络能够对输入数据进行准确的预测。训练的过程就是寻找最优的参数组合，使得神经网络的输出结果能够最好地拟合真实的输出数据。在训练过程中，神经网络先将输入数据通过正向传播得到预测结果，然后通过反向传播算法计算误差，并利用优化算法来更新神经网络的参数，以使预测值与真实值的误差不断减小，从而达到提高预测准确率的目的。在实际应用中，神经网络的训练是一个迭代过程，需要不断调整超参数、优化算法等来提高模型的性能。

常见的神经网络训练方法有反向传播算法、随机梯度下降算法、批量梯度下降算法、自适应学习率方法等。本章主要介绍反向传播算法和随机梯度下降算法。

9.2.1　反向传播算法

1986 年，Rumelhart、Hinton 和 Williams 等人提出了反向传播（BP）算法，它是训练多层神经网络的关键突破。反向传播算法通过高效地计算网络参数的梯度，解决了早期神经网

络训练的计算复杂性问题，并推动了两层神经网络的研究热潮。

反向传播算法是一种基于梯度下降的优化算法，通过计算模型输出值与真实值之间的误差，反向传播误差并更新权重，以使误差最小化。反向传播算法常用于多层前馈神经网络的训练，可以使用不同的损失函数来优化模型，如均方误差损失函数、交叉熵损失函数等。

BP神经网络的主要特点是信号是正向传播的，即从输入层到输出层，而误差则是反向传播的，即从输出层到输入层。通过不断迭代正向传播和反向传播的过程，BP神经网络能够学习和存储大量的输入-输出模式映射关系，并通过调整网络的权重和阈值来减小误差，从而实现模式分类、预测等任务。

BP神经网络是一种多层前馈神经网络，由输入层、隐藏层和输出层组成。其训练过程可以分为两个主要部分：正向传播（Forward Propagation）和反向传播。

1. 正向传播过程

在正向传播过程中，输入数据从网络的输入层传递到输出层，逐层计算并输出最终的结果。在这个过程中，神经元的输出会经过激活函数进行非线性变换。正向传播就是信息从输入层进入网络，依次经过每一层的计算，最终得到输出层结果。公式如下：

$$\begin{cases} z^{(l)} = w^{(l)} a^{(l-1)} + b \\ a^{(l)} = \sigma(z^{(l)}) \end{cases}$$

因为参数是随机的，此时计算出的结果和真实值之间具有较大的误差，因此需要根据误差调整参数，使参数可以更好地拟合，误差达到最小值，即需要反向传播。

2. 反向传播过程

在反向传播过程中，首先计算输出结果与目标值之间的误差，通常使用损失函数来度量这个误差。然后，通过反向传播算法，从输出层开始，将误差信号沿着网络反向传播，根据链式法则计算每个参数的梯度。最后，使用梯度下降等优化算法，根据这些梯度信息调整网络的权重和阈值，以最小化误差函数。

反向传播的基本思想是通过计算输出层与目标值之间的误差来调整网络参数，从而使误差变小。

输出层误差为

$$\sigma^{(L)} = \nabla_{a(L)} C(\theta) \odot \sigma'(z^{(L)})$$

对神经网络的各层从后向前计算反向传播误差，$l = L-1, L-2, \cdots, 2$：

$$\sigma^{(l)} = \{[w^{(l+1)}]^T \sigma^{(l+1)}\} \odot \sigma'(z^{(l)})$$

通过梯度下降算法更新权重 w 和偏置 b 的值，α 为学习率，$\alpha \in (0,1]$。

$$\begin{cases} w_{jk}^{(l)} := w_{jk}^{(l)} - \alpha \dfrac{\delta C(\theta)}{\delta w_{jk}^{(l)}} \\ b_j^{(l)} := b_j^{(l)} - \alpha \dfrac{\delta C(\theta)}{\delta b_j^{(l)}} \end{cases}$$

即

$$\begin{cases} w_{jk}^{(l)} := w_{jk}^{(l)} - \alpha a_k^{(l-1)} \delta_j^{(l)} \\ b_j^{(l)} := b_j^{(l)} - \alpha \delta_j^{(l)} \end{cases}$$

通过以上过程，反向传播算法使得神经网络在训练过程中自适应地调整各神经元间的连接权重，从而得到最佳的输入、输出间映射函数，使得目标函数或者损失函数达到最小，完成分类、回归等任务。

BP 神经网络实现了从输入到输出的映射功能，数学理论证明三层的神经网络就能够以任意精度逼近任意非线性连续函数，具有较强的非线性映射能力，这使得其适合于求解内部机制复杂的问题。BP 神经网络训练时，能够通过学习自动提取输入、输出数据间的合理规则，并自适应地将学习内容记忆于网络的权重中，具有高度自学习和自适应能力。此外，BP 神经网络还具有泛化能力和一定的容错能力。参考代码 BPexample.ipynb，我们使用鸢尾花数据集（iris 数据集）来演示反向传播算法迭代优化神经网络。例子中使用了三层神经网络，在数秒内可迭代计算一百万次，训练的准确率达到93%以上。

反向传播算法是一种有效的神经网络训练方法，但是它也存在一些缺点，如易陷入局部最优解、计算量较大等。针对这些问题提出了一些改进算法，如基于动量的优化算法、自适应学习率算法、随机梯度下降算法等，来提高神经网络的训练效果和速度。

9.2.2 随机梯度下降算法

随机梯度下降算法是一种通过迭代更新模型参数以最小化损失函数的方法。与反向传播算法类似，随机梯度下降算法也是一种基于梯度下降的优化算法。它通过在每个训练样本上计算损失函数的梯度来更新模型参数。与传统的梯度下降算法相比，随机梯度下降算法每次更新参数时只使用一个样本（或一小批样本），而不是使用全部样本。

随机梯度下降算法的主要优点是每次更新只使用一个样本（或一小批样本），因此计算效率较高，尤其适用于大规模数据集。然而，由于随机选择的样本可能无法代表整个数据集，所以随机梯度下降算法可能引入一些噪声，并导致参数更新的不稳定性。为了克服这个问题，通常会结合学习率衰减、动量（Momentum）等技术来调整随机梯度下降算法的性能。

神经网络的输出为预测概率，损失函数可以定量计算预测值和真实值之间的偏差，指导下一步训练向正确的方向进行。通常损失函数越好，模型的性能越好，损失函数常表示为 $L(y, f(x))$，y 表示真实值，$f(x)$ 表示预测值。损失函数值一般越小越好，为了达到损失函数最小化，在求解中应当根据 W 和 b 不断求出函数的下降方向，顺着梯度下降方向更新 W 和 b。

梯度也被称为斜率，梯度方向是指在输入变量组成的多维空间中，使得输出值变化曲线最陡峭的方向，梯度示意图如图 9-13 所示。

∇C 表示沿着该梯度方向更新自变量后，函数的输出值上涨得最多，也称为上山梯度方向。
$-\nabla C$ 表示沿着该梯度方向更新自变量后，函数的输出值下降得最多，也称为下山梯度方向。
$-\nabla C$ 表示此时的 W、b 是最优的。

梯度本质上是一个向量，如果函数是 n 元函数，那么这个向量就是由 n 个元素组成的。梯度求解方式为求偏导值后代入点值，如下：

$$C(x, y) = \frac{3}{2}x^2 + \frac{1}{2}y^2$$

其在点(1,1)处的梯度向量为

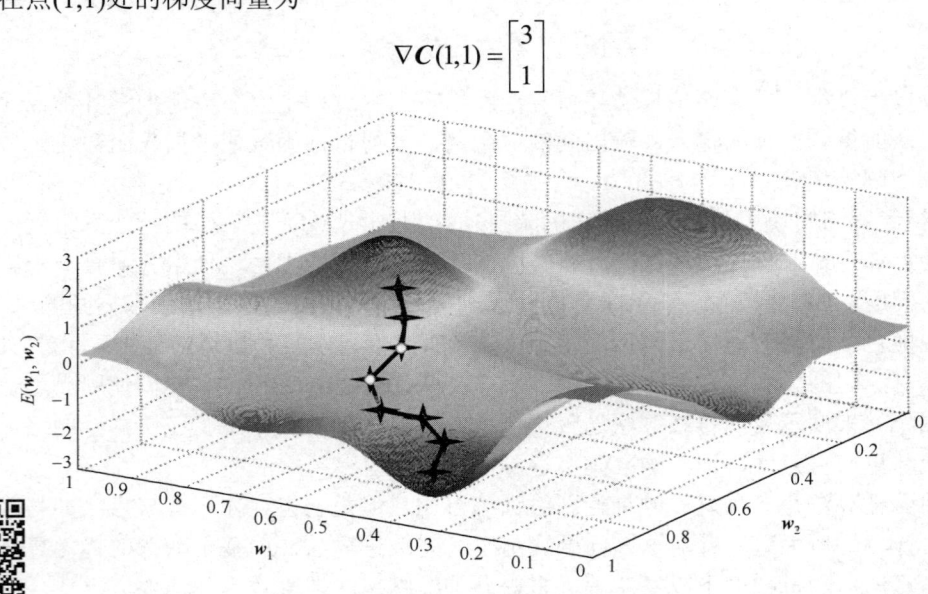

$$\nabla C(1,1) = \begin{bmatrix} 3 \\ 1 \end{bmatrix}$$

图 9-13　梯度示意图（扫码见彩图）

(1,1)点梯度如图 9-14 所示，可以看出，在(1,1)这一点，沿着方向(3,1)函数值上升的速度最快。注意梯度 ∇C 只是一个方向，具体朝向该方向的移动步幅取决于学习率参数的设置。

梯度下降算法的核心就是计算梯度，每迭代一步整个网络计算一次梯度，根据梯度中对应的各个分量来更新参数。单层神经网络时，由于网络结构比较简单，所以不需要通过反向传播方式来计算每个参数的梯度。当神经网络层数较多时，需要使用反向传播方式计算每个参数的梯度。梯度下降算法的具体过程如下。

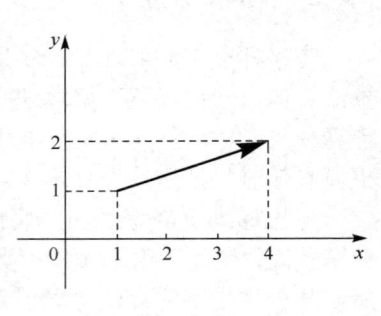

图 9-14　(1,1)点梯度

（1）计算每个训练数据的权重 W 和偏差 b 相对于损失函数的梯度，得到每一个训练数据的权重和偏差的梯度值。

（2）计算所有训练数据权重 W 的梯度的总和。

（3）计算所有训练数据偏差 b 的梯度的总和。

（4）使用步骤（2）、（3）所得到的结果，计算所有样本的权重和偏差的梯度的平均值。

（5）使用下面的式子，更新每个样本的权重值和偏差值。

$$w_{i+1} = w_i - \alpha \frac{\mathrm{d}L}{\mathrm{d}w_i} \tag{3}$$

式中，w_i 表示权重的初始值；w_{i+1} 表示更新后的权重值；α 表示学习率。

$$b_{i+1} = b_i - \alpha \frac{\mathrm{d}L}{\mathrm{d}b_i} \tag{4}$$

（6）重复以上步骤直至损失函数收敛不变。

注意，学习率 α 如果设置得过大，则有可能会错过损失函数的最小值；如果设置得过小，则可能需要迭代非常多次才能找到最小值，会耗费较多的时间。因此，在实际应用中，需要为学习率设置一个合适的值。

9.3 深度学习

9.3.1 深度学习概述

深度学习（Deep Learning）的起源可以追溯到 1943 年，当时神经心理学家 McCulloch 和数学家 Pitts 合作提出了第一个人工神经元模型。随后，1956 年举行的达特茅斯会议被视为人工智能领域的里程碑事件，启发了对深度学习等领域的研究。在 20 世纪 60 年代至 80 年代，深度学习进入了一个相对低谷的时期。由于当时计算能力的限制和缺乏有效的训练算法，深度神经网络的研究受到了限制，人工智能研究的重心转向了符号推理和专家系统等领域。随着计算能力的提升和新的理论突破，深度学习在 20 世纪 80 年代和 90 年代重新崛起。其中，1986 年，Rumelhart、Hinton 和 Williams 等人提出的反向传播算法为深度学习的训练提供了一种有效的方法。此外，1998 年，Yann LeCun 等人的工作展示了卷积神经网络在图像识别方面的潜力，为深度学习的应用提供了重要的突破。2010 年以后，得益于大规模数据集的可用性、计算能力的飞速提升，以及新的神经网络架构的出现，深度学习开始进入新的黄金时代。Hinton 等人的工作在 ImageNet 竞赛中展示了深度卷积神经网络的卓越性能，引发了人们对深度学习的广泛关注。此后，深度学习在计算机视觉、自然语言处理、语音识别等领域取得了重大突破。

深度学习是一种通过构建和训练深层次的神经网络来实现机器学习的方法。它的核心思想是通过多个隐藏层逐层提取数据的特征表示，从而实现高级别的模式识别和学习。深度学习的目标是让机器能够自动地从原始数据中学习到有用的特征和表示，而不需要人工设计和提取特征。

区别于传统的浅层学习，深度学习的不同如下。

（1）强调了模型结构的深度，通常有 5 层、6 层，甚至 10 多层的隐藏层节点。

（2）明确了特征学习的重要性。也就是说，通过逐层特征变换，将样本在原空间的特征表示变换到一个新特征空间，从而使分类或预测更容易。与人工规则构造特征的方法相比，深度学习利用大数据来学习特征，更能够刻画数据丰富的内在信息。

9.3.2 常见的深度学习模型

深度学习模型可以根据其网络结构分为前馈神经网络、卷积神经网络、循环神经网络、自注意模型和生成对抗网络等。下面列出了一些常见的深度学习模型。

- LeNet-5：最早的卷积神经网络之一，由 Yann LeCun 等人于 1998 年提出。它主要用于手写数字识别任务，包含卷积层、池化层和全连接层。
- AlexNet：在 2012 年的 ImageNet 竞赛中取得突破性成果的卷积神经网络模型。它由 Alex Krizhevsky 等人提出，包含多个卷积层和全连接层，并引入了 ReLU 激活函数和 Dropout 正则化。

- **VGGNet**：由 Karen Simonyan 和 Andrew Zisserman 于 2014 年提出的深度卷积神经网络模型。它的特点是采用相对较小的卷积核和更深的网络结构，使得模型具有更强的特征提取能力。
- **GoogLeNet**：由谷歌公司提出的深度卷积神经网络模型，其在 2014 年的 ImageNet 竞赛中获得了第一名。它引入了 Inception 模块，通过多个并行的卷积操作来提取不同尺度的特征。
- **ResNet**：由 Kaiming He 等人于 2015 年提出的残差网络模型。它通过引入残差连接解决了深层网络训练中的梯度消失和梯度爆炸问题，使得可以构建非常深的网络结构。
- **LSTM 网络**：长短期记忆（Long Short-Term Memory，LSTM）网络，是一种循环神经网络的变体，在处理序列数据中表现出色。LSTM 网络引入了门控机制，能够更好地捕捉和记忆长期依赖关系。
- **GAN**：由生成器和判别器组成，通过对抗训练的方式生成逼真的数据样本。GAN 在图像生成、风格转换和数据增强等领域取得了重大突破。
- **Transformer**：由 Vaswani 等人于 2017 年提出的模型，用于自然语言处理任务。它基于注意力机制，摒弃了传统的循环神经网络结构，在机器翻译等任务中取得了显著的性能提升。目前流行的 ChatGPT 等大模型都是在此基础上发展起来的。

9.3.3 深度学习环境准备

步骤一：TensorFlow 的版本迭代比较快，新版本通常不够稳定，因此需要创建一个虚拟环境来搭建版本合适的 TensorFlow 和 Python。

打开 Anaconda Prompt，输入以下代码，其中 tensorflow 是新环境的名字，可以自定义，python 等号后面的数值是该新环境的 Python 版本。

```
conda create -n tensorflow python=3.7
```

步骤二：安装完成后切换到该环境。

```
activate tensorflow
```

步骤三：安装 TensorFlow，使用国内镜像速度会快很多，tensorflow 等号后面的数值指定 TensorFlow 的版本。

```
pip3 install -i https://pypi.tuna.tsinghua.edu.cn/simple/ tensorflow==2.2.0
```

这时候可以先在命令行输入 python，按回车键；然后在命令行输入 import tensorflow as tf，按回车键；最后输入 tf.__version__，按回车键，如果显示'2.2.0'就说明安装成功了。

步骤四：安装了 TensorFlow，想要在 jupyter notebook 里面写代码还需要继续运行如下代码。

```
pip3 install -i https://pypi.tuna.tsinghua.edu.cn/simple/ ipython
pip3 install -i https://pypi.tuna.tsinghua.edu.cn/simple/ jupyter
```

最后输入 jupyter notebook 就可以使用 jupyter notebook 进行代码编辑了。

9.4 实 例 分 析

本节实现了一个可以学习 MNIST 手写数字数据集特征的人工神经网络类 ANN，基于梯度下降算法实现，梯度由反向传播算法实现，神经元激活函数为 sigmoid 函数。使用的数据集为 MNIST 官网数据集，完整程序请参考 ANNtfexample.ipynb。

```
import tensorflow as tf

#加载 MNIST 数据集，并将数据转成浮点数，灰度数据范围是 0~255
mnist = tf.keras.datasets.mnist

(x_train, y_train), (x_test, y_test) = mnist.load_data()
x_train, x_test = x_train / 255.0, x_test / 255.0

#构建机器学习模型
model = tf.keras.models.Sequential([
  tf.keras.layers.Flatten(input_shape=(28, 28)),
  tf.keras.layers.Dense(128, activation='sigmoid'),
  #tf.keras.layers.Dropout(0.2),
  tf.keras.layers.Dense(10)
])

#查看模型摘要，输入为 28*28=784，加上一个 bias，共 785 个输入
#隐藏层共 128 个元素，所以参数个数为 785*128=100480
#隐藏层到输出层的参数个数为(128+1)*10=1290
model.summary()

#定义损失函数，它会接受 logits 向量和 True 索引，并为每个样本返回一个标量损失
#此损失等于 true 类的负对数概率：如果模型确定类正确，则损失为零
loss_fn = tf.keras.losses.SparseCategoricalCrossentropy(from_logits=True)

#配置和编译模型
model.compile(optimizer='adam',
              loss=loss_fn,
              metrics=['accuracy'])

#训练模型
model.fit(x_train, y_train, epochs=5)

#验证模型在测试集上的准确性
model.evaluate(x_test,  y_test, verbose=2)
```

这个简单的神经网络在测试集上的准确率能达到 97%，说明该方法在手写数字识别方面非常有效。但是随着图像规模的扩大和神经网络层数的增加，训练需要调整的参数个数会呈指数级增长。

9.5 习 题

1. 根据所学内容,解释神经元、权重和激活函数的作用。
2. 根据章节内容,阐述反向传播算法的基本原理,包括正向传播和梯度的计算过程。
3. 根据模型性能评估部分,解答什么是过拟合问题,如何判断过拟合,并列举减轻过拟合的方法。
4. 根据所学内容及课外学习,解释卷积层、池化层和全连接层在 CNN 中的作用。
5. 根据本章激活函数部分,列举常用的激活函数,并阐述各自的优缺点。
6. 编写一个简单的反向传播算法的伪代码。
7. 尝试改变本章讲述的手写数字识别 ANN 的层次结构、激活函数和训练参数,并观察它们是如何影响性能的。
8. 使用 CNN 解决章节内 MNIST 手写数字数据集的特征识别问题。
9. 实现一个简单的 GAN 来生成手写数字图像。
10. 构建一个 RNN 模型来生成文本序列。

第 10 章

卷积神经网络

卷积神经网络是深度学习的里程碑之一，它在图像处理和模式识别领域取得了惊人的成就，在自然语言处理、语音识别、强化学习等领域有着广泛的应用。本章主要介绍卷积神经网络的基本原理、架构及典型的卷积神经网络。

本章的重点、难点和需要掌握的内容如下。

➢ 了解卷积的定义、卷积核的作用，掌握卷积操作。

➢ 掌握卷积神经网络的网络结构，包括输入层、卷积层、激活层、池化层、全连接层和输出层。

➢ 了解不同的激活函数，如 ReLU 函数、sigmoid 函数和 tanh 函数等。

➢ 学习典型的卷积神经网络结构，如 LeNet、AlexNet、VGGNet 和 ResNet 等。

10.1 卷积神经网络概述

卷积神经网络（CNN）是一种受到生物学启发的深度学习模型，旨在处理和分析具有网格结构的数据，擅长处理图像和图像类数据。CNN 能够自动学习并提取输入数据的局部特征，具有参数共享和多层次特征表示等机制，使用更少的参数并具有更强的泛化能力，适用于图像和空间数据处理，具有出色的模式识别能力，能够在图像分类、目标检测、图像分割等任务中表现出色，在深度学习领域广受欢迎。

CNN 的发展始于 20 世纪 80 年代，最早由 Yann LeCun 等人提出，LeCun 同其合作者建立了一个多层人工神经网络 LeNet-5，用于手写数字分类，这是第一个正式的 CNN 模型。最早的 CNN 模型主要用于字符识别和手写数字识别等小规模任务。它可以获得原始图像的有效表示，使得直接从原始像素中识别视觉模式成为可能。然而，由于当时大型训练数据和计算能力的缺乏，LeNet-5 在面对更复杂的问题时，如大规模图像和视频分类，不能表现出良好的性能。

2012 年，CNN 模型在 ImageNet 竞赛中取得了突破性的成功。Alex Krizhevsky 的 AlexNet 模型以远超传统方法的性能赢得了比赛，引发了人们广泛的关注和兴趣。这一胜利标志着 CNN 的复兴，并开启了深度学习热潮。在接下来的几年中，CNN 迅速发展，研究者们提出了一系列创新的 CNN 结构，如 VGGNet、GoogLeNet、ResNet 等。这些模型不仅在图像分类任务中表现出色，还在目标检测、图像分割、人脸识别和医学图像分析等领域大放异彩。如今 CNN 已经成为多个领域的标准工具，从自动驾驶汽车到医疗诊断再到农业图像分析，它的广泛应用不仅加速了技术进步，也推动了自动化和智能化的实现。同时，CNN 模型的规模和性能也在不断提高，已经远远超出 2012 年的水平。

CNN 的核心思想是利用卷积操作来提取图像中的局部特征,并通过池化操作减小特征图的尺寸。卷积层和池化层可以通过堆叠来构建深度网络,以便学习更加抽象和高级的特征。

CNN 具有以下几个主要特点。

(1) 局部感受野(Local Receptive Fields):CNN 利用卷积操作来提取输入数据的局部特征。卷积核通过在输入数据上滑动进行逐元素求积和求和,从而对局部区域进行特征提取。这种局部感受野使得 CNN 能够捕捉到输入数据中的局部模式和结构。

(2) 参数共享(Parameter Sharing):CNN 中的卷积核在整个输入数据上共享权重参数。这意味着一个卷积核学习到的特征在输入数据的不同位置上都可以使用,从而大大减少了需要学习的参数数量。参数共享使得 CNN 具有更好的泛化能力,并且对于平移不变性具有一定的鲁棒性。

(3) 池化操作(Pooling Operation):CNN 通过池化层对特征图进行降采样,减少特征图的空间尺寸。最常见的池化操作是最大池化和平均池化,它们分别选取输入区域的最大值或平均值作为输出。池化操作可以减小计算复杂度,同时还能够提取特征的空间不变性,使得 CNN 对于输入的微小变化具有一定的鲁棒性。

(4) 多层结构(Hierarchical Structure):CNN 通常由多个卷积层、激活层和池化层交替堆叠而成。通过多层的组合,低层的卷积层可以提取低级别的特征,而高层的卷积层可以进一步提取高级别的特征。这种多层结构使得 CNN 能够逐渐学习到更抽象、更复杂的特征。

(5) 适应性权重学习(Adaptive Weight Learning):CNN 使用反向传播算法进行训练,通过最小化损失函数来调整网络中的权重参数。通过反向传播,CNN 能够自动学习输入数据中的特征和模式,并进行有效的分类、检测、分割等任务。

CNN 主要应用于计算机视觉和图像处理领域,其被广泛用于图像分类、目标检测、图像分割和人脸识别等任务。此外,在医学图像分析中使用 CNN 进行疾病诊断和治疗规划,在自动驾驶领域使用 CNN 进行汽车的环境感知,在自然语言处理领域使用 CNN 进行文本分类和情感分析。CNN 强大的特征提取和模式识别能力使其成为现代深度学习应用中不可或缺的工具,推动着自动化和智能化的发展。

10.2 卷积神经网络的基础知识

10.2.1 卷积核

卷积核(Convolution Kernel),也称为滤波器(Filter),是卷积神经网络(CNN)中的一个小型的、可学习的矩阵,用于在输入数据上执行卷积操作。卷积核通常是正方形的,其大小由用户定义,如 3×3、5×5 或 7×7 等。图 10-1 所示为一个 3×3 的卷积核。

卷积核的主要作用是从输入数据中提取特征,通过不同的卷积核,CNN 可以学习到不同类型的特征,如边缘、纹理、形状等,这些特征有助于识别和理解输入数据中的模式和结构。

卷积核的权重参数在整个输入数据中共享,因此同一种特征检测器(卷积核)可以应用到不同位置,减少了模型的参数数量,

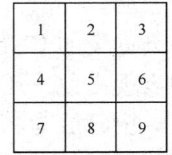

1	2	3
4	5	6
7	8	9

图 10-1 一个 3×3 的卷积核

降低了过拟合的风险,提高了模型的泛化能力。卷积操作使 CNN 对输入数据的平移不变性更强,无论物体在图像中位于何种位置,CNN 都可以检测到相同类型的特征,从而可以提高模型的鲁棒性。在多通道输入数据中,卷积核可以用于从每个通道中提取特征,并生成多通道的输出,在处理彩色图像等多通道数据时非常有用。

10.2.2 卷积运算

卷积运算是卷积神经网络中的核心操作之一,用于从输入数据中提取特征。卷积操作可以看作先将卷积核与输入数据的特定区域进行相乘,然后将所有相乘的结果相加以生成输出数据的一个特定位置的值。

在卷积操作中,卷积核是一个小的可学习参数的矩阵。它的尺寸通常较小,如 3×3 或 5×5。卷积核通过在输入数据上滑动进行逐元素求积与求和,从而对输入数据的局部区域进行特征提取。图 10-2 所示为卷积操作。

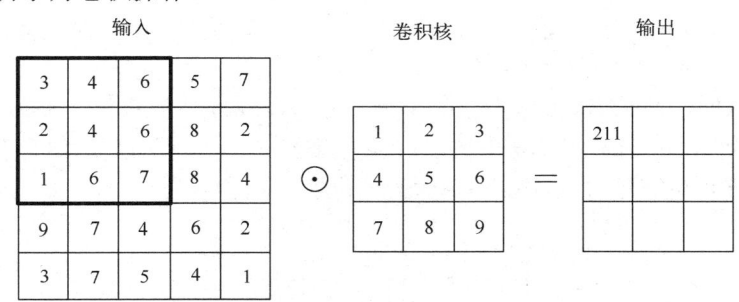

图 10-2 卷积操作

该卷积操作的求解运算为

$$3\times1+4\times2+6\times3+2\times4+4\times5+6\times6+1\times7+6\times8+7\times9$$
$$=3+8+18+8+20+36+7+48+63$$
$$=211$$

卷积核不断地在图像上进行遍历,最后得到 3×3 的卷积结果,卷积运算过程如图 10-3 所示。

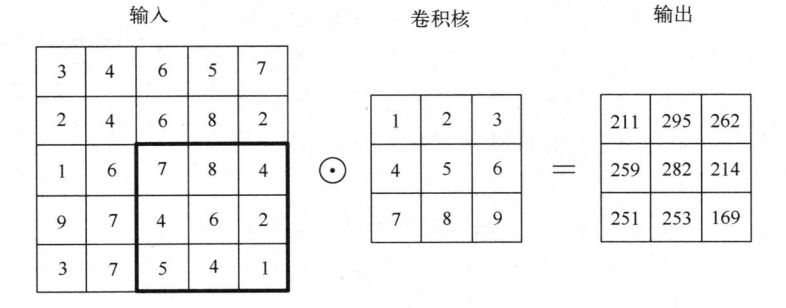

图 10-3 卷积运算过程

在实际应用中,卷积操作通常涉及多个卷积核,每个卷积核使用不同的权重进行卷积操作,生成多个特征映射,这些特征映射在神经网络中传递,并用于模型的训练和特征提取。卷积操作具有以下几个特点。

- 局部感知性：卷积操作只关注输入数据的局部区域，而不考虑整体结构。这使得卷积操作能够捕捉输入数据中的局部模式和结构。
- 参数共享：在卷积操作中，卷积核的参数在整个输入数据上共享。这意味着一个卷积核学习到的特征在输入数据的不同位置上都可以使用，从而减少了需要学习的参数数量。
- 空间不变性：由于卷积操作在整个输入数据上进行滑动，因此输出数据的特征图对输入数据的平移具有一定的空间不变性。这使得卷积神经网络对于输入数据的微小变化具有一定的鲁棒性。

10.2.3 步幅和填充

在卷积神经网络中，步幅（Stride）和填充（Padding）是两个重要的超参数，它们可以对卷积操作的输出尺寸、感知能力和特征提取进行控制。通过调整步幅和填充的大小，可以对卷积神经网络的输出尺寸进行控制。较大的步幅和适当的填充可以减小特征图的尺寸，从而降低计算开销和内存消耗。同时，适当的填充可以提高模型的感知能力和特征提取效果，使得网络能够捕捉输入数据中更丰富的信息。

步幅是指卷积核在输入数据上滑动的步长，即每次移动的像素数，步幅决定了卷积操作的输出尺寸，如图 10-4 所示。若卷积核从红色位置经过一次滑动到达绿色位置，则步幅为 1；若卷积核从红色位置经过一次滑动到达蓝色位置，则步幅为 2。

3	4	6	5	7
2	4	6	8	2
1	6	7	8	4
9	7	4	6	2
3	7	5	4	1

图 10-4 步幅（扫码见彩图）

通过增大步幅，可以减小输出尺寸，而减小步幅则会增大输出尺寸，调整步幅可以在不同层次的网络中控制特征图的尺寸。较大的步幅可以降低计算量，减小模型计算复杂度，适用于宽泛的特征检测，而较小的步幅有助于更细致地捕捉输入数据的局部特征。

填充是指在输入数据的周围添加额外的像素值，以扩展输入数据的尺寸。填充如图 10-5 所示，在输入数据值的周围进行填充，填充的默认值为 0。

填充可以用来控制卷积操作的输出尺寸，在某些特殊情况下，可以通过使用填充保持输入尺寸和输出尺寸相同。在卷积操作中，边缘和角落的像素通常会被多次访问，中心像素只会被访问一次，输入数据的边缘像素可能会因为

0	0	0	0	0	0	0
0	1	2	0	3	1	0
0	1	0	0	2	2	0
0	2	1	2	1	1	0
0	0	0	1	0	0	0
0	1	2	1	1	0	0
0	0	0	0	0	0	0

输入

图 10-5 填充

多次处理导致信息损失，通过填充，可以确保边缘信息得到更好的保留，从而提高模型对边界特征的感知。

10.2.4 特征图

特征图是卷积神经网络（CNN）中卷积层的输出。它们是二维数组，包含卷积滤波器从输入图像或信号中提取的特征。

卷积层中特征图的数量对应于该层中使用的过滤器的数量。每个过滤器通过对输入数据应用卷积操作来生成单个特征映射。特征图的大小取决于输入数据的大小，以及卷积操作中使用的过滤器、填充和步幅的大小。通常，随着网络深入，特征图的大小会减小，而特征图的数量会增加。特征图的大小可以用以下公式计算：

$$Output\_Size = (Input\_Size - Filter\_Size + 2Padding) / Stride + 1$$

上式中，输入特征图的大小（Input_Size）是指输入数据在卷积操作中的尺寸。卷积核大小（Filter_Size）是指卷积核的尺寸，通常是一个正方形矩阵，如 3×3 或 5×5。填充（Padding）是指在输入特征图的周围添加额外的像素或值。步幅（Stride）是指卷积核在输入特征图上滑动的步长。

在 CNN 中，每个卷积层通常包含多个卷积核，每个卷积核都会生成一个特征图。卷积核在输入数据上滑动进行卷积操作，计算每个位置上的输出值。对于二维图像数据，卷积操作可以看作卷积核与输入图像的局部区域进行逐元素求积与求和。这个过程在整个输入图像上进行，生成相应的特征图。每个特征图对应一个卷积核，它表示了卷积操作在输入数据中检测到的某种特征，如边缘、纹理、颜色等。特征图的尺寸取决于输入数据的尺寸、卷积核的尺寸、步幅和填充等超参数的设置。

通过多个卷积层的堆叠，CNN 可以逐渐提取出更高级别、更抽象的特征。低层的卷积层通常会提取一些低级别的特征，如边缘和纹理；而高层的卷积层会提取更复杂的特征，如物体的部分或整体形状。因此，特征图可以看作 CNN 在不同层次上对输入数据进行的特征表示，这些特征图包含了输入数据局部和全局的信息。

10.3 卷积神经网络结构

卷积神经网络结构主要由以下模块构成。

输入层：输入层接收原始数据作为模型的输入，如图像的像素值。输入层不进行任何计算，只是将输入数据传递给下一层。

卷积层（Convolutional Layer）：卷积层是卷积神经网络的核心部分，负责进行卷积操作来提取特征。它通过将输入数据与一组可学习的卷积核进行逐元素求积与求和，生成特征图。卷积层通常包括多个卷积核，每个卷积核负责提取不同的特征。

激活层（Activation Layer）：激活层引入非线性变换，对卷积层的输出进行激活函数的作用。常用的激活函数包括 ReLU 函数、sigmoid 函数和 tanh 函数等，它们增强了网络的表达能力。在实际应用中，通常将卷积层和激活层（通常使用 ReLU 函数）组合在一起，并将它们作为一个整体，称为卷积层。

池化层（Pooling Layer）：池化层用于降低特征图的空间尺寸，减小计算复杂度。最常见的池化操作是最大池化和平均池化，它们分别选取输入区域的最大值或平均值作为输出。池化层有助于提取特征的空间不变性。

全连接层（Fully Connected Layer）：全连接层连接前面层的所有神经元。它将特征图展平成一个向量，并将其输入神经网络中的全连接层，以进行分类、回归等任务。全连接层的每个神经元都与上一层的所有神经元相连，通过学习权重将特征映射到具体的类别或回归值上。

输出层：输出层产生模型的最终预测结果。对于分类问题，输出层通常包括一个 Softmax 函数，用于将模型的原始输出转换为类别概率分布。对于回归问题，输出层可以直接输出一个连续值。

卷积神经网络结构如图 10-6 所示。

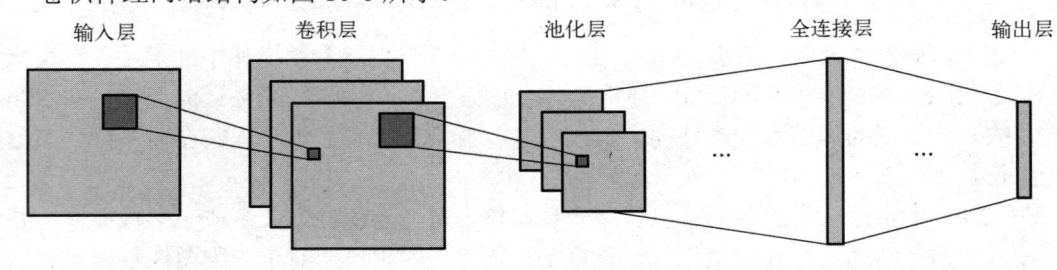

图 10-6　卷积神经网络结构

10.3.1　卷积层

卷积层是卷积神经网络的核心，卷积层的主要功能是执行卷积运算，它使用卷积核来扫描输入数据并从中提取特征。在卷积层中，输入的特征图与卷积核进行卷积操作，将结果送入激活函数，得到输出特征图。在多通道卷积中，卷积层包含多个可学习的卷积核，每一个输出特征图通过组合卷积多个输入特征图的值得到。

多通道卷积通常用于处理具有多个通道的输入数据，如彩色图像。在彩色图像中通常有三个通道（红色、绿色和蓝色），每个通道包含图像的不同颜色信息。多通道输入数据的维度通常表示为（宽度、高度、通道数），其中通道数是数据的深度。

如图 10-7 所示，多通道卷积使用多个卷积核，每个卷积核与输入数据的每个通道进行卷积操作。每个卷积核都有与输入通道相同数量的权重参数，可以学习不同通道之间的特征关联。每个通道的卷积结果与卷积核的权重相乘，所有通道的结果相加得到输出特征映射值。

多通道卷积中的每个卷积核负责检测输入数据中的不同特征，卷积核数量决定卷积层的输出特征映射数量，卷积核数量的选择影响卷积神经网络的性能和特征提取能力。更多的卷积核意味着网络可以学习到更多不同类型的特征，从边缘、纹理到高级抽象的特征。卷积核数量也决定了模型的复杂度，更多的卷积核会增加网络的参数数量，使其更具表达能力，但也可能导致过拟合。适当数量的卷积核可以提供更丰富的特征表示，有助于网络理解输入数据中不同层次的特征。

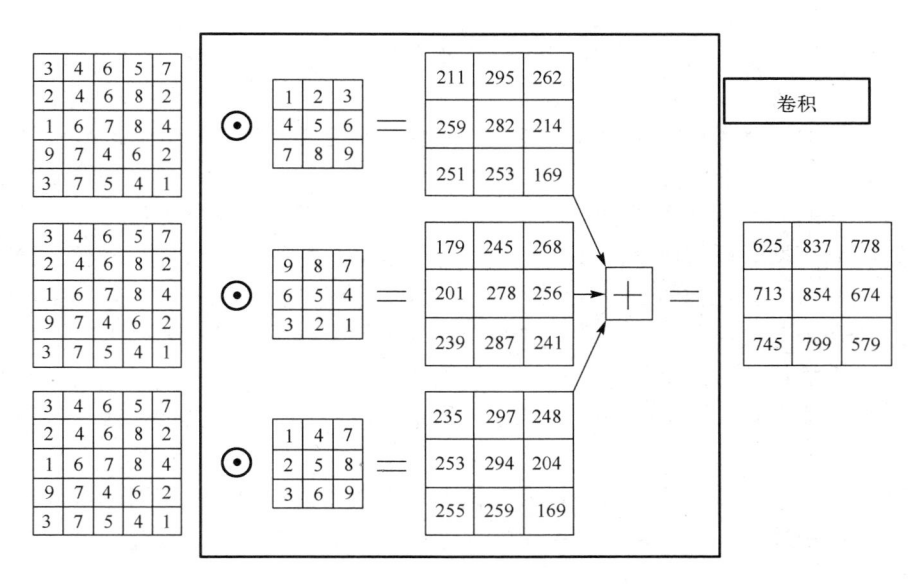

图 10-7　多通道卷积

合适的卷积核数量需要实践经验和实验调整，不同任务可能需要不同数量的卷积核，例如，图像分类可能需要较多的卷积核来捕获不同的纹理和形状特征，而定位任务可能需要较少的卷积核。此外，也需要考虑数据集大小和计算资源，大型数据集有更多的数据进行参数训练，可以使用更多的卷积核，但更多的卷积核会增大计算复杂度，需要更多的计算资源。

10.3.2　激活层

在卷积神经网络中，激活层通常位于卷积层之后。卷积后先激活可以帮助激活函数在每个特征图上独立地引入非线性，有助于捕捉更复杂的特征关系。激活层的主要作用是为卷积神经网络引入非线性映射，线性变换的组合（如卷积和全连接层）本质上仍然是线性的，如果没有激活层，整个网络将只能表示线性关系。在激活层中通过应用激活函数（如 ReLU 函数、sigmoid 函数、tanh 函数等），卷积神经网络能够学习复杂的非线性映射，从而更好地捕捉输入数据的复杂特征和模式。

激活函数是卷积神经网络中的数学函数，其主要作用是引入非线性性质，使神经元能够学习复杂的特征和模式。卷积神经网络中最常用的激活函数之一是 ReLU 函数，ReLU 函数在许多情况下表现出色，但也存在一些问题，如可能导致死亡神经元问题，以及对噪声敏感。为了缓解这些问题，人们开发了许多 ReLU 函数的变种，如 Leaky ReLU 函数、Parametric ReLU 函数、ELU 函数等，应根据具体任务的需求选择合适的激活函数。不同类型的激活函数具有不同的性质，ReLU 函数引入稀疏激活性并可以缓解梯度消失，sigmoid 函数和 tanh 函数适用于二元分类和具有零中心性的情况，Leaky ReLU 函数具有泄露特性可以解决 ReLU 函数存在的问题。

10.3.3　池化层

卷积层后面也可以跟随池化层。这两种操作的顺序并不是固定的，它们可以根据网络设计的需求来安排。池化层用于降低特征图的尺寸、减少计算复杂度，并提取关键特征。卷积后先池化可以在特征图上实现更早的降维，有助于减小后续层的计算负担，并且有时可以提高特征的不变性。

池化层主要通过下采样实现相关功能。下采样是指通过在输入特征图的局部区域上应用池化操作来减小特征图的尺寸，下采样操作可以减少模型中参数的数量，有助于减小模型的计算复杂度、提高模型的计算效率，同时也有助于提取关键特征并增加模型的平移不变性。下采样可以降低模型对训练数据的过拟合风险，通过减小特征图的尺寸，模型变得更简单，更容易泛化到新的、未见过的数据，减小特征图的尺寸还有助于减少内存和计算资源的需求，使模型在计算资源受限的情况下更易于训练和推理。下采样中最常见的是池化操作，是指在一个池化窗口内执行某种汇总操作，如选择最大值（最大池化）或计算平均值（平均池化），池化操作有助于提取输入数据中的关键特征，保留有用信息。常见的池化操作有最大池化和平均池化。

最大池化在每个池化窗口内选择输入数据的最大值作为输出，模型对输入数据的位置变化具有一定的不变性，最大池化可以保留局部区域内的最显著特征，提高模型对关键特征的感知。

图 10-8 所示为最大池化，最大池化操作有助于增加模型对平移不变性的学习能力，因为最大池化操作选择局部区域内的最大值，输入数据在水平或垂直方向上发生轻微平移时输出特征图的池化结果保持不变。

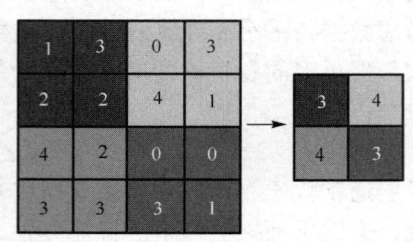

图 10-8 最大池化（扫码见彩图）

平均池化计算池化窗口内输入数据的平均值，将其作为输出，与最大池化不同，平均池化对输入数据的平滑化更为显著。

图 10-9 所示为平均池化，平均池化有助于平滑特征图，减小局部细节的影响，提取更抽象和模糊的特征。平均池化考虑输入窗口内的所有像素值，而不仅仅依赖于一个最大值，可以减小输入数据的噪声影响，帮助模型更好地应对局部变化和干扰，提高模型的鲁棒性。

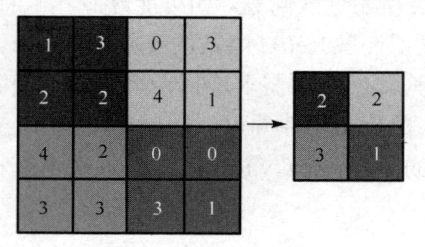

图 10-9 平均池化（扫码见彩图）

感受野（Receptive Field）是指在卷积神经网络中，一个特定神经元（或特征图上的单个像素）的输出受到输入数据的其一部分影响。它可以描述一个神经元对输入数据的敏感程度，以及该神经元能够捕捉多大范围的输入区域特征信息。

在卷积神经网络中，越深层的神经元看到的输入区域越大，感受野示意图如图 10-10 所示，Layer3 中的每个神经元可以看到 Layer2 中 3×3 大小的区域，该区域又可以看到 Layer1 中 5×5 大小的区域。

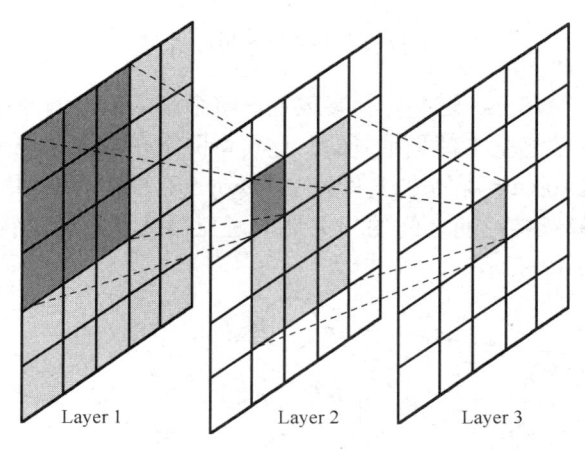

图 10-10　感受野示意图

感受野的大小与卷积核的大小、网络的层数、步幅及池化层有关，卷积层使用的卷积核的大小决定了每个神经元的感受野大小，较大的卷积核会导致较大的感受野。神经元的感受野受到前面所有层的卷积操作的叠加影响，在深层网络中，神经元的感受野通常更大，能够捕捉更广阔的特征信息。步幅决定了卷积操作在输入数据上的移动速度，而池化层（如最大池化）可以减小感受野的大小，从而提取更高级的特征。感受野对卷积神经网络非常重要，通过逐渐增加神经元的感受野大小，卷积神经网络能够逐渐捕捉输入数据中不同层次和尺度的特征，从边缘和纹理到更高级的语义特征，使卷积神经网络可以有效处理图像、语音和自然语言处理等任务。

10.3.4　全连接层

全连接层是早期构建卷积神经网络的主要结构，位于卷积神经网络的末尾，在整个卷积神经网络中起到分类器的作用，全连接层的每一个节点都与前层的节点全部互连，整合前层网络提取的特征，并把这些特征映射到样本标记空间。全连接层对前层输出的特征进行加权求和，并把结果输入到激活函数中，最终完成目标的分类。

在全连接层中，神经元通常按照完全连接的方式排列，每个神经元与前一层中的所有神经元都有连接。每个连接有一个权重参数，用于调整前一层神经元的输出对当前神经元的影响，权重参数需要在训练过程中学习，它们决定了特征如何组合生成最终的输出。除此之外，全连接层的每个神经元还具有一个偏差参数，用于调整神经元的激活阈值，偏差参数同样需要通过训练进行学习，它们对神经元的激活起到重要作用。

在全连接层中也会使用激活函数引入非线性，经常使用的激活函数包括 ReLU 函数、sigmoid 函数、tanh 函数等。激活函数可以对神经元的输出进行非线性变换，使卷积神经网络能够表示更复杂的函数。全连接层组成结构如图 10-11 所示。

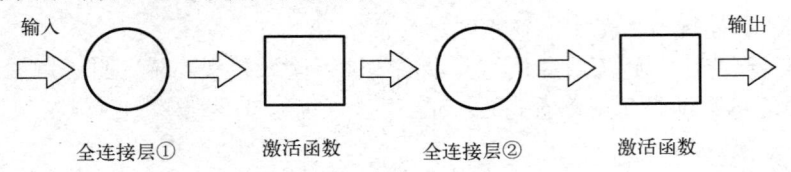

图 10-11　全连接层组成结构

全连接层的神经元全部互相连接,其参数量占整个网络模型的 80%以上。全连接层中的各个神经元输出的特征信息基本都是重复的,这使得网络在训练过程中容易过拟合,往往通过在全连接层后添加 Dropout 层的方法来避免。Dropout 层在网络训练时可以随机使部分神经元失活,这样可以降低神经元之间的相关性,避免网络过拟合,提高网络的泛化能力。Dropout 层原理如图 10-12 所示。

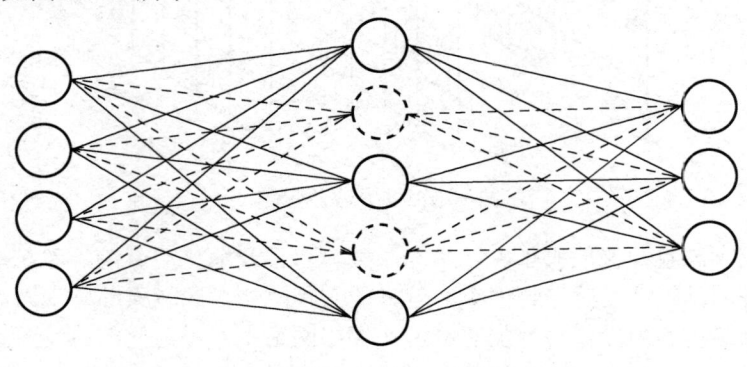

图 10-12　Dropout 层原理

10.3.5　输出层

卷积神经网络的输出层通常与任务类型相关,可能采用不同的结构和激活函数。以下是几种常见的卷积神经网络输出层配置。

1)图像分类任务

对于图像分类任务,输出层通常是一个全连接层,最后的全连接层的节点数量等于数据集中的类别数,通常使用 Softmax 激活函数,将网络的原始输出转换为每个类别的概率分布。

2)目标检测任务

对于目标检测任务,输出层通常由两个部分组成:一个用于类别预测的全连接层,另一个用于边界框坐标回归的全连接层。类别预测全连接层的节点数量等于数据集中的类别数,采用 Softmax 激活函数,边界框坐标回归全连接层的节点数量通常为 4,分别表示边界框的坐标。

3)图像生成任务

对于图像生成任务,输出层通常包含与输入图像相同的通道数,用于生成像素级别的预测。激活函数通常使用 sigmoid 函数或 Softmax 函数。

10.4　典型的卷积神经网络结构

10.4.1　LeNet

LeNet 是一个经典的卷积神经网络架构，由 Yan LeCun 提出。LeNet 是深度学习领域的先驱之一，在手写数字识别任务上取得了显著的成功，准确率达到了 98%。LeNet 的思想和架构对后来的深度学习模型产生了深远的影响，为后来卷积神经网络模型的发展奠定了基础。

LeNet 首次引入了卷积层和池化层的结构，并定义了卷积神经网络的基本框架：卷积层 + 池化层 + 全连接层，这种结构有助于卷积神经网络有效地学习图像中的特征。卷积层用于检测局部特征，而池化层用于降低空间分辨率、减小计算量，并增强特征的鲁棒性。LeNet 引入了权重共享的概念，即在卷积层中使用相同的卷积核来处理不同的图像区域。权重共享减少了网络的参数数量，减少了过拟合风险，同时也提高了网络的泛化能力。此外，LeNet 使用 S 形激活函数对卷积层的输出进行非线性变换，引入了非线性性质，使网络能够捕捉更复杂的特征。

LeNet 最初被用于手写数字识别，特别是在美国邮政服务中，用于自动识别邮件上的邮政编码。它的成功启发了后来更深、更复杂的卷积神经网络架构的发展，如 AlexNet、VGGNet、ResNet 等。

10.4.2　AlexNet

AlexNet 是一种深度卷积神经网络，最早在 2012 年由 Alex Krizhevsky 等人开发，被广泛认为是深度学习在计算机视觉领域取得重大突破的标志性模型。AlexNet 的出现颠覆了图像分类任务的传统方法，它在 ImageNet 竞赛中取得了巨大的成功，将错误率大幅降低，促使人们开始重视深度卷积神经网络的潜力。AlexNet 相较于之前的卷积神经网络有许多创新之处，包括 ReLU 激活函数、Dropout 正则化和 GPU 加速等。

AlexNet 是第一个成功应用深度卷积神经网络的模型之一，它采用了相对较深的网络架构，包含 5 个卷积层和 3 个全连接层，深层的架构有助于提高网络的表现力，使其能够更好地捕捉图像的特征。AlexNet 引入 ReLU 函数作为激活函数取代了传统的 sigmoid 函数，ReLU 函数非线性、计算简单，减轻了梯度消失问题，并加速了训练过程，提高了网络的训练速度和性能。AlexNet 在卷积层之后引入了局部响应归一化层，用于提高模型的泛化能力。归一化层对每个神经元的活动进行归一化，使其响应更加稳定，有助于防止过拟合，并提高了模型的泛化性能。AlexNet 采用了 Dropout 正则化技术，随机丢弃一部分神经元，在训练期间防止过拟合，有助于提高模型的泛化性能，使网络更能适应不同的数据。AlexNet 在训练过程中使用了大量的数据增强技术，包括随机裁剪、水平翻转和颜色变换等。这些技术有助于模型更好地泛化到不同的图像变化，提高了模型的鲁棒性。AlexNet 是早期采用 GPU（图形处理单元）进行训练的卷积神经网络之一，使用 GPU 加速训练过程大大缩短了训练时间，使得深度网络的训练变得更加可行。

AlexNet 的创新之处在于将深度卷积神经网络引入了计算机视觉领域，并在网络架构、激活函数、正则化技术、数据增强和大规模数据集等方面进行了重要的改进，为深度学习的兴起奠定了基础，并在图像分类任务中取得了突出的性能表现，AlexNet 的创新为后续深度学习模型的发展提供了重要的指导和启发。

10.4.3 VGGNet

VGGNet 是一种深度卷积神经网络，由牛津大学的研究团队在 2014 年开发。它在图像分类等计算机视觉任务中表现出色，是深度学习领域的一个重要模型。

VGGNet 与 AlexNet 有一定的相似之处，都是由 5 个卷积层与激活函数叠加的部分和 3 个全连接层组成的。但是不同的是，VGGNet 加深了前面由 5 个卷积层与激活函数叠加的部分，使得每部分并不由 1 个卷积层加 1 个激活函数组成，而由多个这样的组合组成一部分，每个部分之间进行池化操作。

此外，VGGNet 与其他卷积神经网络不同，不采用感受野大的卷积核（如 7×7、5×5），反而采用感受野小的卷积核（3×3）。这样做的好处有如下两点：减少网络参数量；由于网络参数量被大幅减少，所以可以用多个感受野小的卷积层替换掉之前一个感受野大的卷积层，从而增加网络的非线性表达能力。

VGGNet 有两个主要版本，分别是 VGG16 和 VGG19，它们的名称分别表示网络中包含的卷积层和池化层的数量。

VGG16 包含 13 个卷积层，所有卷积层都使用 3×3 的卷积核，步幅为 1，填充为 1。卷积层的特征映射通道数量逐渐增加，通常从 64 开始，翻倍增加，直到最后的 512，在每个卷积层之后都跟随一个 2×2 的最大池化层，步幅为 2，这些池化层用于逐渐降低图像的空间分辨率。在卷积层之后是 3 个全连接层，每个全连接层都包含 4096 个神经元，最后一个全连接层输出的神经元数量与任务的类别数相同，输出层通常是一个具有 Softmax 激活函数的全连接层，用于进行分类。

VGG19 与 VGG16 的主要区别在于它包含更多的卷积层和池化层，它有 16 个卷积层和 3 个全连接层，增加的网络深度有助于更好地捕捉图像特征，但也增加了计算成本。

VGGNet 的卷积层和池化层的结构非常统一，采用小的 3×3 卷积核，步幅为 1，填充为 1，这种简单而一致的设计使得网络易于理解和调整，同时也非常有效。VGGNet 的深度和宽度使其成为深度学习领域的一个重要里程碑，它的成功启发了更深、更复杂的卷积神经网络的发展。

10.4.4 ResNet

ResNet 是一种深度卷积神经网络，用于解决深度学习中的梯度消失问题，ResNet 通过引入残差学习解决深度神经网络中的梯度消失问题，可以构建非常深的神经网络，能够更好地捕捉图像特征。

梯度消失问题是指在训练深层神经网络时，由于梯度逐渐变小，底层的权重更新非常缓慢，难以训练。在传统的神经网络中，每个层都试图学习将输入映射到输出的函数上，如果网络足够深，则必须学习复杂的非线性映射，因此会导致梯度消失问题。ResNet 的核心思想是学习残差映射，不再试图学习整个映射函数，而是学习输入与期望输出之间的残差，将学习后的残差相加到初始输入上，即输出=输入+残差。为了实现残差学习，ResNet 引入了跳跃连接，也称为残差连接，跳跃连接允许信息在网络的不同层之间绕过一些层级,直接传递给后续层级。这种连接方式使得梯度能够更快地传播回较早的层级,防止了梯度消失。

ResNet 中的基本构建块是残差块,每个残差块包含两个分支:主要分支和残差分支。主要分支执行恒等映射,而残差分支学习残差信息。最后,将这两个分支的输出相加,得到残差块的最终输出。ResNet 通过引入残差学习和跳跃连接,有效地解决了深度神经网络中的梯度消失问题,允许构建更深、更强大的神经网络,从而提高了在图像分类和其他计算机视觉任务中的性能。这一创新对深度学习领域产生了重大影响,成为了解决深度神经网络深度问题的重要方法之一。

10.5 实例分析

通过卷积神经网络(CNN)实现手写数字识别,使用手写数字数据集 MNIST,选取 60000 个训练样本作为训练集、10000 个样本作为验证集,完整代码参见 MNIST_CNNexample.ipynb 文件,本节主要介绍 CNN 的构建和使用的部分代码。在网络中实现两个卷积层、两个池化层和两个全连接层,CNN 结构如图 10-13 所示。

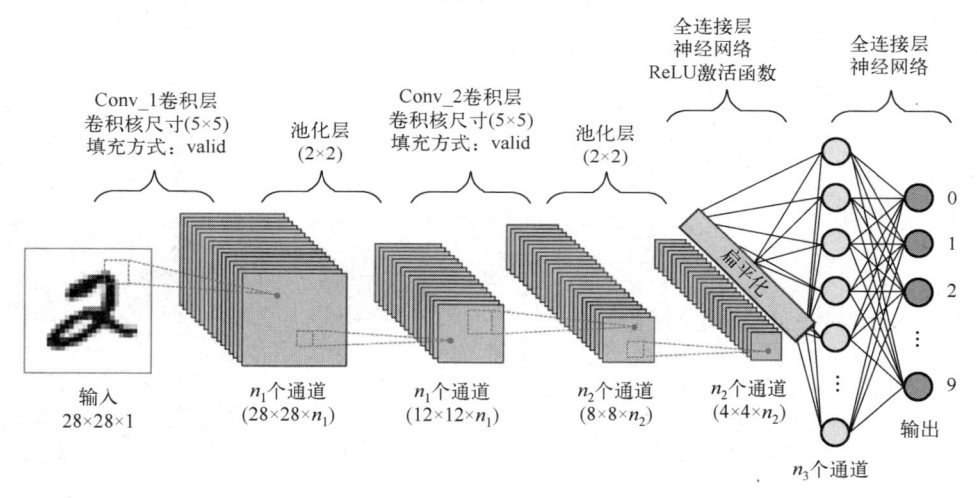

图 10-13 CNN 结构

```
from tensorflow.keras.datasets import mnist
from tensorflow.keras import Sequential
from tensorflow.keras.layers import Conv2D, MaxPooling2D, Flatten, Dense ,Dropout
from tensorflow.keras.metrics import Precision, Recall

#获取数据
(X_images,X_labels),(y_images,y_labels) = mnist.load_data()

#将图像灰度归一化为 0~1 的数,在尺度不变的前提下加快训练速度
max_pixel_value = 255
X_images = X_images / max_pixel_value
```

```python
y_images = y_images / max_pixel_value

#用独热编码的方式将标签转化为10维的向量
from tensorflow.keras.utils import to_categorical
X_labels = to_categorical(X_labels, 10)
y_labels = to_categorical(y_labels, 10)

# 定义模型参数
INPUT_SHAPE = (28,28,1)
FILTER1_SIZE = 32
FILTER2_SIZE = 64
FILTER_SHAPE = (5, 5)
POOL_SHAPE = (2, 2)
FULLY_CONNECT_NUM = 128
NUM_CLASSES = 10
# 定义模型
model = Sequential()
model.add(Conv2D(FILTER1_SIZE, FILTER_SHAPE, activation='relu', input_shape=INPUT_SHAPE))
model.add(MaxPooling2D(POOL_SHAPE))
model.add(Conv2D(FILTER2_SIZE, FILTER_SHAPE, activation='relu'))
model.add(MaxPooling2D(POOL_SHAPE))
model.add(Flatten())
model.add(Dropout(0.2))
model.add(Dense(FULLY_CONNECT_NUM, activation='relu'))
model.add(Dense(NUM_CLASSES, activation='softmax'))

#模型概要，会输出模型各层的参数
model.summary()

#训练10轮次，准确率达到99.3%左右
BATCH_SIZE = 32
EPOCHS = 30
METRICS = metrics=['accuracy',
            Precision(name='precision'),
            Recall(name='recall')]

model.compile(optimizer='adam', loss='categorical_crossentropy', metrics = METRICS)

# Train the model
training_history = model.fit(X_images, X_labels,
                    epochs=EPOCHS, batch_size=BATCH_SIZE,
                    validation_data=(y_images, y_labels))
```

测试集和验证集上的准确率变化曲线如图 10-14 所示。通过图可以看出，随着迭代次数的增多，测试集上的准确率逐渐增大并趋于稳定，验证集上的准确率基本稳定。可以得出结

论：模型学习能力强，较大的准确率说明模型在训练数据上学到了较好的特征和规律，能够正确地对输入数据进行分类。模型泛化能力好，如果在验证集或测试集上也表现良好，那么可以认为模型具有较好的泛化能力。

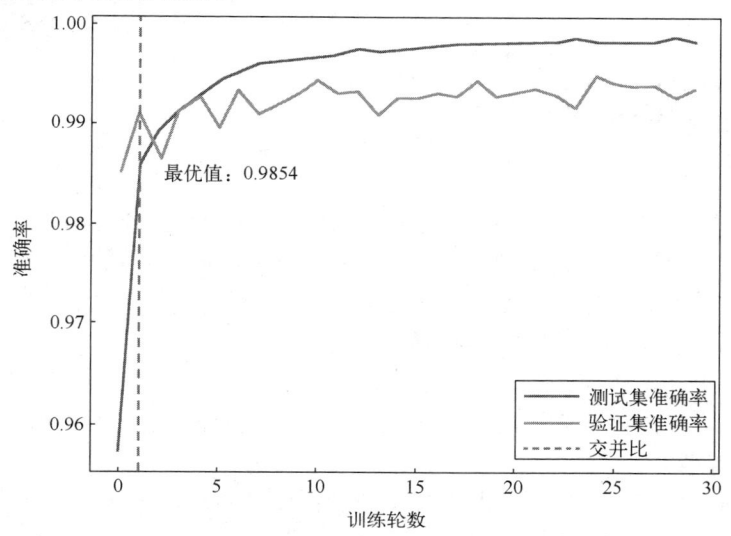

图 10-14　测试集和验证集上的准确率变化曲线（扫码见彩图）

另一个常用的图像分类数据集是 CIFAR-10 数据集，它包含 60000 个 32 像素×32 像素的彩色图像，有 10 个不同类别的物体，每类有 6000 张图片，分为 50000 个训练集和 10000 个测试集。使用 CNN 分类的代码可参考 CIFAR-10_CNNSample.ipynb。

10.6　习　　题

1. 卷积神经网络主要包含哪几层？每一层的作用分别是什么？
2. 卷积层是如何提取特征的？
3. 全连接神经网络中存在参数过多导致效率低下、训练困难、容易过拟合等问题，卷积神经网络是如何解决这些问题的？
4. 假设输入图像尺寸为 64×64×16，则一个 1×1 的过滤器有多少参数（包括 bias）？
5. 假设输入图像尺寸为 12×12，过滤器大小为 4×4，步长为 2，则输出图像的规格为多少？
6. 输入大小为 7×7，卷积核大小为 3×3，实现 same 填充时，P 值为多少？
7. 全连接层是如何进行目标分类的？
8. 卷积神经网络和全连接神经网络的根本不同之处在哪里？
9. 假设在卷积神经网络的第一层中有 5 个卷积核，每个卷积核尺寸为 7×7，具有零填充且步幅为 1。该层输入图片的维度是 224×224×3，那么该层输出的维度是多少？
10. 从网上下载或者自己编程实现一个卷积神经网络，并在手写数字数据集 MNIST 上进行实验测试。

第 11 章

循环神经网络

循环神经网络是一类以序列（Sequence）数据为输入，在序列的演进方向进行递归且所有节点（循环单元）按链式连接的递归神经网络。对循环神经网络的研究始于 20 世纪 80、90 年代，并在 21 世纪初发展为深度学习算法之一。本章介绍循环神经网络的相关知识。

本章的重点、难点和需要掌握的内容如下。
➢ 掌握循环神经网络的基本结构和原理。
➢ 掌握几种常见的循环神经网络，如传统循环神经网络、双向循环神经网络、长短期记忆网络和门控循环单元。
➢ 了解如何使用循环神经网络对序列数据进行建模和预测。
➢ 掌握循环神经网络的训练方法。
➢ 掌握至少一个流行的深度学习框架，如 TensorFlow 或 Keras 等。

11.1 循环神经网络概述

图像数据使用卷积神经网络（CNN）来建模，这种网络结构适用于处理图像数据。图像的像素位置是非常重要的，对图像中的像素位置进行重排会极大地困扰对图像内容的推断。此外，通常默认数据来自某种分布，并且所有样本都是独立同分布的，然而实际情况并非如此。例如，文章中的单词是按顺序编写的，如果单词的顺序被随机重排，将很难理解文章的原意。同样，视频中的图像帧、对话中的音频信号以及网站上的浏览行为都具有一定的顺序性。因此，为了更好地处理这类有序数据，需要设计特定的模型。

卷积神经网络在处理图像等具有空间结构的数据时表现出色。而循环神经网络（RNN）则擅长处理序列数据，因为它引入了状态变量来存储过去的信息，并结合当前的输入来确定输出。

RNN 源自 1982 年提出的 Hopfield 神经网络。Hopfield 神经网络是一个包含递归计算和外部记忆（External Memory）的神经网络，其内部所有节点都相互连接，并使用能量函数进行非监督学习。Hopfield 神经网络因为实现困难，在 1986 年后被全连接神经网络以及一些传统的机器学习算法所取代。但随着时间的推移，更加有效的 RNN 结构被不断提出，RNN 逐渐在多个领域取得了显著进展。

RNN 主要用于处理序列数据，并且在处理自然界中具有连续性的输入序列方面表现出色。RNN 的网络结构被设计用于有效捕捉序列之间的关系特征，并且通常以序列形式进行输出。正因为 RNN 能够充分利用序列之间的关系，它在自然语言处理（Natural Language Processing，NLP）领域（如文本分类、情感分析、意图识别、机器翻译等）的各种任务中得到了广泛应用。

本节将从两个角度对 RNN 模型进行分类：输入和输出的结构、RNN 的内部构造。

第 11 章 循环神经网络

首先按照输入和输出的结构进行分类，RNN 结构图如图 11-1 所示，RNN 有五种经典结构，分别为 1 对 1、1 对多、多对 1、多对多，其中多对多分为两种结构。

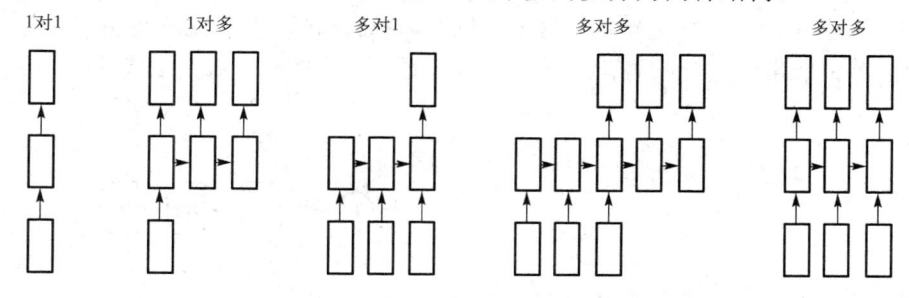

图 11-1　RNN 结构图

（1）1 对 1：单个神经网络。1 对 1 结构图如图 11-2 所示，表示传统的、固定尺度的输入到固定尺度的输出。

输入是 x，经过变换 $Wx+b$ 和激活函数 f 得到输出 y。

（2）1 对多：单一输入转为序列输出。1 对多结构图如图 11-3 所示，该结构的特点为，输入不是序列，输出是序列，可用于按主题生成文章或音乐，也可以从图像生成文字，此时输入的 X 就是图像的特征，而输出的 y 序列就是一段句子。

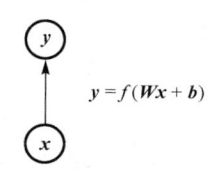

$y = f(Wx+b)$

图 11-2　1 对 1 结构图

这种结构把输入信息 X 作为每个阶段的输入。还有另外一种结构可以只在序列开始时进行输入计算，如图 11-4 所示。

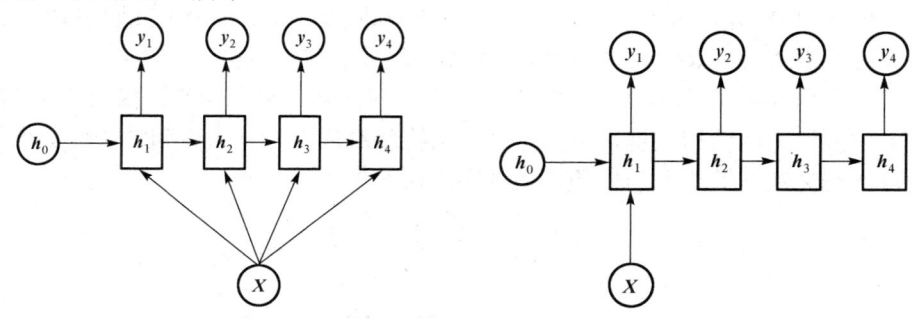

图 11-3　1 对多结构图（1）　　　图 11-4　1 对多结构图（2）

（3）多对 1：序列输入转为单个输出。多对 1 结构图如图 11-5 所示，该结构的特点为，输入是序列，输出不是序列（为单个值），常用于文本分类。

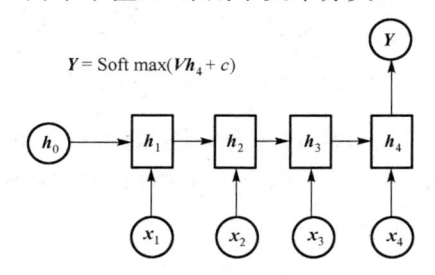

$Y = \text{Soft max}(Vh_4 + c)$

图 11-5　多对 1 结构图

对于这种结构，只在最后一个 h 上进行输出变换即可。

（4）多对多：输入和输出都是不定长的序列。多对多结构图如图 11-6 所示，这就是编码器-解码器（Encoder-Decoder）结构，常用于机器翻译、编码/解码（Seq2Seq）结构。Seq2Seq 结构应用的范围非常广泛，如语言翻译、文本摘要、阅读理解、对话生成等。

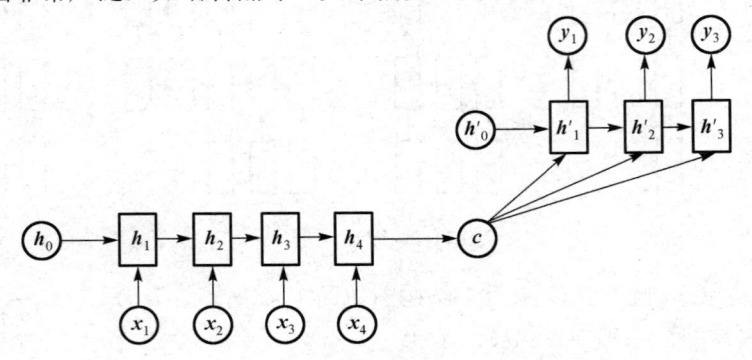

图 11-6 多对多结构图

原始的多对多 RNN 要求序列等长，然而在实际应用中，很多序列数据的长度是不等的，如机器翻译中的源语言和目标语言句子、语音识别中的音频段落等。

Encoder-Decoder 结构将输入序列编码成上下文向量 c，并利用 Decoder 逐步生成输出序列。在获取上下文向量 c 的过程中，可以使用将 Encoder 最后一个时间步的隐状态作为上下文向量 c 的方式，也可以引入注意力机制，还可以在编码阶段动态地对不同时间步的输入进行加权，得到一个加权和作为上下文向量 c。而在 Decoder 中，可以将上下文向量 c 作为 Decoder 的初始隐状态 h 或作为 Decoder 每个时间步的输入。

（5）多对多（$m==n$）：输入、输出等长序列。多对多（$m==n$）结构图如图 11-7 所示，这是 RNN 中最经典的结构类型，但由于这种结构限制输入和输出序列的长度必须相同，因此适合处理一些特定的等长序列任务，如合辙诗句的生成。

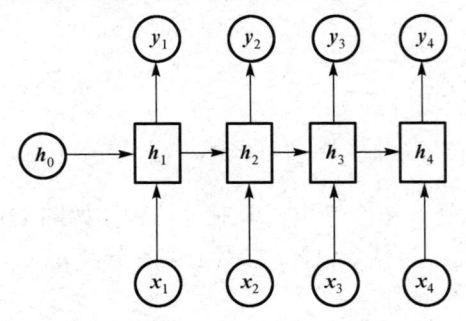

图 11-7 多对多（$m==n$）结构图

根据 RNN 的内部构造，可以将其分为传统 RNN、双向循环神经网络（Bidirectional Recurrent Neural Network，BRNN）、长短期记忆（LSTM）网络和门控循环单元（Gated Recurrent Unint，GRU）等。

11.2 传统循环神经网络

传统循环神经网络（RNN）是一种基本的 RNN 结构，其函数拟合能力较强，只要训练数据足够，给定特定的 X，就能得到希望的处在数据集范围内的 Y。然而这个模型也有一些固有限制。在许多实际应用中，序列数据的前后输入之间往往存在关联信息，传统 RNN 的隐状态只能通过时间步的循环连接传递信息，而每个时间步的隐藏状态只能影响后续时间步的输出，无法直接影响之前时间步的输出。

词义消歧是自然语言处理中的基本问题之一，自然语言中一个词具有多种含义的现象非常普遍。如何自动获悉某个词的多种含义呢？或者已知某个词有多种含义，如何根据上下文确认其含义呢？例如，在英语中，bank 这个词可以表示银行，也可以表示河岸；而在汉语中，一个词可能表示的含义就更多了。RNN 可以在解决此类词义消歧问题时发挥重要作用。

传统神经网络模型和 RNN 模型在结构和功能上存在一些差异。从定义上来说，一般的神经网络由输入层、隐藏层、输出层构成。传统神经网络模型［见图 11-8（a）］，从输入层到隐藏层，从隐藏层再到输出层，层与层之间是全连接的，但是隐藏层节点之间是无连接的。而 RNN 模型［见图 11-8（b）］的隐藏层节点之间是有连接的。

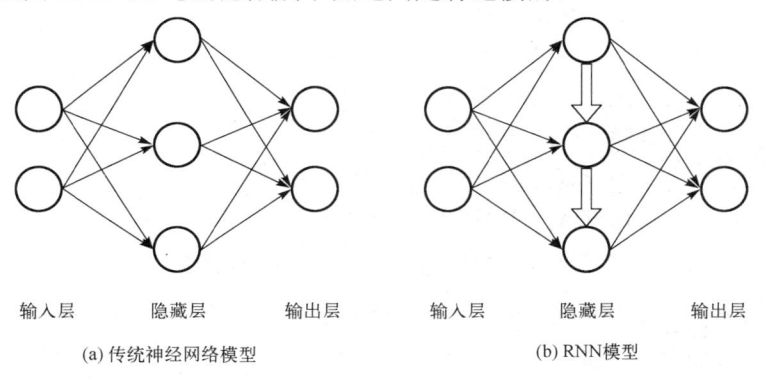

图 11-8　传统神经网络模型与 RNN 模型对比

传统 RNN 结构图如图 11-9 所示，其中 X 是一个向量，也就是某个字或词的特征向量，作为输入层，U 是输入层到隐藏层的参数矩阵，S 是隐藏层的向量，V 是隐藏层到输出层的参数矩阵，O 是输出层的向量。$X \to U \to S \to V \to O$ 相当于一个全连接神经网络。

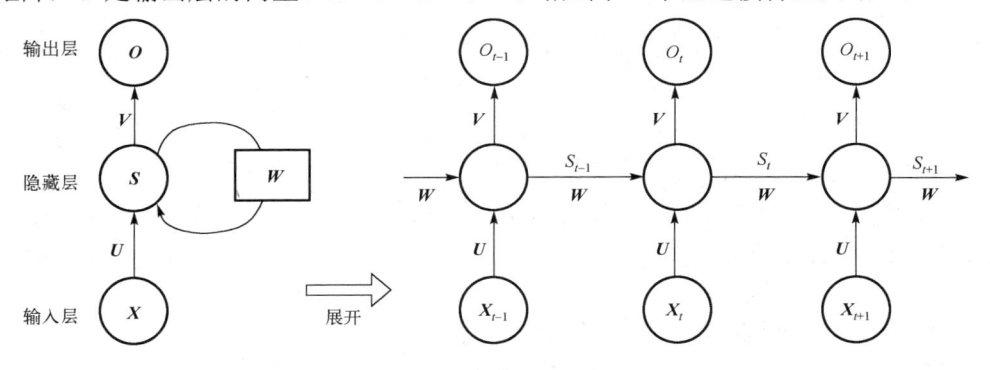

图 11-9　传统 RNN 结构图

对于 W，举个例子来理解，假设利用 RNN 做命名实体识别，输入向量 X 是 "I love you"，图 11-9 中的 X_{t-1} 代表的就是 I 这个单词的向量，X_t 代表的是 love 这个单词的向量，X_{t+1} 代表的是 you 这个单词的向量。可以看到，图 11-9 展开后，W 一直没有改变，W 其实是每个时间点之间的权重矩阵。

在 RNN 中，每个时间步的隐状态和参数 U、V、W 在不同时间步之间是共享的，这意味着网络在处理序列数据时使用相同的参数来进行计算。参数共享是 RNN 的重要特性，由于参数共享，RNN 能够在每个时间步上执行相同的操作，只是输入数据不同。这使得网络能够在整个序列上捕捉重要的时间依赖特征。此外，参数共享还可以减小模型复杂度，并且能够处理不定长序列输入。

RNN 之所以可以解决序列问题，是因为它可以记住每一时刻的信息，每一时刻的隐藏层不仅由该时刻的输入层决定，还由上一时刻的隐藏层决定。对应的计算公式如下：

$$O_t = g(VS_t)$$

$$S_t = f(UX_t + WS_{t-1})$$

式中，O_t 代表 t 时刻的输出；S_t 代表 t 时刻的隐藏层的值，S_t 的值不仅取决于 X_t，还取决于 S_{t-1}。

将 S_t 循环代入 O_t 的计算式可得

$$\begin{aligned}O_t &= g(VS_t)\\ &= Vf(UX_t + WS_{t-1})\\ &= Vf(UX_t + Wf(UX_{t-1} + WS_{t-2}))\\ &= Vf(UX_t + Wf(UX_{t-1} + Wf(UX_{t-2} + WS_{t-3})))\\ &= Vf(UX_t + Wf(UX_{t-1} + Wf(UX_{t-2} + WS_{t-3} + \cdots))))\end{aligned}$$

RNN 的隐状态在每个时间步都受到之前所有时间步的输入值的影响，因此它可以往前看任意多个输入，并对整个序列数据进行建模。

在 RNN 中，反向传播算法仍然是主要的训练方法，但在计算梯度时会涉及时间上的展开和累积，这就是随时间的反向传播（Back-Propagation Through Time，BPTT）。例如，为了计算时刻 $t=4$ 的梯度，需要反向传播 3 步，并把前面的所有梯度加和。BPTT 通过展开 RNN 的时间步来计算梯度，并将每个时间步的梯度进行累积。11.7 节将详细介绍如何训练 RNN。

11.3 双向循环神经网络

从 RNN 的结构可以得知，RNN 下一时刻的输出值是由前面多个时刻的输入值来共同影响的。而对很多实用场景而言，很多时候只关注序列中靠前的输入是不够用的。在有些问题中，当前时刻的输出不仅和过去的信息有关，还和后续时刻的信息有关。比如，预测一句话中缺失的单词，不仅需要根据前文来判断，还需要考虑它后面的内容，真正做到基于上下文判断。

例如，处理语言问题：屋子里地面很脏，我打算____一下垃圾。

可以想到的是，如果只看前面 "地面很脏"，那么是打算扫还是打算拖呢？当看到后面时，就知道横线上大概率是"扫"，这是单向的 RNN 无法实现的。

所以，为了解决这类问题，双向循环神经网络（BRNN）便发挥出了作用。BRNN 通过增加一个按照时间的逆序传递信息的网络层，来增强网络的能力，最终得到由两个 RNN 双向叠加在一起形成的 RNN，输出就由这两个 RNN 的状态共同决定。图 11-10 所示为具有单个隐藏层的 BRNN 的结构。

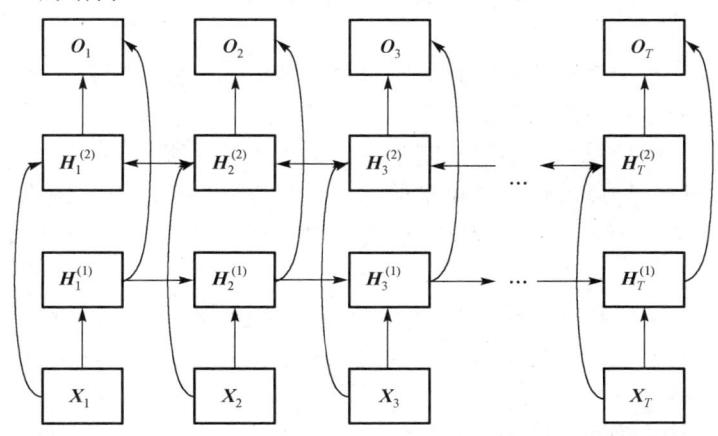

图 11-10　具有单个隐藏层的 BRNN 的结构

对于任意时间步 t，给定一个小批量的输入数据 $\boldsymbol{X}_t$，并且令隐藏层激活函数为 f。在双向架构中，假设第 1 层按时间顺序传递信息，第 2 层按时间逆序传递信息，这两层在时刻 t 的隐状态分别为 $\boldsymbol{H}_t^{(1)}$ 和 $\boldsymbol{H}_t^{(2)}$。正向隐状态和反向隐状态的更新如下：

$$\boldsymbol{H}_t^{(1)} = f(\boldsymbol{U}^{(1)}\boldsymbol{H}_{t-1}^{(1)} + \boldsymbol{W}^{(1)}\boldsymbol{X}_t + \boldsymbol{b}^{(1)})$$

$$\boldsymbol{H}_t^{(2)} = f(\boldsymbol{U}^{(2)}\boldsymbol{H}_{t+1}^{(2)} + \boldsymbol{W}^{(2)}\boldsymbol{X}_t + \boldsymbol{b}^{(2)})$$

式中，权重 $\boldsymbol{W}^{(1)}$、$\boldsymbol{U}^{(1)}$、$\boldsymbol{W}^{(2)}$、$\boldsymbol{U}^{(2)}$ 和偏置 $\boldsymbol{b}^{(1)}$、$\boldsymbol{b}^{(2)}$ 都是模型参数。

接下来，将正向隐状态 $\boldsymbol{H}_t^{(1)}$ 和反向隐状态 $\boldsymbol{H}_t^{(2)}$ 连接起来，获得需要送入输出层的隐状态 $\boldsymbol{H}_t$。在具有多个隐藏层的深度 BRNN 中，该信息作为输入传递到下一个双向层。最后，输出层计算得到的输出为 $\boldsymbol{O}_t$。

BRNN 的一个关键特性：使用来自序列两端的信息来估计输出。也就是说，它使用来自过去和未来的观测信息来预测当前的信息。但是在对下一个词元进行预测的情况下，这样的模型并不是所需的。因为在预测下一个词元时无法知道下一个词元的下文是什么，所以不会得到很好的精度。具体地说，在训练期间能够利用过去和未来的数据来估计现在空缺的词；而在测试期间，只有过去的数据，因此精度将会很差。

另一个严重问题是，BRNN 的计算速度非常慢。其主要原因是网络的正向传播需要在双向层中进行正向递归和反向递归，并且网络的反向传播还依赖于正向传播的结果。因此，梯度求解将有一个非常长的链，其训练代价非常高。

BRNN 的使用在实践中非常少，并且通常只应用于特定的任务和场景。例如，填充缺失单词、词元注释（如用于命名实体识别），以及作为序列处理流水线中的一个步骤对序列进行编码（如用于机器翻译）。

需要注意的是，尽管 BRNN 能够利用过去和未来的数据来提供更好的上下文信息，但它并不适用于所有的预测任务。预测未来词元是一项具有挑战性的任务，BRNN 在这方面的能力有限。

11.4 长短期记忆网络

在某些情况下，早期真实值对于预测所有后续真实值具有重要的影响。存在一些情景，其中第一个真实值或序列中的早期真实值包含关键信息，对于后续真实值的预测是至关重要的。在这种情况下，如果没有适当的机制来存储和传递早期信息，模型可能会面临困难。常见的问题是梯度消失或梯度爆炸。如果早期真实值对后续真实值的预测具有重要影响，但模型无法有效地传播这些影响，那么梯度可能会变得非常大或非常小，导致训练不稳定或无法收敛。

传统的简单 RNN 就存在这样一个硬伤，长期依赖关系问题：只能处理人们需要较接近的上下文的情况。解决这一问题的最早方法之一是长短期记忆（LSTM）网络，它是一种改进后的 RNN。

下面使用以下某购物网站的评论来了解 LSTM 网络的工作机制。

"这个笔记本非常棒，纸很厚，料很足，用笔写起来手感非常舒服，而且没有刺鼻的油墨味；更加好的是这个笔记本不但便宜还做工优良，我上次在别家买的笔记本纸张都没裁好，还会割伤手……"

如果看完这段话以后马上转述，那么相信大多数人都会提取出这段话中几个重要的关键词：纸很厚、没有刺鼻的油墨味、便宜、做工优良，然后重新组织成句子进行转述。这说明了以下两点。

（1）在一个时间序列中，不是所有信息都是同等有效的，大多数情况存在关键词或者关键帧。

（2）人们会在从头到尾阅读的时候自动概括已阅读部分的内容，并用之前的内容帮助理解后文。

基于以上两点，LSTM 网络的设计者提出了长短期记忆的概念，即只有一部分信息需要长期记忆，而可以选择性地遗忘其他信息。同时，LSTM 网络还需要一套机制来动态处理神经网络的记忆，因为某些信息可能在一开始非常重要，但随着时间的推移其价值逐渐衰减，此时神经网络需要学会遗忘这些特定信息。

LSTM 网络的设计灵感来自计算机的逻辑门。LSTM 网络引入了记忆元（Memory Cell），也称为单元（Cell），用于记录额外的信息。记忆元与隐状态具有相同的形状，并且通过门控机制来进行控制。

为了控制记忆元，LSTM 网络引入了多个门。其中，输出门（Output Gate）用于从单元中输出信息。输入门（Input Gate）用于决定何时将数据写入记忆元。遗忘门（Forget Gate）用于控制何时重置记忆元的内容，从而决定是否忽略隐状态中的输入。

具体来说，LSTM 网络的运作方式如下。

- 输入门：通过使用 sigmoid 函数决定哪些信息需要被写入记忆元。
- 遗忘门：通过使用 sigmoid 函数决定哪些旧的记忆需要被遗忘。

- 更新记忆元：通过使用 tanh 函数计算新的候选记忆单元。
- 输出门：通过使用 sigmoid 函数决定哪些记忆元的信息应该被输出。

通过这些门控机制，LSTM 网络能够动态地控制记忆元的内容，包括输入、遗忘和输出。这使得 LSTM 网络能够处理长期依赖关系，并更好地捕捉序列数据中的重要信息。

LSTM 网络模型中的计算记忆元如图 11-11 所示，当前时间步的输入和前一个时间步的隐状态作为数据送入 LSTM 网络的门中。它们由三个具有 sigmoid 激活函数的全连接层处理，以计算输入门、遗忘门和输出门的值。因此，这三个门的值都在(0,1)的范围内。

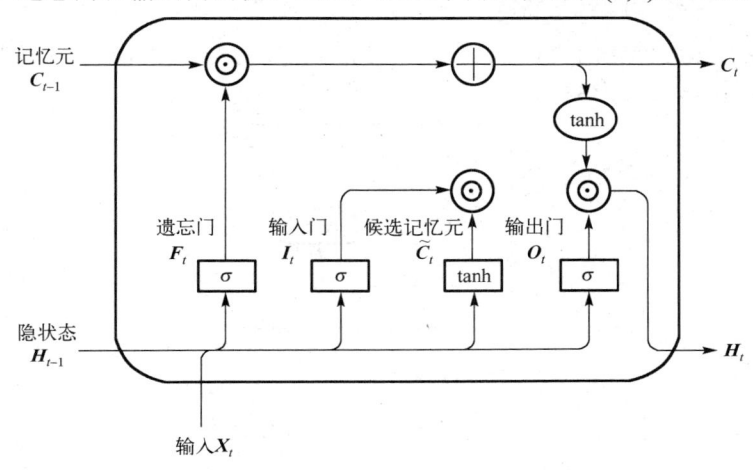

图 11-11　LSTM 网络模型中的计算记忆元

再来细化一下 LSTM 网络的数学表达。假设输入为 X_t，前一时间步的隐状态为 H_{t-1}。相应地，时间步 t 的门被定义为：输入门是 I_t，遗忘门是 F_t，输出门是 O_t。对应的计算方法为

$$I_t = \sigma(X_t W_{xi} + H_{t-1} W_{hi} + b_i)$$

$$F_t = \sigma(X_t W_{xf} + H_{t-1} W_{hf} + b_f)$$

$$O_t = \sigma(X_t W_{xo} + H_{t-1} W_{ho} + b_o)$$

式中，W_{xi}、W_{xf}、W_{xo} 和 W_{hi}、W_{hf}、W_{ho} 是权重参数；b_i、b_f、b_o 是偏置参数。

首先介绍候选记忆元（Candidate Memory Cell），如图 11-11 所示。它的计算与上面描述的三个门的计算类似，但是使用 tanh 函数作为激活函数，函数的值范围为(–1,1)。下面导出在时间步 t 处的方程：

$$\tilde{C}_t = \tanh(X_t W_{xc} + H_{t-1} W_{hc} + b_c)$$

式中，W_{xc} 和 W_{hc} 是权重参数；b_c 是偏置参数。

在 LSTM 网络中，输入门 I_t 控制采用多少来自 $\tilde{C}_t$ 的新数据，而遗忘门 F_t 控制保留多少过去的记忆元 C_{t-1} 的内容。使用按元素乘法，得出

$$C_t = F_t \odot C_{t-1} + I_t \odot \tilde{C}_t$$

如果遗忘门始终为 1 且输入门始终为 0，则过去的记忆元 C_{t-1} 将随时间被保存并传递到当

前时间步。引入这种设计是为了缓解梯度消失问题,并更好地捕获序列中的长距离依赖关系。

最后,需要定义如何计算隐状态 H_t,这是输出门发挥作用的地方。在 LSTM 网络中,它仅仅是记忆元的 tanh 函数的门控版本。这就确保了 H_t 的值始终在区间(–1,1)内:

$$H_t = O_t \odot \tanh(C_t)$$

只要输出门接近于 1,就能够有效地将所有记忆信息传递给预测部分。而对于输出门接近于 0,只保留记忆元内的所有信息,而不需要更新隐状态。

传统 RNN 中重复模块包含的单个层如图 11-12 所示,相较于 RNN 的隐藏单元,在 t–1 时刻的输出值 H_{t-1} 被复制到了 t 时刻,与 t 时刻的输入 X_t 整合后经过一个带权重和偏置的激活函数(如 tanh 函数)后形成输出,并继续将数据复制到 t+1 时刻。

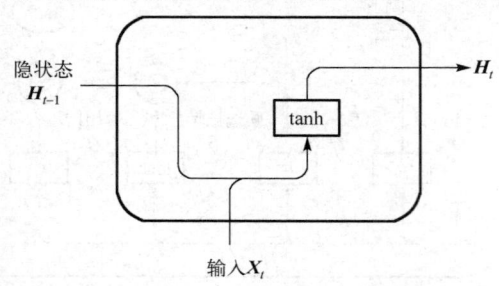

图 11-12 传统 RNN 中重复模块包含的单个层

RNN 模型的核心:$H_t = W[X_t ; H_{t-1}] + b$,因此,RNN 模型的参数量为 $(x_{\dim} + h_{\dim})h_{\dim} + h_{\dim}$。

LSTM 网络模型的核心是三个门+一个记忆细胞。门机制其实就是一个全连接网络,而且输入门、遗忘门、输出门和候选记忆元状态中的网络结构是完全相同的,且每一个部分和 RNN 中的核心部分 H_t 也是一样的网络结构。因此,LSTM 网络的参数量为 $4[(x_{\dim} + h_{\dim})h_{\dim} + h_{\dim}]$。LSTM 网络模型的参数量是 RNN 模型的 4 倍。

LSTM 网络的隐藏单元的内部结构更加复杂,但是 LSTM 网络能够有效克服 RNN 中存在的梯度消失问题,尤其在长距离依赖任务中的表现远优于 RNN,梯度反向传播过程中不会再受到梯度消失问题的困扰,可以对存在短期或者长期依赖关系的数据进行精确的建模。LSTM 网络的工作方式与 RNN 基本相同,区别在于 LSTM 网络实现了一个更加细化的内部处理单元,来实现上下文信息的有效存储和更新。

11.5 门控循环单元

门控循环单元(GRU)也是传统 RNN 的一种变体,也可以用来解决传统 RNN 的长期依赖关系问题。GRU 与传统 RNN 之间的关键区别在于门控机制的设计和使用。GRU 支持隐状态的门控。同 LSTM 网络一样能够有效捕捉长序列之间的语义关联,缓解梯度消失或爆炸问题。例如,如果第一个词元非常重要,模型将学会在第一次观测之后不更新隐状态。同样,模型也可以学会跳过不相关的临时观测。最后,模型还将学会在需要的时候重置隐状态。

这意味着 GRU 有专门的机制来确定应该何时更新隐状态,以及应该何时重置隐状态。同时,它的结构和计算要比 LSTM 网络更简单,GRU 的输入、输出结构与普通的 RNN 是一样的。与 LSTM 网络相比,GRU 通常能够提供同等的效果,并且计算的速度明显更快。

下面将详细讨论各类 GRU。

为了方便对比学习,图 11-13 展示了 LSTM 网络模型的内部结构图。GRU 在 LSTM 网络的基础上进行了改进,它在简化 LSTM 网络结构的同时保持着和 LSTM 网络相同的效果。相比于 LSTM 网络结构的三个门,GRU 将其简化至两个门:重置门(Reset Gate)和更新门(Update Gate)。重置门决定是否忽略历史输入并重新初始化隐藏状态,更新门决定是否更新当前时间步的隐状态。通过控制这两个门的输出,GRU 可以选择性地保留和更新过去的信息。

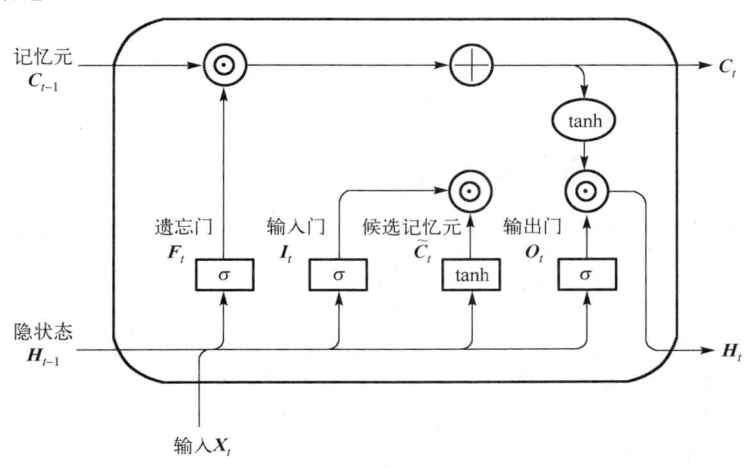

图 11-13 LSTM 网络模型的内部结构图

重置门使用一个 sigmoid 函数来输出介于 0 和 1 之间的值,表示每个隐藏单元是否应该重置为默认初始状态。当重置门接近于 0 时,隐状态将更多地依赖于当前时间步的输入,而较少考虑过去的信息。当重置门接近于 1 时,隐状态将更多地依赖于过去的信息,而较少考虑当前时间步的输入。

更新门使用一个 sigmoid 函数来输出介于 0 和 1 之间的值,表示每个隐藏单元应该记住多少过去的信息。当更新门接近于 0 时,隐状态将更多地依赖于过去的信息,并较少考虑当前时间步的输入。当更新门接近于 1 时,隐状态将更多地依赖于当前时间步的输入,并较少考虑过去的信息。

图 11-14 中描述了 GRU 中的重置门和更新门的输入,输入 X_t 由当前时间步的输入和前一时间步的隐状态 H_{t-1} 给出。两个门的输出由使用 sigmoid 激活函数的两个全连接层给出。

GRU 的数学表达为:对于给定的时间步 t,假设输入是一个小批量 X_t,上一个时间步的隐状态是 H_{t-1}。那么,重置门 R_t 和更新门 Z_t 的计算如下所示:

$$R_t = \sigma(X_t W_{xr} + H_{t-1} W_{hr} + b_r)$$

$$Z_t = \sigma(X_t W_{xz} + H_{t-1} W_{hz} + b_z)$$

式中，W_{xr}、W_{xz} 和 W_{hr}、W_{hz} 是权重参数；b_r、b_z 是偏置参数。使用 sigmoid 函数将输入值转换到区间(0,1)。

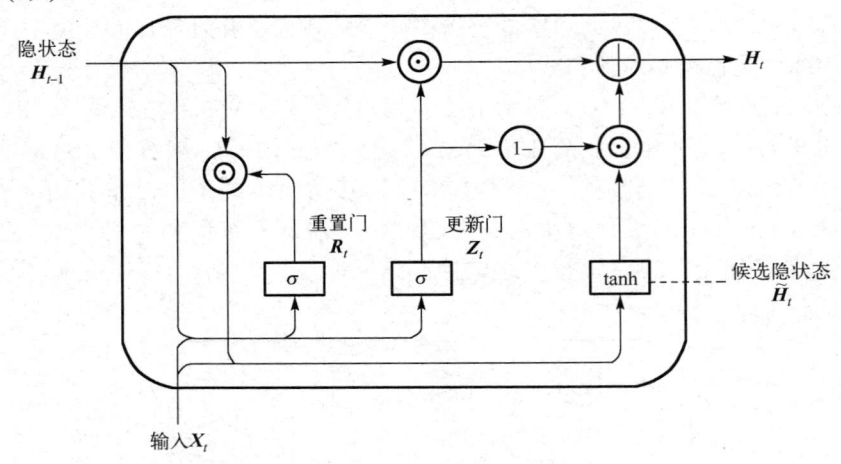

图 11-14　GRU 中的计算记忆元

接下来将重置门 R_t 中的常规隐状态更新机制集成，得到在时间步 t 的候选隐状态 $\tilde{H}_t$。

$$\tilde{H}_t = \tanh(X_t W_{xh} + (R_t \odot H_{t-1})W_{hh} + b_h)$$

式中，W_{xh} 和 W_{hh} 是权重参数；b_h 是偏置项；符号 $\odot$ 是 Hadamard 积（按元素乘积）运算符。这里使用 tanh 激活函数来确保候选隐状态中的值保持在区间(-1,1)。R_t 和 H_{t-1} 的元素相乘可以减少以往状态的影响。每当重置门 R_t 中的项接近于 1 时，恢复一个普通的 RNN。对于重置门 R_t 中所有接近于 0 的项，候选隐状态是以 X_t 作为输入的多层感知机的结果。因此，任何预先存在的隐状态都会被重置为默认值。

上述的计算结果只是候选隐状态，仍然需要结合更新门 Z_t 的效果。这一步确定新的隐状态 H_t 在多大程度上来自旧的状态 H_{t-1} 和新的候选状态 $\tilde{H}_t$。更新门 Z_t 仅需要在 H_{t-1} 和 $\tilde{H}_t$ 之间进行按元素的凸组合就可以实现这个目标。这就得出了 GRU 的最终更新公式：

$$H_t = Z_t \odot H_{t-1} + (1 - Z_t) \odot \tilde{H}_t$$

每当更新门 Z_t 接近于 1 时，模型就倾向只保留旧状态。此时，来自 X_t 的信息基本上就被忽略，从而有效地跳过了依赖链条中的时间步 t。相反，当 Z_t 接近于 0 时，新的隐状态 H_t 就会接近于候选隐状态 $\tilde{H}_t$。这些设计可以帮助人们处理 RNN 中的梯度消失问题，并更好地捕捉时间步距离很长的序列的依赖关系。例如，如果整个子序列的所有时间步的更新门都接近于 1，则无论序列的长度如何，在序列起始时间步的旧隐状态都将很容易保留并传递到序列结束。

GRU 具有以下两个显著特征：重置门有助于捕获序列中的短期依赖关系；更新门有助于捕获序列中的长期依赖关系。

GRU 的核心是两个门+一个隐状态。和 LSTM 网络类似，GRU 中主要是更新门、重置门和一个候选隐状态，且每一个部分和 RNN 中的核心部分 h_t 也是一样的网络结构。因此，GRU 的参数量为 $3[(x_{\dim} + h_{\dim})h_{\dim} + h_{\dim}]$。GRU 的参数量是 RNN 的 3 倍，是 LSTM 网络的 3/4。

11.6　Keras 实现 RNN

Keras 是一个高级的深度学习接口，可以运行在多种深度学习框架上，包括 TensorFlow、Theano 和 CNTK 等。Keras 提供了一种简单、快速地搭建神经网络的方式，可以轻松地实现常见的深度学习模型，如 CNN、RNN 等。

Keras 和 TensorFlow 是两个不同的框架，但是它们之间有着密切的关系。Keras 提供了一种简单、快速的方式来搭建深度学习模型，而 TensorFlow 则提供了更加灵活、可定制化的深度学习框架，用户可以根据自己的需求选择不同的 API 来构建自己的深度学习模型。在 TensorFlow 2.0 中，Keras 被纳入到 TensorFlow 中作为官方的高级 API，成了 TensorFlow 中的一部分。

Keras 提供了简单易用的 RNN 接口，通过几行代码就可以构建和训练 RNN 模型。其提供了三种循环层：SimpleRNN 层、LSTM 层、GRU 层，可以直接把这些层加到 Sequential 模型中，形成 RNN 架构。

11.6.1　SimpleRNN 层

下面以一个带有标签的文本数据集为例，来看看如何使用 Keras 的 SimpleRNN 层构建一个简单的 RNN 模型进行文本情感分类。IMDB 电影评论数据集是一个广泛使用的文本情感分类数据集，该数据集包含来自 IMDB 网站对电影的 50000 条影评文本，被标注为正面或负面两种情感。

在这个例子中，我们只使用数据集中前 10000 个最常见的单词来训练模型，并将每个评论的长度限制为 500 个单词，不足 500 个单词的评论将被填充，超过 500 个单词的评论将被截断。代码如下所示。

```
# 准备 IMDB 数据集
from keras.datasets import imdb
from keras.preprocessing import sequence

max_features = 10000 # 作为特征的单词个数
# 在 maxlen 个单词之后截断文本(这些单词都属于前 max_features 个最常见的单词)
maxlen = 500
batch_size = 32

print('Loading data...')
(input_train, y_train), (input_test, y_test) = imdb.load_data(num_words = max_features)
print(len(input_train), 'train sequences')
print(len(input_test), 'test sequences')

print('Pad sequences (samples x time)')
input_train = sequence.pad_sequences(input_train, maxlen=maxlen)
input_test = sequence.pad_sequences(input_test, maxlen=maxlen)
print('input_train shape:', input_train.shape)
print('input_test shape:', input_test.shape)
```

构建模型使用 Keras 的 Sequential 模型，将嵌入层、SimpleRNN 层和 Dense 层串联起来构建文本情感分类模型。

首先使用嵌入层将每个单词表示为 32 维的向量，然后使用 SimpleRNN 层学习每个单词的上下文信息，最后使用 Dense 层将其转换为二元分类输出。

编译模型使用 Keras 的 compile()函数，并指定损失函数、优化器和评估指标。在这个例子中，我们使用交叉熵作为损失函数、rmsprop 作为优化器，并将准确率作为评估指标。

训练模型使用 Keras 的 fit()函数，并指定训练集、测试集、批量大小和迭代次数。在这个例子中，我们将批量大小设置为 128、迭代次数设置为 10，并使用测试集来验证模型的准确性。

下面用一个 Embedding 层和一个 SimpleRNN 层来训练一个简单的 RNN。下面的代码展示了使用 Keras 中的 SimpleRNN 层来进行训练的过程。

```python
from keras.models import Sequential
from keras.layers import Embedding, SimpleRNN, Dense

model = Sequential()
model.add(Embedding(max_features, 32))
model.add(SimpleRNN(32))
model.add(Dense(1, activation='sigmoid'))

model.compile(optimizer='rmsprop', loss='binary_crossentropy', metrics=['acc'])
history = model.fit(input_train, y_train,
                    epochs=10,
                    batch_size=128,
                    validation_split=0.2)
```

下面展示训练和验证的损失和精度。

```python
# 绘制结果
import matplotlib.pyplot as plt

acc = history.history['acc']
val_acc = history.history['val_acc']
loss = history.history['loss']
val_loss = history.history['val_loss']

epochs = range(1, len(acc) + 1)

plt.plot(epochs, acc, 'bo', label='Training acc')
plt.plot(epochs, val_acc, 'b', label='Validation acc')
plt.title('Training and validation accuracy')
plt.legend()

plt.figure()

plt.plot(epochs, loss, 'bo', label='Training loss')
```

```
plt.plot(epochs, val_loss, 'b', label='Validation loss')
plt.title('Training and validation loss')
plt.legend()
plt.show()
```

上述代码执行的结果如图 11-15 和图 11-16 所示。

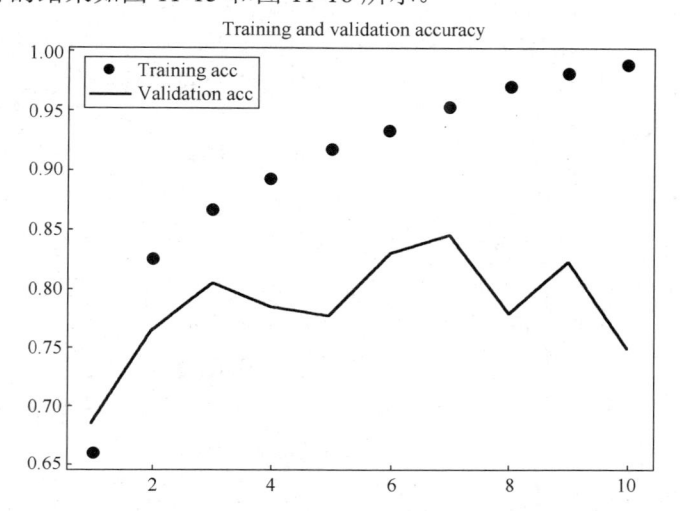

图 11-15　将 SimpleRNN 层应用于 IMDB 电影评论数据集的训练精度和验证精度

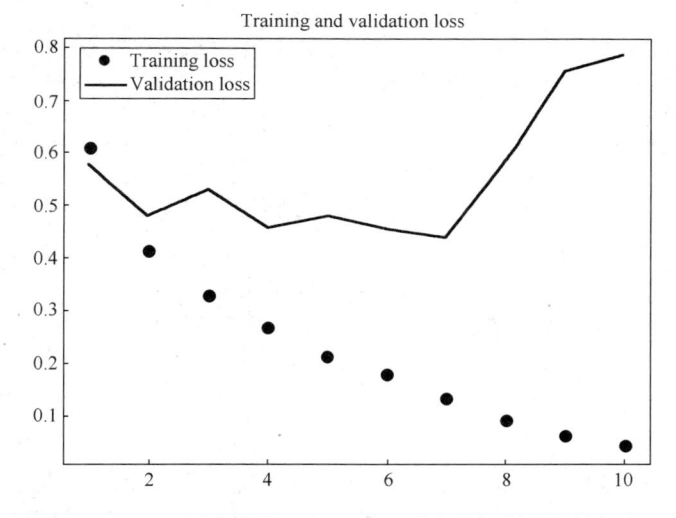

图 11-16　将 SimpleRNN 层应用于 IMDB 电影评论数据集的训练损失和验证损失

图 11-15 展示了将 SimpleRNN 层应用于 IMDB 电影评论数据集的训练精度和验证精度，图 11-16 展示了将 SimpleRNN 层应用于 IMDB 电影评论数据集的训练损失和验证损失。从图中可以看到，这个小型 RNN 的表现并不好。问题的一部分原因在于，输入只考虑了前 500 个单词，而不是整个序列，因此，RNN 获得的信息比前面的基准模型少。另一部分原因在于，SimpleRNN 层不擅长处理长序列，如文本。

其他类型的循环层的表现要好得多，接下来讲述几个更高级的循环层。

11.6.2 LSTM 层

SimpleRNN 层并不是 Keras 中唯一可用的循环层，还有另外两个：LSTM 层和 GRU 层。在实践中总会用到其中之一，SimpleRNN 层通常过于简化，没有实用价值。SimpleRNN 层的最大问题是，在时刻 t，从理论上来说，它应该能够记住许多时间步之前见过的信息，但实际上它是不可能学到这种长期依赖关系的。其原因在于梯度消失问题，这一效应类似于在层数较多的非循环网络（即前馈网络）中观察到的效应：随着层数的增加，网络最终变得无法训练。LSTM 层和 GRU 层都是为了解决这个问题而被设计的。

先来看 LSTM 层。LSTM 层是 SimpleRNN 层的一种变体，它增加了一种携带信息跨越多个时间步的方法。假设有一条传送带，其运行方向平行于所处理的序列，序列中的信息可以在任意位置跳上传送带，然后被传送到更晚的时间步，并在需要时原封不动地跳回来。这实际上就是 LSTM 的原理：它保存信息以便后面使用，从而防止较早期的信号在处理过程中逐渐消失。

接下来看一个更实际的问题：使用 Keras 的 LSTM 层创建一个模型，然后在 IMDB 电影评论数据集上训练模型。这个网络与前面介绍的 SimpleRNN 层类似。只需指定 LSTM 层的输出维度，其他所有参数都使用 Keras 的默认值。Keras 具有很好的默认值，无须手动调参，模型通常也能正常运行。下面的代码展示了使用 Keras 中的 LSTM 层来进行训练的过程。

```
# 使用 Keras 中的 LSTM 层
from keras.layers import LSTM

model = Sequential()
model.add(Embedding(max_features, 32))
model.add(LSTM(32))
model.add(Dense(1, activation='sigmoid'))

model.compile(optimizer='rmsprop',loss='binary_crossentropy',metrics=['acc'])
history = model.fit(input_train, y_train,
                    epochs=10,
                    batch_size=128,
                    validation_split=0.2)
```

上面代码的执行结果如图 11-17 和图 11-18 所示，显示训练和验证的损失和精度的方法与 SimpleRNN 层的一样。

LSTM 层比 SimpleRNN 层效果好，这主要是因为 LSTM 层受梯度消失问题的影响要小得多。这个结果也比使用全连接网络略好，虽然使用的数据量比全连接网络要少。此处在 500 个时间步之后将序列截断，而在全连接网络中读取整个序列。

但对于一种计算量很大的方法而言，这个结果不具备突破性。为什么 LSTM 层不能表现得更好呢？一个原因是没有调节超参数，如嵌入维度或 LSTM 层输出维度。另一个原因可能是缺少正则化。但主要原因在于，适用于评论分析全局的长期性结构（这正是 LSTM 层所擅长的），对文本情感分类问题帮助不大。但对于更加困难的自然语言处理问题，特别是问答和机器翻译问题，LSTM 层的优势就明显了。

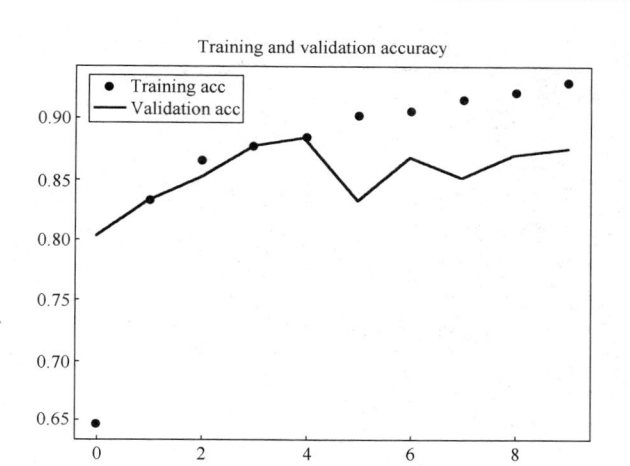

图 11-17　将 LSTM 层应用于 IMDB 电影评论数据集的训练精度和验证精度

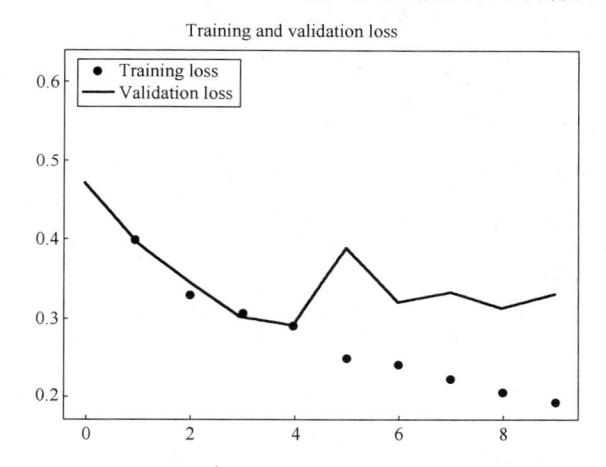

图 11-18　将 LSTM 层应用于 IMDB 电影评论数据集的训练损失和验证损失

11.6.3　GRU 层

与 SimpleRNN 层相比，LSTM 层和 GRU 层都能更好地处理长期依赖关系问题。LSTM 层可以记住更久远的历史信息，GRU 层则更侧重于当前时刻及其直接前一个时刻的信息。LSTM 层对长期依赖关系更敏感。GRU 层可看作 LSTM 层的简化版本，对短期依赖关系更敏感，计算量小，训练速度快。在部分问题上，GRU 层可以取代 LSTM 层，降低计算复杂度。

在 Keras 中实现 GRU 层的方法与实现 LSTM 层的类似，本节将介绍如何通过 Keras 中的 GRU 层构建 RNN。先使用 Keras 中的 GRU 层来创建一个模型，然后在 IMDB 电影评论数据集上训练模型。这与 LSTM 层的实现类似。下面的代码展示了使用 Keras 中的 GRU 层来进行训练的过程。

```
# 使用 Keras 中的 GRU 层
from keras.layers import GRU

model = Sequential()
```

```
model.add(Embedding(max_features, 32))
model.add(GRU(32))
model.add(Dense(1, activation='sigmoid'))

model.compile(optimizer='rmsprop',loss='binary_crossentropy',metrics=['acc'])
history = model.fit(input_train, y_train,
            epochs=10,
            batch_size=128,
            validation_split=0.2)
```

上述代码的执行结果如图 11-19 和图 11-20 所示，显示训练和验证的损失和精度的方法与 SimpleRNN 层的一样。

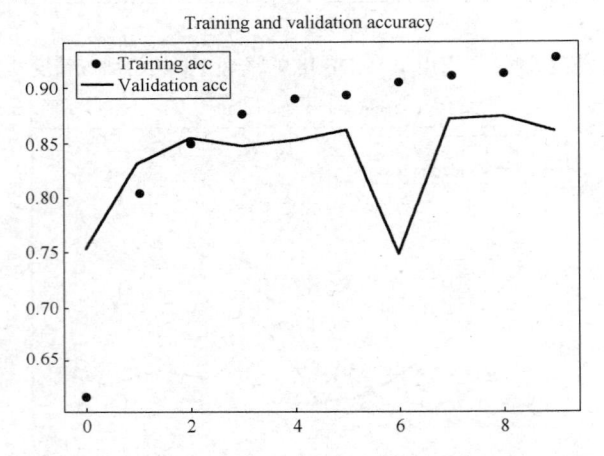

图 11-19 将 GRU 层应用于 IMDB 电影评论数据集的训练精度和验证精度

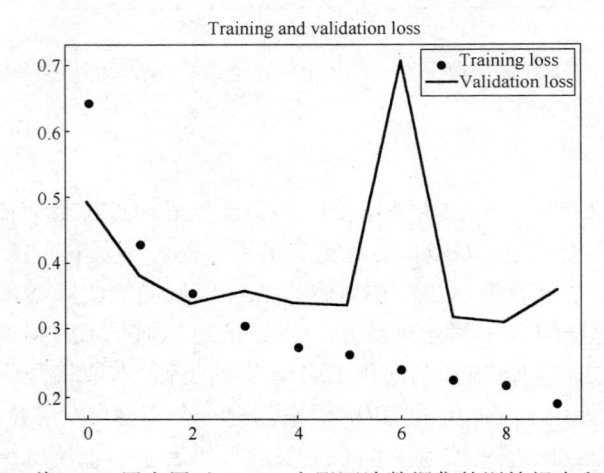

图 11-20 将 GRU 层应用于 IMDB 电影评论数据集的训练损失和验证损失

11.7 循环神经网络训练

在处理序列数据时，循环神经网络（RNN）是一种非常强大的工具，可以学习到序列数据中的时间相关性和长期依赖关系。然而，训练一个高效的 RNN 模型并非易事。它需要考虑许多与前馈神经网络不同的因素，如梯度消失/爆炸问题、长期依赖关系学习难度大和训练不稳定性等。要解决这些问题，需要采用一些专门为 RNN 设计的算法与技巧。本节通过介绍 RNN 训练中的三个核心要素：BPTT 算法、初始化方法与训练技巧，并结合详细的实践建议，帮助大家系统地掌握 RNN 的训练方法与调优技能。

11.7.1　BPTT 算法

RNN 是一类用于序列数据的神经网络。它的两个关键特征是隐状态和循环连接。隐状态使得 RNN 可以在序列中捕捉时间依赖关系，循环连接则允许上一时间步的输出影响本时间步的输出。简单的 RNN 结构在长序列中容易出现梯度消失或爆炸问题，使得它难以捕捉长期时间依赖。因此，需要采用 BPTT（随时间的反向传播）算法来训练 RNN。

BPTT 算法的核心思想：在向前展开 RNN 并计算输出的同时，也会周期性地反向传播一定时间步的误差来更新网络参数。这需要设置两个超参数：截断步数（Truncation Step）和梯度间隔（Gradient Interval）。

截断步数控制着在向前展开 RNN 时，一直输入序列和计算输出的步数。随着时间的推移，误差会不断累积和回传，容易导致梯度消失或爆炸问题，为了应对这个问题，可以选择只向前展开一定的时间步，这就是截断步数的作用。如果序列长度小于截断步数，那么就向前展开直到序列结束。举例来说，假设序列有 20 个时间步，设置截断步数为 10，那么在向前展开过程中，会输入序列的前 10 个时间步 X1 到 X10，计算对应的输出和隐状态。当输入 X10 时已达到截断步数，就会停止向前展开。

梯度间隔控制着在向后展开或反向传播过程中，相隔多少时间步计算一次梯度。人们并不需要每隔一个时间步就计算一次梯度，可以跳跃一定的间隔，这可以减少计算量，使训练更高效。举例，假设梯度间隔为 3，那么当进行反向传播时，会先计算 X10 的梯度，其次跳过 3 步到 X7，计算 X7 的梯度，再次跳过 3 步到 X4，计算 X4 的梯度。以此类推，只在梯度间隔为 3 的时间步上计算梯度，其他时间步不计算。

这两个超参数需要根据实验去调节和设置。一般来说，较长的序列会选择较大的截断步数和梯度间隔，这样可以缓解梯度消失现象并提高效率。但如果设置得过大，会造成每个批次中的序列段过短，模型难以学习到长期时间依赖，所以需要在二者之间找到平衡。

具体 BPTT 算法的训练过程如下。

（1）初始化隐状态为 0。

（2）输入序列的第一个时间步 X1，计算输出 O1 和下一个隐状态 H1。

（3）重复步骤（2），输入 X2、X3 等，一直到达到截断步数或序列结束，这一过程称为向前展开 RNN。

（4）从最后一个时间步开始，计算误差对输出的梯度，这包含了输出层的误差回传。

（5）根据梯度间隔，选择间隔一定时间步后，计算这一步的隐状态误差梯度，包含 RNN 模块的误差回传。

（6）重复步骤（5），直到达到反向传播的截断步数，这一过程称为向后展开 RNN。

（7）使用误差梯度更新网络权重。

（8）输入新的序列，重复步骤（1）～（7），继续训练。

举例，假设序列长度为 15，截断步数为 5，梯度间隔为 2，那么先向前展开 5 步直到 X5，其次从 X5 开始，跳过两个时间步到 X3，计算 X3 的梯度，再次跳过两个时间步到 X1，计算 X1 的梯度。以此类推，一直到反向传播了 5 步，完成一次参数更新。

现在来看两个更复杂的变种——LSTM 层和 GRU 层的训练。前面已经学习了 LSTM 层和 GRU 层都属于带有门机制的 RNN，它们可以更好地捕捉长序列中的长期依赖关系。相比于 SimpleRNN 层，LSTM 层在结构上更复杂一些，它包含一个细胞状态、输入门、遗忘门及输出门，来控制信息的流入和流出。GRU 层只有重置门和更新门，结构略简单。

虽然 LSTM 层和 GRU 层的结构比 RNN 复杂，但是它们的训练思路与 RNN 类似，也使用 BPTT 算法。同样需要设置截断步数和梯度间隔两个超参数，通过向前展开和向后展开不断输入序列和反向传播误差来更新网络参数。

但是，LSTM 层和 GRU 层的误差反向传播需要额外考虑门的机制。例如，在 LSTM 层的反向传播中，需要计算输入门、遗忘门和输出门对应的梯度，并根据这些梯度更新相应的参数。这些门控制着细胞状态，以及隐状态的信息流入和流出，所以梯度也只能够传递给那些门打开的路径。对于 GRU 层，同样需要计算重置门和更新门这两个门对应的梯度，并更新参数。

以一个 5 个时间步的序列为例，假设截断步数为 3，梯度间隔为 2。在向前展开中，首先输入 X1~X3，计算输出和更新细胞状态或隐状态。在向后展开中，从 X3 开始，先计算 X3 的梯度，然后根据门的情况决定将梯度传递给细胞状态或保留的隐状态信息。跳过 2 步到 X1，重复上述过程。以此更新参数。

总之，LSTM 层和 GRU 层的训练思路与 RNN 类似，采用 BPTT 算法并设置相同的超参数。但是由于其结构的差异，在误差反向传播过程中，需要额外考虑其门机制，将梯度传递给那些门允许通过的路径。这使得 LSTM 层和 GRU 层可以更容易学习到长序列的长期依赖关系，这也是它们相比于 SimpleRNN 层的最大优势。

11.7.2 初始化方法

RNN 的初始化方法也很重要，它决定了模型参数的起始值，从而影响训练的结果。本节介绍几种常用的初始化方法。

第一种是标准差为 1 的随机初始化方法。这种方法将权重初始化为均值为 0、标准差为 1 的随机值。它可以避免参数开始时的值过大或过小，使训练更易收敛。但是当激活函数为 tanh 或 sigmoid 时，可能无法有效地传递梯度，造成学习缓慢。

第二种是按照激活函数初始化方法。例如，当使用 ReLU 激活函数时，可以初始化权重的分布中心略大于 0。因为 ReLU 激活函数在 0 点以上的斜率大于 1，而在 0 点以下的斜率为 0。所以初始化值稍大于 0 可以更好地保证梯度流动。又如，当使用 sigmoid 激活函数时，如果初始化权重为很大的值，那么输入经过一层层的矩阵乘法后，值会变得越来越大。当这些值作为 sigmoid 激活函数的输入时，输出值就会趋近于 1，这就造成了输出饱和的问题。一旦输出饱和，无论权重如何更新，输出的值就无法有太大变化了。这显然会严重影响模型的学习能力，学习率会下降，误差难以有效下降。因此，初始化为较小的值可以更好地防止输出饱和，保证模型的学习率。

第三种是基于范数的初始化方法。这种方法通过将权重的 L_1 范数或 L_2 范数初始化为一个固定值来控制权重的大小。通常，L_2 范数初始化方法更为常用，它可以将权重初始化为均值为 0、标准差为 sqrt(2 / n) 的随机值，其中 n 是权重的维度。这可以避免某一维度的权重远大于其他维度。

第四种是 Xavier 初始化方法，也称为 Glorot 初始化方法，是一种常用的权重初始化方法。它的主要思想是，根据网络的结构来初始化权重，使得每个节点的输出方差相同，这可以加速模型的收敛，提高训练效果。这种方法会根据前一层及当前层的节点数来计算初始化的方差。其方差计算公式：方差= 2/（前一层节点数 + 当前层节点数）。当使用 Xavier 初始化方法时，无论网络结构如何，每个节点的输出方差总可以保持相同，这可以保证每个层的梯度大小在传播时大致相同，有利于模型的收敛。

11.7.3 训练技巧

RNN 的训练是一个迭代优化的过程。除了选择良好的网络结构和初始化方法，还可以采用一些训练技巧来帮助改善模型的训练效果。本节介绍几种常用的训练技巧。

第一种是调整学习率。学习率控制着模型参数更新的步长，一个适宜的学习率可以使模型快速收敛至最优值。如果学习率过大，那么模型容易发散；如果学习率过小，那么收敛速度会很慢。所以通常会先选择一个较小的学习率，如 0.01 或 0.001，然后根据训练误差的变化来调整。如果训练集误差没有明显下降，那么可以逐渐增大学习率，如考虑每隔几个 epoch（训练轮次）将学习率乘以 2。如果训练集误差下降速度过快，表现出振荡现象，则应减小学习率。也可以采用学习率衰减的方法，随着迭代次数增加而自动逐渐减小学习率。常用的衰减方式如下。

- 常数衰减：每过一定步数或一定时间减小固定的学习率，如每 10 个 epoch 减小 0.1。
- 乘数衰减：每过一定步数或一定时间将当前学习率乘以一个衰减系数，如每 5 个 epoch 乘以 0.95。
- 指数衰减：每过一定步数或一定时间将当前学习率乘以一个衰减率的指数，如每 3 个 epoch 乘以 0.9。

同时，也要根据不同的层或参数选择不同的学习率。靠近输入层的层通常设置较大的学习率；偏差参数的学习率也通常设置得较大。

第二种是梯度裁剪。这是为了避免梯度过大导致模型发散。设定一个阈值，一旦某次迭代的梯度超过这个阈值，就将其缩放至阈值大小。常用的梯度裁剪方法是梯度归一化，它将梯度缩放至 L_2 范数为 1，可以从较大的值开始，根据训练情况逐渐减小。如果发现模型频繁触发梯度裁剪或训练不稳定，则考虑减小阈值。如果很少触发梯度裁剪，则当前阈值较为合适。也可以采用动态的阈值，随着迭代次数增加而减小阈值。例如，每过一定步数将阈值乘以一个系数，如 0.95。这可以在训练初期采用较大阈值，后期采用较小阈值，从而平衡训练效果和稳定性。根据不同的层或参数选择不同的阈值也是合理的。输入层的参数更容易产生较大的梯度，可以选择较大的阈值；输出层的阈值可以更小。

第三种是使用不同的优化器。常用的优化器有简单的随机梯度下降（SGD）、RMSprop、自适应梯度（Adagrad）和 Adam 等优化器。这些优化器的主要区别在于调整每个参数的学习率的方法。使用不同的优化器可以加速训练和改善性能。在选择 RNN 的优化器时，主要需要考虑以下几个方面。

（1）模型大小和训练数据量：对于较大的模型和大量训练数据，选择 Adam 或 RMSprop

等自适应学习率的优化器会更加合适。这是因为它们可以自动调整每个参数的学习率，加速训练过程。对于较小的数据集和模型，SGD 优化器也可以提供不错的效果。

（2）训练时间和计算资源：如果允许较长的训练时间和较强的计算能力，那么 SGD 优化器会更合适。因为它需要更多次的迭代来收敛，但是方差较小，能找到更优的解。如果训练时间和计算资源受限，那么应选择 Adam 或 RMSprop 等优化器，它们收敛更快。

（3）学习率衰减策略：当使用学习率衰减时，SGD 优化器更适合采用较大幅度的衰减，如每隔几个 epoch 乘以 0.1。而 Adam 和 RMSprop 优化器内部已经实现了自适应学习率机制，不需设置较强的外部衰减，一般 0.001 就足够，过强的外部衰减会影响它们原有的自适应效果。

（4）模型收敛情况：如果模型显现出较强的振荡，无法稳定收敛，那么应选择 Adam 或 RMSprop 优化器，这两个优化器比较稳定。如果模型收敛速度过慢，那么可以选择 SGD 优化器和较大的学习率。

（5）过拟合情况：Adam 和 RMSprop 优化器有一定的正则化效果，可以稍微缓解过拟合。而 SGD 优化器随机性较强，过拟合会更严重一些，这点也需要在选择优化器时考虑。

第四种是加入 dropout。这是一种正则化技术，它在训练过程中随机断开一些连接来防止过拟合。人们会在某一个隐藏层中随机丢弃一定比例的节点，来缓解节点之间的协同适应，这能产生更加鲁棒的模型。选择一个合适的丢弃比例可以参考以下几点。

（1）丢弃比例不应过大，否则会断开过多连接，获得的特征变得比较随机，正则化效果过强，一般不超过 0.5。

（2）丢弃比例也不应过小，否则不能有效产生正则化作用，预防过拟合，0.1~0.3 是比较常用的范围。

（3）可以从 0.2~0.5 开始试验，根据验证集的效果选择最佳的值。如果验证集效果不佳，很可能是丢弃比例过大导致的。

（4）也可以设置不同层使用不同的丢弃比例。靠近输入层的层通常设置较小的值，如 0.1~0.3；中间层可以设置为 0.3~0.5；输出层可以设置较小的值或关闭 dropout。

（5）提高丢弃比例也可以在训练过程中减缓过拟合。如果发现模型过拟合严重，那么可以在一定 epoch 后提高所有层或某些层的丢弃比例，如增加 0.1~0.2。

（6）需要结合优化器和学习率的选择来判断丢弃比例是否合适。如果使用 Adam 等优化器和较大的学习率，应相应减小丢弃比例；使用 SGD 等优化器和较小的学习率时可以设置较大的丢弃比例。

（7）最终的丢弃比例还需要根据实际的训练效果进行微调。先设置一个初始范围，然后在训练过程中进行小幅调整，选择能达到最佳验证集效果的比例。

最后，还可以使用批量标准化（Batch Normalization）、激活函数变换、数据增强等其他技巧来改善模型。选择和试验不同的技巧，调整其中的超参数，可以产生更佳的训练效果，得到一个更为鲁棒的模型。

11.8 循环神经网络应用

在自然语言处理中，循环神经网络（RNN）广泛用于机器翻译、语言建模、对话系统、文本分类与文本生成等任务。它可以学习序列数据中的长期依赖关系与上下文信息，生成连贯与符合语法的输出结果。在时间序列预测中，RNN 用于股价预测、交通流量预测、电力负载预测等，它通过学习历史趋势来预测未来可能的变化。

本节选择了股票预测和情感分析两个典型案例，来介绍 RNN 在不同领域的具体应用。在股票预测任务中，利用股票的历史价格序列，采用 RNN 来预测未来的股价变动方向。在情感分析任务中，利用电影评论的文本序列，采用 RNN 来判断评论的情感倾向。

本节实现了三种主流的 RNN 结构：简单 RNN、LSTM 网络和 GRU。这三种结构在学习长期依赖关系和缓解梯度消失问题上的效果各有不同，在实践中需要根据任务的需求选择最为合适的结构。通过对比实验结果，本节分析了各结构在这两个任务上的表现与优缺点。

11.8.1 股票预测实战

本节将介绍 RNN 在股票预测任务上的应用。本例中所用的数据是某酒从 2012-03-20 到 2022-03-20 的股票行情数据，输入前 60 个交易日股票开盘价的时间序列数据，预测下一个（60+1）交易日的股票开盘价。

早期的股票预测主要使用统计分析方法。股票价格作为一种时序数据，具有高噪声、非平稳性等特点，但是传统的统计分析方法难以拟合复杂非线性关系，并且预测精度不高。而 RNN 可以通过学习大量数据，发现数据之间潜在的关系，具有良好的非线性逼近能力。

1. 股票数据下载

TuShare 是一个免费、开源的 Python 财经数据接口包。该接口包提供了大量的金融数据，涵盖了股票、基本面、宏观、新闻等诸多类别数据，并还在不断更新中。TuShare 可以基本满足量化初学者的回测需求。

使用 tushare 模块可以下载股票的历史数据，通过调用 ts.get_k_data()函数来实现。

（1）ts.get_k_data()函数的输入参数和返回值说明如下。

输入参数的说明如下。

  code：股票代码，即 6 位数字代码，或者指数代码（sh 表示上证指数，sz 表示深圳成指，hs300 表示沪深 300 指数，sz50 表示上证 50，zxb 表示中小板，cyb 表示创业板）。

  start：开始日期，格式为 YYYY-MM-DD。

  end：结束日期，格式为 YYYY-MM-DD。

  ktype：数据类型，D 表示日，W 表示周，M 表示月，5 表示 5 分钟，15 表示 15 分钟，30 表示 30 分钟，60 表示 60 分钟，默认为 D。

  retry_count：网络异常后的重试次数，默认为 3。

  pause:重试时停顿的秒数，默认为 0。

返回值的说明如下。

  date：日期。

  open：开盘价。

  high：最高价。

  close：收盘价。

  low：最低价。

  volume：成交量。

price_change：价格变动。
p_change：涨跌幅。
ma5：5 日均价。
ma10：10 日均价。
ma20：20 日均价。
v_ma5：5 日均量。
v_ma10：10 日均量。
v_ma20：20 日均量。
turnover：换手率（指数无此项）。

（2）使用 tushare 包获取某股票的历史行情数据。

在本节例子中，我们首先需要获取某产品从 2012-03-20 到 2022-03-20 的股票行情数据。同时，需要将这些数据保存到 csv 文件中，以便于后续的分析和处理。具体代码如下所示。

```
import tushare as ts

df1 = ts.get_k_data('600519', ktype='D', start='2012-03-20', end='2022-03-20')
datapath1 = "./SH600519.csv"
df1.to_csv(datapath1)
```

2. 简单 RNN 模型预测股票

（1）首先导入所需要的包。

通过以下代码导入用于深度学习和数据处理的多个库。导入执行后续操作所需的各种库和模块，为构建、训练和评估机器学习模型提供了必要的工具和功能。

```
import numpy as np
import tensorflow as tf
tf.enable_eager_execution()
from tensorflow.keras.layers import Dropout, Dense, SimpleRNN
import matplotlib.pyplot as plt
import os
import pandas as pd
from sklearn.preprocessing import MinMaxScaler
from sklearn.metrics import mean_squared_error, mean_absolute_error
import math
```

（2）导入股票数据，选取股票开盘价的时间序列数据。

读取从 tushare 模块中下载的某酒的股票文件，将前 2428−300=2128 天的开盘价作为训练集，表格从 0 开始计数，2:3 是提取[2:3) 列，前闭后开，故提取出 C 列开盘价，后 300 天的开盘价作为测试集。以下代码将某产品股票的历史开盘价数据分为两部分：一部分用作训练机器学习模型的训练集，另一部分用作测试集，以此来评估模型的性能。

```
maotai = pd.read_csv('./SH600519.csv')
training_set = maotai.iloc[0:2428-300, 2:3].values
test_set = maotai.iloc[2428-300:, 2:3].values
```

（3）数据预处理。

对训练数据进行归一化处理，加速网络训练收敛。以下代码用于数据预处理，使用 fit_transform 对训练集进行归一化处理，这个方法会计算训练集的最大值和最小值，并用这些值将训练数据缩放到 0～1。

```
# 定义归一化：归一化到(0, 1)之间
sc = MinMaxScaler(feature_range=(0, 1))
# 求得训练集的最大值、最小值，并在训练集上进行归一化
training_set_scaled = sc.fit_transform(training_set)
# 利用训练集的特征对测试集进行归一化
test_set = sc.transform(test_set)
```

（4）处理训练集和测试集。

将数据整理为样本及标签：输入特征由连续的 60 个时间点的数据组成，每个输入特征对应的输出标签是一个单一的值。下面的两段代码分别展示了训练集和测试集的生成过程。

训练集：csv 表格中前 2428−300=2128 天数据。遍历整个训练集，提取训练集中连续 60 天的开盘价作为输入特征 x_train，第 61 天的数据作为标签。

```
x_train = []
y_train = []

x_test = []
y_test = []

# for 循环共构建 2428-300-60=2068 组数据。
for i in range(60, len(training_set_scaled)):
    x_train.append(training_set_scaled[i - 60:i, 0])
    y_train.append(training_set_scaled[i, 0])
# 对训练集进行打乱
np.random.seed(7)
np.random.shuffle(x_train)
np.random.seed(7)
np.random.shuffle(y_train)
tf.random.set_random_seed(5)
# 将训练集由list格式变为array格式
x_train, y_train = np.array(x_train), np.array(y_train)
x_train = np.reshape(x_train, (x_train.shape[0], 60, 1))
```

测试集：csv 表格中后 300 天数据。遍历整个测试集，提取测试集中连续 60 天的开盘价作为输入特征 x_test，第 61 天的数据作为标签，调整测试集格式使其符合 RNN 输入要求：[送入样本数，循环核时间展开步数，每个时间步输入特征个数]。

```
# for 循环共构建 300-60=240 组数据。
for i in range(60, len(test_set)):
    x_test.append(test_set[i-60:i, 0])
    y_test.append(test_set[i, 0])
# 测试集转换为数组并使用 reshape 函数改变数组维数
```

```
x_test, y_test = np.array(x_test), np.array(y_test)
x_test = np.reshape(x_test, (x_test.shape[0], 60, 1))
```

(5) 利用 Keras 创建 RNN 模型, 损失函数用均方误差。

该应用只观测 loss 数值, 不观测准确率, 所以删去 metrics 选项, 在每个 epoch 迭代显示时只显示 loss 值。以下代码使用 Keras 库创建了一个简单的 RNN 模型, 用于回归任务, 其中模型的输出是连续值而非分类标签。模型由两个 SimpleRNN 层和一个 Dense 层组成, SimpleRNN 层用于处理序列数据并捕捉时间序列中的依赖关系, Dense 层用于输出预测结果。

```
# 构建模型
rnn_model = tf.keras.Sequential([
    SimpleRNN(80, return_sequences=True),
    SimpleRNN(100),
    Dense(1)
])
rnn_model.compile(optimizer=tf.keras.optimizers.Adam(0.001),
            loss='mean_squared_error')         # 损失函数用均方误差
```

(6) 训练模型, 并保存结果。

下面的代码用于训练一个 RNN 模型, 并在训练过程中保存模型的权重。使用 fit 方法训练模型, 在训练过程中, 使用 callbacks 参数传入之前定义的 cp_callback 回调函数, 以便在训练过程中保存模型的最佳权重。训练完成后, 使用 summary 方法打印模型的结构摘要, 包括每层的名称、输出形状和参数数量, 这有助于了解模型的结构和参数规模。

```
checkpoint_save_path = "./checkpoint/rnn_stock.ckpt"

if os.path.exists(checkpoint_save_path + '.index'):
    print('-------------load the model-----------------')
    rnn_model.load_weights(checkpoint_save_path)

cp_callback = tf.keras.callbacks.ModelCheckpoint(filepath=checkpoint_save_path,
                                                save_weights_only=True,
                                                save_best_only=True,
                                                monitor='val_loss')

rnn_history = rnn_model.fit(x_train, y_train, batch_size=100, epochs=50,
validation_data=(x_test, y_test), validation_freq=1,
            callbacks=[cp_callback])

rnn_model.summary()
```

模型结构:
```
Layer (type)Output ShapeParam
simple rnn(SimpleRNN)(None, 60, 80)6560
```

```
simple_rnn 1(SimpleRNN)(None,100)18100
dense(Dense)(None,1)101
Total params:24,761
Trainable params:24.761
Non-trainable params:0
```

（7）绘制训练损失和验证损失曲线。

以下代码用于绘制神经网络训练过程中的损失函数值变化情况。首先，它从训练历史对象 rnn_history.history 中提取训练损失 loss 和验证损失 val_loss 的数据。然后，使用 matplotlib 库中的 plot 函数将这些损失值绘制成图表，其中训练损失用一条线表示，验证损失用另一条线表示，如图 11-21 所示。图表的标题设置为 Training and Validation Loss，并且添加了图例以区分两条线。最后，使用 show 函数显示这个图表。

```
loss = rnn_history.history['loss']
val_loss = rnn_history.history['val_loss']

plt.plot(loss, label='Training Loss')
plt.plot(val_loss, label='Validation Loss')
plt.title('Training and Validation Loss')
plt.legend()
plt.show()
```

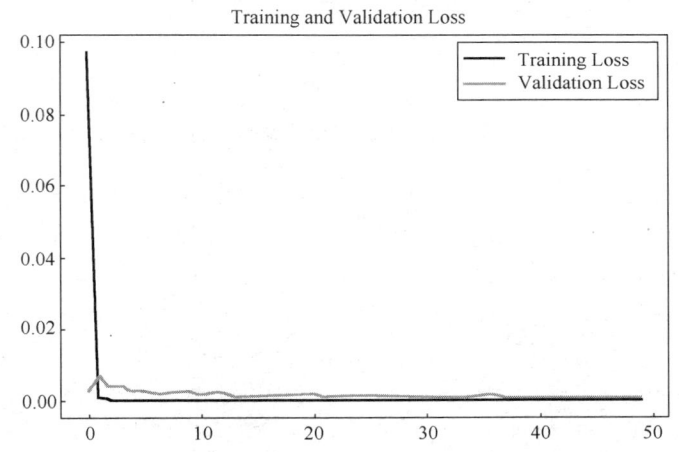

图 11-21　RNN 模型预测股票的训练损失和验证损失曲线

（8）评估模型。

以下代码用于评估 RNN 模型的股票预测任务，并可视化预测数据与真实数据之间的差异，画出真实数据和预测数据的对比曲线。利用测试集输入模型进行预测，对预测数据还原，即从(0,1)反归一化到原始范围；对真实数据还原，即从(0,1)反归一化到原始范围。图 11-22 所示为 RNN 模型预测股票的真实数据和预测数据的对比曲线。

```
################# predict #####################
predicted_stock_price = rnn_model.predict(x_test)
predicted_stock_price = sc.inverse_transform(predicted_stock_price)
```

```
real_stock_price = sc.inverse_transform(test_set[60:])
# 画出真实数据和预测数据的对比曲线
plt.plot(real_stock_price, color='red', label='MaoTai Stock Price')
plt.plot(predicted_stock_price, color='blue', label='Predicted MaoTai Stock Price')
plt.title('RNN Prediction')
plt.xlabel('Time')
plt.ylabel('MaoTai Stock Price')
plt.legend()
plt.show()
```

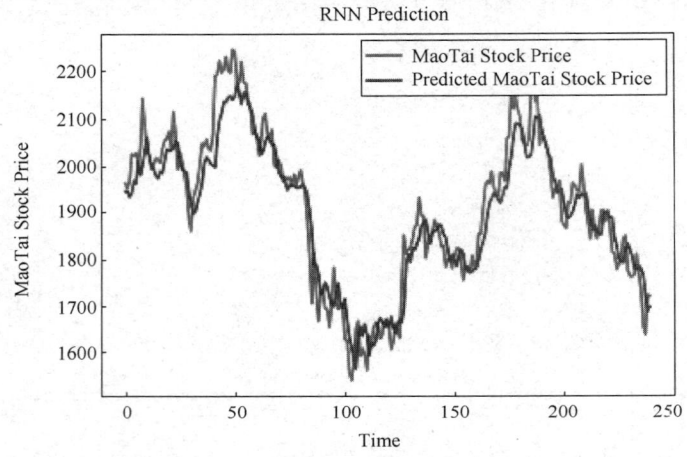

图 11-22 RNN 模型预测股票的真实数据和预测数据的对比曲线（扫码见彩图）

以新的时间段的股票交易系列数据作为测试集，评估模型测试集的表现，通过计算均方误差（MSE）、均方根误差（RMSE）和平均绝对误差（MAE）来量化预测值与真实值之间的差异。代码实现如下。

```
##########evaluate##############
# calculate MSE 均方误差 ---> E[(预测值-真实值)^2] （预测值减真实值求平方后求均值）
mse = mean_squared_error(predicted_stock_price, real_stock_price)
# calculate RMSE 均方根误差--->sqrt[MSE]    （对均方误差开方）
rmse = math.sqrt(mean_squared_error(predicted_stock_price, real_stock_price))
# calculate MAE 平均绝对误差------>E[|预测值-真实值|](预测值减真实值求绝对值后求均值)
mae = mean_absolute_error(predicted_stock_price, real_stock_price)
print('均方误差: %.6f' % mse)
print('均方根误差: %.6f' % rmse)
print('平均绝对误差: %.6f' % mae)
```

以下数据为模型在测试集上的性能评估结果。

均方误差：2697.843524。

均方根误差：51.940769。

平均绝对误差：39.933588。

3．LSTM 网络模型预测股票

（1）利用 Keras 创建 LSTM 网络模型，损失函数采用均方误差。以下代码使用 TensorFlow 的 Keras 库创建一个 LSTM 网络模型，用于预测股票价格。代码导入了 Keras 中的 LSTM 层，创建了一个 Sequential 模型实例 lstm_model，向模型中添加了两个 LSTM 层和一个 Dense 层。这个 LSTM 网络模型可以用来捕捉时间序列数据中的长期依赖关系，从而对股票价格进行预测。

```
from tensorflow.keras.layers import LSTM
lstm_model = tf.keras.Sequential([
    LSTM(80, return_sequences=True),
    LSTM(100),
    Dense(1)
])
lstm_model.compile(optimizer=tf.keras.optimizers.Adam(0.001),
          loss='mean_squared_error')        # 损失函数采用均方误差
```

（2）训练模型与 RNN 模型的相同，保存结果。模型结构：

```
Layer (type)Output ShapeParam
lstm(LSTM)(None, 60, 80)26240
lstm_1(LSTM)(None,100)72400
dense_1(Dense)(None,1)101
Total params:98,741
Trainable params:98,741
Non-trainable params:0
```

（3）绘制训练损失和验证损失曲线，如图 11-23 所示。

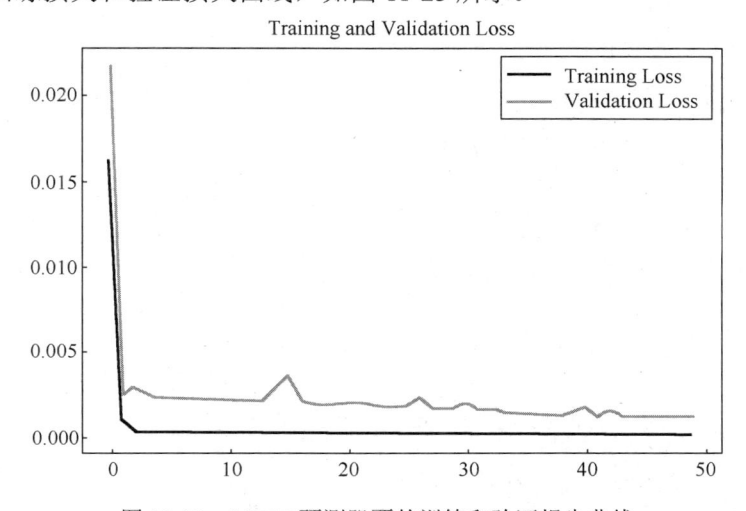

图 11-23　LSTM 预测股票的训练和验证损失曲线

（4）可视化预测值与真实值差异，并评估模型测试集的表现，如图 11-24 所示。

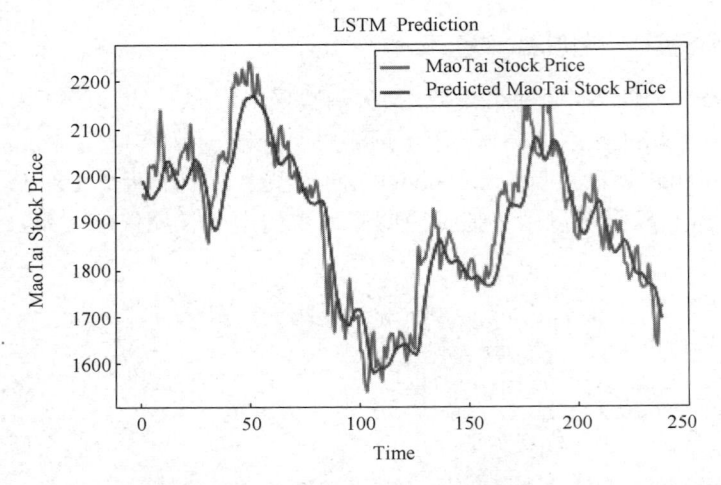

图 11-24　LSTM 网络模型预测股票的真实数据与预测数据的对比曲线（扫码见彩图）

以下数据为模型在测试集上的性能评估结果。

均方误差：4234.254294。

均方根误差：65.071148。

平均绝对误差：49.964085。

这里 LSTM 网络模型的效果不如 RNN 模型，可能的原因如下。

① LSTM 网络模型的参数设置不当，如时间步长、隐藏层单元数等超参数设置不当，导致模型训练不充分。

② LSTM 网络模型设计结构不合理，如 LSTM 层数太多或者太少，不能很好地提取时间序列数据的长期依赖关系。

4．GRU 模型预测股票

（1）利用 Keras 创建 GRU 模型，损失函数采用均方误差。以下代码使用 TensorFlow 的 Keras 库创建一个 GRU 模型，用于预测股票价格。

```
from tensorflow.keras.layers import GRU
gru_model = tf.keras.Sequential([
    GRU(80, return_sequences=True),
    GRU(100),
    Dense(1)
])
gru_model.compile(optimizer=tf.keras.optimizers.Adam(0.001),
          loss='mean_squared_error')   # 损失函数采用均方误差
```

（2）训练模型与 RNN 模型的相同，并保存结果。模型结构：

```
Layer (type)  Output Shape  Param
gru(GRU)  (None, 60, 80)  19920
gru_1(GRU)  (None, 100)  54600
dense_2(Dense)  (None, 1)  101
Total params:74,621
Trainable params:74,621
```

```
Non-trainable params:0
```

（3）绘制训练损失和验证损失曲线，如图 11-25 所示。

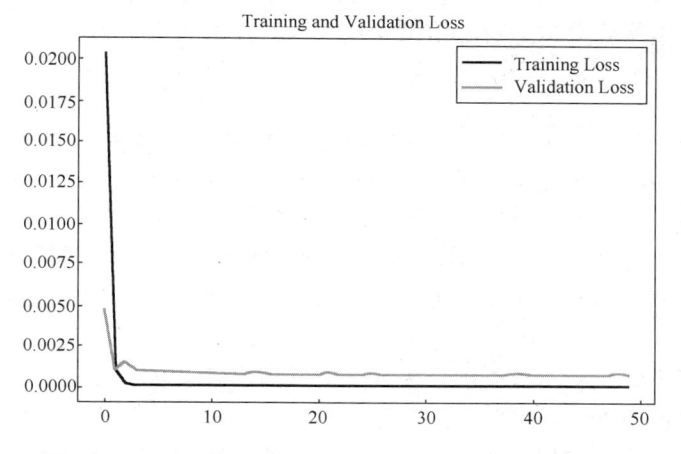

图 11-25　GRU 模型预测股票的训练损失和验证损失曲线

（4）可视化预测值与真实值差异，并评估模型测试集的表现，评估效果如图 11-26 所示。

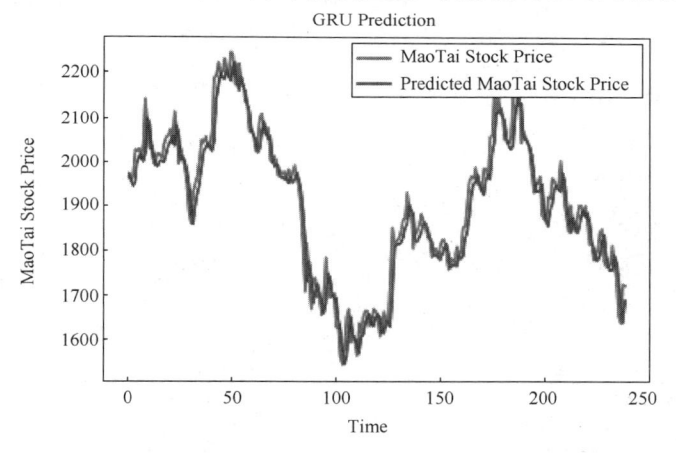

图 11-26　GRU 模型预测股票的真实数据与预测数据的对比曲线（扫码见彩图）

以下数据为模型在测试集上的性能评估结果。

均方误差：1855.263989。

均方根误差：43.072776。

平均绝对误差：32.538400。

从可视化和测试集表现的结果来看，在同样的模型结构下，GRU 模型的预测结果要比 LSTM 网络模型和 RNN 模型都好。这说明在股票预测问题上，GRU 模型优于 LSTM 网络模型和 RNN 模型，可以更好地提取时间序列数据中的长短期时间依赖关系，并进行更准确的预测。

11.8.2　情感分析实战

本节将介绍如何使用 RNN 进行情感分析。情感分析，又称倾向性分析，是对带有情感色彩的主观性文本进行分析、处理、归纳和推理的过程。

本节将采用 LSTM 网络模型，训练一个能够识别文本正面、负面两种情感的分类器。模型训练后，输入待预测的文本，输出结果为正面评论和负面评论的概率值。

1. 数据集介绍

本例使用的情感分析数据集来源于 Kaggle 的 Sentiment140 数据集。该数据集包含来自 Twitter 的 160 万条带有情感标注的推文数据，它们可用于检测情绪。

本例的 RNN 模型将使用预训练词向量来初始化词嵌入层。预训练词向量来源于斯坦福大学 NLP 组发布的 GloVe（Global Vectors for word representation）数据集。具体使用的是数据集的 300 维版本 glove.6B.300d.txt，该数据集总共包含 400 万个词汇，通过词共现矩阵训练得到 300 维词向量，总计 1.9GB 数据规模。

在将本例的文本数据输入模型前，需首先对其进行预处理，包括清理标点符号、转换为小写等。其中还会使用停用词过滤去除一些无意义的常用词，减少输入维度。停用词列表将使用 Python 的自然语言处理工具包 nltk 获得，nltk 中内置了常用英文停用词列表。

上述使用到的所有数据集包括 Sentiment140 的推文数据（training.1600000.processed.noemoticon.csv）、GloVe 的预训练词向量（glove.6B.300d.txt）和 nltk 的停用词列表（.\nltk_data\corpora\stopwords），均已被下载到当前代码所在同级目录下。

2. 导入工具包

通过导入必要的库并配置 nltk 的数据路径，用户可以方便地进行深度学习模型的构建和处理文本任务，代码如下所示。

```
import warnings
warnings.filterwarnings('ignore')          # 忽略程序中的 warnings 报错

import tensorflow as tf
import matplotlib.pyplot as plt
import numpy as np
import pandas as pd

import nltk
import os
nltk.data.path.append(os.path.join(os.getcwd(), 'nltk_data'))
from nltk.corpus import stopwords
from nltk.stem import SnowballStemmer        # 提取词干
```

3. 预处理数据集

（1）加载数据集。

```
from sklearn.model_selection import train_test_split
from sklearn.preprocessing import LabelEncoder

dataset = pd.read_csv("training.1600000.processed.noemoticon.csv", engine = "python", header=None)
    # 为数据集重置表头 header
```

```
dataset.columns = ['sentiment', 'id', 'date', 'query', 'user_id', 'text']
# 纵向丢弃无用的列
df = dataset.drop(['id', 'date', 'query', 'user_id'], axis=1)
# 查看标签类别
df['sentiment'].value_counts()
```

代码运行结果如下。

```
4    800000
0    800000
Name: sentiment, dtype: int64
```

输出结果显示,标签 4 和 0 各出现了 800000 次,表明数据集中正面和负面的推文数量是均衡的。

(2) 文本预处理。通过词干提取、词形还原、去除停用词超链接、@某人等对文本进行预处理清洗,并对比处理前后的数据。以下代码对文本数据进行预处理,以便用于情感分析模型的训练。

```
# 停用词
stop_words = stopwords.words("english")
# 词干
stemmer = SnowballStemmer('english')
# 正则化表达式
text_cleaning_re = '@\S+|https?:\S+|http?:\S|[^A-Za-z0-9]+'
# 对文本进行预处理清洗
import re

def preprocessing(text, stem=False):
    text = re.sub(text_cleaning_re, ' ', str(text).lower()).strip()
    tokens = []
    for token in text.split():
        if token not in stop_words:
            if stem:
                tokens.append(stemmer.stem(token))       # 提取词干
            else:
                tokens.append(token)                      # 直接保存单词
    return ' '.join(tokens)
```

通过 df.text[2]查看一个原始样本,输出如下

```
'@Kenichan I dived many times for the ball. Managed to save 50% The rest go out of bounds'
```

以下代码将预处理函数 preprocessing 应用于数据集中的 text 列的每一行文本。通过这种方式,可以批量地对整个数据集中的文本进行预处理,包括去除停用词、提取词干、转换为小写等操作。

```
# 对数据集中 text 列中的每行文本进行清洗
df.text = df.text.apply(lambda x : preprocessing(x))
```

再通过 df.text[2] 查看清洗后的样本，输出如下

```
'dived many times ball managed save 50 rest go bounds'
```

（3）划分训练集和测试集。先设计最大词汇量和最大序列长度，训练需要保持每一条评论的长度一致，再划分训练集和测试集。

Tokenizer 是一个用于向量化的文本，或将文本转换为序列的类。Tokenizer 的核心任务就是把一个文本变成一个序列。以下代码用于准备和处理情感分析模型的输入数据。

```
MAX_WORDS = 100000                    # 最大词汇量为 10 万
MAX_SEQ_LENGTH = 30                   # 最大序列长度为 30
# train, test 分离
train_dataset, test_dataset = train_test_split(df, test_size = 0.2, random_state = 666, shuffle=True)
# 分词
from tensorflow.keras.preprocessing.text import Tokenizer
# 使用 Tokenizer 来分词
tokenizer = Tokenizer()
tokenizer.fit_on_texts(train_dataset.text)
# 每个单词对应一个索引
word_index = tokenizer.word_index
# 训练集词汇表大小
vocab_size = len(word_index) + 1

# 固定每一条文本的长度
from tensorflow.keras.preprocessing.sequence import pad_sequences
# 将单词转换为序列
x_train = pad_sequences(tokenizer.texts_to_sequences(train_dataset.text),
                    maxlen=MAX_SEQ_LENGTH)
x_test = pad_sequences(tokenizer.texts_to_sequences(test_dataset.text),
                    maxlen=MAX_SEQ_LENGTH)

# 对标签类别进行 LabelEncoding，将类别编码成连续的编号
from sklearn.preprocessing import LabelEncoder

encoder = LabelEncoder()
y_train = encoder.fit_transform(train_dataset.sentiment.tolist())
y_test = encoder.fit_transform(test_dataset.sentiment.tolist())
y_train = y_train.reshape(-1, 1)      # shape 转置
y_test = y_test.reshape(-1, 1)
```

4．使用预训练词向量 GloVe 获得单词的向量表示

GloVe 是一种用于获取词的向量表示的无监督学习算法。简而言之，GloVe 允许人们获取文本语料库，并将该文本语料库中的每个单词直观地转换为高维空间中的位置。这意味着相似的词将被放在一起。以下代码用于将文本数据中的单词转换为数值向量表示的过程，使用的是预训练的 GloVe 词向量。

```
# word embedding 词嵌入：将单词用特征向量表示，这里使用预训练的词向量 GloVe
GloVe = "glove.6B.300d.txt"
EMBEDDING_DIM = 300
BATCH_SIZE = 10000
EPOCHS = 10
LR = 1e-3
MODEL_PATH = "./best_model.hdf5"
```

（1）构建词向量字典，格式：{单词：词嵌入向量}，用以初始化神经网络模型中的词嵌入层。以下代码用于构建一个词向量字典，该字典将每个单词映射到其对应的预训练 GloVe 词向量。

```
with open(GloVe,encoding='UTF-8') as f:
    for line in f:
        values = line.split()
        word = values[0]
        embeddings = np.asarray(values[1:], dtype="float32")
        embedding_index[word] = embeddings

len(embedding_index) # 单词数
```

（2）获取词嵌入矩阵。词嵌入矩阵是将单词从 one-shot 形式转化为固定维数的向量时所需的转换矩阵，以看作词向量依据对应单词的重排列。以下代码用于创建一个词嵌入矩阵，该矩阵用于将单词从 one-hot 编码形式转换为固定维度的向量。这个矩阵将作为神经网络模型中词嵌入层的权重。

```
embedding_matrix = np.zeros((vocab_size, EMBEDDING_DIM)) # vocab_size : 训练集词汇表大小，EMBEDDING_DIM : 词嵌入维度
num = 0
for word, values in embedding_index.items():
    embedding_vector = embedding_index.get(word) # 单词对应的词嵌入向量
    if embedding_vector is not None:
        if num < vocab_size:
            embedding_matrix[num, :] = embedding_vector
            num += 1
```

5．搭建 LSTM 网络模型

（1）构建 LSTM 网络模型的输入层和词嵌入层，代码如下所示。

```
from tensorflow.keras.layers import LSTM, Dense, Input, Dropout, Embedding
from tensorflow.keras.callbacks import ModelCheckpoint

sequence_input = Input(shape=(MAX_SEQ_LENGTH, ), dtype='int32') # 设置输入序列长度 MAX_SEQ_LENGTH
embedding_layer = Embedding(vocab_size,                    # 词汇表大小
                            EMBEDDING_DIM,                 # 词嵌入维度
                            weights = [embedding_matrix],  # 预训练词嵌入
                            input_length = MAX_SEQ_LENGTH, # 序列长度
                            trainable = False)
```

（2）定义 LSTM 网络模型的网络结构，代码如下所示。

```python
from tensorflow.keras import Sequential

model_lstm = Sequential()
model_lstm.add(embedding_layer)
model_lstm.add(Dropout(0.5))
model_lstm.add(LSTM(100, dropout=0.2, recurrent_dropout=0.2))
model_lstm.add(Dense(1, activation='sigmoid'))
model_lstm.summary()
```

代码运行结果如下。

```
Layer (type)Output ShapeParam
embedding(Embedding)(None, 30, 300)87214200
dropout(Dropout)(None,30,300)0
lstm(LSTM)(None,100)160400
dense(Dense)(None,1)101
Total params:87,374,701
Trainable params:160,501
Non-trainable params:87,214,200
```

说明如下。

embedding（Embedding）：这是一个词嵌入层，它将输入的整数序列转换为固定大小的密集向量。输出形状为（None, 30, 300)，意味着每个序列的长度为 30，每个时间步的向量大小为 300。参数数量为 87214200，这些参数由预训练的词向量构成，且在训练过程中不被更新（非可训练参数）。

dropout（Dropout）：这是一个 Dropout 层，用于减少过拟合，通过随机丢弃一部分神经元的输出来增加模型的泛化能力。输出形状与输入形状相同，为（None, 30, 300)，参数数量为 0，因为 Dropout 层在 Keras 中通常不包含可训练参数。

lstm（LSTM）：这是一个 LSTM 层，能够捕捉时间序列数据中的长期依赖关系。输出形状为（None, 100)，意味着每个序列被压缩为一个 100 维的向量。参数数量为 160400，这些参数在训练过程中会被更新（可训练参数）。

dense（Dense）：这是一个全连接层，也称为输出层，用于生成最终的预测结果。输出形状为（None, 1)，表示每个序列的输出是一个标量值。参数数量为 101，这些参数在训练过程中会被更新（可训练参数）。

Total params：模型的总参数数量，包括所有层的参数。

Trainable params：模型中可训练的参数数量，即那些在训练过程中会被更新的参数。

Non-trainable params：模型中不可训练的参数数量，通常是由使用预训练的权重或 Dropout 层导致的。

（3）对 LSTM 网络模型进行编译、训练和评估。使用 binary_crossentropy 作为损失函数，并使用 adam 优化器和 accuracy 指标来编译模型；设置 EarlyStopping 回调，当验证集 loss 连续 10 次未改善则停止训练，避免过拟合。

以下代码用于编译、训练和评估 LSTM 网络模型，具体步骤和设置如下。

编译模型：使用 compile 方法配置模型的损失函数、优化器和评估指标。

导入 EarlyStopping：从 tensorflow.keras.callbacks 模块导入 EarlyStopping 回调函数，这是一种提前终止训练的策略，用于防止过拟合。

设置 EarlyStopping 回调：创建 EarlyStopping 实例，设置 patience=10，意味着如果验证集上的损失（val_loss）连续 10 个 epoch 没有改善，那么提前终止训练。

训练模型：使用 fit 方法训练模型，传入训练数据、批量大小、epoch 次数、验证数据、训练过程的详细程度（verbose）和回调函数。

通过这些步骤，模型将在训练过程中不断调整参数以最小化损失函数，并使用 EarlyStopping 回调函数来避免过拟合，确保模型在验证集上的性能不会因过度训练而下降。

```
model_lstm.compile(loss="binary_crossentropy", optimizer="adam", metrics = ['accuracy'])
from tensorflow.keras.callbacks import EarlyStopping
history = model_lstm.fit(x_train, y_train, batch_size=BATCH_SIZE, epochs=EPOCHS,
                validation_data=(x_test, y_test),
                verbose=1,
                callbacks=EarlyStopping(patience=10, monitor='val_loss'))
```

（4）根据 Keras 训练历史，绘制了模型训练过程的图表，用以观察训练集和验证集的准确率，以及损失函数的变化趋势。以下代码使用 matplotlib 库来绘制 Keras 模型训练历史的两个图表：一个是模型的准确率图表，另一个是模型的损失图表。图 11-27 展示了使用 LSTM 网络模型进行情感分析的训练性能与验证性能对比。

```
s, (one, two) = plt.subplots(2, 1)
one.plot(history.history['accuracy'], c='b')
one.plot(history.history['val_accuracy'], c='r')
one.set_title('Model Accuracy')
one.set_ylabel("accuracy")
one.set_xlabel("epoch")
one.legend(['LSTM train', 'LSTM val'], loc='upper left')
two.plot(history.history['loss'], c='m')
two.plot(history.history['val_loss'], c='c')
two.set_title('Model Loss')
two.set_ylabel('loss')
two.set_xlabel('epoch')
two.legend(['train', 'val'], loc='upper left')
```

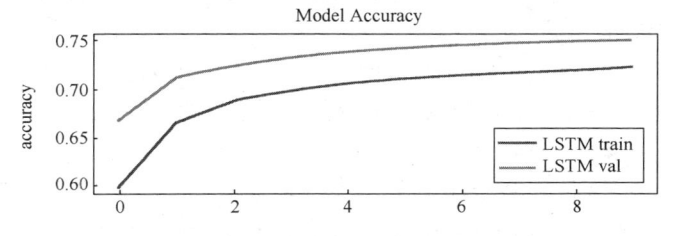

图 11-27 LSTM 网络模型进行情感分析的训练性能与验证性能对比（扫码见彩图）

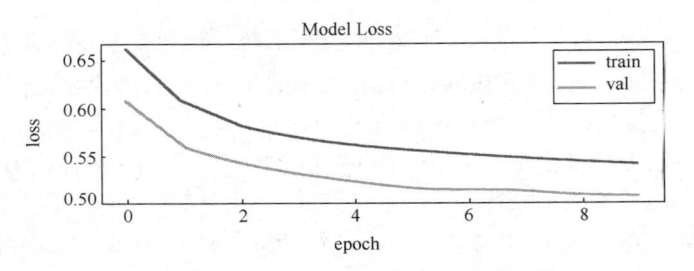

图 11-27 LSTM 网络模型进行情感分析的训练性能与验证性能对比（续）

6. 搭建 RNN 模型

（1）定义 RNN 模型的网络结构。以下代码用于构建一个包含词嵌入层、Dropout 层、SimpleRNN 层和 Dense 层的 RNN 模型。

```
from tensorflow.keras.layers import SimpleRNN
model_rnn = Sequential()
model_rnn.add(embedding_layer)
model_rnn.add(Dropout(0.5))
model_rnn.add(SimpleRNN(100, dropout=0.2, recurrent_dropout=0.2))
model_rnn.add(Dense(1, activation='sigmoid'))
model_rnn.summary()

Layer (type)Output ShapeParam
embedding(Embedding)(None, 30, 300)87214200
dropout_1(Dropout)(None,30,300)0
simple_rnn(SimpleRNN)(None,100)40100
dense_1(Dense)(None,1)101
Total params:87,254,401
Trainable params:40,201
Non-trainable params:87,214,200
```

说明如下。

embedding（Embedding）：这是一个词嵌入层，它接收整数编码的文本数据，并将其转换为固定大小的密集向量。输出形状为（None, 30, 300)，表示每个输入序列的最大长度为 30，每个时间步的向量大小为 300。参数数量为 87214200，这些参数包括预训练的词向量，通常在训练过程中不被更新。

dropout_1（Dropout）：这是一个 Dropout 层，用于减少过拟合，在训练过程中随机丢弃一部分输入单元的输出。输出形状与输入形状相同，为（None, 30, 300)，参数数量为 0，因为 Dropout 层通常不包含可训练参数。

simple_rnn（SimpleRNN）：这是一个简单的 RNN 层，能够处理序列数据并捕捉时间序列中的依赖关系。输出形状为（None, 100)，意味着每个序列被压缩为一个 100 维的向量。参数数量为 40100，这些参数在训练过程中会被更新。

dense_1（Dense）：这是一个全连接层，也称为输出层，用于生成最终的预测结果。输出形状为（None, 1)，表示每个序列的输出是一个标量值。参数数量为 101，这些参数在训练过程中会被更新。

Total params：模型的总参数数量，包括所有层的参数。

Trainable params：模型中可训练的参数数量，即那些在训练过程中会被更新的参数。

Non-trainable params：模型中不可训练的参数数量，通常是由使用预训练的权重或 Dropout 层导致的。

（2）对 RNN 模型进行编译、训练和评估的过程与 LSTM 网络模型的相同，并观察训练集和验证集的准确率及损失函数的变化趋势。图 11-28 展示了 RNN 模型进行情感分析的训练性能与验证性能对比。

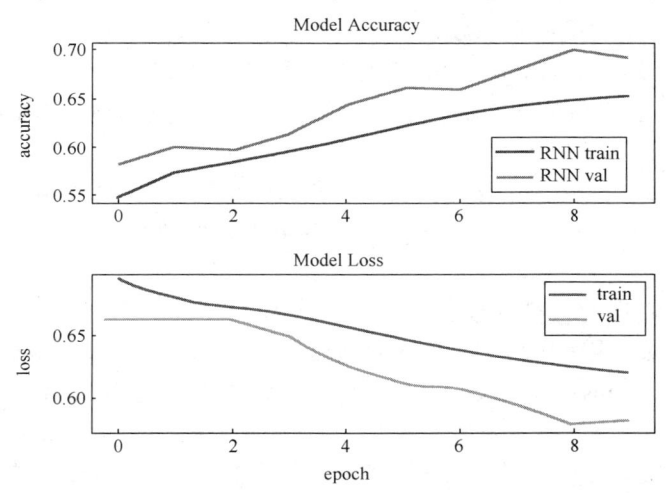

图 11-28 RNN 模型进行情感分析的训练性能与验证性能对比

7. 搭建 GRU 模型

（1）定义 GRU 模型的网络结构。以下代码定义了一个包含词嵌入层、Dropout 层、GRU 层和 Dense 层的 GRU 模型。

```
from tensorflow.keras.layers import GRU
model_gru = Sequential()
model_gru.add(embedding_layer)
model_gru.add(Dropout(0.5))
model_gru.add(GRU(100, dropout=0.2, recurrent_dropout=0.2))
model_gru.add(Dense(1, activation='sigmoid'))
model_gru.summary()
```

```
Layer (type)              Output Shape              Param
embedding(Embedding)      (None, 30, 300)           87214200
dropout_2(Dropout)        (None,30,300)             0
gru (GRU)                 (None,100)                120600
dense_2(Dense)            (None,1)                  101
Total params:87,334,901
Trainable params:120,701
Non-trainable params:87,214,200
```

说明如下。

embedding（Embedding）：这是一个词嵌入层，它将整数编码的文本数据转换为固定大小的密集向量。输出形状为（None, 30, 300），表示每个输入序列的最大长度为 30，每个时间步的向量大小为 300。参数数量为 87214200，这些参数包括预训练的词向量，通常在训练过程中不被更新。

dropout_2（Dropout）：这是一个 Dropout 层，用于减少过拟合，在训练过程中随机丢弃一部分输入单元的输出。输出形状与输入形状相同，为（None, 30, 300），参数数量为 0，因为 Dropout 层通常不包含可训练参数。

gru（GRU）：这是一个 GRU 层，能够处理序列数据并捕捉时间序列中的依赖关系。输出形状为（None, 100），意味着每个序列被压缩为一个 100 维的向量。参数数量为 120600，这些参数在训练过程中会被更新。

dense_2（Dense）：这是一个全连接层，也称为输出层，用于生成最终的预测结果。输出形状为（None, 1），表示每个序列的输出是一个标量值。参数数量为 101，这些参数在训练过程中会被更新。

Total params：模型的总参数数量，包括所有层的参数。

Trainable params：模型中可训练的参数数量，即那些在训练过程中会被更新的参数。

Non-trainable params：模型中不可训练的参数数量，通常是由使用预训练的权重或 Dropout 层导致的。

（2）对 GRU 模型进行编译、训练和评估，并观察训练集和验证集的准确率及损失函数的变化趋势，如图 11-29 所示。

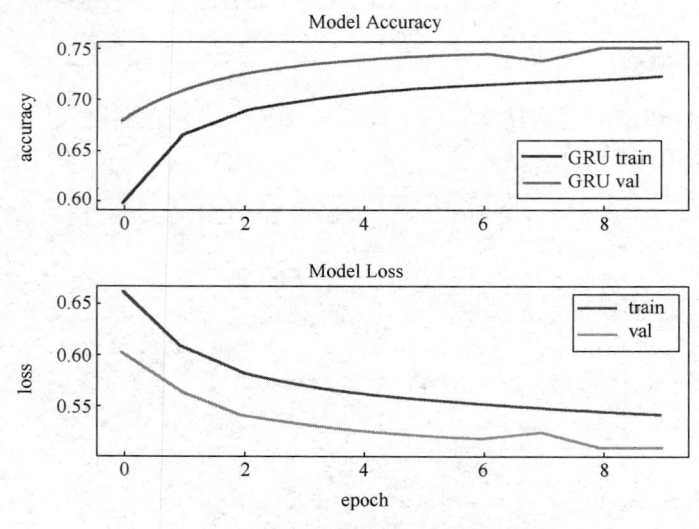

图 11-29　GRU 模型进行情感分析的训练性能与验证性能对比

8．对 RNN 模型、LSTM 网络模型和 GRU 模型进行预测比较

定义一个 judge 方法，模型的输出概率为 0～1，这里设定一个阈值：0.5，如果概率 >0.5，则为正面评论，否则为负面评论。

定义一个 predict 方法，对输入的文本先分词，再通过模型预测，返回最后的预测结果和概率值。

以下代码提供了一个简单的情感分析工具，可以对输入的文本进行情感预测，并输出每个模型的预测结果和概率分数。

```
def judge(score):
    return 'positive' if score > 0.5 else 'negative'

def predict(input_text):
    # 分词 tokenization
    text_tokens = pad_sequences(tokenizer.texts_to_sequences([input_text]),
maxlen=MAX_SEQ_LENGTH)
    # 模型预测
    ## 模型-1 单个RNN
    score1 = model_rnn.predict([text_tokens])[0] # 返回概率
    ## 模型-2 单个LSTM
    score2 = model_lstm.predict([text_tokens])[0]
    ## 模型-3 单个GRU
    score3 = model_gru.predict([text_tokens])[0]

    # 根据阈值，判断是否是正面
    label_1 = judge(score1)
    label_2 = judge(score2)
    label_3 = judge(score3)

    print("RNN 预测结果: ",label_1, " 得分: ", score1[0])
    print("LSTM 预测结果: ",label_2, " 得分: ", score2[0])
    print("GRU 预测结果: ",label_3, " 得分: ", score3[0])
```

假设被预测文本为"I like reading."。以下代码通过运行 predict（text）函数，传入被预测文本"I like reading."时，使用 judge 函数根据每个模型输出的概率值来判断该文本是正面评论还是负面评论。

```
text = "I like reading."
print("被预测文本: ", text)
predict(text) # 1 : positive, 0 : negative
```

输出结果如下。

被预测文本：I like reading.。

RNN 预测结果：positive，得分：0.61676633。

LSTM 预测结果：positive，得分：0.7692368。

GRU 预测结果：positive，得分：0.7972771。

根据输出结果可知，三种模型都正确地将文本"I like reading."判断为正面评论。从预测得分来看，GRU 模型给出了最高的正面概率，约为 0.797，LSTM 网络模型给出的正面概率约为 0.769，RNN 模型给出的正面概率最低，约为 0.617。对于简单句子，GRU 模型和 LSTM 网络模型的判断能力都优于 RNN 模型，这验证了 GRU 模型和 LSTM 网络模型在处理长期依赖关系和语义理解上的优势。在这个案例中，GRU 模型的判断更为准确，效果略优于 LSTM 网络模型。但针对更复杂语义的句子，LSTM 网络模型会由于其更强的记忆能力表现得更好。

11.9 习　　题

1．请简述本章介绍的几种 RNN 的基本结构。
2．CNN 和 RNN 的区别是什么？
3．为什么 RNN 训练时的损失波动很大？
4．RNN 中为什么会出现梯度消失问题？
5．如何解决 RNN 中的梯度消失问题？
6．RNN 是如何具有记忆功能的？
7．描述 RNN 的正向输出流程。
8．为什么 RNN 学习长期依赖关系存在困难？
9．简述 LSTM 网络的原理。
10．简述双向循环神经网络的原理。
11．RNN 是如何解决中文分词问题的？
12．尝试利用 LSTM 网络实现沪深 300 指数的股价预测。

第 12 章

强化学习 «

强化学习（RL）是机器学习领域中的一个热点方向，它在许多领域中都有广泛的应用，如自动驾驶、机器人控制、棋类游戏等。其中，近年来最著名的应用就是 DeepMind 的 AlaphGo。强化学习的基本原理是通过尝试不同的行为，并观察行为对环境的影响，找到取得最大化预期利益的途径或方法。本章介绍强化学习的相关知识和应用。

本章的重点、难点和需要掌握的内容如下。
- 掌握强化学习的基本原理和主要组成元素。
- 了解马尔可夫决策过程的形式化表述及应用。
- 掌握蒙特卡洛方法和时序差分方法的基本思想。
- 掌握深度 Q 网络中的技巧，如目标网络、经验回放等。
- 掌握并学会使用强化学习建模。

12.1 强化学习概述

强化学习的思想源于行为心理学的研究。1911 年，Thorndike 提出了效用法则（Law of Effect）：在一定情景下有让动物感到舒服的行为，就会与此情景加强联系，当此情景再现时，动物的这种行为也更易再现；相反，在一定情景下有让动物感觉不舒服的行为，会减弱与此情景的联系，此情景再现时，动物的此行为将很难再现。换句话说，哪种行为会被记住取决于该行为产生的效用。

1954 年，Marvin Minsky 在其博士论文中实现了计算上的试错学习。他开发了一个能够通过尝试和错误来学习解决问题的计算机程序。这个工作展示了通过反馈信息和自适应调整来改进决策的概念，为后来强化学习的发展奠定了基础。

1957 年，Richard Bellman 提出了动态规划方法，用于解决最优控制问题。他开发了一种递归的数学方法，可以将复杂的决策问题分解为子问题，并通过求解子问题来获得整体最优解。这个方法在后来的强化学习中起到了重要作用，特别是在马尔可夫决策过程的形式化中。

1960 年，Howard 提出了马尔可夫决策过程的策略迭代方法。他提出了一种通过反复评估和改进策略来逐步优化决策过程的方法。这种策略迭代方法为后来强化学习中策略评估和策略改进的概念提供了基础。

1961 年，Marvin Minsky 在他的论文 "Steps toward artificial intelligence" 中首次使用了 Reinforcement Learning 一词，这标志着强化学习这个术语的首次正式使用。

12.1.1 定义与特点

强化学习的目标是找到一个最优的策略，使得智能体能够在长期累积奖励上取得最大化值。通过学习价值函数或动作值函数，强化学习可以评估不同状态或行动的价值，并基于这些价值进行决策。强化学习示意图如图 12-1 所示，强化学习的基本过程可以归结为五个主要元素：状态（State）、环境（Environment）、智能体（Agent）、动作（Action）和奖励（Reward）。在强化学习过程中，智能体与环境一直在交互。这个过程可以看作一个循环：智能体在环境中采取动作，环境因此发生改变，并向智能体提供奖励和新的环境，智能体根据这些信息决定下一步的动作。智能体在环境中获取某个状态后，它会利用该状态输出一个动作，这个动作也称为决策。然后这个动作会在环境中被执行，环境会根据智能体采取的动作，输出下一个状态以及当前这个动作带来的奖励。智能体的目的是尽可能多地从环境中获取奖励。

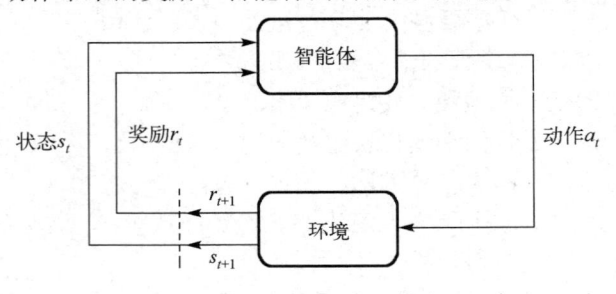

图 12-1 强化学习示意图

强化学习不同于监督学习和无监督学习，这三种机器学习方法的对比如表 12-1 所示。在监督学习过程中，有如下两个假设。

（1）输入的数据（标注的数据）都应是没有关联的。如果输入的数据有关联，那么分类器是不好学习的。

（2）需要告诉分类器正确的标签，这样它可以通过正确的标签来修正自己的预测。

表 12-1 三种机器学习方法的对比

项目	监督学习	无监督学习	强化学习
训练样本	训练集 $\{(x^{(n)}, y^{(n)})\}_{n=1}^N$	训练集 $\{X^n\}_{n=1}^N$	智能体和环境交互的轨迹 τ 和累积奖励 G_r
优化目标	$y = f(x)$ 或 $p(x\|z)$	$p(x)$ 或带隐变量 z 的 $p(x\|z)$	期望总回报 $E_r[G_r]$
学习准则	期望风险最小化 最大似然估计	最大似然估计 最小重构错误	策略评估 策略改进

在强化学习中，监督学习的两个假设其实都不能得到满足。具体来讲，区别如下。

（1）强化学习输入的样本是序列数据，而不像监督学习的样本都是独立的。

（2）分类器并没有告诉人们每一步正确的动作应该是什么，分类器需要自己去发现哪些动作可以带来最多的奖励，只能通过不停地尝试来发现最有利的动作。

（3）智能体获得自己能力的过程，其实是不断地试错探索（Trial-and-Error Exploration）的过程。探索（Exploration）和利用（Exploitation）是强化学习里面非常核心的问题。其中，探索指尝试一些新的动作，这些新的动作有可能会得到更多的奖励，也有可能一无所有；利用指采取已知的可以获得最多奖励的动作,重复执行这个动作,因为这样做可以获得一定的奖励。因此,强化学习需要在探索和利用之间进行权衡,这也是监督学习里面没有的情况。

(4) 在强化学习中,智能体与环境进行交互,并通过奖励信号来评估其动作的好坏。与监督学习不同,强化学习中并没有一个明确的监督者(Supervisor)指示智能体应该采取什么样的动作。相反,智能体需要与环境交互,通过尝试和错误的方式来学习。此外,强化学习中的奖励信号(Reward Signal)通常是延迟的,这意味着智能体可能需要等待相当长的时间才能得到关于其动作的反馈。例如,在某个任务中,智能体可能需要采取一系列的动作才能获得积极的奖励,而这些动作之间可能存在较长的时间间隔。这种延迟的奖励信号增加了学习的复杂性,因为智能体需要能够将当前的动作与未来的奖励联系起来。

虽然在无监督学习过程中,不需要使用带标签的数据集,但强化学习与无监督学习依然存在以下几点区别。

(1) 目标不同,无监督学习提取数据的内在结构信息,强化学习要优化策略获取最大累积奖励。

(2) 反馈不同,无监督学习没有外部反馈,强化学习通过奖励函数评价智能体动作。

(3) 学习形式不同,强化学习需要智能体自主地对环境进行大量的交互探索,而无监督学习只依赖静态数据,没有主动的探索过程。

通过比较,可以总结出强化学习的一些特点。

(1) 交互性:通过智能体与环境之间的交互来进行学习。智能体通过观察环境的状态,采取动作,并接收环境给予的奖励信号来学习优化策略。这种交互性使得强化学习适用于需要在实际环境中学习和决策的任务。

(2) 延迟奖励信号:与监督学习不同,强化学习中的奖励信号通常是延迟的。智能体的当前动作可能会对未来的奖励产生影响,而这些奖励信号可能在较长的时间间隔之后才会被接收到。因此,智能体必须能够将当前动作与未来的奖励联系起来,以做出有效的决策。

(3) 探索与利用的权衡:在强化学习中,智能体需要在探索新的动作和利用已知的动作之间进行权衡。探索是为了发现新的、未知的有利动作,而利用是为了根据已有知识采取最优的动作。这种探索与利用的权衡是强化学习中一个重要的挑战,因为智能体需要在不确定性和长期回报之间寻找平衡。

(4) 试错学习:强化学习是一种试错学习方法,智能体通过试验不同的动作并观察结果来学习。智能体可能会经历一些错误的动作和负面的奖励,但通过不断地尝试和调整,它可以逐渐改善策略并获得更高的回报。

(5) 建模与规划:智能体通常需要对环境进行建模,以理解环境的状态转换和奖励机制。建模可以帮助智能体进行规划,即通过模拟不同的动作和状态转换来选择最优的动作策略。

(6) 需要领域知识:强化学习通常需要领域知识的引导和约束。领域知识可以用于定义状态表示、奖励函数、动作空间等,以帮助智能体更有效地学习和决策。

12.1.2 主要组成元素

强化学习研究的问题是智能体与环境交互的问题,在图 12-1 中可以看到,这个过程的组成元素包括智能体、环境、状态、动作、奖励。

智能体是进行学习和决策的主体,它通过观察环境的状态,选择合适的动作来最大化未来的奖励。

环境指智能体生存和动作的空间，它会对智能体的动作做出响应。环境对智能体的动作产生影响，并根据智能体的动作返回新的状态和奖励信号。

状态描述一个时间步智能体所处环境的附加信息，可以是完整环境信息，也可以是部分观测。状态包含了环境的关键特征，用于指导智能体的决策。状态空间包含所有可能状态的集合。

动作指智能体在环境中执行的所有操作集合，每次智能体根据当前环境状态选择一个动作，动作会使环境产生新的状态。智能体的目标是选择最优的动作来达到最大化累积奖励。动作可以是离散的或连续的，在给定的环境中，有效动作的集合被称为动作空间。例如，走迷宫机器人如果只有往东、往南、往西、往北这4种移动方式，那么其动作空间为离散动作空间；如果机器人可以向360°中的任意角度移动，则其动作空间为连续动作空间。

奖励是环境对智能体在某个状态采取动作后的反馈。奖励可以是立即的，也可以是延迟的。强化学习的目的就是最大化智能体可以获得的奖励。在不同的环境中，奖励也是不同的。比如，一个象棋选手，他的目的是赢棋，在最后棋局结束的时候，他就会得到一个正奖励（赢）或者负奖励（输）。

在强化学习中，有如下三个重要的概念。
- 策略（Policy）：定义了智能体在给定状态下选择动作的方式。它是从状态到动作的映射关系。策略可以是确定性的，即对于每个状态只选择一个特定的动作；也可以是随机性的，即对于每个状态选择动作的概率分布。强化学习的目标之一是找到最优的策略，使得智能体能够获得最大的累积奖励。
- 价值函数（Value Function）：用于评估给定状态或状态-动作对的好坏。价值函数预测了在某个状态下执行某个动作或者遵循某个策略能够获得的预期奖励。通过最大化价值函数，智能体可以找到最优的动作策略。
- 模型：对环境的内部表示，它可以预测环境的状态转换和奖励信号。模型可以用于规划和预测，通过模拟不同的动作和状态转换来评估不同策略的效果，并生成参考数据用于训练智能体。

下面详细介绍这三个概念。

1）策略

策略是智能体的动作模型，它决定了智能体的动作。它其实是一个函数，用于把输入的状态变成动作。策略可分为两种：随机性策略和确定性策略。

随机性策略（Stochastic Policy）即 π 函数，可以通过概率分布来定义动作的选择概率。例如，在状态 s 下，智能体可以根据一个概率分布选择动作 a，表示为 $\pi(a|s)$，即

$$\pi(a|s) = p(a_t = a | s_t = s)$$

输入状态 s，输出智能体所有动作的概率，然后对这个概率分布进行采样，可得到智能体将采取的动作。比如，可能有 0.7 的概率往左，有 0.3 的概率往右，那么通过采样可以得到智能体将采取的动作。

在强化学习中，常用的随机性策略包括 ε 贪心策略和 Softmax 策略。ε 贪心策略在大部分情况下选择具有最高估计价值的动作，但以 ε 的概率随机选择其他动作。Softmax 策略基于动作的估计

价值,将估计价值转化为动作选择的概率分布,通过控制温度参数来平衡探索和利用的程度。

确定性策略(Deterministic Policy)指的是智能体根据当前状态直接选择具有最高概率(或最高估计价值)的动作,而不引入随机性。换句话说,确定性策略使智能体在给定状态下始终选择同一个最优动作,即

$$a^* = \underset{a}{\operatorname{argmax}} \pi(a|s)$$

确定性策略可以减少探索的开销,因为它直接选择最有可能的动作,避免了随机选择动作的不确定性。然而,确定性策略也存在一些限制,当环境的动态变化较大或奖励信号的波动较大时,确定性策略可能导致智能体陷入局部最优解,难以发现更优的策略。

通常情况下,强化学习一般使用随机性策略,随机性策略有很多优点。比如,在学习时可以通过引入一定的随机性来更好地探索环境;随机性策略的动作具有多样性,这一点在多个智能体博弈时非常重要。采用确定性策略的智能体总是对同样的状态采取相同的动作,这会导致它的策略很容易被对手预测。

2)价值函数

价值函数在强化学习中用于评估状态的好坏,并预测未来的累积奖励。价值函数可以分为两种类型:状态价值函数(State Value Function)和动作价值函数(Action Value Function)。

状态价值函数:衡量从给定状态开始,智能体遵循特定策略所能获得的长期累积奖励。它表示在状态 s 下,按照策略 π 执行动作的预期累积奖励,可以记为 $V_\pi(s)$。状态价值函数可以定义为从当前状态出发,智能体在未来遵循策略 π 所能获得的期望累积奖励。状态价值函数可以定义为

$$V_\pi(s) \doteq \mathbb{E}_\pi[G_t | s_t = s] = \mathbb{E}_\pi\left[\sum_{k=0}^{\infty} \gamma^k r_{t+k+1} | s_t = s\right], \quad \text{对于所有的 } s \in S$$

折扣因子(Discount Factor)γ 用于衡量对未来奖励的重视程度,是一个在[0, 1]范围内的参数。期望 $\mathbb{E}_\pi$ 的下标表示 π 函数,π 函数的值可反映在使用策略 π 时,到底可以得到多少奖励。

动作价值函数:衡量在给定状态下采取特定动作,然后遵循特定策略所能获得的长期累积奖励。它表示在状态 s 下,执行动作 a 并按照策略 π 进行决策的预期累积奖励,也叫 Q 函数,记为 $Q_\pi(s,a)$。动作价值函数可以定义为从当前状态和动作出发,智能体在未来遵循策略 π 所能获得的期望累积奖励,其定义为

$$Q_\pi(s,a) \doteq \mathbb{E}_\pi\left[G_t | s_t = s, a_t = a\right] = \mathbb{E}_\pi\left[\sum_{k=0}^{\infty} \gamma^k r_{t+k+1} | s_t = s, a_t = a\right]$$

与状态价值函数不同,Q 函数包含了对不同动作的评估,因此能够更好地指导智能体在给定状态下采取最优动作。Q 函数可以通过动态规划方法(如 Q-Learning 和 SARSA)进行估计和优化。这些方法通过不断迭代更新 Q 函数,使其逼近真实的动作价值,并最终收敛到最优 Q 函数。Q 函数的优化是强化学习的核心,它可以用于构建最优策略,并指导智能体进行决策。

3)模型

模型决定了下一步的状态。下一步的状态取决于当前的状态及当前采取的动作。它由状

态转移概率和奖励函数两个部分组成。状态转移概率即

$$p_{ss'}^a = p(s_{t+1} = s' | s_t = s, a_t = a)$$

奖励函数是指在当前状态采取了某个动作，可以得到多大的奖励，即

$$R(s, a) = \mathbb{E}[r_{t+1} | s_t = s, a_t = a]$$

策略、价值函数和模型是马尔可夫决策过程的重要组成部分。

12.2 马尔可夫决策过程

强化学习是一个与时间相关的序列决策问题。例如，在 t–1 时刻，人看到熊对其招手，下意识的动作就是逃跑。熊看到有人逃跑，就可能觉得发现了猎物，开始发动攻击。而在 t 时刻，人如果选择装死的动作，可能熊咬咬人、摔几下会觉得挺无趣，然后走开。这个时候再逃跑，就成功了，这就是一个序列决策过程。马尔可夫决策过程（MDP）就是一种序列决策的经典表现方式。

MDP 是一种用于建模序贯决策问题的数学框架。图 12-1 展示了强化学习中智能体与环境之间的交互过程，这个过程可以通过 MDP 这一数学框架来描述。MDP 是强化学习的基础和核心，它通过数学方法来表达序贯决策问题。如图 12-2 所示，这个 MDP 可视化了状态之间的转移及采取的动作。

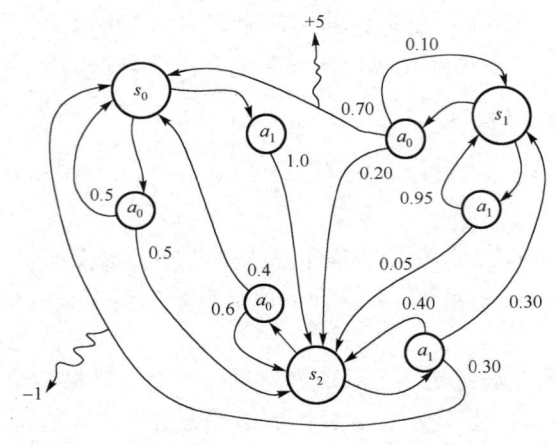

图 12-2 MDP

在 MDP 中，环境被假设为完全可观测的，这意味着智能体可以准确地观察到环境的状态。然而，在实际问题中，有时候环境中的一些量是不完全可观测的，这会给决策过程带来挑战。为了解决这个问题，可以将部分观测问题转化为 MDP 问题，通过引入额外的隐状态来扩展 MDP 模型。本节将介绍 MDP 中的策略评估和决策过程的控制，具体有策略迭代（Policy Iteration）和价值迭代（Value Iteration）两种算法。

12.2.1 贝尔曼方程

贝尔曼方程（Bellman Equation）是描述 MDP 中价值函数的重要方程。价值函数表示在给定状态下，智能体从当前状态开始，按照某个策略执行动作所能获得的期望累积奖励。

第 12 章 强化学习

在随机过程中,马尔可夫性质(Markov Property)是指一个随机过程在给定现在状态及所有过去状态的情况下,其未来状态的条件概率分布仅依赖于当前状态。

马尔可夫过程是一组具有马尔可夫性质的随机变量序列 $s_1, s_2, \cdots, s_t$,其中下一个时刻的状态 s_{t+1} 只取决于当前状态 s_t。离散时间的马尔可夫过程也称为马尔可夫链(Markov Chain)。马尔可夫链是最简单的马尔可夫过程,其状态是有限的。可以用状态转移矩阵(State Transition Matrix)来描述状态转移 $p(s_{t+1} = s' \mid s_t = s)$。

马尔可夫奖励过程(Markov Reward Process,MRP)是指马尔可夫链加上了奖励函数。在马尔可夫奖励过程中,状态转移矩阵和状态都与马尔可夫链一样,只是多了奖励函数(Reward Function)。奖励函数 R 是一个期望,表示当到达某一个状态时,可以获得多大的奖励。这里另外定义了折扣因子 γ。如果状态数是有限的,那么 R 可以是一个向量。

范围是指一个回合的长度(每个回合最大的时间步数),它是由有限个步数决定的。回报可以定义为奖励的逐步叠加,假设时刻 t 后的奖励序列为 $r_{t+1}, r_{t+2}, \cdots$,则回报为

$$G_t = r_{t+1} + \gamma r_{t+2} + \gamma^2 r_{t+3} + \cdots + \gamma^{T-t-1} r_T$$

式中,T 是最终时刻;γ 是折扣因子,越往后得到的奖励折扣越多。这说明更希望得到现有的奖励,对未来的奖励要打折扣。当有了回报之后,就可以定义状态的价值了,就是状态价值函数。

对于马尔可夫奖励过程,状态价值函数被定义为回报的期望,即

$$\begin{aligned} V^t(s) &= \mathbb{E}[G_t \mid s_t = s] \\ &= \mathbb{E}[r_{t+1} + \gamma r_{t+2} + \gamma^2 r_{t+3} + \cdots + \gamma^{T-t-1} r_T \mid s_t = s] \end{aligned}$$

式中,G_t 是之前定义的折扣回报。对 G_t 取了一个期望,期望就是从这个状态开始可能获得多大的价值。所以期望也可以看成未来可能获得奖励的当前价值的表现,即当进入某一个状态后,现在有多大的价值。

贝尔曼方程是用来描述价值函数的递归关系的方程。对于一个 MDP,贝尔曼方程可以分为两种形式:状态价值函数的贝尔曼方程和动作价值函数的贝尔曼方程。

从价值函数里面推导出状态价值函数的贝尔曼方程,即即时奖励加上未来奖励的折扣总和:

$$V(s) = \underbrace{R(s)}_{\text{即时奖励}} + \gamma \underbrace{\sum_{s' \in S} p(s' \mid s) V(s')}_{\text{未来奖励的折扣总和}}$$

式中,s' 可以看成未来的所有状态;$p(s' \mid s)$ 是指从当前状态转移到未来状态的概率;$V(s')$ 代表的是未来某一个状态的价值。贝尔曼方程定义了当前状态与未来状态之间的关系。

Q 函数也被称为动作价值函数。Q 函数定义的是在某一个状态采取某一个动作,定义了在某一状态下采取某一动作所能获得的预期回报,即

$$Q_\pi(s, a) = \mathbb{E}_\pi[G_t \mid s_t = s, a_t = a]$$

这里的期望其实也是基于策略函数的。所以需要对策略函数进行一个加和,然后得到它的价值。对 Q 函数中的动作进行加和,就可以得到价值函数:

$$V_\pi(s) = \sum_{a \in A} \pi(a \mid s) Q_\pi(s, a)$$

对 Q 函数的贝尔曼方程进行推导：

$$\begin{aligned}Q(s,a) &= \mathbb{E}[G_t \mid s_t = s, a_t = a] \\ &= \mathbb{E}[r_{t+1} + \gamma r_{t+2} + \gamma^2 r_{t+3} + \cdots \mid s_t = s, a_t = a] \\ &= \mathbb{E}[r_{t+1} \mid s_t = s, a_t = a] + \mathbb{E}[\gamma r_{t+2} + \gamma r_{t+3} + \gamma^2 r_{t+4} + \cdots \mid s_t = s, a_t = a] \\ &= R(s,a) + \gamma \mathbb{E}[V(s_{t+1}) \mid s_t = s, a_t = a] \\ &= R(s,a) + \gamma \sum_{s' \in S} p(s' \mid s, a) V(s')\end{aligned}$$

可以把状态价值函数和 Q 函数拆解成两个部分：即时奖励和后续状态的折扣价值。通过对状态价值函数进行分解，可以得到一个类似于马尔可夫奖励过程的贝尔曼方程——贝尔曼期望方程：

$$V_\pi(s) = \mathbb{E}_\pi[r_{t+1} + \gamma V_\pi(s_{t+1}) \mid s_t = s]$$

对于 Q 函数，也可以做类似的分解，得到 Q 函数的贝尔曼期望方程：

$$Q_\pi(s,a) = \mathbb{E}_\pi[r_{t+1} + \gamma Q_\pi(s_{t+1}, a_{t+1}) \mid s_t = s, a_t = a]$$

贝尔曼期望方程定义了当前状态与未来状态之间的关联。进一步进行简单的分解，代表状态价值函数与 Q 函数之间的关联：

$$V_\pi(s) = \sum_{a \in A} \pi(a \mid s) Q_\pi(s,a)$$

$$Q_\pi(s,a) = R(s,a) + \gamma \sum_{s' \in S} p(s' \mid s, a) V_\pi(s')$$

将 Q 函数代入价值函数中，得到的式子代表当前状态的价值与未来状态价值之间的关联：

$$V_\pi(s) = \sum_{a \in A} \pi(a \mid s) \left[R(s,a) + \gamma \sum_{s' \in S} p(s' \mid s, a) V_\pi(s') \right]$$

将价值函数代入 Q 函数中，得到的式子代表当前时刻的 Q 函数与未来时刻的 Q 函数之间的关联，这是贝尔曼期望方程的另一种形式：

$$Q_\pi(s,a) = R(s,a) + \gamma \sum_{s' \in S} p(s' \mid s, a) \sum_{a' \in A} \pi(a' \mid s') Q_\pi(s', a')$$

12.2.2 策略迭代

策略迭代用于优化策略和价值函数。它由两个主要步骤组成：策略评估和策略改进。这两个步骤交替进行，直到达到收敛条件为止。策略迭代的步骤如图 12-3（a）所示，首先是策略评估，当前在优化策略 π，在优化过程中得到一个最新的策略。先保证这个策略不变，然后估计它的价值，即给定当前的策略函数来估计状态价值函数。接着是策略改进，得到状态价值函数后，可以进一步推算出它的 Q 函数。得到 Q 函数后，直接对 Q 函数进行最大化，通过在 Q 函数中做一个贪心的搜索来进一步改进策略。这两个步骤一直在迭代进行。

策略迭代的过程如图 12-3（b）所示，在策略迭代中，在初始化时，有一个初始化的状

态价值函数 V 和策略 π，然后在这两个步骤之间迭代。图 12-3（b）上方的线就是当前状态价值函数的值，下方的线是策略的值。策略迭代的过程类似踢皮球，先给定当前已有的策略函数，计算它的状态价值函数。算出状态价值函数后，会得到一个 Q 函数。对 Q 函数采取贪心策略，这样就像踢皮球，"踢"回策略。然后进一步改进策略，得到一个改进的策略，它还不是最优策略，再进行策略评估，又会得到一个新的状态价值函数。基于这个新的状态价值函数进行 Q 函数的最大化，这样逐渐迭代，状态价值函数和策略就会收敛。

(a) 策略迭代的步骤   (b) 策略迭代的过程

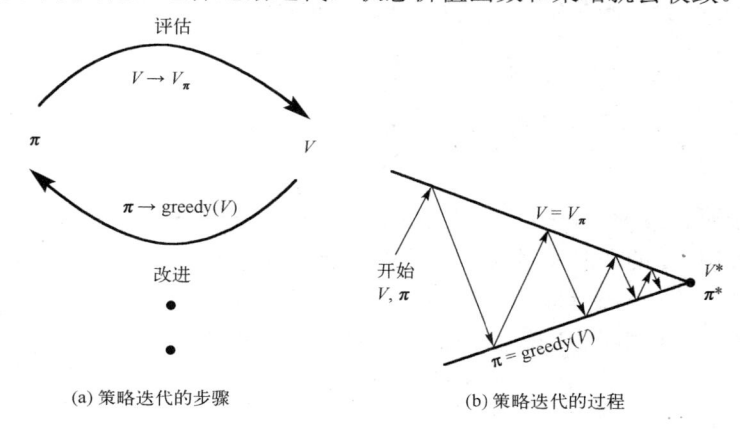

图 12-3 策略迭代

在进行策略改进时，得到状态价值函数后，可以通过奖励函数及状态转移函数来计算 Q 函数：

$$Q_{\pi_i}(s,a) = R(s,a) + \gamma \sum_{s' \in S} p(s' \mid s,a) V_{\pi_i}(s')$$

对于每个状态，策略改进会得到它的新一轮的策略，该策略对于每个状态选择使其动作价值函数达到最大值的动作，即

$$\pi_{i+1}(s) = \mathrm{argmax}_a Q_{\pi_i}(s,a)$$

当一直采取 argmax 操作时，会得到一个单调的递增。通过采取这种贪心操作（argmax 操作），就会得到更好的或者不变的策略，而不会使状态价值函数变差。所以当改进停止后，就会得到一个最佳策略。当改进停止后，取让 Q 函数值最大化的动作，Q 函数就会直接变成状态价值函数，即

$$Q_\pi(s,\pi'(s)) = \max_{a \in A} Q_\pi(s,a) = Q_\pi(s,\pi(s)) = V_\pi(s)$$

可以得到贝尔曼最优方程：

$$V_\pi(s) = \max_{a \in A} Q_\pi(s,a)$$

贝尔曼最优方程表明：最优策略下一个状态的价值必须等于在这个状态下采取最优动作得到的回报的期望。当马尔可夫决策过程满足贝尔曼最优方程时，整个马尔可夫决策过程已经达到最优的状态。只有当整个状态已经收敛，得到最优状态价值函数后，贝尔曼最优方程才会满足。满足贝尔曼最优方程后，可以采用最大化操作，即

$$V^*(s) = \max_a Q^*(s,a)$$

式中，$V^*(s)$ 表示在最佳策略下，状态 s 的最优状态价值函数。

让 Q 函数值最大化的动作对应的值就是当前状态最优状态价值函数的值。另外，根据前面的内容可得 Q 函数的贝尔曼方程：

$$Q^*(s,a) = R(s,a) + \gamma \sum_{s' \in S} p(s'|s,a) V^*(s')$$

再代入最优状态价值函数中，得到 Q 函数之间的转移：

$$\begin{aligned} Q^*(s,a) &= R(s,a) + \gamma \sum_{s' \in S} p(s'|s,a) V^*(s') \\ &= R(s,a) + \gamma \sum_{s' \in S} p(s'|s,a) \max_{a} Q^*(s',a') \end{aligned}$$

式中，$Q^*(s,a)$ 表示在最优策略下，在状态 s 下采取动作 a 的最优动作价值函数；$R(s,a)$ 表示在状态 s 下采取动作 a 的即时奖励；γ 是折扣因子；$p(s'|s,a)$ 表示在状态 s 下采取动作 a 后转移到状态 s' 的概率；Σ 表示对所有可能的下一个状态求和。Q 函数代入最优动作价值函数中，就可以得到状态价值函数的转移，推导方法与之前介绍的相同。

贝尔曼最优方程给出了最优策略下的状态价值函数和动作价值函数的递归关系。通过迭代求解贝尔曼最优方程，可以逐步更新价值函数，直到收敛得到最优的价值函数和策略。

12.2.3 价值迭代

价值迭代算法是一种基于贝尔曼最优方程的迭代算法，用于求解马尔可夫决策过程中的最优状态价值函数和最优策略。该算法通过不断迭代更新状态价值函数，直到状态价值函数收敛到最优状态价值函数为止。

最优性原理定理（Principle of Optimality Theorem）是动态规划方法中的一个重要概念。它表明，如果一个策略在某个状态下达到了最优价值函数，那么对于从该状态可以到达的所有后继状态，该策略也必须是最优的。换句话说，如果在状态 s 下存在一个策略 $\pi(a|s)$，使得该策略下的价值函数 $V_\pi(s) = V^*(s)$ 成立，那么对于从状态 s 可以到达的所有状态 s'，必须满足 $V_\pi(s') = V^*(s')$。这意味着在最优策略下，无论从哪个状态开始，选择的动作都是最优的，并且后继状态的价值函数也是最优的。

如果知道子问题 $V^*(s')$ 的最优解，就可以通过价值迭代来得到最优的 $V^*(s)$ 的解。价值迭代就是把贝尔曼最优方程当成一个更新规则来进行，即

$$V(s) \leftarrow \max_{a \in A} \left[R(s,a) + \gamma \sum_{s' \in S} p(s'|s,a) V(s') \right]$$

只有当整个马尔可夫决策过程已经达到最优状态时，上式才成立。但可以把它转换成一个迭代的等式。不停地迭代贝尔曼最优方程，价值函数就能逐渐趋向于最优的价值函数，这是价值迭代算法的精髓。为了得到最优的 V^*，对于每个状态的 V，直接通过贝尔曼最优方程进行迭代，迭代多次之后，价值函数就会收敛。这种价值迭代算法也被称为确定性价值迭代（Deterministic Value Iteration）。

上述价值迭代算法的过程如下。

（1）初始化：令 $k = 1$，对于所有状态 s，$V_0(s) = 0$。
（2）对于 $k = 1:H$（H 是让 $V(s)$ 收敛所需的迭代次数）：
① 对于所有状态 s，

$$Q_{k+1}(s,a) = R(s,a) + \gamma \sum_{s' \in S} p(s' \mid s,a) V_k(s')$$

$$V_{k+1}(s) = \max_a Q_{k+1}(s,a)$$

② $k \leftarrow k + 1$。
（3）在迭代后提取最优策略：

$$\pi(s) = \mathrm{argmax}_a \left[R(s,a) + \gamma \sum_{s' \in S} p(s' \mid s,a) V_{H+1}(s') \right]$$

使用价值迭代算法是为了得到最优策略 π。可以使用贝尔曼最优方程进行迭代，迭代多次且收敛后得到的值就是最优的价值。价值迭代算法开始时，对所有值初始化，接着对每个状态进行迭代。把 $Q_{k+1}(s,a)$ 代入 $V_{k+1}(s)$，就可以得到 $V(s)$。因此，迭代多次后价值函数就会收敛，收敛后就会得到 V^*。有了 V^* 后，可以直接用 argmax 操作来提取最优策略。重构 Q 函数，每一列对应的 Q 函数值最大的动作就是最优策略。这样就可以从最优价值函数里面提取出最优策略。

价值迭代做的工作类似于价值的反向传播，每次迭代做一步传播，所以中间过程的策略和价值函数是没有意义的。而策略每一次迭代的结果都是有意义的，都是一个完整的策略。

图 12-4 所示为一个可视化的求最短路径过程，在一个网格世界中，将左上角的点设为重点。不管从哪一个位置开始，目标都是到达终点（实际上这个终点在迭代过程中是不必要的，只是为了更好地演示）。价值迭代的过程像从某一个状态反向传播到其他各个状态的过程，因为每次迭代只能影响与之直接相关的状态。根据最优性原理定理：如果某次迭代求解的某个状态 s 的价值函数 $V_{k+1}(s)$ 是最优解，那么它的前提是能够从该状态到达的所有状态 s' 都已经得到了最优解；如果不是，那么它所做的只是一个类似传递价值函数的过程。

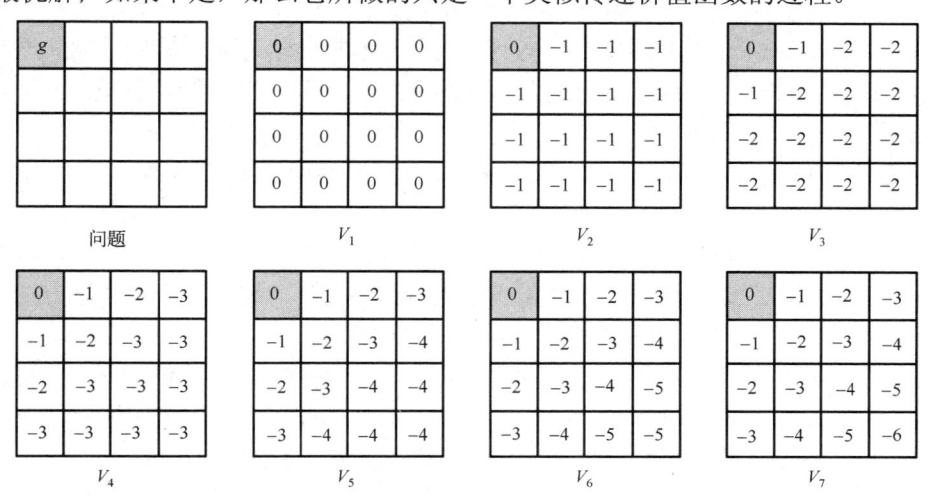

图 12-4 一个可视化的求最短路径过程

实际上，每个状态都可以被视为一个终点，并且迭代过程从每个终点开始。在每次迭代中，根据贝尔曼最优方程重新计算状态的价值。如果相邻节点的价值变得更好，那么当前状态的价值也会变得更好，直到所有相邻节点的价值都不再改变。因此，在迭代到最后一个状态的价值 V_7 之前，中间几个状态的价值只是临时的不完整数据，无法代表每个状态的真实价值。因此，从这些中间状态生成的策略是没有意义的。

价值迭代是一个逐步迭代的过程，它从 V_1 开始，逐渐更新每个状态的价值，直到收敛到最优的价值函数。由于智能体每走一步都会得到一个负的奖励，因此它需要尽快到达终点。可以看到，V_7 收敛过后，右下角的价值是 –6，相当于它要走 6 步，才能到达终点。可以观察到，离终点越远的状态具有较小的价值，而离终点越近的状态具有较大的价值。当最优价值函数收敛后，可以通过策略提取来得到最优策略。

策略迭代和价值迭代是两种不同的方法，但都可以用于解决马尔可夫决策过程的控制问题。策略迭代通过反复进行策略评估和策略改进来逐步优化策略，而价值迭代直接使用贝尔曼最优方程进行迭代来寻找最优的价值函数。

12.3 蒙特卡洛方法

强化学习根据智能体是否需要对真实环境进行建模，可以分为有模型强化学习和免模型强化学习。

有模型强化学习是指智能体在学习过程中能够对环境进行建模，即学习环境的动态转移函数。在有模型强化学习中，智能体需要进行两个过程：学习环境模型和基于模型进行决策。智能体通过与环境的交互，学习环境的动态转移函数和奖励函数，从而建立一个对环境行为的模型。基于这个模型，智能体可以进行规划和预测，评估不同的策略，并选择最优的动作。由于有模型强化学习需要学习环境模型，因此可能需要更多的训练数据和计算资源。

相反，免模型强化学习不需要对真实环境进行显式建模。智能体直接从与环境的交互中学习，通过尝试不同的动作并观察环境的响应来改进策略。它不依赖于事先对环境进行建模，而是通过试错和探索来学习最优策略。在免模型强化学习中，智能体只需要进行一个过程：基于当前状态和奖励进行决策。由于免模型强化学习不需要学习环境模型，因此通常比有模型强化学习更易于实现和运行。免模型强化学习更加适用于现实世界中复杂、未知和难以建模的环境。

策略迭代和价值迭代都需要得到环境的动态转移函数和奖励函数，属于有模型强化学习。在很多实际问题中，马尔可夫决策过程的模型有可能是未知的，也有可能因模型太大不能进行迭代计算，比如雅达利游戏、围棋、控制直升飞机、股票交易等问题，这些问题的状态转移非常复杂。在这种情况下，可以应用免模型强化学习算法。蒙特卡洛方法是一种免模型强化学习算法，它可以在没有对环境进行显式建模的情况下进行学习和决策。

蒙特卡洛方法是基于采样的方法，给定策略 π，让智能体与环境进行交互，可以得到很多轨迹。每个轨迹都有对应的回报：$G_t = r_{t+1} + \gamma r_{t+2} + \gamma^2 r_{t+3} + \cdots$。通过求出所有轨迹的回报的平均值，可以知道某一个策略对应状态的价值，即 $V_\pi(s) = \mathbb{E}_{\tau \sim \pi}[G_t \mid s_t = s]$。

蒙特卡洛方法是一种统计模拟方法，用于估计未知量或分析复杂系统的行为。它通过执行多个随机策略的轨迹（也称为回合或仿真）来估计策略的状态价值函数或动作价值函数。

蒙特卡洛方法使用经验平均回报（Empirical Mean Return）的方法来估计，它不需要马尔可夫决策过程的状态转移函数和奖励函数，并且不需要像动态规划那样采用自举的方法。此外，蒙特卡洛方法有一定的局限性，它只能用在有终止的马尔可夫决策过程中。

接下来对蒙特卡洛方法进行总结。为了得到 $V(s)$，需要采取如下步骤。

（1）在每个回合中，如果在时间步 t，状态 s 被访问了，那么
- 状态 s 的访问数 $N(s)$ 增加 1，$N(s) \leftarrow N(s)+1$；
- 状态 s 总的回报 $S(s)$ 增加 G_t，$S(s) \leftarrow S(s)+G_t$。

（2）状态 s 的价值可以通过回报的平均来估计，即 $V(s) = S(s)/N(s)$。

根据大数定律，在蒙特卡洛方法中，只要获得足够多的轨迹样本，就可以逐渐逼近策略对应的价值函数。当 $N(s) \to \infty$ 时，$V(s) \to V_\pi(s)$。假设现在有样本 $x_1, x_2, \cdots, x_t$，可以把经验均值（Empirical Mean）转换成增量均值（Incremental Mean）的形式：

$$\begin{aligned}
\mu_t &= \frac{1}{t}\sum_{j=1}^{t} x_j \\
&= \frac{1}{t}\left(x_t + \sum_{j=1}^{t-1} x_j\right) \\
&= \frac{1}{t}[x_t + (t-1)\mu_{t-1}] \\
&= \frac{1}{t}(x_t + t\mu_{t-1} - \mu_{t-1}) \\
&= \mu_{t-1} + \frac{1}{t}(x_t - \mu_{t-1})
\end{aligned}$$

通过这种转换，就可以为上一时刻的平均值与现在时刻的平均值建立联系，即

$$\mu_t = \mu_{t-1} + \frac{1}{t}(x_t - \mu_{t-1})$$

式中，$x_t - \mu_{t-1}$ 是残差；$\frac{1}{t}$ 类似于学习率。当得到 x_t 时，可以用上一时刻的值来更新现在的值。

可以把蒙特卡洛方法更新的方法写成增量式蒙特卡洛方法。采集数据，得到一个新的轨迹 $(s_1, a_1, r_1, \cdots, s_t)$。对于这个轨迹，采用增量的方法进行更新：

$$N(s_t) \leftarrow N(s_t)+1$$

$$V(s_t) \leftarrow V(s_t) + \frac{1}{N(s_t)}[G_t - V(s_t)]$$

可以直接把 $\frac{1}{N(s_t)}$ 变成 α（学习率），即 $V(s_t) \leftarrow V(s_t) + \alpha[G_t - V(s_t)]$。$\alpha$ 代表更新的速率，可以对其进行设置。

蒙特卡洛方法相比于动态规划方法有一些优势。首先，蒙特卡洛方法适用于环境未知的情况，而动态规划方法需要明确的环境模型。蒙特卡洛方法只需要更新一条轨迹的状态，而动态规划方法需要更新所有的状态。对于状态空间较大的问题（比如 100 万个、200 万个），

动态规划方法的计算速度会非常慢。而蒙特卡洛方法只需要根据采样的轨迹更新各个状态的价值函数，就可以在每个轨迹中逐步更新状态值，因此在大状态空间下具有更高的计算效率。然而，蒙特卡洛方法需要大量的样本来获得准确的估计，因此可能需要更多的交互次数才能收集足够的样本数据。

12.4 时序差分方法

时序差分（Temporal Difference，TD）方法是一种强化学习中的学习算法，介于蒙特卡洛方法和动态规划方法之间。与蒙特卡洛方法不同的是，时序差分方法不需要完整的回合来进行学习。相反，它可以从不完整的回合中进行学习，及时地更新价值函数的估计。

为了更好地理解时序差分方法的物理意义，下面来了解一下巴甫洛夫的条件反射实验。实验讲的是小狗会对盆里面的食物无条件产生刺激，分泌唾液。一开始小狗对于铃声这种中性刺激是没有反应的，我们把铃声和食物结合起来，每次先给它响一下铃，再给它喂食物，多次重复之后，当铃声响起时，小狗也会开始流口水。时序差分方法可以类比于巴甫洛夫的条件反射实验。在实验中，无条件刺激（食物）和无条件反射（唾液分泌）之间的关联可以通过条件刺激（铃声）来建立。类似地，时序差分方法通过比较当前状态的预测值和下一个状态的预测值之间的差异，来建立当前状态和下一个状态之间的关联。在巴甫洛夫的实验中，通过不断重复实验和观察，狗学会了在特定条件下产生条件反射。类似地，通过在强化学习中应用时序差分方法，智能体可以通过与环境的交互来不断更新价值函数的估计，从而学习到在不同状态下做出最优决策的策略。

时序差分方法也不需要马尔可夫决策过程的状态转移函数和奖励函数。它通过观察智能体与环境交互的状态转换和即时奖励来进行学习。通过增量式地更新价值函数的估计，并利用时序差分误差（TD 误差）来估计当前状态值的估计与下一个状态值的估计之间的差异，时序差分方法可以逐步优化价值函数的估计。时序差分方法结合了自举的思想，即通过当前预测值来更新下一个状态的预测值。这使得它能够在未知模型或复杂环境中进行学习，并且能够进行在线学习，即时更新策略。

时序差分方法的目的是对于某个给定的策略 π，在线地算出它的价值函数 V_π，即一步一步地算。最简单的算法是一步时序差分，即 TD(0)。每往前走一步，就做一步自举，用得到的估计回报 $r_{t+1} + \gamma V(s_{t+1})$ 来更新上一时刻的值 $V(s_t)$：

$$V(s_t) \leftarrow V(s_t) + \alpha[r_{t+1} + \gamma V(s_{t+1}) - V(s_t)]$$

估计回报 $r_{t+1} + \gamma V(s_{t+1})$ 被称为时序差分目标，时序差分目标是带衰减的未来奖励的总和。时序差分目标由如下两部分组成。

（1）即时奖励：智能体在当前状态下所获得的奖励 r_{t+1}。在时序差分方法中，即时奖励用于更新价值函数的预测值，通过与下一个状态的预测值之间的差异来计算时序差分误差。

（2）下一个状态的价值函数估计：时序差分方法通过使用下一个状态的价值函数估计来更新当前状态的价值函数估计。这种更新基于贝尔曼方程，它表达了当前状态的价值函数估计与下一个状态的价值函数估计之间的关系。通过使用下一个状态的价值函数估计，时序差分方法可以利用自举的思想来更新价值函数估计，采用了之前的估计来估计 $V(s_{t+1})$，并且加了折扣因子，即 $\gamma V(s_{t+1})$。

时序差分方法的目标是预测价值函数的值，主要有两个原因。

（1）时序差分方法对目标值进行采样。

（2）时序差分方法使用当前估计的 V 而不是真实的 V_π。

时序差分误差 $\delta = r_{t+1} + \gamma V(s_{t+1}) - V(s_t)$。类比增量式蒙特卡洛方法，给定一个回合 i，可以更新 $V(s_t)$ 来逼近真实的回报 G_t，具体更新公式为

$$V(s_t) \leftarrow V(s_t) + \alpha[G_{i,t} - V(s_t)]$$

下面对比一下蒙特卡洛方法和时序差分方法。在蒙特卡洛方法中，$G_{i,t}$ 是实际得到的值（可以看成目标），因为它已经把一条轨迹跑完了，可以算出每个状态实际的回报。时序差分方法不等轨迹结束，往前走一步，就可以更新价值函数。下面进一步比较这两种方法。

（1）时序差分方法可以在线学习，每走一步就可以更新，效率高。蒙特卡洛方法必须等游戏结束才可以学习。

（2）时序差分方法可以从不完整序列上学习。蒙特卡洛方法只能从完整序列上学习。

（3）时序差分方法可以在连续的环境下（没有终止）学习。蒙特卡洛方法只能在有终止的情况下学习。

（4）时序差分方法利用了马尔可夫性质，在马尔可夫环境下有更高的学习效率。蒙特卡洛方法没有假设环境具有马尔可夫性质，利用采样的价值来估计某个状态的价值，在不具有马尔可夫性质的环境下更加有效。

时序差分方法是指在不清楚马尔可夫状态转移概率的情况下，以采样的方式得到不完整的状态序列，估计某状态在该状态序列完整后可能得到的奖励，并通过不断地采样持续更新价值。蒙特卡洛方法则需要经历完整的状态序列来更新状态的真实价值。例如，人们想获得开车去公司的时间，每天上班开车的经历就是一次采样。假设人们今天在路口 A 遇到了堵车，时序差分方法会在路口 A 就开始更新预计到达路口 B、路口 C、…的时间，以及到达公司的时间；而蒙特卡洛方法并不会立即更新时间，而是在到达公司后，再更新到达每个路口和公司的时间。时序差分方法能够在知道结果之前就开始学习，相比蒙特卡洛方法，其更快速、灵活。

12.4.1 SARSA 算法

SARSA 算法是一种基于时序差分方法的增强学习算法，用于学习策略和价值函数。SARSA 是状态-动作-奖励-状态-动作（State-Action-Reward-State-Action）的缩写，它的更新过程基于当前状态和动作的预测值，以及下一个状态和动作的预测值之间的差异。

时序差分方法先给定一个策略，然后估计它的价值函数，最后要考虑怎样使用时序差分方法的框架来估计 Q 函数。策略最简单的表示是查找表（Look-up Table），即表格型策略。使用查找表的强化学习方法称为表格型方法。

SARSA 算法所做出的改变很简单，它将原本时序差分方法更新 V 的过程，变成了更新 Q，即

$$Q(s_t, a_t) \leftarrow Q(s_t, a_t) + \alpha[r_{t+1} + \gamma Q(s_{t+1}, a_{t+1}) - Q(s_t, a_t)]$$

其含义是指可以用下一步的 Q 值 $Q(s_{t+1}, a_{t+1})$ 来更新这一步的 Q 值 $Q(s_t, a_t)$。SARSA 算法直接估计 Q 表格，得到 Q 表格后，就可以更新策略。

时序差分单步更新如图 12-5 所示,先把 $r_{t+1}+\gamma Q(s_{t+1},a_{t+1})$ 当作目标值,即 $Q(s_t,a_t)$ 想要逼近的目标值,$r_{t+1}+\gamma Q(s_{t+1},a_{t+1})$ 就是时序差分目标。

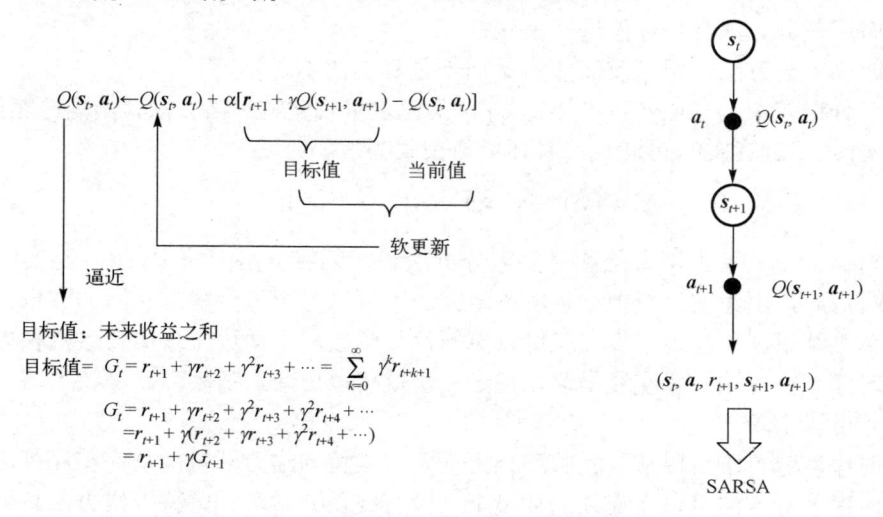

图 12-5 时序差分单步更新

因为最开始的 Q 值都是随机初始化或者被初始化为 0 的,所以它需要不断地去逼近理想中真实的 Q 值(时序差分目标),$r_{t+1}+\gamma Q(s_{t+1},a_{t+1})-Q(s_t,a_t)$ 就是时序差分误差。用 $Q(s_t,a_t)$ 来逼近 G_t,那么 $Q(s_{t+1},a_{t+1})$ 其实就是近似 G_{t+1}。软更新的方式就是每次只更新一点,α 类似于学习率。最终 Q 值是可以慢慢地逼近真实的目标值的。这样,更新公式只需要用到当前时刻的 s_t、a_t,还有获取的 r_{t+1}、s_{t+1}、a_{t+1}。

该算法由于每次更新价值函数时需要知道当前的状态、当前的动作、奖励、下一步的状态、下一步的动作,即 $(s_t,a_t,r_{t+1},s_{t+1},a_{t+1})$ 这几个值,因此得名 SARSA 算法。它走了一步,获取了 $(s_t,a_t,r_{t+1},s_{t+1},a_{t+1})$ 之后,就可以做一次更新。SARSA 算法如图 12-6 所示,更新公式可写为

$$Q(S,A) \leftarrow Q(S,A) + \alpha[R+\gamma Q(S',A')-Q(S,A)]$$

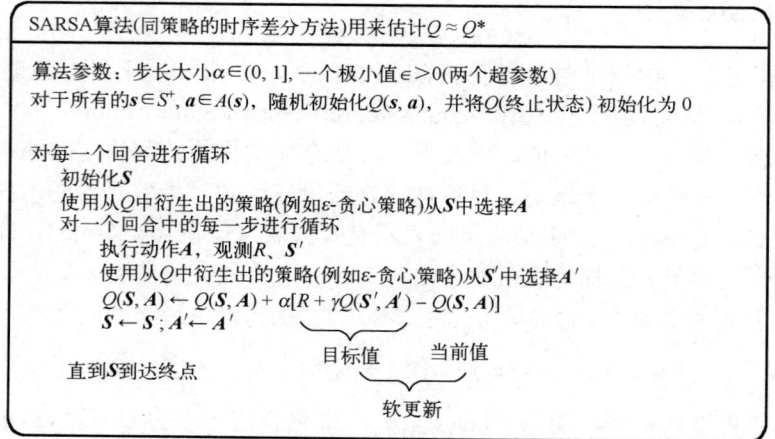

图 12-6 SARSA 算法

通过不断交互、更新和学习，SARSA 算法可以逐步优化动作价值函数的估计，从而学习到最优的策略。SARSA 算法属于单步更新算法，每执行一个动作，就会更新一次价值和策略。如果不进行单步更新，而是采取 n 步更新或者回合更新，即在执行 n 步后再更新价值和策略，那么就得到了 n 步 SARSA 算法。

SARSA 算法是一种同策略算法，它在学习和优化过程中使用的是同一种策略。它通过不断与环境交互并执行策略中的动作来学习和改进策略。在 SARSA 算法中，代理根据当前策略选择动作，并且在更新 Q 值时也使用同一策略选择下一步的动作。这意味着 SARSA 算法知道下一步的动作可能会导致代理进入悬崖等危险区域，因此在优化策略时会尽量远离悬崖，以确保下一步即使是随机动作也保持在安全区域内。这种同策略的特性使得 SARSA 算法相对保守，它倾向于学习到安全且稳健的策略，而不会冒险尝试可能带来更高奖励但风险更大的动作。因此，SARSA 算法在某些情况下可以更加稳定和安全地探索环境，但也可能导致错过一些高风险、高回报的动作。

12.4.2　Q-Learning 算法

Q-Learning 算法是一种异策略算法。异策略在学习的过程中，有两种不同的策略：目标策略（Target Policy）和行为策略（Behavior Policy）。

目标策略是需要去学习的策略，一般用 π 来表示。目标策略就像在后方提供战术的一个军师，它可以根据自己的经验来学习最优的策略，不需要去和环境交互。行为策略是探索环境的策略，一般用 μ 来表示。行为策略可以大胆地探索到所有可能的轨迹，并采集轨迹、数据，把采集到的数据"喂"给目标策略学习。而且"喂"给目标策略的数据中并不需要 a_{t+1}，而 SARSA 算法需要 a_{t+1}。

行为策略像一个战士，可以在环境里面探索所有的动作、轨迹和经验，然后传递给目标策略去学习。比如，目标策略优化时，Q-Learning 算法不会管下一步去往哪里探索，它只选取奖励最大的策略。

在 Q-Learning 算法的过程中，轨迹都是行为策略与环境交互产生的，产生这些轨迹后，使用这些轨迹来更新目标策略 π。Q-Learning 算法有很多优点：首先，它可以利用探索策略学到最佳的策略，学习效率高；其次，Q-Learning 算法可以学习其他智能体的动作，进行模仿学习，学习人或者其他智能体产生的轨迹；最后，Q-Learning 算法可以重用旧的策略产生的轨迹，因为探索过程需要很多计算资源，所以这样可以节省资源。

Q-Learning 算法的目标策略 π 直接在 Q 表格上使用贪心策略，取它下一步能得到的所有状态，即

$$\pi(s_{t+1}) = \mathrm{argmax}_{a'} Q(s_{t+1}, a')$$

行为策略 μ 可以是一个随机的策略，但人们采取了 ε-贪心策略，让行为策略不至于是完全随机的，它是基于 Q 表格逐渐改进的。人们可以构造 Q-Learning 目标，Q-Learning 算法的下一个动作都是通过 argmax 操作选出来的，于是可得

$$r_{t+1} + \gamma Q(s_{t+1}, a') = r_{t+1} + \gamma Q[s_{t+1}, \mathrm{argmax} Q(s_{t+1}, a')]$$
$$= r_{t+1} + \gamma \max_{a'} Q(s_{t+1}, a')$$

接着可以把 Q-Learning 算法更新写成增量学习的形式，时序差分目标变成了 $r_{t+1} + \gamma \max_a Q(s_{t+1}, a)$，即

$$Q(s_t, a_t) \leftarrow Q(s_t, a_t) + \alpha [r_{t+1} + \gamma \max_a Q(s_{t+1}, a) - Q(s_t, a_t)]$$

SARSA 算法与 Q-Learning 算法如图 12-7 所示，通过对比的方式来进一步理解 Q-Learning 算法。Q-Learning 算法是异策略的时序差分方法，SARSA 算法是同策略的时序差分方法。SARSA 算法在更新 Q 表格时，它用到的是 a'。要获取下一个 Q 值，a' 是下一个步骤一定会执行的动作，这个动作有可能是 ε-贪心策略采样出来的动作，或者最大化 Q 值对应的动作，或者随机动作，但这是它实际执行的动作。但是 Q-Learning 算法在更新 Q 表格时，它用到的是 Q 值 $Q(s', a)$ 对应的动作，它不一定是下一个步骤会执行的实际动作，因为下一个实际会执行的动作可能会探索。Q-Learning 算法默认的下一个动作不是通过行为策略来选取的，Q-Learning 算法直接利用 Q 表格，取最大化的值，它默认 a' 为最佳策略选取的动作，所以 Q-Learning 算法在学习时，不需要传入 a'，即 a_{t+1} 的值。

```
         SARSA算法(同策略的时序差分方法)用来估计 Q ≈ Q*

   算法参数：步长大小 α ∈ (0, 1]，一个极小值 ε > 0
   对于所有的 s ∈ S⁺, a ∈ A(s)，随机初始化 Q(s, a)，除非Q(终点, ·) = 0

   对第一个回合进行循环
       初始化 Sₙ
       使用从Q中衍生出的策略(例如ε-贪心策略)从S中选择A
       对一个回合中的每一步进行循环
           执行动作A，观测R、S'
           使用从Q中衍生出的策略(例如ε-贪心策略)从S'中选择A'
           Q(S, A) ← Q(S, A) + α[R + γQ(S', A') − Q(S, A)]
           S ← S'；A ← A'
       直到S到达终点
```

(a) SARSA算法

```
         Q-Learning 算法(异策略的时序差分方法)用来估计 π ≈ π*

   算法参数：步长大小 α ∈ (0, 1]，一个极小值 ε > 0
   对于所有的 s ∈ S⁺, a ∈ A(s)，随机初始化 Q(s, a)，除非Q(终点, ·) = 0

   对每一个回合进行循环
       初始化 S
       对一个回合中的每一步进行循环
           使用从Q中衍生出的策略(例如ε-贪心策略)从S中选择A
           执行动作A，观测R、S'
           Q(S, A) ← Q(S, A) + α[R + γ max_A Q(S', A) − Q(S, A)]
           S ← S'
       直到S到达终点
```

(b) Q-Learning 算法

图 12-7 SARSA 算法与 Q-Learning 算法

Q-Learning 算法可以大胆地用行为策略探索得到的经验轨迹来优化目标策略，从而更有

可能探索到最佳策略。行为策略可以采用 ε-贪心策略，但目标策略采用的是贪心策略，它直接根据行为策略采集到的数据来采用最佳策略，所以 Q-Learning 算法不需要兼顾探索。SARSA 算法和 Q-Learning 算法的更新公式是一样的，区别只在目标计算的部分，SARSA 算法的目标是 $r_{t+1} + \gamma Q(s_{t+1}, a_{t+1})$，Q-Learning 算法的目标是 $r_{t+1} + \gamma \max_a Q(s_{t+1}, a)$，可以发现，SARSA 算法并没有选取最大值的最大化操作。因此，Q-Learning 算法是一种非常激进的方法，它希望每一步都获得最大的利益；SARSA 算法则相对保守，它会选择一条相对安全的迭代路线。

12.5 深度 Q 网络

传统的强化学习算法会使用表格的形式存储状态价值函数 $V(s)$ 或动作价值函数 $Q(s,a)$，但是这样的方法存在很大的局限性。例如，现实中的强化学习任务所面临的状态空间往往是连续的，存在无穷多个状态，在这种情况下，就不能再使用表格对价值函数进行存储了。价值函数近似利用函数直接拟合状态价值函数或动作价值函数，降低了对存储空间的要求，有效地解决了这个问题。为了在连续的状态空间和动作空间中计算价值函数 $Q_\pi(s, a)$，可以用一个函数 $Q_\phi(s,a)$ 来表示近似计算，称为价值函数近似（Value Function Approximation）。

$$Q_\phi(s,a) \approx Q_\pi(s,a)$$

式中，s、a 分别是状态 s 和动作 a 的向量表示；函数 $Q_\phi(s,a)$ 通常是一个参数为 ϕ 的函数，比如神经网络，其输出为一个实数，称为 Q 网络（Q-network）。

深度 Q 网络（DQN）是指基于深度学习的 Q-Learning 算法，主要结合了价值函数近似与神经网络技术，并采用目标网络和经历回放的方法进行网络训练。在 Q-Learning 算法中，使用表格来存储每个状态 s 下采取动作 a 获得的奖励，即状态-动作价值函数 $Q(s,a)$。然而，这种方法在状态量巨大甚至连续的任务中，会遇到维度灾难问题，往往是不可行的。因此，DQN 采用了价值函数近似的表示方法。

12.5.1 目标网络

在 DQN 中，有几个常用的技巧可以提高算法的稳定性和收敛性。第一个技巧是目标网络。

目标网络的主要目的是解决 DQN 算法中的目标值更新问题。在普通的 Q-Learning 算法或 SARSA 算法中，目标值的更新是直接使用当前估计的 Q 值进行的，即 $Q(s,a)$。然而，在 DQN 中，使用一个目标网络来生成目标值，以解决预测值和目标值之间的相关性问题。在学习 Q 函数时，也会用到时序差分方法的概念。如果在状态 s_t 采取动作 a_t 以后，得到奖励 r_t，那么进入状态 s_{t+1}。根据 Q 函数可知：

$$Q_\pi(s_t, a_t) = r_t + Q_\pi(s_{t+1}, \pi(s_{t+1}))$$

所以在学习时，Q 函数输入 s_t、a_t 得到的值，与输入 s_{t+1}、$\pi(s_{t+1})$ 得到的值之间，希望相差为 r_t，这与时序差分方法的概念是一样的。但是实际上这样的输入并不好学习，假设这是一个回归问题，目标网络如图 12-8 所示，$Q_\pi(s_t, a_t)$ 是网络的输出，$r_t + Q_\pi(s_{t+1}, \pi(s_{t+1}))$ 是目标，目标是会变动的。当然要实现这样的训练，其实也没有问题，就是在做反向传播时，Q_π 的参数会被更新，要把两个更新的结果加在一起（因为它们是同一个模型 Q_π，所以两个更新的结果会加在一起）。但这样会导致训练变得不太稳定，因为假设把 $Q_\pi(s_t, a_t)$ 当作模型的输出，把 $r_t + Q_\pi(s_{t+1}, \pi(s_{t+1}))$ 当作目标，那么要去拟合的目标是一直在变动的，这是不太好训练的。

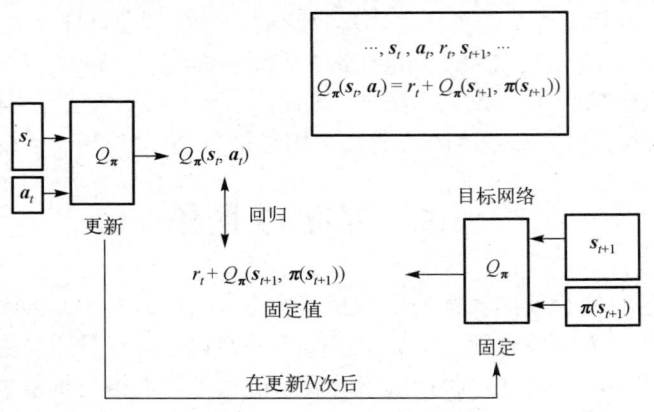

图 12-8　目标网络

通常把图 12-8 右边所示的 Q 网络固定住。在训练时，只更新左边 Q 网络的参数，而右边 Q 网络的参数会被固定。因为右边的 Q 网络负责产生目标，所以被称为目标网络。因为目标网络是固定的，所以现在得到的目标 $r_t + Q_\pi(s_{t+1}, \pi(s_{t+1}))$ 的值也是固定的。只调整左边 Q 网络的参数，它就变成一个回归问题。人们希望模型输出的值与目标值越接近越好，这样会最小化它的均方误差。

为了减小目标值的波动和提高算法的稳定性，会固定目标网络的参数一段时间，并使用固定的目标网络来计算目标值。在这段时间内，只更新估计网络的参数，并使用固定的目标网络进行目标值的计算。在实现时会把左边的 Q 网络更新多次，再用更新过的 Q 网络替换目标网络。但这两个网络不能同时更新，一开始这两个网络是一样的，在训练时，把右边的 Q 网络固定住；在做梯度下降时，只调整左边 Q 网络的参数。在更新 N 次以后才把参数复制到右边的 Q 网络中，把右边 Q 网络的参数覆盖，目标值就变了。就好像本来在做一个回归问题，训练后把这个回归问题的损失降下去以后，把左边网络的参数复制到右边网络，目标值就变了，接下来就要重新训练。

这里可以通过猫追老鼠的例子来直观地理解固定目标网络的目的。猫是 Q 估计，老鼠是 Q 目标。一开始，猫离老鼠很远，所以想让猫追上老鼠。因为 Q 目标也是与模型参数相关的，所以每次优化后，Q 目标也会动。这就导致一个问题，猫和老鼠都在动，猫和老鼠会在优化空间里面到处乱动，这会产生非常奇怪的优化轨迹，使得训练过程十分不稳定。因此需要固定 Q 网络，让老鼠动得不那么频繁，可能让它每 5 步动一次，猫则是每一步都在动。如果老鼠每 5 步动一次，那么猫就有足够的时间来接近老鼠了，它们之间的距离会随着优化过程越来越小，最后猫会捉到老鼠，即 Q 估计和 Q 目标拟合，拟合后可以得到一个最好的 Q 网络。

12.5.2　经验回放

第二个技巧是经验回放。如图 12-9 所示，经验回放会构建一个回放缓冲区，回放缓冲区又被称为回放内存。回放缓冲区是指现在有某一个策略 π 与环境交互，它会去收集数据，把所有的数据放到一个数据缓冲区里面，数据缓冲区里面存储了很多数据。比如，数据缓冲区可以存储 5 万笔数据，每一笔数据就是代表，之前在某一个状态 s_t 采取某一个动作 a_t，得到了奖励 r_t，进入状态 s_{t+1}。用 π 与环境交互多次，把收集到的数据放到回放缓冲区中。回放缓冲区中的经验可能来自不同的策略，每次用 π 与环境交互时，可能只交互 10000 次，接下来就更新 π 了。但是回放缓冲区中可以放 5 万笔数据，所以 5 万笔数据可能来自不同的策略。回放缓冲区只有在它装满的时候，才会把旧的数据丢掉。所以回放缓冲区里面其实装了很多不同策略的经验。

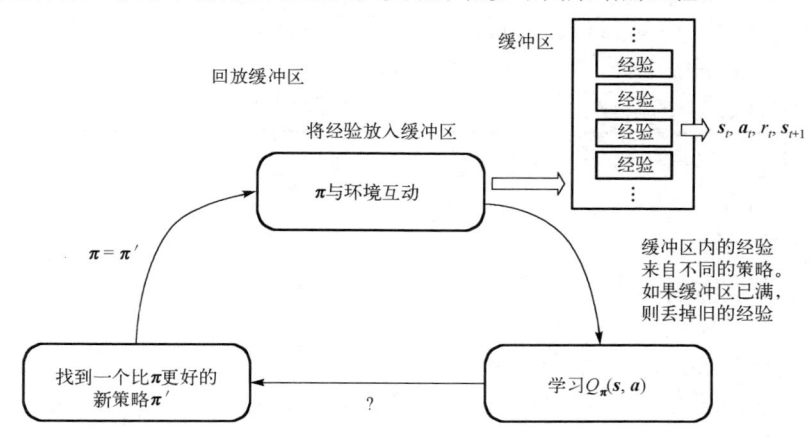

图 12-9 经验回放

有了回放缓冲区以后，要怎样训练 Q 模型、估计 Q 函数呢？训练过程如下。

使用回放缓冲区训练 Q 函数如图 12-10 所示，迭代地训练 Q 函数，在每一次迭代中，从回放缓冲区中随机挑一个批量出来，即与一般的网络训练一样。采样该批量，其中有一些经验，根据这些经验更新 Q 函数。这与时序差分学习要有一个目标网络是一样的。

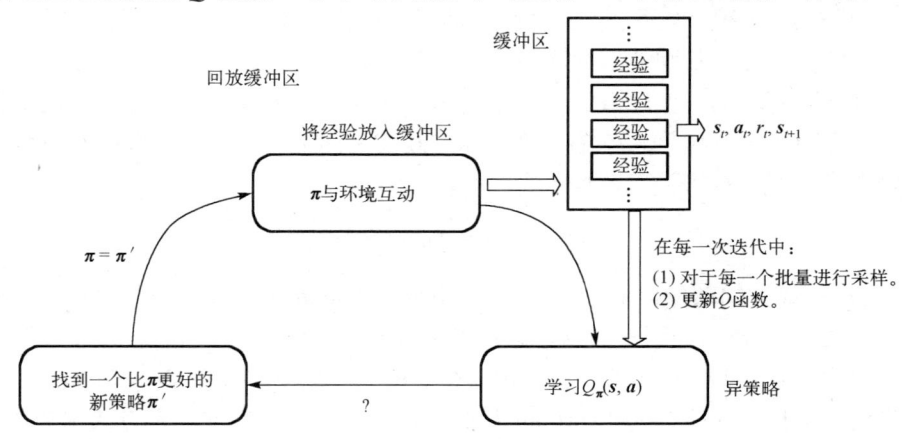

图 12-10 使用回放缓冲区训练 Q 函数

如果某种算法使用了经验回放这个技巧，那么该算法就变成了一种异策略的算法。因为本来 Q 函数是要观察 π 的经验的，但实际上存储在回放缓冲区中的这些经验不是通通来自 π，有些是过去其他的策略所留下来的经验。因为不会用某一个 π 就把整个回放缓冲区装满，再拿去测 Q 函数，π 只是采样一些数据放到回放缓冲区中，所以接下来就让 Q 函数去训练。Q 函数在采样的时候，会采样到过去的一些数据。

这么做有两个好处。第一个好处是，在进行强化学习时，往往最花时间的步骤是与环境交互，训练网络反而是比较快速的。因为用 GPU 训练很快。用回放缓冲区可以减少与环境交互的次数，因为在做训练时，经验不需要通通来自某一个策略。一些过去的策略所得到的经验可以放在回放缓冲区中被使用很多次，被反复地再利用，这样可以比较高效地采样经验。第二个好处是，在训练网络时，希望批量中的数据越多样越好，如果回放缓冲区中的经验通通来自不同的策略，那么采样到的一个批量中的数据会是比较多样的。如果批量中的数据都是同样性质的，那么训练下去，结果容易不太好。

深度 Q 网络算法如下所示。

> 初始化函数 Q、目标函数 $\hat{Q}$，令 $\hat{Q} = Q$。
> 对于每一个回合。
>   对于每一个时间步 t。
>   对于给定的状态 s_t，基于 Q（$\varepsilon-$贪心策略）执行动作 a_t。
>   获得反馈 r_t，并获得新的状态 s_{t+1}。
>   将 (s_t, a_t, r_t, s_{t+1}) 存储到回放缓冲区中。
>   从回放缓冲区中采样（通常以批量形式）(s_i, a_i, r_i, s_{i+1})。
>   目标值是 $y = r_i + \max_{a} \hat{Q}(s_{i+1}, a)$。
>   更新 Q 的参数使 $Q(s_i, a_i)$ 尽可能接近于 y（回归）。
>   每 C 次更新重置 $\hat{Q} = Q$。

智能体根据当前的 Q 函数进行决策，同时引入了探索机制，如采用 ε-贪心策略进行探索。在这一过程中，智能体获得了奖励 r_t 并进入了新的状态 s_{t+1}。比如用 ε-贪心策略，接下来得到奖励 r_t，进入状态 s_{t+1}。现在收集到一笔数据，将其放到回放缓冲区中，如果回放缓冲区满了，则把一些旧的数据丢掉。从回放缓冲区中采样数据，采样到的这笔数据与刚放进去的不一定是同一笔，可能抽到旧的。要注意的是，采样出来的不是一笔数据，而是一个批量的数据，从中采样一些经验出来。接下来就是计算目标，假设采样出一笔数据，根据这笔数据计算目标。目标要用目标网络 $\hat{Q}$ 来计算，如下

$$y = r_i + \max_{a} \hat{Q}(s_{i+1}, a)$$

式中，a 是让 $\hat{Q}$ 值最大的动作，在状态 s_{i+1} 会采取的动作 a 就是可以让 $\hat{Q}$ 值最大的动作。接下来更新 Q 值，把它当作一个回归问题，希望 $Q(s_i, a_i)$ 与目标越接近越好。假设已经更新了一定的次数，比如 C 次，设 $C = 100$，那么就把 $\hat{Q}$ 设成 Q，这就是深度 Q 网络算法。

整体来说，深度 Q 网络与 Q-Learning 算法的目标价值及价值的更新方式都非常相似。主要的不同点在于：深度 Q 网络将 Q-Learning 算法与深度学习结合，用深度网络来近似动作价值函数，而 Q-Learning 算法则采用表格存储；深度 Q 网络采用了经验回放的训练方法，从历史数据中随机采样，而 Q-Learning 算法直接采用下一个状态的数据进行学习。

12.6 强化学习应用

强化学习作为一种可以对环境进行自主学习和决策的算法，通过让智能体和环境进行交互，

学习到能最大化累积奖励的行为策略。近年来，强化学习算法在许多领域得到了广泛的应用。

强化学习可以让计算机学习玩各种游戏，如雅达利游戏、星际争霸游戏等，著名的 AlphaGo 就是结合树搜索和强化学习打败围棋高手的。强化学习也可以指导机器人完成各种控制任务，如导航、抓取等，通过试错学习提升效率。近年来，强化学习在无人驾驶车辆决策中的应用取得了进展。强化学习为智能体学习自主决策提供了一个通用框架，可广泛应用于游戏、控制、规划、调优等领域，是一个非常活跃的研究方向。

本章选择悬崖寻路实战和蛇棋实战两个典型案例，来介绍强化学习在实战中的具体应用。在悬崖寻路实战中，我们利用强化学习算法训练智能体，使其学会在一个有悬崖存在的环境中找到安全路径，避免掉落到悬崖下。在蛇棋实战中，我们利用强化学习算法训练智能体，使其学会在蛇棋游戏中采取最优的移动策略，以获得胜利。这些应用通常涉及将游戏规则建模为一个状态空间，智能体根据当前状态选择合适的动作。

12.6.1 Gym 介绍

在强化学习中训练智能体需要获得环境信息。以倒立摆为例，模型训练过程中需要实时测量小车的加速度、摆的偏移角度等信息。在现实世界中，训练智能体确实面临诸多挑战，这不仅包括测试误差和数据实时性问题，还可能因为物理设备的损坏，如小车摔坏等，导致训练过程耗时长且成本高昂。使用模拟环境训练智能体会更加高效，现实世界的智能体可以在模拟环境的训练基础上继续学习。

OpenAI 是一家非营利性的人工智能研究公司，其公布了非常多的学习资源及算法资源，把所有开发的算法都进行了开源。如图 12-11 所示，OpenAI 的 Gym 库是一个环境仿真库，里面包含很多现有的环境。针对不同的场景，人们可以选择不同的环境。离散控制场景（（输出的动作是可数的，比如 Pong 游戏中输出的向上或向下动作）一般使用雅达利环境评估；连续控制场景（输出的动作是不可数的，比如机器人走路时不仅有方向，还有角度，角度就是不可数的，是一个连续的量）一般使用 MuJoCo 环境评估。Gym Retro 是对 Gym 环境的进一步扩展，包含更多的游戏。

图 12-11 OpenAI 的 Gym 库（扫码见彩图）

Gym 的主要特点如下。
- 标准化的环境：Gym 提供了大量的标准化环境，涵盖了从简单的格子世界到复杂的物理仿真等不同类型的问题。
- 简单易用：Gym 的 API 设计简洁、清晰，易于理解和使用。用户可以通过几行代码创建环境、与环境交互并进行实验。
- 灵活性：Gym 允许用户自定义环境，以满足特定问题的需求。用户可以轻松地添加新的环境或修改现有环境。
- 丰富的文档和示例：Gym 提供了详尽的文档和丰富的示例代码，帮助用户快速了解和使用工具包。

Gym 为研究者和开发者提供了一个统一的平台，促进了强化学习算法的发展和比较。

下面通过倒立摆（CartPole-v0）的例子来介绍如何使用 OpenAI Gym 环境。强化学习有三个核心，分别是对代理的控制（action）、对代理的期望（reward），以及代理行动造成的环境变化（observation）。

以下代码使用 gym 库来创建并运行一个名为"CartPole-v0"的倒立摆环境。代码首先重置环境，然后在一个循环中执行 1000 次动作。每次迭代中，它都会渲染环境，从环境中随机选择一个动作并执行，接收环境的真实值、奖励、完成标志和额外信息。如果小车的位置绝对值超过 2.4，那么表示倒立摆已经失败，环境将被重置。最后，关闭环境。这个过程模拟了智能体在环境中的学习和探索过程。

```
import gym

env = gym.make('CartPole-v0')
env.reset()
for _ in range(1000):
    env.render()
    observation, reward, done, info = env.step(env.action_space.sample())  # take a random action
    position = observation[0]
    if abs(position) > 2.4:
        env.reset()
env.close()
```

运行代码会出现一个画风朴素的倒立摆，摇摇晃晃地左右移动。例子代码首先导入 gym 库，使用 make() 函数创建 CartPole-v0 环境，并重置了环境状态。CartPole-v0 环境是一个 2D 模拟器，它可以通过向左或者向右加速小推车，来平衡放置于其顶端的一个杆（见图 12-12）。在 for 循环中进行 1000 个时间步长的控制，render() 函数刷新每个时间步长的环境画面，step() 函数对当前环境状态采取一个随机动作，_space 是对应环境所有的动作空间，这里是 0 或 1。step 返回的 observation 中，第一个参数是小车的位置，判断小车的位置，在屏幕外的情况下重置环境。最后循环结束后关闭仿真环境。

从例子代码中可以看出，gym 的核心接口是 env。make() 函数用来创建环境，本例中是一个 CartPole-v0 环境。使用 gym.envs.registry.all() 可以获得 gym 支持的所有环境的列表。作为统一的环境接口，env 包含下面几个核心方法。

- reset(self)：重置环境的状态，返回观察。
- step(self, action)：执行 action 并推进一个时间步长，返回 observation, reward, done, info。
- render(self, mode='human', close=False)：重绘环境的一帧。默认模式一般弹出一个窗口。
- close(self)：关闭环境，并清除内存。

上面代码中使用了 env.step()函数来对每一步进行仿真，在 Gym 中，env.step()会返回 4 个参数，如下所示。

观测[observation(Object)]：当前 step 执行后，环境的观测（类型为对象）。例如，从相机获取的像素点，机器人各个关节的角度或棋盘游戏当前的状态等。

奖励[reward(Float)]：执行上一步动作后，智能体获得的奖励（浮点类型）。在不同的环境中，奖励值变化范围也不相同，但是强化学习的目标就是使总奖励值最大。

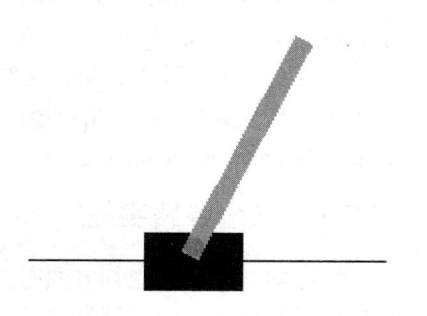

图 12-12　倒立摆

完成[done(Boolean)]：表示是否需要将环境重置(env.reset)。在大多数情况下，当 done 为 True 时，就表明当前回合或者试验结束。例如，当机器人摔倒或者掉出台面时，就应当终止当前回合进行重置。

信息[info(Dict)]：针对调试过程的诊断信息。在标准的智能体仿真评估中不会使用到这个 info。

总结来说，这就是一个强化学习的基本流程，在每个时间点上，智能体（可以认为是所写的算法）选择一个动作，环境返回上一次动作的观测和奖励，如图 12-13 所示。

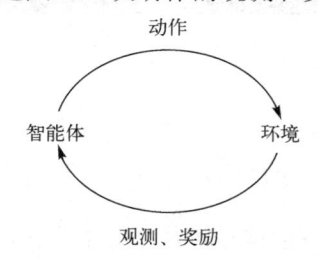

图 12-13　强化学习的基本流程

在 Gym 仿真中，每一次回合开始，需要先执行 reset()函数，返回初始观测信息，然后根据标志位 done 的状态，来决定是否进行下一次回合。

注意：如果绘制了实验的图形界面窗口，那么关闭该窗口的最佳方式是调用 env.close()。试图直接关闭图形界面窗口可能导致内存不能释放，甚至死机。

当 done 为真时，控制失败，此阶段 episode 结束。可以计算每 episode 的回报就是其坚持的 $t+1$ 时间，坚持得越久回报越大，在上面的算法中，agent 的动作选择是随机的，平均回报为 20 左右。

在 CartPole-v0 的例子中，每次执行的动作(action)都是从环境动作空间中随机选取的，但是这些动作(action)是什么呢？在 Gym 的仿真环境中，有动作空间 action_space，以及观测空间 observation_space 两个指标，程序中被定义为 Space 类型，用于描述有效的运动，以及观测的格式和范围。动作空间 action_space 是一个离散的 Discrete 类型，其范围是{0,1}，表示在 CartPole-v0 环境中智能体可执行的两种动作。在 CartPole-v0 例子中，动作空间表示为{0,1}。observation_space 是一个 Box 类型，表示一个一维的包含 n 个数据的盒子；observation 是一个长度为 4 的浮点数组，这些浮点数代表了小推车的水平位置(0.0 是中心)、速度、杆的角度（0.0 是垂直角度）和角速度。数组中的每个元素都具有上下界，env.observation_space.high 和 env.observation_space.low 分别表示观测空间的上下界。

12.6.2 悬崖寻路实战

强化学习在运动规划方面有很大的应用前景，具体包括路径规划与决策、智能派单等。本节案例将单体运动规划抽象并简化，让大家初步认识强化学习在这方面的应用。

在运动规划方面，其实已有很多适用于强化学习的仿真环境，小到迷宫，大到贴近真实的自动驾驶环境 CARLA。本案例讲述的是悬崖寻路问题，是指在一个 4×12 的网格中，智能体以网格的左下角位置为起点，以网格的右下角位置为终点，目标是移动智能体从起点位置到达终点位置，智能体每次可以在上、下、左、右这 4 个方向中移动一步，每移动一步会得到–1 单位的奖励。

如图 12-14 所示，红色部分表示悬崖，数字代表智能体能够观测到的位置信息，即 observation，会有 0～47 共 48 个不同的值，智能体在移动中会有以下限制。

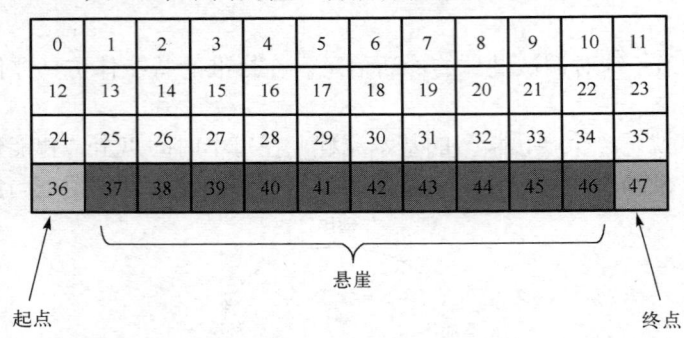

0	1	2	3	4	5	6	7	8	9	10	11
12	13	14	15	16	17	18	19	20	21	22	23
24	25	26	27	28	29	30	31	32	33	34	35
36	37	38	39	40	41	42	43	44	45	46	47

起点　　　　　　　　悬崖　　　　　　　　终点

图 12-14　悬崖寻路网格示意图（扫码见彩图）

智能体不能移出网格，如果智能体想执行某个动作移出网格，那么智能体不会移动这一步，但是这个操作依然会得到–1 单位的奖励；如果智能体"掉入悬崖"，那么其会立即回到起点位置，并得到–100 单位的奖励；当智能体移动到终点时，该回合结束，该回合总奖励为各步奖励之和。

1. 悬崖寻路环境的搭建

定义了该环境的高度为 4 和宽度为 12，定义了四个动作：向上、向下、向左、向右，并将它们分别用整数 0、1、2、3 表示。stateActionValues 是一个三维数组，表示状态动作价值函数（Q 函数），其大小为（WORLD_HEIGHT, WORLD_WIDTH, 4），对应于环境中每个状态和每个动作的值。

智能体从起点位置开始，根据选择的动作向上、向下、向左或向右移动。如果智能体遇到边界，那么它将留在原地。如果智能体遇到悬崖，那么它将受到重大惩罚并回到起点位置。如果智能体到达终点位置，那么游戏结束。

以下代码定义了一个简单的格子世界环境，其中智能体可以在 4×12 的格子中向上、向下、向左或向右移动。代码初始化了一个三维数组 stateActionValues 来存储每个状态和动作的值（Q 函数），以及初始化了一个三维数组 actionRewards 来存储每个动作的即时奖励，其中大部分动作的奖励为–1，而掉入悬崖的奖励为–100。代码中定义了一个 step 函数，它根据当前状态和选择的动作来确定下一个状态和获得的奖励。如果智能体到达边界，那么它将停留在原地；如果智能体到达悬崖，那么它将受到重大惩罚并重置到起点位置；如果智能体到达终点位置，那么游戏结束。这个函数模拟了智能体在环境中的一步动作及其结果。

```python
import numpy as np
from python_utils import *
import matplotlib.pyplot as plt

WORLD_HEIGHT = 4
WORLD_WIDTH = 12
ACTION_UP = 0
ACTION_DOWN = 1
ACTION_LEFT = 2
ACTION_RIGHT = 3
actions = [ACTION_UP, ACTION_DOWN, ACTION_LEFT, ACTION_RIGHT]
startState = [3, 0]
goalState = [3, 11]

stateActionValues = np.zeros((WORLD_HEIGHT, WORLD_WIDTH, 4))
actionRewards = np.zeros((WORLD_HEIGHT, WORLD_WIDTH, 4))
actionRewards[:, :, :] = -1
actionRewards[2, 1:11, ACTION_DOWN] = -100.0  # Falling into the cliff
actionRewards[3, 0, ACTION_RIGHT] = -100.0

def step(currentState, action):
    current_x = currentState[0]
    current_y = currentState[1]
    nextState = []
    if (action == ACTION_UP):
        next_x = max(0, current_x - 1)
        next_y = current_y
    elif (action == ACTION_DOWN):
        next_x = min(3, current_x + 1)
        next_y = current_y
    elif (action == ACTION_LEFT):
        next_x = current_x
        next_y = max(0, current_y - 1)
    else:
        next_x = current_x
        next_y = min(11, current_y + 1)
    if (currentState == startState and action == ACTION_RIGHT): ## Falling into the cliff at the start state
```

```
            next_x = startState[0]
            next_y = startState[1]
        if (next_x == 3 and 1<= next_y <= 10):
            nextState = startState
        else:
            nextState = [next_x, next_y]
        reward = actionRewards[currentState[0], currentState[1], action]

        if (nextState == goalState):
            terminal = True
        else:
            terminal = False
        return nextState, reward, terminal
```

2. 构建智能体

1) ε-贪心策略选择动作

智能体使用 ε-贪心策略在给定状态下选择动作。智能体根据 ε-贪心策略进行动作选择,即在探索和利用之间进行权衡。以下代码定义了一个名为 chooseAction 的函数,它实现了 ε-贪心策略来选择动作。函数接收当前状态、状态动作价值函数和探索率 ε 作为输入。如果随机数生成器产生的值小于或等于 ε,那么函数将从所有可能的动作中随机选择一个动作,以进行探索;否则,它将选择当前状态下价值最高的动作以进行利用。这个函数帮助智能体在探索新动作和利用已知最佳动作之间做出决策。

```
def chooseAction(state, stateActionValues, epsilon):
    if np.random.binomial(1, epsilon) == 1:
        return np.random.choice(actions)
    else:
        return np.argmax(stateActionValues[state[0], state[1], :])
```

2) 设置探索率、学习率和折扣因子

- EPSILON:探索率,用于平衡探索和利用。它确定了在每一步中选择探索性动作的概率。在 ε-贪心策略中,ε 表示以 ε 的概率进行探索,以 $1-\varepsilon$ 的概率进行利用。在给定状态下,以概率 ε 选择一个随机动作,以概率 $1-\varepsilon$ 选择价值函数最大的动作。
- ALPHA:学习率,用于控制更新价值函数时保留历史信息的程度。它决定了新的真实值对之前学到的值的影响程度。较大的学习率意味着新的真实值对价值函数的影响较大,而较小的学习率意味着较多地保留历史信息。
- GAMMA:折扣因子,用于衡量未来奖励的重要性。它表示了在当前动作后的未来奖励的折现率。较大的折扣因子意味着智能体更关注未来的奖励,而较小的折扣因子意味着智能体更多地关注即时奖励。

以上参数的取值如下。

```
EPSILON = 0.1
ALPHA = 0.5
GAMMA = 1.0
```

3）SARSA 算法

SARSA 算法是一种基于行动值的强化学习算法。SARSA 算法通过在每个时间步更新 Q 函数的预测值来学习在环境中执行动作的价值。它是一种在线学习算法，能够在与环境的交互中逐步改进动作策略。以下代码实现了 SARSA 算法，用于强化学习。它首先初始化了当前状态和动作，然后在一个循环中与环境交互，直到达到终止状态。在每次迭代中，它首先会获取新的状态和奖励，选择新的动作，然后更新当前状态和动作的 Q 值。这个过程会一直重复，直到智能体到达目标状态或者被告知环境需要重置。最后，函数返回累积奖励。以下代码实现了 SARSA 算法。

```
def sarsa(stateActionValues, stepsize = ALPHA):
    currentState = startState
    currentAction = chooseAction(currentState, stateActionValues, EPSILON)
    accumulatedRewards = 0.0
    terminal = False

    while terminal != True:
        newState, reward, terminal = step(currentState, currentAction)
        newAction = chooseAction(newState, stateActionValues, EPSILON)
        newStateActionValue = stateActionValues[newState[0], newState[1], newAction]
        stateActionValues[currentState[0], currentState[1], currentAction] += \
            ALPHA * (reward + GAMMA * newStateActionValue - stateActionValues[currentState[0], currentState[1], currentAction])
        currentState = newState
        currentAction = newAction
        accumulatedRewards += reward

    return accumulatedRewards
```

4）Q-Learning 算法

Q-Learning 算法是另一种基于行动值的强化学习算法。Q-Learning 算法在每个时间步选择动作并更新 Q 函数的预测值，而不考虑在下一个状态中采取的动作。这使得 Q-Learning 算法能够学习最优的状态动作价值函数而无须考虑当前的策略。以下代码实现了 Q-Learning 算法。

```
def qLearning(stateActionValues, stepsize = ALPHA):
    currentState = startState
    accumulatedRewards = 0.0
    terminal = False

    while terminal != True:
        currentAction = chooseAction(currentState, stateActionValues, EPSILON)
        newState, reward, terminal = step(currentState, currentAction)
        newStateActionValue = np.max(stateActionValues[newState[0], newState[1], :])
        stateActionValues[currentState[0], currentState[1], currentAction] += \
```

```
                ALPHA * (reward + GAMMA * newStateActionValue - stateActionValues
[currentState[0], currentState[1], currentAction])
            currentState = newState
            accumulatedRewards += reward

    return accumulatedRewards
```

3. 比较 SARSA 算法和 Q-Learning 算法

多次运行 SARSA 算法和 Q-Learning 算法，对于每次运行，记录累积奖励到对应的奖励数组中，再得到平均奖励。使用滑动窗口平均方法对奖励进行平滑处理，以减小曲线的波动性。以下代码执行了 SARSA 算法和 Q-Learning 算法的多次运行，并记录了每次运行的累积奖励。

```
nEpisodes = 500
runs = 20
rewardsSarsa = np.zeros(nEpisodes)
rewardsQLearning = np.zeros(nEpisodes)
for run in range(0, runs):
    stateActionValuesSarsa = np.copy(stateActionValues)
    stateActionValuesQLearning = np.copy(stateActionValues)
    for i in range(0, nEpisodes):
        rewardsSarsa[i] += max(sarsa(stateActionValuesSarsa), -100)
        rewardsQLearning[i] + = max(qLearning(stateActionValuesQLearning), -100)
rewardsSarsa /= runs
rewardsQLearning /= runs
averageRange = 10
smoothedRewardsSarsa = np.copy(rewardsSarsa)
smoothedRewardsQLearning = np.copy(rewardsQLearning)
for i in range(averageRange, nEpisodes):
    smoothedRewardsSarsa[i] = np.mean(rewardsSarsa[i - averageRange: i + 1])
    smoothedRewardsQLearning[i] = np.mean(rewardsQLearning[i - averageRange: i + 1])
plt.figure(1)
plt.plot(smoothedRewardsSarsa, label='Sarsa')
plt.plot(smoothedRewardsQLearning, label='Q-Learning')
plt.xlabel('Episodes')
plt.ylabel('Sum of rewards during episode')
plt.legend()
```

奖励曲线图如图 12-15 所示，SARSA 算法和 Q-Learning 算法都显示出，随着训练的进行，平均奖励有所提高，但是两者的变化趋势略有不同。SARSA 算法的奖励曲线相对平滑，波动较小，表明它可能对环境的变化更加稳健。Q-Learning 算法的奖励曲线波动较大，尽管最终也趋于稳定，但是在训练过程中表现出一些剧烈的起伏，这可能是其更新策略引起的。

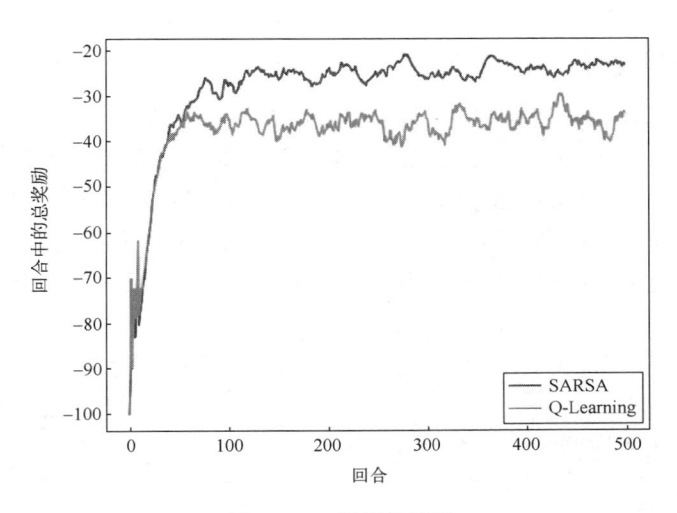

图 12-15　奖励曲线图

　　SARSA 算法在开始阶段收敛较快，从最初的负奖励迅速上升到接近于 0 附近，然后在一段时间内波动较小地保持在该水平上。Q-Learning 算法在开始阶段也有相似的快速上升，但波动更加明显，并且收敛到较高水平花费了更短的时间。

　　两者最终都收敛到了大致相似的水平，但是 Q-Learning 算法的平均奖励略低于 SARSA 算法，这表明，在某些情况下 Q-Learning 算法更容易找到较优的策略，但同时也可能更不稳定。

12.6.3　蛇棋实战

　　蛇棋是一种古老的棋盘游戏，也被称为滑梯与梯子棋或蛇梯棋。蛇棋游戏通常在一个方形棋盘上进行，棋盘上划分有等距的格子，每个格子上都有一个数字，代表玩家在抵达该格子时需要前进的步数。棋盘上通常绘制有一些蛇和梯子的图案，它们连接着棋盘上不同的格子。参与游戏者轮流掷骰子，得到多少点数就走几步，如果遇到梯子（梯底），那么可以往上爬到梯子的上面，从而一下子前进很多步；但是如果遇到蛇头，表示遭蛇吻，那么就回到蛇尾那个格子。胜负由谁先走到终点决定，注意，如果在终点附近掷出的骰子点数超过到达终点的步数，则必须往回走，只有点数与到达终点的步数吻合才算取得胜利。

　　这里以这个游戏作为强化学习应用的实战案例。蛇棋中的棋盘和游戏规则是既定的，胜利规则也是既定的，即状态空间和目标是确定的。游戏中唯一变化的就是掷骰子。通常认为掷骰子是一个完全随机的动作，但实际上，每个人掷骰子的状态、手法和方式都不相同，可以认为骰子各个面的概率不同。

　　基于此，可以假设游戏者可以通过不同投掷骰子的方法来控制游戏。假设游戏者的手法包含两种：一种可以均匀地投掷出 1~6 这 6 个数字；另一种可以均匀地投掷出 1~3 这 3 个数字。这样游戏者在每个状态下都有 2 种选择，即强化学习的动作空间大小为 2。也可以理解为，在每个状态游戏者都有 2 种骰子可供选择，一种只有 3 面，另一种有 6 面。

　　蛇棋游戏的目标是以最少的投掷次数快速到达终点。为此，游戏者最好能更多地乘坐梯子上升，以便快速到达终点。游戏中，会用一些数字或者得分来记录奖励值。这里约定，游戏者投掷一次骰子，如果没有到达终点，那么获得−1 分；到达终点后，将一次性获得 100 分。这样先到达终点的玩家一定会得到最高分，也即获得了胜利。

1. 蛇棋环境的搭建

（1）先定义一个上下文管理器 timer，用于计算代码块的执行时间，代码块的执行时间将会被打印出来，帮助评估后续设计的不同策略的性能和效率。以下代码定义了一个名为 timer 的上下文管理器，它可以用来测量任意被 with 语句包裹的代码块的执行时间。当进入 with 块时，它记录下开始时间，当退出 with 块时，它记录下结束时间，并计算两者之间的差值，即代码块的执行时间，最后将这个时间差打印出来。这个工具可以用来评估不同策略的性能和效率。

```python
import numpy as np
import gym
from gym.spaces import Discrete
from contextlib import contextmanager
import time

@contextmanager
def timer(name):
    # 通过 timer()函数来包装代码块，计算代码块的执行时间
    start = time.time()
    yield
    end = time.time()
    print('{} COST:{}'.format(name, end-start))
```

（2）定义了一个名为 SnakeEnv 的 OpenAI Gym 环境，用于模拟蛇棋游戏。两个参数 ladder_num 和 dices，分别表示梯子的数量和骰子的取值范围。状态空间使用 Discrete，表示一个离散空间，范围为 1 到 SIZE+1。动作空间使用 Discrete，表示一个离散空间，大小为 dices 列表的长度。如果有梯子，那么随机生成梯子的起点和终点，并存储在 self.ladders 字典中，起点作为键，终点作为值。类中仅考虑了梯子，未考虑蛇的影响。以下代码定义了一个名为 SnakeEnv 的类，它是一个基于 OpenAI Gym 框架的环境，用于模拟蛇棋游戏。

```python
class SnakeEnv(gym.Env):
    SIZE=100 # 棋盘大小
    def __init__(self, ladder_num, dices):
        self.ladder_num = ladder_num # 梯子数量
        self.dices = dices # 骰子取值范围为[3,6]
        self.observation_space = Discrete(self.SIZE+1) # 状态空间为 1~100 的离散空间
        self.action_space = Discrete(len(dices))      # 0 表示掷 3 面骰子，1 表示掷 6 面骰子
        # 根据梯子数量随机生成梯子位置
        # 键是梯子起点，值是梯子终点
        if ladder_num == 0:
            self.ladders = {0:0}
        else:
            # 处理梯子值，让梯子的数值无重复地反向赋值
```

```python
            ladders = set(np.random.randint(1, self.SIZE, size = self.ladder_num*2))
# 随机生成梯子的起点和终点
            # 继续随机生成数字，直到 set 中的元素达到 self.ladder_num*2
            while len(ladders) < self.ladder_num*2:
                ladders.add(np.random.randint(1, self.SIZE))
            ladders = list(ladders)
            ladders = np.array(ladders)
            np.random.shuffle(ladders)          # 随机打乱 ladders 数组的顺序
            ladders = ladders.reshape((self.ladder_num,2)) # 每行代表一个梯子的
起点和终点
            re_ladders = list() # 终点到起点的对应
            for i in ladders:
                re_ladders.append([i[1],i[0]])
            re_ladders = np.array(re_ladders)
            # dict()可以把n*2维数组转化为字典形式
            self.ladders = dict(np.append(re_ladders, ladders, axis=0)) #
axis=0 表示沿着第一维拼接，即行方向
        print(f'ladders info:{self.ladders} dice ranges:{self.dices}')
        self.pos = 1

    def reset(self):
        # 位置 pos 重置为 1
        self.pos = 1
        return self.pos

    def step(self, a):
        # 掷骰子获得步数，更新位置
        step = np.random.randint(1, self.dices[a]+1)
        self.pos += step
        if self.pos == 100:
            return 100, 100, 1, {}
        elif self.pos > 100: # 超过 100 则退回
            self.pos = 200 - self.pos
        if self.pos in self.ladders:
            self.pos = self.ladders[self.pos]
        return self.pos, -1, 0, {}

    def reward(self, s):
        if s == 100:
            return 100
        else:
            return -1

    # 无渲染
    def render(self):
        pass
```

2. 构建智能体

以下代码实现了一个简单的表格型智能体，使用表格存储转移概率和价值函数的强化学习智能体程序，它可以根据当前状态采取动作，并根据环境的奖励和转移概率更新自己的策略和价值函数，以尽快到达终点。

```
class TableAgent(object):
    def __init__(self, env):
        self.s_len = env.observation_space.n        # 状态空间长度
        self.a_len = env.action_space.n # 动作空间长度
        self.r = [env.reward(s) for s in range(0, self.s_len)] # 奖励函数
        # 确定性策略
        self.pi = np.zeros(self.s_len, dtype=int)    # 状态 s 采取的动作 a
        # A*S*S
        self.p = np.zeros([self.a_len, self.s_len, self.s_len], dtype=float)
# 状态 s，动作 a -> 状态 s'的概率
        ladder_move = np.vectorize(lambda x: env.ladders[x] if x in env.ladders
else x)  # 梯子跳跃函数
        # based-model 初始化表格所有位置的概率 p[A,S,S]
        for i, dice in enumerate(env.dices):
            prob = 1.0 / dice
            for src in range(1, 100):
                step = np.arange(dice) + 1 # 类似 range
                step += src
                # piecewise()根据条件选择使用不同的函数
                step = np.piecewise(step, [step>100, step<=100], [lambda x:
200-x, lambda x: x])
                step = ladder_move(step)
                for dst in step:
                    self.p[i, src, dst] += prob
        # 因为 src 最多到 99，所以 p[:, 100, 100]是 0，此处进行填补
        self.p[:, 100, 100] = 1 # 代表终止状态
        self.value_pi = np.zeros((self.s_len))
        self.value_q = np.zeros((self.s_len, self.a_len)) # Q(s,a)函数
        self.gamma = 0.8

    def play(self, state):
        return self.pi[state]
```

3. 策略评估

eval_game 函数用于评估指定环境中训练好的智能体的性能。它通过重置环境并循环执行智能体选择的动作来模拟游戏过程，累积智能体获得的奖励并记录状态动作对，最终返回总奖励和状态动作对列表。这个函数的主要目的是帮助人们了解智能体在特定环境中的动作和性能。以下代码定义了一个名为 eval_game 的函数，用于评估一个训练好的智能体在特定环境 env 中的性能。

```python
def eval_game(env, agent):
    # 评估一个 agent 在指定环境 env 中的表现
    state = env.reset()
    total_reward = 0
    state_action = [] # 保存状态动作对,用于观察
    
    while True:
        act = agent.play(state)
        state_action.append((state,act))
        state, reward, done, _ = env.step(act)
        total_reward += reward
        if done:
            break
    
    return total_reward, state_action
```

4. 算法

1) 策略迭代

以下代码实现了一个基于策略迭代的智能体训练算法。这段代码定义了一个名为 PolicyIteration 的类,它实现了基于策略迭代的智能体训练算法。其中,policy_evaluation 方法用于评估当前策略对应的价值函数,通过迭代更新价值函数直到收敛或达到最大迭代次数; policy_improvement 方法根据当前价值函数改进策略,选择使价值最大的动作作为新策略; policy_iteration 方法则是策略迭代的主要实现,交替进行策略评估和改进,直到策略不再发生变化或达到最大迭代次数为止。

```python
class PolicyIteration(object):
    
    dice = [3,6] # 2 种骰子
    
    def policy_evaluation(self, agent, max_iter=-1):
        iteration = 0
        while True:
            iteration += 1
            new_value_pi = agent.value_pi.copy()
            # 遍历所有的 state 1~100  (s.len=101)
            for i in range(1, agent.s_len):
                ac = agent.pi[i]
                for j in range(0, agent.a_len):
                    # 选择确定性策略的 action
                    if ac != j:
                        continue
                    # 状态转移概率数组
                    transition = agent.p[ac, i, :]
                    value_sa = np.dot(transition, agent.r + agent.gamma * agent.value_pi)
                    new_value_pi[i] = value_sa
```

```python
                diff = np.sqrt(np.sum(np.power(agent.value_pi - new_value_pi, 2)))
                # 判断是否收敛
                if diff < 1e-6:
                    print('policy evaluation proceed {} iters.'.format(iteration))
                    break
                else:
                    agent.value_pi = new_value_pi
                if iteration == max_iter:
                    print('policy evaluation proceed {} iters.'.format(iteration))
                    break


    def policy_improvement(self, agent):
        new_policy = np.zeros_like(agent.pi)
        for i in range(1, agent.s_len):
            for j in range(0, agent.a_len):
                transition = agent.p[j, i, :]
                agent.value_q[i,j] = np.dot(transition, agent.r + agent.gamma * agent.value_pi)
            # update policy
            max_act = np.argmax(agent.value_q[i,:])
            # 选择使value_q最大的action
            new_policy[i] = max_act
        if np.all(np.equal(new_policy, agent.pi)):
            return False
        else:
            agent.pi = new_policy
            return True


    def policy_iteration(self, agent, max_iter=-1):
        iteration = 0
        with timer('Timer PolicyIter'):
            while True:
                iteration += 1
                with timer('Timer PolicyEval'):
                    # 通过迭代求得agent.value_pi准确预测价值函数
                    self.policy_evaluation(agent, max_iter)
                with timer('Timer PolicyImprove'):
                    # 获得最优策略
                    ret = self.policy_improvement(agent)
                if not ret:
                    break
        print('Iter {} rounds converge'.format(iteration))
```

下面是一段简单的演示代码，展示了如何使用策略迭代算法训练智能体，并在环境中评估其性能。

```
def policy_iteration_demo(env):
    agent = TableAgent(env)
    pi_algo = PolicyIteration()
    pi_algo.policy_iteration(agent)
    print('agent.pi={}'.format(agent.pi))
    total_reward, state_action = eval_game(env, agent)
    print('total_reward={0}, state_action={1}'.format(total_reward, state_action))
```

2）价值迭代

以下代码实现了价值迭代算法 value_iteration，用于寻找最优价值函数和对应的最优策略。它先在每次迭代中遍历所有状态并计算每个状态下采取所有可能动作的价值，然后更新价值函数。当价值函数收敛或达到最大迭代次数时停止迭代，同时根据新的价值函数更新策略，选择使得状态价值最大的动作作为最优策略。最后，打印出迭代次数和收敛状态，并更新智能体的策略。

```
def value_iteration(agent, max_iter=-1):
    iteration = 0
    dice = [3,6]
    with timer('Timer ValueIter'):
        while True:
            iteration += 1
            new_value_pi = agent.value_pi.copy()
            for i in range(1, agent.s_len):
                value_sas = []
                for j in range(0, agent.a_len):
                    value_sa = np.dot(agent.p[j,i,:], agent.r + agent.gamma * agent.value_pi)
                    value_sas.append(value_sa)
                new_value_pi[i] = max(value_sas)

            diff = np.sqrt(np.sum(np.power(agent.value_pi - new_value_pi, 2)))
            if diff < 1e-6:
                break
            else:
                agent.value_pi = new_value_pi
            if iteration == max_iter:
                break
        print('Iter {} rounds converge'.format(iteration))
        for i in range(1, agent.s_len):
            for j in range(0, agent.a_len):
                agent.value_q[i,j] = np.dot(agent.p[j,i,:], agent.r + agent.gamma * agent.value_pi)
```

```
            max_act = np.argmax(agent.value_q[i,:])
            agent.pi[i] = max_act
```

通过下面的演示函数可以比较策略迭代算法和价值迭代算法在解决特定强化学习任务（如蛇棋游戏）中的性能表现，以及它们找到的最优策略和累积奖励。

```
def policy_vs_value_demo(env):
    policy_agent = TableAgent(env)
    value_agent = TableAgent(env)

    pi_algo = PolicyIteration()
    pi_algo.policy_iteration(policy_agent)
    print('agent.pi={}'.format(policy_agent.pi))
    total_reward, state_action = eval_game(env, policy_agent)
    print('total_reward={0}, state_action={1}'.format(total_reward, state_action))

    value_iteration(value_agent)
    print('agent.pi={}'.format(value_agent.pi))
    total_reward, state_action = eval_game(env, value_agent)
    print('total_reward={0}, state_action={1}'.format(total_reward, state_action))
```

3) 泛化迭代

以下代码实现了一个综合性的比较函数 generalized_policy_compare，用于对比策略迭代、价值迭代和泛化迭代三种算法在解决特定强化学习任务中的性能表现。

```
def generalized_policy_compare(env):
    policy_vs_value_demo(env)
    gener_agent = TableAgent(env)
    with timer('Timer GeneralizedIter'):
        value_iteration(gener_agent, 10)  # 10次价值迭代
        pi_algo = PolicyIteration()
        pi_algo.policy_iteration(gener_agent, 1)  # 1次策略迭代
    print('agent.pi={}'.format(gener_agent.pi))
    total_reward, state_action = eval_game(env, gener_agent)
    print('total_reward={0}, state_action={1}'.format(total_reward, state_action))
```

5. 运行结果

在蛇棋游戏环境下，策略迭代、价值迭代和泛化迭代都能够找到最优策略，但在迭代次数和效率上略有差异。策略迭代虽然迭代次数较多，但每次迭代的计算量较小；价值迭代的迭代次数多，但每次迭代的计算量较大；泛化迭代的迭代次数少、计算量较少，具有较高的效率。以下代码展示了在蛇棋游戏环境下，策略迭代、价值迭代和泛化迭代三种算法的性能比较。通过输出的迭代次数、执行时间和累积奖励，可以观察到每种算法在寻找最优策略方面的效率和效果。最后，代码输出了每种算法找到的最优策略 agent.pi 和在该策略下的累积

奖励 total_reward，以及对应的状态动作对 state_action，这些信息可以用来评估和比较不同算法的性能。

```
    ladders info:{88: 94, 83: 98, 76: 78, 25: 67, 10: 48, 73: 63, 22: 14, 75: 81,
52: 74, 51: 3, 94: 88, 98: 83, 78: 76, 67: 25, 48: 10, 63: 73, 14: 22, 81: 75,
74: 52, 3: 51} dice ranges:[3, 6]
    policy evaluation proceed 94 iters.
    Timer PolicyEval COST:0.06677436828613281
    Timer PolicyImprove COST:0.0009970664978027344
    policy evaluation proceed 69 iters.
    Timer PolicyEval COST:0.048836469650268555
    Timer PolicyImprove COST:0.0019931793212890625
    policy evaluation proceed 50 iters.
    Timer PolicyEval COST:0.03388643264770508
    Timer PolicyImprove COST:0.0019931793212890625
    policy evaluation proceed 36 iters.
    Timer PolicyEval COST:0.024916410446166992
    Timer PolicyImprove COST:0.0009965896606445312
    Timer PolicyIter COST:0.18039369583129883
    Iter 4 rounds converge
    agent.pi=[0 0 0 1 1 1 1 0 0 0 1 0 0 0 1 1 0 0 0 1 1 1 0 0 0 1 1 1 1 1 1 1 1
1 1 1 1
    1 1 1 1 1 1 1 1 1 1 1 1 0 0 0 1 1 1 1 1 1 1 1 1 0 0 0 0 1 1 1 0 1 1 1 1
    0 1 1 1 1 0 0 0 1 1 0 0 0 1 1 1 1 1 1 1 0 0 0 0]
    total_reward=54, state_action=[(1, 0), (2, 0), (5, 1), (8, 0), (48, 1), (50,
0), (53, 1), (57, 1), (62, 0), (65, 1), (68, 0), (70, 1), (52, 1), (55, 1), (58,
1), (64, 1), (70, 1), (71, 1), (72, 1), (78, 1), (80, 0), (82, 0), (85, 0), (94,
1), (95, 1), (96, 1), (83, 1), (84, 1), (90, 1), (88, 1), (92, 1), (96, 1), (83,
1), (84, 1), (90, 1), (96, 1), (83, 1), (84, 1), (87, 0), (94, 1), (97, 0), (83,
1), (94, 1), (97, 0), (99, 0), (99, 0), (99, 0)]
    Iter 94 rounds converge
    Timer ValueIter COST:0.13056302070617676
    agent.pi=[0 0 0 1 1 1 1 0 0 0 1 0 0 0 1 1 0 0 0 1 1 1 0 0 0 1 1 1 1 1 1 1 1
1 1 1 1
    1 1 1 1 1 1 1 1 1 1 1 1 0 0 0 1 1 1 1 1 1 1 1 1 0 0 0 0 1 1 1 0 1 1 1 1
    0 1 1 1 1 0 0 0 1 1 0 0 0 1 1 1 1 1 1 1 0 0 0 0]
    total_reward=59, state_action=[(1, 0), (51, 0), (54, 1), (57, 1), (59, 1),
(64, 1), (25, 1), (31, 1), (33, 1), (37, 1), (38, 1), (40, 1), (43, 1), (46, 1),
(10, 1), (12, 0), (13, 0), (15, 1), (20, 1), (26, 1), (28, 1), (32, 1), (37, 1),
(43, 1), (46, 1), (47, 1), (53, 1), (56, 1), (61, 0), (73, 1), (52, 1), (55, 1),
(58, 1), (61, 0), (73, 1), (76, 1), (82, 0), (84, 1), (85, 0), (87, 0), (90, 1),
(95, 1)]
    Iter 10 rounds converge
    Timer ValueIter COST:0.015063047409057617
    policy evaluation proceed 1 iters.
    Timer PolicyEval COST:0.0009965896606445312
    Timer PolicyImprove COST:0.000997304916381836
```

```
Timer PolicyIter COST:0.001993894577026367
Iter 1 rounds converge
Timer GeneralizedIter COST:0.017056941986083984
agent.pi=[0 0 0 1 1 1 1 0 0 0 1 0 0 0 1 1 1 1 1 1 1 1 0 0 0 1 1 1 1 1 1 1 1
 1 1 1
 1 1 1 1 1 1 1 1 1 1 0 0 0 1 1 1 1 1 1 1 1 1 0 0 0 1 1 1 1 0 1 1 1 1
 0 1 1 1 1 0 0 0 1 1 0 0 0 1 1 1 1 1 1 1 1 0 0 0 0]
total_reward=94, state_action=[(1, 0), (2, 0), (4, 1), (48, 1), (74, 0), (81, 0), (98, 0)]
```

12.7 习　　题

1. 解释强化学习的基本概念，并列举其主要组成元素。
2. 如何寻找最佳策略？寻找最佳策略的方法有哪些？
3. 强化学习相对于监督学习，为什么训练过程会更加困难？
4. 一个强化学习智能体由什么组成？
5. Q-Learning 算法和 SARSA 算法的区别是什么？
6. 为什么在深度 Q 网络中采用价值函数近似的表示方法？
7. 请介绍 Q 函数的两种表示方法。
8. 使用经验回放有什么好处？
9. 基于策略迭代和基于价值迭代的强化学习方法有什么区别？
10. 动作价值函数和状态价值函数有什么区别和联系？选择一个你感兴趣的 Gym 环境，简要介绍该环境的特点和任务目标。

附录 A

编程环境说明 <<<

学习的最好方法是自己动手解决遇到的具体问题，正所谓实践出真知。一般来说，算法理论的实践方式有两种：一种是自己动手将算法用代码都实现一遍；另一种是充分利用工具，快速了解、掌握现有资源，随即开始着手解决现实问题。两种方式各有利弊，这里选用第二种，不是为了学习知识而制造知识，而是为了解决问题去学习知识。

本章首先介绍如何安装 Python 的运行环境，然后介绍常用的集成开发环境，最后介绍常用的机器学习框架 TensorFlow。

1. Python 的安装

从 Python 的官网上可以下载 Python 运行所需的安装包。Python 的安装包分为 2.x 和 3.x 两个版本，这两个版本互不兼容，其中 Python 2.7 在 2020 年后停止更新和维护，所以本书使用 Python 3.7 版本。

Python 的 Windows 安装包分为 64 位和 32 位两类，其次又可以细分为 embeddable zip file、executable installer 和 web-based installer 三种。embeddable zip file 是嵌入式版本，可以集成到其他应用中，下载后需要设置路径等内容。executable installer 是可执行文件（*.exe）方式安装，和各种常用的 Windows 安装软件（如微信、Google 浏览器）的安装方式类似，建议下载这个安装包。而 web-based installer 体积最小，但是在安装的过程中需要从网上下载所需的文件，安装需要的时间相比前面两种方式会长一些。图 A-1 显示了 Python 的安装文件。

Version	Operating System	Description	MD5 Sum	File Size	GPG
Gzipped source tarball	Source release		2ee10f25e3d1b14215d56c3882486fcf	22973527	SIG
XZ compressed source tarball	Source release		93df27aec0cd18d6d42173e601ffbbfd	17108364	SIG
macOS 64-bit/32-bit installer	Mac OS X	for Mac OS X 10.6 and later	5a95572715e0d600de28d6232c656954	34479513	SIG
macOS 64-bit installer	Mac OS X	for OS X 10.9 and later	4ca0e30f48be690bfe80111daee9509a	27839889	SIG
Windows help file	Windows		7740b11d249bca16364f4a45b40c5676	8090273	SIG
Windows x86-64 embeddable zip file	Windows	for AMD64/EM64T/x64	854ac011983b4c799379a3baa3a040ec	7018568	SIG
Windows x86-64 executable installer	Windows	for AMD64/EM64T/x64	a2b79563476e9aa47f11899a53349383	26190920	SIG
Windows x86-64 web-based installer	Windows	for AMD64/EM64T/x64	047d19d2569c963b8253a9b2e52395ef	1362888	SIG
Windows x86 embeddable zip file	Windows		70df01e7b0c1b7042aabb5a3c1e2fbd5	6526486	SIG
Windows x86 executable installer	Windows		ebf1644cdc1eeeebacc92afa949cfc01	25424128	SIG
Windows x86 web-based installer	Windows		d3944e218a45d982f0abcd93b151273a	1324632	SIG

图 A-1　Python 的安装文件

双击下载的 executable installer 安装包，根据安装向导的指导进行安装。在第一个界面最好选中"Add Python 3.7 to PATH"复选框（见图 A-2），这样就不需要自己配置 Python 的环境变量了，在以后执行 Python 程序的时候会更方便。

图 A-2 安装 Python

单击"Install Now"选项,很快就可以完成安装。通过 Windows 系统的"开始"按钮打开"命令提示符"界面,输入"Python",按回车键,如果安装过程正常,并且配置了 Python 环境变量,那么就会出现以下提示。

```
C:\Users\zhangxiao>Python
Python 3.7.4 (tags/v3.7.4:e09359112e, Jul  8 2019, 20:34:20) [MSC v.1916 64 bit (AMD64)] on win32
Type "help", "copyright", "credits" or "license" for more information.
>>>
```

可以看到 Python 的版本号是 3.7.4,安装的是 64 位的程序。这是 Python 交互方式的界面,输入"print("hello world!")"并按回车键,在交互式界面会打印 print 的结果。

```
>>> print("hello world!")
hello world!
>>>
```

Python 也支持以解释方式运行程序,将"print("hello world!")"保存在一个名为 hello.py 的文本文件(完整代码参考 hello.py)中,并从"命令提示符"界面进入 hello.py 文件所在的路径,然后输入"python hello.py"并按回车键,就可以看到程序运行的结果。

```
E:\pythonworkspace\python 环境准备>python hello.py
hello world!

E:\pythonworkspace\python 环境准备>
```

2. Anaconda 的安装

Python 可以通过各种扩展包来实现不同的功能,为了使用数据处理等功能,人们必须安装数据处理功能对应的扩展包。如果使用前面介绍的安装方式安装 Python,那么人们就只能一个一个地安装各种扩展包，不仅比较麻烦，而且需要考虑兼容性，要去 Python 官网选择对应的版本下载安装，费时费力。

Anaconda 是一个开源的 Python 发行版本，它已经内置了许多非常有用的第三方库，安装上 Anaconda，就相当于把 Python 和一些如 NumPy、Pandas、Scrip、Matplotlib 等常用的库自动安装好了。可以直接在自己的计算机上安装 Anaconda 来实现 Python 环境的准备，安装 Anaconda 后基本就可以满足本书介绍的数据处理的需要。但是因为 Anaconda 包含了大量的扩展包，所以 Anaconda 的下载文件会比较大（约 531 MB）。

Anaconda 不仅是开源的 Python 发行版本，还是一个开源的包、环境管理器，人们可以在同一个机器上安装不同版本的软件包及其依赖，并能够在不同的环境之间切换。使用 Anaconda 可以方便地进行包的管理（包的安装、卸载、更新），对于需要的各种 Python 的第三方包，可以直接在 Anaconda 中下载。在 Anaconda 中可以建立多个 Python 环境，比如可以建立一个 Python 2.7 的环境、一个 Python 3.7 的环境、一个 TenserFlow（深度学习平台）的环境，这三个环境之间相互独立，不会相互影响。

Windows、macOS 和 Linux 三种操作系统都有各自的 Anaconda 包。我们在 Window 环境下安装 Anaconda，在下载和安装 Anaconda 时也需要选择 3.7 版本。图 A-3 所示为 Anaconda 下载界面。

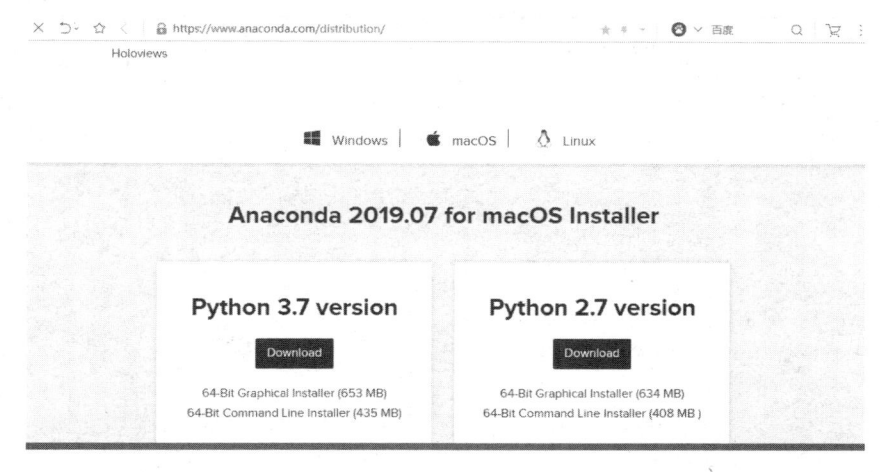

图 A-3　Anaconda 下载界面

下载好安装包后，安装流程和普通的 Windows 安装程序是一样的，因为在 Anaconda 的安装过程中下载的文件比较多，所以安装时间会长一点。安装好之后可以在"Anaconda 3 (64-bit)"文件夹下看到"Anaconda Navigator""Anaconda Prompt""Spyder""Jupyter Notebook"等选项，Anaconda 软件界面如图 A-4 所示。

如果没有这些软件或者想要安装一些新的软件可以单击"Anaconda Navigator"选项，进入图 A-5 所示的界面，选择自己需要的软件进行下载。

如果人们需要安装 Python 的第三方扩展包，可以单击"Anaconda Prompt"选项，然后执行"conda install"包名或"pip install"包名命令。

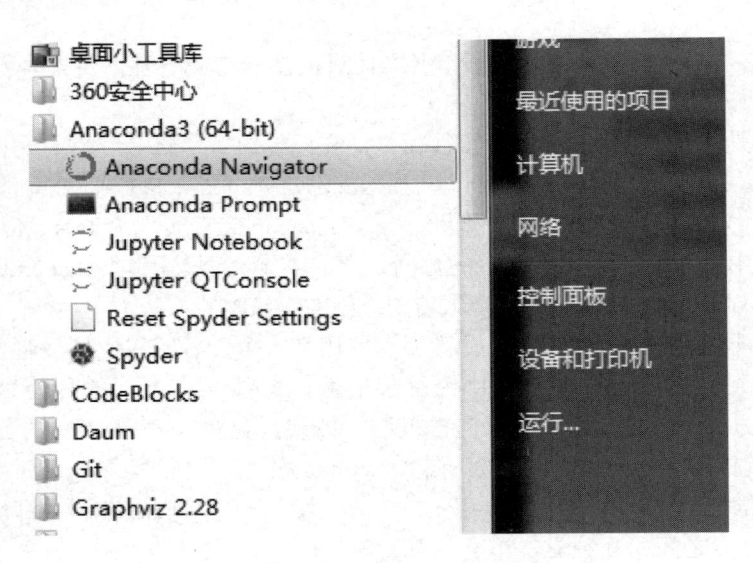

图 A-4　Anaconda 软件界面

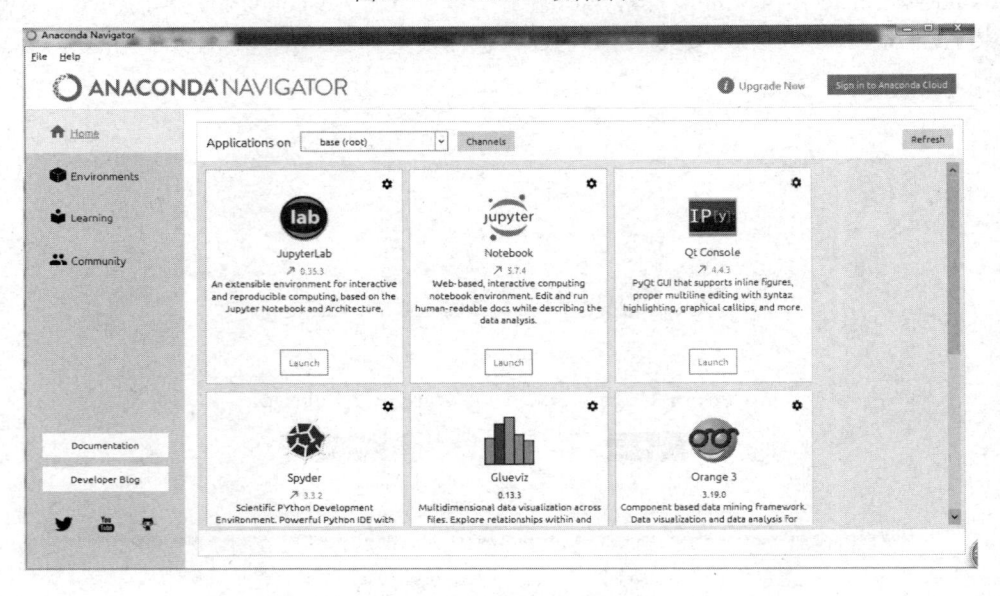

图 A-5　Anaconda 中下载软件的界面

3. PyCharm 的安装

PyCharm 是由 JetBrains 公司开发的一款类似 Eclipse 的 Python IDE。PyCharm 具备一般 Python IDE 的功能，如调试、语法高亮、项目管理、代码跳转、智能提示、自动完成、单元测试、版本控制等。另外，PyCharm 还提供了一些很好的功能用于 Django 开发，同时支持 Google App Engine。

这里简单介绍一下 PyCharm 的安装和使用。从官网下载社区版 PyCharm（社区版是免费的），PyCharm 下载界面如图 A-6 所示。

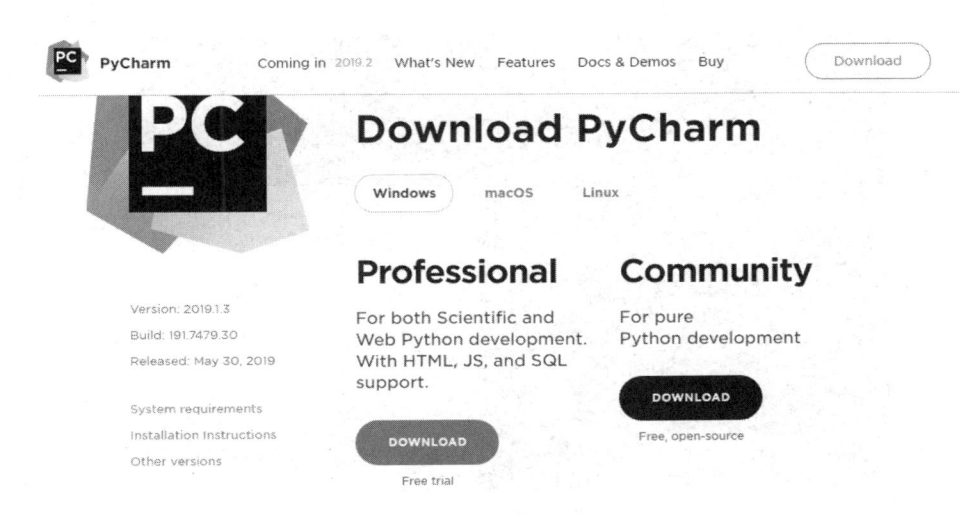

图 A-6　PyCharm 下载界面

安装好 PyCharm 后，单击"Create New Project"按钮，创建一个新项目，然后选择 Python 解释器，这里选择"anaconda"中的"python.exe"，如图 A-7 所示。

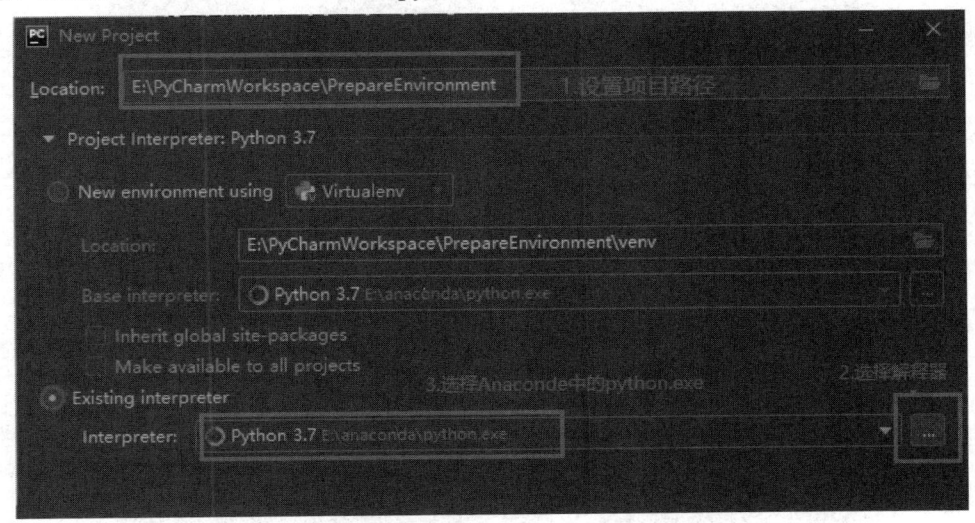

图 A-7　选择 Python 解释器

新建一个 Python 文件：hello.py，编写代码，在空白处右击，运行，结果如图 A-8 所示。其中 hello.py 中代码的功能是绘制 x 取值在[-2*np.pi,2*np.pi]的 sin 函数的图形，其中使用到了 NumPy 和 Matplotlib 两个包。如果是直接安装的 Python，那么就需要先下载 NumPy 和 Matplotlib 两个第三方包，之后才可以运行这个程序。

对于已经存在的 Python 项目，人们可以将其导入 PyCharm 中进行修改、运行等操作。首先选择"File"→"Open"选项，然后在弹窗中选择需要导入项目的文件夹，即"4.大数据数学基础"目录，如图 A-9 所示，至此就可以运行其中的 Python 文件了。图 A-10 展示了"4.大数据数学基础"目录中的各个文件及 array.py 的运行结果。

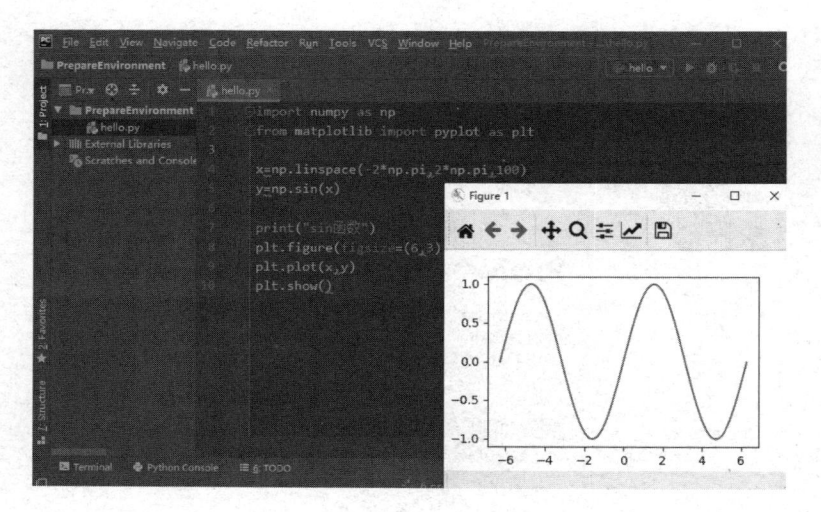

图 A-8　在 PyCharm 中运行 hello.py 文件的结果

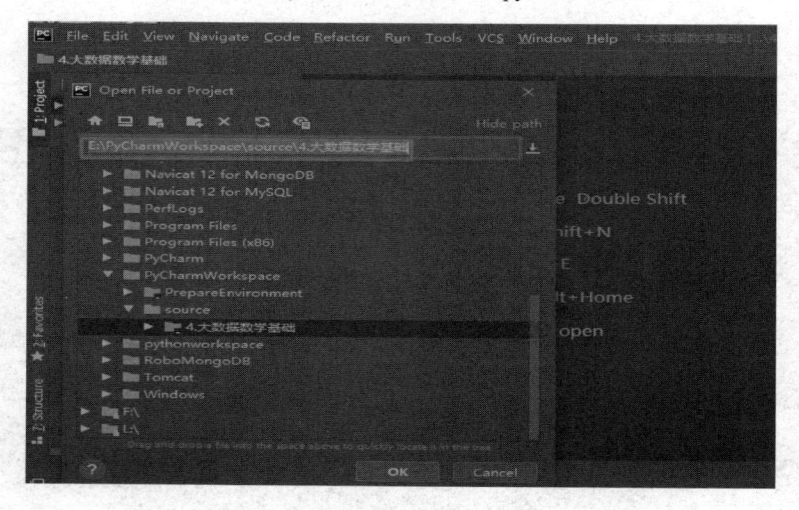

图 A-9　PyCharm 中导入现存项目

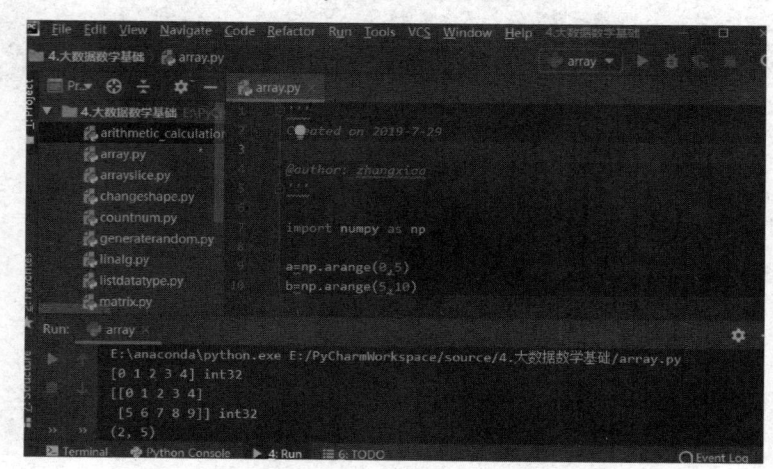

图 A-10　"4.大数据教学基础"目录中的各个文件及 array.py 的运行结果

4．Jupyter 的安装

IPython 项目起初是一个用以加强与 Python 交互的子项目，目前，它已经成了 Python 数据处理领域最重要的工具之一。虽然 IPython 本身没有提供计算和数据分析的工具，但是它可以提高交互式计算和软件开发的效率。不同于其他编程软件的"编辑—编译—运行"的工作流，IPython 鼓励"执行—探索"的工作流。因为大部分的数据分析代码包括探索、试错和重复的部分，所以 IPython 的"执行—探索"工作流在很大程度上提高了工作效率，并且 IPython 还可以方便地访问系统的 shell 和文件系统。

2014 年，Fernando Perez 和 IPython 团队宣布了 Jupyter 项目，这是一个更宽泛的多语言交互计算工具的计划。IPython Notebook 变成了 Jupyter Notebook，IPython 现在可以作为 Jupyter 使用 Python 的内核。

安装 Anaconda 后，人们有三种使用 IPython 的方式：① 通过 Anaconda 中 Spyder 软件的 IPython 解释器；② 通过 Anaconda 中的 Jupyter QtConsole；③通过 Anaconda 中的 Jupyter Notebook。

通过 Anaconda 的 Jupyter QtConsole 使用 IPython 的方式和 Spyder 中控制台使用的方式一样，这里不再介绍。上述前两种方式的 IPython 无法保存交互式代码，所以一般情况下人们很少使用，主要使用的是 Jupyter Notebook。Jupyter Notebook 既具有 IPython 的交互式优点，又可以保存代码。

使用 Jupyter Notebook 创建一个项目，首先需要创建一个项目文件（如在 E:\pythonworkspace 目录下创建一个"PrepareEnvironmentNotebook"文件夹)，其次单击"Anaconda Prompt"按钮，使用 cd 命令进入项目路径 E:\pythonworkspace\PrepareEnvironmentNotebook，如图 A-11 所示，最后输入"jupyter notebook"并按回车键，即可在浏览器中打开 Jupyter Notebook，此时项目文件中还没有任何文件。

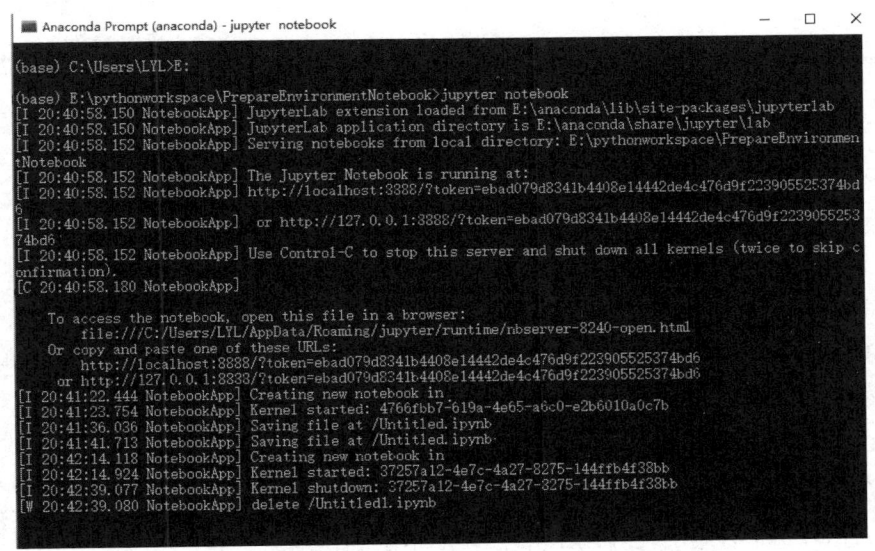

图 A-11 打开 Jupyter Notebook

单击"New"按钮，选择"Python 3"选项，新建一个 Python 文件，如图 A-12 所示，在其中编写 hello.py 的代码，然后运行，运行结果如图 A-13 所示。

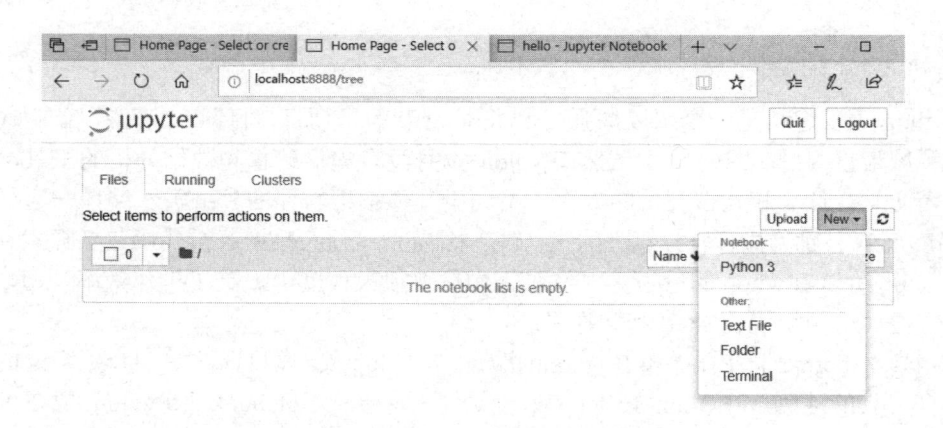

图 A-12　在 Jupyter Notebook 中新建 Python 文件

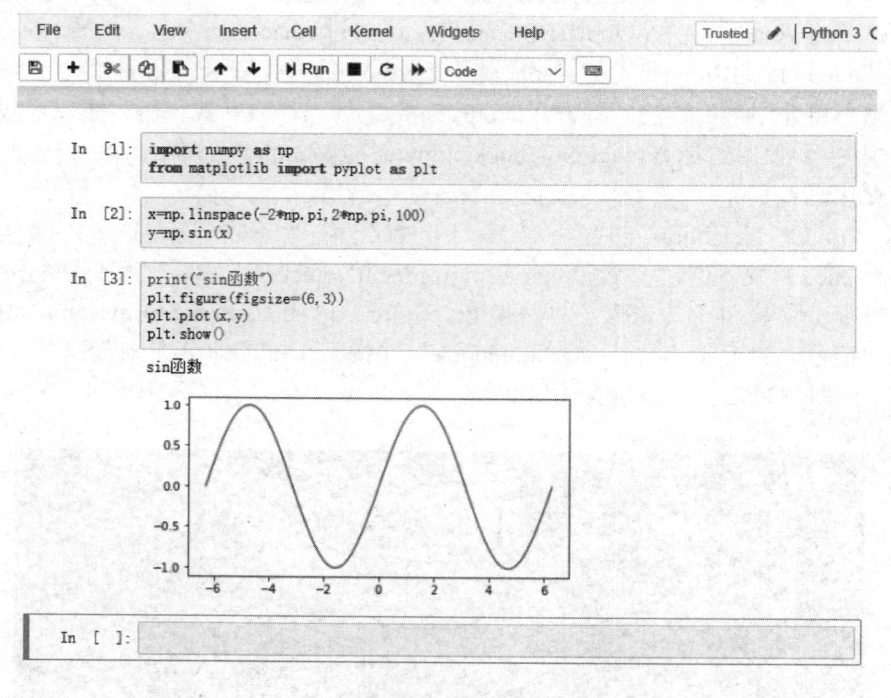

图 A-13　运行结果

使用 Jupyter Notebook 打开一个已经存在的 Python 项目的方法很简单，只需将项目路径修改为现有项目的路径即可，这里不再演示。

5. TensorFlow 的安装

TensorFlow 是一个基于数据流编程的符号数学系统，被广泛应用于各类机器学习算法的编程实现，其前身是谷歌的神经网络算法库 DistBelief。

TensorFlow 拥有多层级结构，可部署于各类服务器、计算机终端和网页，并支持 GPU 和 TPU 高性能数值计算，被广泛应用于谷歌内部的产品开发和各领域的科学研究。

TensorFlow 由谷歌人工智能团队 Google Brain 开发和维护，拥有包括 TensorFlow

Hub、TensorFlow Lite、TensorFlow Research Cloud 在内的多个项目以及各类应用程序接口（API）。自 2015 年 11 月 9 日起，TensorFlow 依据阿帕奇授权协议开放源代码。

TensorFlow 支持多种客户端语言下的安装和运行，这里介绍的是与 Python 语言的兼容版本。

TensorFlow 提供 Python 语言下的四个不同版本：CPU 版本（tensorflow）、包含 GPU 加速的版本（tensorflow-gpu），以及它们的每日编译版本（tf-nightly、tf-nightly-gpu）。TensorFlow 的 Python 版本支持 Ubuntu 16.04、Windows 7、macOS Sierra 10.12.6、Raspbian 9.0 及对应的更高版本，其中 macOS 版不包含 GPU 加速。安装 Python 版 TensorFlow 可以使用模块管理工具 pip/pip3 或 anaconda，并在终端直接运行如下命令即可。

```
pip install tensorflow
conda install -c conda-forge tensorflow
```

对于 TensorFlow 1.X，可以统一使用 TensorFlow 1.15.0，对应的 Python 版本为 3.5～3.7。通过以下命令可以安装指定版本的库。

```
pip install tensorflow==1.15.0 # CPU 版本
pip install tensorflow_gpu==1.15.0 # GPU 版本
```

对于 TensorFlow 2.X，统一使用最新版本即可。通过以下命令可以安装指定版本的库。

```
pip install tensorflow # tensorflow 的 CPU 最新版本
pip install tensorflow_gpu # tensorflow 的 GPU 最新版本
```

Keras 是一个支持 TensorFlow、Thenao 和 Microsoft-CNTK 的第三方高阶神经网络 API。Keras 以 TensorFlow 的 Python API 为基础提供了神经网络，尤其是深度网络的构筑模块，并将神经网络开发、训练、测试的各项操作进行封装以提升可扩展性和简化使用难度。在 TensorFlow 下可以直接导出 Keras 模块使用。下面提供一个使用 tensorflow.keras 构建深度神经网络分类器对 MNIST 手写数字数据集进行学习的例子。

```
import tensorflow as tf
from tensorflow import keras
# 读取 google fashion 图像分类数据
fashion_mnist = keras.datasets.fashion_mnist
(train_images, train_labels), (test_images, test_labels) = fashion_mnist.load_data()
# 转化像素值为浮点数
train_images = train_images / 255.0
test_images = test_images / 255.0
# 构建输入层、隐藏层、输出层
model = keras.Sequential([
    keras.layers.Flatten(input_shape=(28, 28)),
    keras.layers.Dense(128, activation=tf.nn.relu),
    keras.layers.Dense(10, activation=tf.nn.softmax)
])
# 设定优化算法、损失函数
model.compile(optimizer=tf.keras.optimizers.Adam(lr=0.001),
              loss='sparse_categorical_crossentropy',
```

```
                    metrics=['accuracy'])
# 开始学习(epochs=5)
model.fit(train_images, train_labels, epochs=5)
# 模型评估
test_loss, test_acc = model.evaluate(test_images, test_labels)
print('Test accuracy:', test_acc)
# 预测
predictions = model.predict(test_images)
# 保存模式和模式参数
model.save_weights('./keras_test')          # 在当前路径新建文件夹
model.save('my_model.h5')
```

Keras 可以将模型导入 Estimators 以利用其完善的分布式训练循环，对于上述例子，导入方式如下。

```
# 从文件恢复模型和学习参数
model = keras.models.load_model('my_model.h5')
model.load_weights('./keras_test')
# 新建文件夹存放 estimator 检查点
est_model = tf.keras.estimator.model_to_estimator(keras_model=model, model_dir='./estimator_test')
```

使用 tensorflow.keras 可以运行所有兼容 Keras 的代码而不损失速度，但在 Python 的模块管理工具中，tensorflow.keras 的最新版本可能落后于 Keras 的官方版本。tensorflow.keras 使用 HDF5 文件保存神经网络的权重系数。

参考文献

[1] 尼克. 人工智能简史[M]. 北京: 人民邮电出版社, 2017.

[2] 周志华. 机器学习[M]. 北京: 清华大学出版社, 2016.

[3] 吕云翔, 梁泽众, 尹文志, 等. 人工智能导论[M]. 北京: 人民邮电出版社, 2021.

[4] Martin T. Hagan, Howard B Demuth, Mark H. Beale. 神经网络设计[M]. 戴葵, 译. 北京: 机械工业出版社, 2002.

[5] NASSIRI-MOFAKHAM F. Intelligent Computational Systems: A Multi-Disciplinary Perspective[M]. Sharjah: Bentham Science Publishers, 2017.

[6] 吴岸城. 神经网络与深度学习[M]. 北京: 电子工业出版社, 2016.

[7] 陈同英. 计算方法[M]. 厦门: 厦门大学出版社, 2001.

[8] 徐心和, 么健石. 有关行为主义人工智能研究综述[J]. 控制与决策, 2004, 19(3): 241-246.

[9] GRAVES A, FERNÁNDEZ S, GOMEZ F, et al. Connectionist temporal classification: Labelling unsegmented sequence data with recurrent neural networks[C]//Proceedings of the 23rd International Conference on Machine Learning, 2006: 369-376.

[10] KRIZHEVSKY A, SUTSKEVER I, HINTON G E. ImageNet classification with deep convolutional neural networks[J]. Communications of the ACM, 2017, 60(6): 84-90.

[11] VASWANI A, SHAZEER N, PARMAR N, et al. Attention is all you need[C]// Advances in Neural Information Processing Systems, 2017.

[12] DEVLIN J, CHANG M W, LEE K, et al. Bert: Pre-training of deep bidirectional transformers for language understanding[J]. ArXiv Preprint ArXiv: 1810. 04805, 2019.

[13] CERVANTES J, GARCIA-LAMONT F, RODRÍGUEZ-MAZAHUA L, et al. A comprehensive survey on support vector machine classification: Applications, challenges and trends[J]. Neurocomputing, 2020, 408: 189-215.

[14] MINSKY M. Steps toward artificial intelligence[J]. Proceedings of the IRE, 1961, 49(1): 8-30.

[15] PUTERMAN M L. Markov decision processes[J]. Handbooks in Operations Research and Management Science, 1990, 2: 331-434.